水利法律法规教程

（第二版）

林冬妹　编著

· 北京 ·

内 容 提 要

本教材分九章，系统论述了水法律法规的基本理论，全面阐述了水法、水土保持法、防洪法、水污染防治法、流域法律、水资源管理、河道管理法规、水利工程管理法规、水行政执法、水行政复议与水行政诉讼的制度以及理论与实务问题。本教材注意吸收水法学和相关学科的最新研究成果以及水法治建设的最新经验，注重开拓学生的视野，提高学生的水法律法规理论水平和从事水法律法规实务的能力，从某种程度上反映了水法律法规理论研究与教材编写的最新水平。

本教材既可以作为水利类高等学校学生学习水法律法规的教材及水利系统干部培训教材，也可以作为国家机关、企事业单位从事水法律、政策法规工作的参考书。

图书在版编目（CIP）数据

水利法律法规教程 / 林冬妹编著. -- 2版. -- 北京：中国水利水电出版社，2017.12(2024.2重印)
ISBN 978-7-5170-5551-8

Ⅰ. ①水… Ⅱ. ①林… Ⅲ. ①水法－中国－高等学校－教材 Ⅳ. ①D922.664

中国版本图书馆CIP数据核字(2017)第326177号

书　　名	**水利法律法规教程（第二版）** SHUILI FALÜ FAGUI JIAOCHENG
作　　者	林冬妹　编著
出版发行	中国水利水电出版社 （北京市海淀区玉渊潭南路1号D座　100038） 网址：www.waterpub.com.cn E-mail：sales@mwr.gov.cn 电话：(010) 68545888（营销中心）
经　　售	北京科水图书销售有限公司 电话：(010) 68545874、63202643 全国各地新华书店和相关出版物销售网点
排　　版	中国水利水电出版社微机排版中心
印　　刷	北京市密东印刷有限公司
规　　格	184mm×260mm　16开本　20印张　487千字
版　　次	2004年9月第1版第1次印刷 2017年12月第2版　2024年2月修订　2024年2月第3次印刷
印　　数	5501—10500册
定　　价	**59.50**元

序（第一版）

水是生命之源，是经济发展和社会进步的生命线，是实现可持续发展的重要物质基础。我国水旱灾害频繁，从古至今治国必治水，治水能安邦。党中央、国务院历来重视水的问题，把水资源同粮食、石油一起作为重要的战略资源，制定了水利方针、政策，把水利建设摆在基础设施建设的重要位置。党的十六大报告，提出了全面建设小康社会的奋斗目标，对新时期的水利工作提出了更高的要求，水利的改革与发展和水资源的可持续利用直接关系到全面建设小康社会目标的实现。

水法规是水资源开发、利用、节约、保护和管理的法律依据，是水利改革与发展、实现水资源可持续利用的保障。目前，我国已初步建立了较为完善的水法规体系。2002 年 8 月 29 日，第九届全国人民代表大会常务委员会第二十九次会议通过了《中华人民共和国水法》的修正案。修正后的水法已于 2002 年 10 月 1 日正式实施，这标志着我国从传统水利向现代水利和可持续发展水利转变，进入全面推进节水防污型社会建设，保障经济社会可持续发展的新阶段。

"徒法不足以自行"，任何法律、法规都要靠人去遵守和执行。各级政府、全体公民都应认真学习水法规、宣传水法规、执行水法规。水利行业从业人员，特别是各级水利行政管理人员更应该把水法律意识作为必备的职业素质，做到学法、懂法、守法，严格执法，以适应新时期水利工作的要求。

林冬妹编著的《水利法律法规教程》一书，着重介绍了人们必须了解、掌握的水法律、法规、规章以及水行政执法、水行政复议和水行政诉讼等知识，还专门列出了水行政职权一览表和水行政处罚法律文书格式，内容丰富，是一本关于我国水法律、法规理论和实务兼备的书。该书有利于水法律、法规基本知识和应用能力的培养，适合广大的水利工作者尤其是水行政执法人员和大中专院校师生学习、参考。该书的出版，对提高人们的水资源、水环境保护意识，提高水行政执法人员的素质和执法水平，将会发挥积极的作用。

高而坤

2004 年 6 月

（序作者为时任水利部政策法规司司长）

前言（第二版）

几千年前，华夏儿女在广袤的中华大地上，创造出了举世闻名的农耕文明，源远流长的灿烂文明孕育、滋养着伟大的中华民族，同样在这片土地上，今天的中华儿女用勤劳的双手和睿智创造出了现代化的工业文明，而且奇迹般的只用了几十年，便一跃成为世界第二大经济实体，让世界瞩目，令世人惊叹。但是，我们也付出了沉重的生态代价……蓝天白云、青山绿水，已变得如此珍贵。

中国，世界上人与自然关系最紧张的国家之一，世界上近1/5的人口生活在960多万km^2的土地上，人均资源拥有量远不及世界平均水平。改革开放40多年来，传统的粗放型发展方式已难以为继，资源环境的承载力已经达到或接近上限。

水资源是基础性的自然资源和战略性的经济资源，是生态与环境的控制要素。在中华文明的历史长河中，治水兴水历来是治国安邦的大事。中华人民共和国成立以来，我国水利建设取得了辉煌成就，我们以占全球6%的径流量、9%的耕地，不仅保障了占全球21%的人口的温饱，并向全面建成小康社会迈进，此间水利发挥了不可代替的、极其重要的作用。我国人多水少，水资源时空分布不均匀、与生产力布局不相匹配的基本水情将长期存在，水资源供需矛盾突出、水生态环境容量有限，实行最严格的水资源管理制度，加强水资源节约保护，是一项长期而艰巨的战略任务。这5年，绿色发展的理念日益深入人心，建设美丽中国的行动不断提速升级。

1988年《中华人民共和国水法》颁布实施，标志着我国开发利用水资源、保护管理水资源和防治水害开始走上法制的轨道。各级水行政主管部门以《中华人民共和国水法》宣传为先导，以水法规体系、水管理体系和水行政执法体系建设为重点，加强水利法制建设，全面推进水的立法工作。目前，已相继出台了《中华人民共和国水法》《中华人民共和国水污染防治法》《中华人民共和国水土保持法》和《中华人民共和国防洪法》等4部水法律，水行政法规18件，部门水行政规章52件，地方性水法规和政府水行政规章800多件，初步形成了与《中华人民共和国水法》配套的水法规体系，基本做到了各项水事活动有法可依。

党的十八大报告鲜明提出，自党的十八大以来，以习近平同志为核心的党中央，始终把生态文明建设放在治国理政的重要战略位置，生态文明建设成效显著。三中全会提出加快建立系统完整的生态文明制度体系，四中全会要求用严格的法律制度保护生态环境，五中全会将绿色发展纳入新发展理念。党的十九大报告强调指出，坚持人与自然和谐共生，强调建设生态文明是中华民族永续发展的千年大计。必须树立和践行绿水青山就是金山银山的理念，坚持节约资源和保护环境的基本国策，像对待生命一样对待生态环境，统筹山水林田湖草系统治理，实行最严格的生态环境保护制度，形成绿色发展方式和生活方式，坚定走生产发展、生活富裕、生态良好的文明发展道路，建设美丽中国，为人民创造良好的生产生活环境，为全球生态安全作出贡献。

党中央把依法治国纳入“四个全面”战略布局，强调“法治国家、法治政府、法治社会”一体建设。强调了法治是治国理政的基本方式，要推进科学立法、严格执法、公正司法、全民守法，坚持法律面前人人平等，保证有法必依、执法必严、违法必究。

党的十九大描绘了到本世纪中叶，将把我国建成富强民主文明和谐美丽的社会主义现代化强国。到那时，我国物质文明、政治文明、精神文明、社会文明、生态文明将全面提升。今天，中国站在新的历史起点上，比以往任何时期都接近中华民族伟大复兴这一宏伟目标，都更需要一个天蓝、地绿、水清的大美中国，让老百姓在宜居的环境中享受生活，切实感受到经济发展带来的生态效益。要实现这个目标，离不开水法律法规的遵守和执行。

本教材在2004年首次编撰出版时得到时任水利部政策法规司司长高而坤的大力支持和帮助，高司长为本书的修改提出了宝贵意见，并亲自为本书作序。广东省水利厅政策法规处也给予了大力支持与帮助。

本教材出版后在水利工作者尤其是水政执法人员、大中专院校师生中广泛使用，取得了良好的效果，并进行了多次重印。

为了深入学习贯彻习近平法治思想，学习贯彻习近平总书记关于治水的重要论述，要准确把握国家“江河战略”的丰富内涵和实践要求，以更大力度加强大江大河大湖生态保护治理，推进流域生态保护和高质量发展。推动长江经济带发展要把修复长江生态环境摆在压倒性位置，统筹考虑水环境、水生态、水资源、水安全、水文化和岸线等多方面的有机联系，共抓大保护、不搞大开发，推进长江上中下游、江河湖库、左右岸、干支流协同治理，探索出一条生态优先、绿色发展新路子，更好地坚持以治水思路为引领，编者进行了本教材的（第二版）第二次修订。根据新修订的《中华人民共和国长江保护法》《中华人民共和国黄河保护法》《中华人民共和国河道管理条例》《取水许可和水资源费征收管理条例》等新水利法律法规的立、改、废，对相关章节内容做了相应的修改，贯彻了习近平总书记“节水优先、空间均衡、系统治理、两手发力”“十六字”治水方针，融进了国家近年来特别是十八大以来水利法治建设成果，新增了如“流域管理法律”“最严格的水资源管理制度”、“水行政执法风险点防范”、“典型案例分析”、“基层水行政执法常用文书格式”、新修订的《广东省河道管理条例》《广东省河道采砂管理条例》、“行政执法”三项制度等内容，使本书更具时代性、实用性和可操作性。

《水利法律法规教程》（第二版）参考了各位专家同行的相关研究成果，征求了一些学校同行专家学者和水利系统专家的意见，得到了广东省水利厅水政监察局和政策法规处的大力支持，在此表示衷心的感谢！

由于水平、时间所限，难免挂一漏万，敬请各位专家学者以及广大读者不吝赐教，在此一并致谢！

编者

目录 MULU

第一章 水　法

第一节 水 法 概 述

一、水法的概念

水法是国家调整水资源的开发、利用、节约、保护以及管理水资源和防治水害过程中发生的各种社会关系的法律规范的总称。水法是国家法律体系的重要组成部分。水法有广义、狭义之分。

狭义是指《中华人民共和国水法》，它是水事基本法，其法律效力仅在宪法之下。我国现行《中华人民共和国水法》是1988年1月21日第六届全国人民代表大会常务委员会第24次会议通过，前后经历过三次修改，分别为2002年8月、2009年8月和2016年7月。

广义是指水法规，是规范水事活动的法律、法规、规章以及其他规范性文件的总称，包含《中华人民共和国防洪法》《中华人民共和国水土保持法》《河道管理条例》《取水许可和水资源费征收管理条例》《水行政处罚实施办法》和《关于全面推行河长制的意见》等。

二、水法的调整对象与特点

（一）水法的调整对象

任何一部法律都有自己特定的调整对象。水法的调整对象是水行政法律关系，即在我国领域内水资源的开发利用和防治水害等有关活动中，也就是水行政主体在行使水管理职权过程中产生的法律关系。

（二）水法的特点

1. 专业性较强

水法是水行政主体行使水管理职权的基本法律依据，一方面它具有法律规范的一般特点；另一方面更有其专业自身的特点，即科学性、技术性、社会性、前瞻性等。

（1）科学性。人类的生存与发展必须在环境资源的允许范围之内，如果超出资源环境的许可和承载能力，人类不但达不到可持续发展的战略目标，就连自身的生存也会无法保障。水资源与人类生活和社会发展关系十分密切，而水资源在大气、地表和地下的存在形式、运行和变化规律是不以人的意志为转移，是客观存在的。因此，在开发利用和保护水资源的过程中，必须尊重水资源的这种客观规律性，并在正确的水资源管理理论指导下，才能达到开发利用和保护水资源的目的。

（2）技术性。从水法的立法角度而言，水资源的存在、运行和变化客观规律是制定水法的前提和基础。与其他立法相比，水法的制定不仅需要考察研究社会经济发展规律，还要研究自然科学规律，了解水作为一种重要的自然资源在开发、利用、保护中需要注意的问题，制定相应的排污总量控制制度、水质监测与报告制度、饮用水水源保护区制度、地下水开采控制制度、流量与水位维持制度等，这些制度中涉及的许多技术指标与技术参数都是水法立法与执法过程中需要掌握的重要内容。因此，水法规范必须反映这种客观规律，并将大量的水资源行业管理规范、技术操作规范与规程、各种技术标准与工艺等内容列入水法中。

（3）社会性。水资源既作为一种自然资源而存在，又是一种重要的环境要素，具有多种功能。水资源的这种多功能性决定了水资源在人类生活和社会发展中的重要地位，水资源危机已经严重影响了不同国家、不同地区的社会发展，日渐成为一个世界性的问题。这是不同的社会制度、不同意识形态的国家急需解决的问题。对这一问题的不断解决、完全符合全社会、各民族以及全人类的共同利益，水法要体现水资源存在、运行和变化以及人类认识、利用和保护水资源经验与教训，并以这些内容去制约人类在迈向更高级的文明中与水资源开发利用和保护相关的人类活动，以达到维护人类生存对水资源的共同需求，实现人类社会的可持续发展。这正是法律社会职能的集中表现。

（4）前瞻性。根据中国的国情和经济承受能力，立足未来和社会发展的长远目标，充分吸取工业发达国家在实现工业化过程中的教训，在发展的过程中，逐步解决资源、环境等重大问题，做到“边发展、边治理，边利用、边保护”，走可持续发展之路。“不谋万世者，不足谋一时；不谋全局者，不足谋一域。”水法的立法和执法必须立足社会发展的长远规划和国家发展的全局利益。

2. 实体性和程序性规定共存

在民事与刑事领域中，实体法与程序法是分别制定的，如民法与民事诉讼法、刑法与刑事诉讼法，并形成不同的法律部门。而作为部门行政法的水法则不同，它的实体性规定和程序性规定往往是交织在一起，共存于一个法律文件之中。原因有二：一是水事法律的程序性规范不仅限于诉讼领域，在水行政管理与行政决策活动中存在着大量的程序性规范，如《水行政处罚实施办法》，它是行政诉讼法所不能概括、包容的；二是水事法律的程序性规范中往往包含有实体性内容，两者密不可分，无法将其分别立法。

三、水法的基本原则

1. 坚持国有制，保障水资源的合法开发和利用的原则

《中华人民共和国水法》第三条明确规定，水资源属于国家所有。水资源的所有权由国务院代表国家行使。农村集体经济组织的水塘和由农村集体经济组织修建管理的水库中的水，归各该农村集体经济组织使用。

2. 开发利用与保护相结合的原则

开发、利用水资源，应当坚持兴利与除害相结合，兼顾上下游、左右岸和有关地区之间的利益，充分发挥水资源的综合效益。

3. 坚持利用水资源与防治水害并重，全面规划，统筹兼顾，标本兼治，综合利用，讲求效益的原则

修改后的水法明确规定，开发、利用、节约、保护水资源和防治水害，应当全面规

划、统筹兼顾、标本兼治、综合利用、讲求效益，发挥水资源的多种功能，协调好生活、生产经营和生态环境用水。

4. 保护水资源，维护生态平衡的原则

在干旱和半干旱地区开发、利用水资源，应当充分考虑生态环境用水需要。跨流域调水，应当进行全面规划和科学论证，统筹兼顾调出和调入流域的用水需要，防止对生态环境造成破坏。

5. 实行计划用水，厉行节约用水的原则

国家厉行节约用水，大力推行节约用水措施，推广节约用水新技术、新工艺，发展节水型工业、农业和服务业，建立节水型社会。各级人民政府应当采取措施，加强对节约用水的管理，建立节约用水技术开发推广体系，培育和发展节约用水产业。单位和个人有节约用水的义务。

6. 国家对水资源实行流域管理与行政区域管理相结合原则

《中华人民共和国水法》第十二条规定，国家对水资源实行流域管理与行政区域管理相结合的管理体制。国务院水行政主管部门负责全国水资源的统一管理和监督工作。这一规定体现了按照资源管理与开发利用管理分开的原则，建立流域管理与区域管理相结合，统一管理与分级管理相结合的水资源管理体制。流域管理机构，在所管辖的范围内行使法律、行政法规规定的和国务院水行政主管部门授予的水资源管理和监督职责。

四、水法的渊源

“法的渊源”是专门的法学术语，它是指法律规范的效力来源，包括法律规范的创制方式和外部表现形式。我国社会主义法的基本渊源是有权创制法律规范的国家机关制定发布的规范性法律文件。根据我国宪法和有关组织法的规定，我国水法的渊源主要有以下几类。

（一）宪法

宪法是规定国家各项基本制度的、具有最高法律效力的国家根本大法，是其他一切法律的立法依据。宪法是国家的根本大法，在我国法律体系中具有最高法律效力。宪法关于水资源管理主体和管理内容的规定，是制定水事法律法规的原则和基础。关于水资源所有权和管理权的规定（如“水流属国家所有”），关于国家行政机构的职权和组织活动原则的规定，关于公民基本权利和义务的规定等，是制定水法的重要原则和依据，水事法律法规和规章则通过更为具体、详细的法律规范来体现这些原则和要求。水行政执法，不能违背宪法精神，水事法律法规和规章的制定还必须符合宪法精神，不得与其相抵触。

（二）法律

1. 水事基本法律

法律是由全国人民代表大会及其常务委员会制定的。在水事法律体系中，除宪法外，《中华人民共和国水法》在水事法律体系中占核心地位。《中华人民共和国水法》是综合的水事实体法规范，它对水资源管理的目的、宗旨和基本原则，水资源管理的组织机构、职权范围、监督检查及法律责任等都做了具体而又明确的规定，是制定其他水事法律规范的立法和执法依据。我国现行《中华人民共和国水法》是在1988年《中华人民共和国水法》的基础上经过全面修改，于2002年10月正式施行的，2016年7月进行了修订。现行《中华人民共和国水法》是一部较为完备的水法法典。

2. 水事特别法律

水事特别法律是针对水管理活动中特定的水管理行为、保护对象所引起的水行政关系而制定的专门法律，是宪法和水法原则、内容的具体化，因此水事特别法律所规定的内容都比较具体、翔实，可操作性强，是水行政主体实施水管理活动直接的、重要的法律依据，如《中华人民共和国水土保持法》《中华人民共和国防洪法》《中华人民共和国水污染防治法》《中华人民共和国长江保护法》《中华人民共和国黄河保护法》五部法律。

3. 其他基本法律

其他基本法律中也有关于水资源管理的规定，新的《中华人民共和国民法典》于2021年1月1日起生效实施。其中，第二百四十七条规定，矿藏、水流、海域属于国家所有。第二百九十条，关于水资源相邻权的规定与利用原则，《中华人民共和国刑法》中关于破坏性利用水资源的行为应承担相应的刑事法律责任的规定等，既是水行政主体在水管理活动中应当遵循的内容，同时也是对水行政主体行使水行政职权一种很好的监督。

（三）行政法规

行政法规特指由国务院为主领导和管理各项行政工作，根据宪法和法律，依照法定程序制定的政治、经济、教育、科技、文化、外事等各类法规的总和。按照行政法规制定程序暂行条例的规定，行政法规的规范名称为“条例”“规定”和“办法”三种。对某一方面的行政工作做了比较全面、系统的规定，称为“条例”；对某一方面的行政工作做了部分的规定，称为“规定”；对某一项行政工作做了比较具体的规定，称为“办法”。目前已经颁布实施的水行政法规主要有《河道管理条例》《水库大坝安全管理条例》《防汛条例》《水污染防治法实施细则》《取水许可和水资源费征收管理条例》和《地下水管理条例》等。

（四）地方性法规

地方性法规是地方权力机关根据本行政区域的具体情况和实际需要，在不同宪法、法律、行政法规相抵触的前提下，按规定程序制定的法规总称。地方性法规名称多为“条例”“实施办法”和“办法实施细则”等。所有的地方性法规发布后，都应报全国人民代表大会常务委员会和国务院备案。

（五）民族自治地方的自治条例和单行条例

民族自治地方的自治条例和单行条例，是由民族自治地方的人民代表大会制定或批准的规范性文件。自治区的自治条例和单行条例报全国人民代表大会常委会批准后生效。自治州、自治县的自治条例和单行条例，报省或者自治区人大常委会批准后生效。自治条例和单行条例在其制定机关的管辖范围内有效。民族自治地方根据水资源管理法律制定的条例的内容必须符合宪法、法律的基本原则。同时也不能与国务院制定的关于民族区域自治的行政法规相抵触，还应当履行必要的备案程序与手续。

（六）行政规章

行政规章包括部门规章和地方人民政府规章两种。

1. 部门规章

部门规章是指国务院各部门根据法律和国务院的行政法规、决定、命令，在本部门的

权限内，按照规定程序所制定的规定、办法、实施细则、规则等规范性文件的总称。

2. 地方人民政府规章

地方人民政府规章是指地方人民政府，根据法律、行政法规和地方性法规，制定的本行政区域内行政管理工作的规定、办法、实施细则、规则等规范性文件的总称。

所有的规章都应报国务院备案，地方人民政府规章还应报本级人大常委会备案。

（七）其他规范性文件

法规、规章之外的其他规范性文件，是指地方人民政府以及政府所属工作部门，依照法律、法规、规章和上级规范性文件，并按法定权限和规定程序制定的，在本地区、本部门具有普遍约束力的规定、办法、实施细则等。

五、我国水法的发展史

水法是人类在水资源开发、利用和保护过程中逐步形成的，是对人类在水资源的开发、利用和保护过程中的抽象和概括，并反过来指导人类水资源的开发、利用和保护活动。和其他法律一样，水法源远流长。

（一）我国古．近代的水法发展史

1. 我国古代水法历史沿革

我国水法起源历史悠久、内容丰富，在世界水法史上可称之为首。在我国，对水资源的开发、利用和保护管理活动可以追溯到传说中的“三皇五帝”时期，尤其是大禹“三过家门而不入”的治水故事广为流传。奴隶社会，各级奴隶主贵族垄断土地，水也被垄断。相传夏朝的第一个国王大禹，在他继位以前，经治水13年（公元前2085—前2072年）而负盛名，至今仍传为佳话。据考古证明禹时已有了法律，土地和水均属天子，他是最高的统治者。

（1）水法大体始于西周。最早的水管理文字记载见于西周的《伐崇令》。在《伐崇令》中明令禁止填水井，违令者斩。据《孟子·告子》记载，公元前651年葵丘会盟之盟约规定：“无曲防”“毋雍泉”。秦始皇三十四年，在丞相李斯的主持下“明法度、定律令”，水利法规包括在《田律》之中，“春二月，毋敢伐木山林及雍提水”就是具体规定。公元前220—前206年，汉朝是历史上具有全面记载水法规和水管理制度的朝代，在水的所有、分配、使用、管理与水事纠纷裁决等方面，不但有法典，而且辅以法律、法令、法规。《水令》是西汉时的灌溉管理法规，《汉忆·儿宽传》中记载，在关中开六铺渠后，曾经“定水令，以广灌田”。

（2）唐代制定的水事管理法律较为完善。唐代封建法制建设达到了鼎盛时期，形成了比较完整的封建法律体系，虽然水法规多分散在一些法典的条文中，但仍可看出中央集权十分重视运用法律武器来调整各种水事社会关系，以实现水行政管理的政府职能。唐代的《永徽律》《唐六典》《水部式》及《贞观律》都有管理方面的规定，尤其《水部式》是我国古代比较系统的水利工程管理方面的专门法典，“凡浇田者皆仰预知顷田，依次取用。水遍，即令闭塞，务使均普，不得偏并”。就是《水部式》的规定之一，该法规保护和稳定了唐王朝的生产关系。

（3）到了宋代，农田水利管理法规又有了进步，在王安石变法前熙宁二年（公元1069

年）颁行的《农田水利约束》就是一个全国性的法规；元明时期水利方面的法规就更多了，如芍坡、都江堰、山河堰、关中引泾渠、宁夏引黄各渠等都有专项规定，至于黄河堤防，长江荆江大堤、江浙海塘，朝廷和地方官府都颁布过一系列管理法令、条例；明朝的“大明律”及清朝的“大清律例”也都有相当数量的水管理法规。我国封建社会的法制在世界上自成体系，称之为中华法系。中华法系与世界其他法系差别很大，具有显著的特点和独立性。在水法上，表现为强化官府权力，忽视保护民事权利，注重农业生产，强调水事活动不误农时，并且行政司法不分，民刑不分，注重刑罚等特点。

这些内容一方面反映了我国古代人民在水事管理活动中的巨大成就，另一方面也反映了我国水利法制建设的历史发展与成就。当然，古代的水法毕竟受历史条件限制，水事管理活动在内容上主要表现为强化官府的权力，忽视相对方权利的保护；水行政与司法手段不分，强调刑罚的作用等。

2. 我国近代水法发展

到了近代，随着西方水利工程管理技术和西方法学传入中国，我国的水利法制建设开始有了新的发展。1929年，国民政府主管水利事务的建设委员会认识到水事管理活动中没有水法依据的困难，认为“凡百措施均感无所凭借”，于是着手翻译西方国家的水事管理法律规范，同时着手起草《水利法》。该法于1942年颁布，是第一部将西方法学与我国的水利管理实践相结合的水事管理法律规范，从其内容来看，较为全面、实用，但是由于当时政局动荡不稳，这部法律没能得到贯彻实施。

（二）中华人民共和国成立后的水法发展史

1. 中华人民共和国成立后水法的几个发展阶段

（1）恢复水利法制时期：1949—1966年“文化大革命”前。这个时期，我国调解水事管理活动的依据主要是行政性的规范文件。例如，1961年中央批转了林业部、水利电力部《关于加强水利管理工作的十条意见》；1962年3月中共中央批准水利电力部《关于五省一市平原地区水利问题处理原则的报告》，同年11月，中共中央、国务院发出《关于继续解决边界水利问题的通知》；1965年国务院批准水利电力部的《水利工程水费征收使用和管理试行办法》等。

（2）水利法制建设遭到践踏时期：1966年“文化大革命”至1976年十一届三中全会前。这个时期，整个国家的法制建设都遭到了践踏，水利法制建设当然也不例外。

（3）水利法制建设的恢复发展时期：十一届三中全会至1988年《中华人民共和国水法》颁布实施前。这个时期，颁布以《水土保持工作条例》等为代表的比较规范的水利法律、法规和规章。

（4）水利法制建设的新发展时期：1988年《中华人民共和国水法》颁布。同年7月1日实施。这是我国第一部管理水事活动的基本法。这部法律规定了水资源的两种所有制，即属国家和集体所有，规定了水资源开发利用的方针、原则、基本管理制度和管理体制，它的颁布实施标志着我国水利事业进入了依法治水的新时期。《中华人民共和国水法》颁布以来，我国已初步建立了与水法相配套的水法规体系和水行政执法体系；初步理顺了水资源管理体制，强化了水资源统一管理；以实施取水许可制度和水资源有偿使用制度为重点，建立和完善各项水资源管理制度，使我国水资源管理逐步纳入法制轨道，水的利用率

大幅度提高，水利建设和防治水害工作取得重大成就。水法的颁布实施对我国水利事业的发展发挥了极其重要的作用。

2. 依法治水的新时期——2002年新《中华人民共和国水法》的颁布

20多年来，随着中国式现代化建设进程的加快和人民生活水平的不断提高，各种水问题已成为我国经济社会可持续发展的重要制约因素。因此，依法加强对水资源的管理，严守水资源开法利用的上限，促进经济社会会发展全面绿色转型，修改原水法，已经迫在眉睫。2002年8月29日由第九届全国人大常委会第二十九次会议审议通过，10月1日正式实施新的《中华人民共和国水法》。后又经过两次修订，原《中华人民共和国水法》共七章五十三条。修订后的《中华人民共和国水法》共八章八十二条，依次是：第一章总则，第二章水资源规划，第三章水资源开发利用，第四章水资源、水域和水工程的保护，第五章水资源配置和节约使用，第六章监督检查，第七章法律责任，第八章附则。

每年的3月22日是“世界水日”。水是生命之源、生产之要、生态之基。胸怀祖国江河山川，心系民族千秋福祉。党的十八大以来，习近平总书记站在实现中华民族永续发展的战略高度，亲自擘画、亲自部署、亲自推动治水事业，就治水发表了一系列重要讲话、作出了一系列重要指示批示，提出了一系列新理念新思想新战略，形成了科学严谨、逻辑严密、系统完备的理论体系，是习近平新时代中国特色社会主义思想在治水领域的集中体现，为新时代治水指明了前进方向，提供了根本遵循。

有人大代表建议，自2002年水法修订施行已经过了20多年，特别是党的十八大以来，党中央、国务院对治水作出重大部署，治水实践取得重大进展，经济社会发展发生了深刻变化，应当与时俱进，对水法进行全面修订。水法部分制度规定与水安全保障形势现实需求不相匹配，特别是习近平总书记提出的‘节水优先、空间均衡、系统治理、两手发力’治水思路未能充分体现。此外，水法更多聚焦的是水资源方面的内容，规定范围偏窄，一些重要涉水事项目前无法可依。“建议尽快启动《中华人民共和国水法》全面修订，将修订水法列入新一届人大立法规划与立法计划。建议尽快把全面修订水法列入议事日程，进一步确立水法作为水事活动基本法的法律地位，理顺其与防洪法、水土保持法等法律以及长江保护法、黄河保护法的关系，建立健全水事活动基本制度，以水法统领规范治水工作。”希望通过新一轮修订，真正形成一套以水法为水事活动基本法的水法规体系，为新阶段水利高质量发展提供坚实的法治保障。

六、现代水法的发展趋势

世界上大多数国家、地区为了缓解水资源供需矛盾，充分运用法律的、经济的、行政的等多种手段加强对水资源的管理，并取得了不少的成就与经验，但是也出现了一些新的特点和发展趋势，而“水法”（有的国家也称为“水资源法”或其他类似名称）作为水资源开发利用与保护方面的基本方法法律规范，逐渐体现和反映水资源开发利用与保护中的一些规律性、指导性和前瞻性内容，以指导、促进和实现水资源管理。各国水法的发展和变化集中表现在以下几个方面。

（一）水资源在国民经济和社会发展中的地位得到了重新的认识

水是人类和地球上一切生物赖以生存的基本要素。随着社会经济的发展，水资源已经成为重要的制约因素，人类重新认识水资源在国民经济和社会发展中的地位和作用。

1. 人们已接受淡水资源不但有限而且严重短缺的现实

水是人类生存和发展不可替代的资源，是经济和社会发展的基础。据资料显示，海洋约占地球总水量的96.53%，陆地上的淡水资源总量只占地球上水体总量的2.53%，而且大部分主要分布在南北两极地区的固体冰川。虽然科学家们正在研究冰川的利用方法，但在目前技术条件下还无法大规模利用。此外，地下水的淡水储量也很大，但绝大部分是深层地下水，开采利用的也很少。人类目前比较容易利用的淡水资源，主要是河流水、淡水湖泊水以及浅层地下水。这些淡水储量只占全部淡水的0.3%，占全球总水量的十万分之七，即全球真正有效利用的淡水资源每年约有9000km^3。可见，水资源并不是“取之不尽，用之不竭”的。

目前，地球上有10亿人缺乏安全足够的饮用水。近半个世纪以来，随着人口的增加、工农业的发展、城市化的加快，世界上每隔30年人均用水量翻番、人均拥有水资源量减半。早在1997年，联合国就发布了《世界水资源综合评估报告》，向全世界发出淡水资源短缺的警报，但世界上的缺水情况仍然在继续恶化；非洲一半以上地区长期干旱，亚洲、拉丁美洲大片地区受到缺水的威胁。目前世界上有10亿人口缺乏安全的饮用水供应，全球面临严重的淡水缺乏危机，每天有6000人因缺乏安全的饮用水而丧命。城市和工农业集中地区的缺水问题已经成为一个世界性的普遍现象。

2. 人类较全面认识水资源的作用

水资源的自然作用是滋润土地，使之成为人类和地球上其他生物生息繁衍的地方。随着现代社会的发展，人类扩大了水资源的用途，形成了从灌溉、航运、养殖、生活饮用到水能开发、水上康乐等自然功能和经济功能于一体，进入了多目标开发利用和保护阶段。因此，对水资源在一个国家中的最重要地位与作用已基本达成共识。

(1) 水资源是一个国家综合国力的重要组成部分。

(2) 水资源的开发、利用与保护水平标志着一个国家的社会经济发展总体水平。

(3) 对水资源的调蓄能力决定着一个国家的应变能力。

(4) 水资源的开发和利用潜力，包括开源与节流是一个国家发展的后劲所在。

(5) 水资源的供需失去平衡，会导致一个国家的经济和社会的波动。人们开始用全新的眼光、发展的眼光重新审视水，并形成了新的共识：水不仅仅是自然资源，而且是21世纪重要的战略资源。

因此，各国都根据本国的国情，开始重新定位水资源在本国国民经济和社会发展中的地位和作用，加强了对水资源保护的立法。

(二) 加强对水资源的权属管理

水资源的权属包含水资源的所有权和使用权两个方面的内容：一是对水资源的所有权管理；二是对水资源的使用权管理。各国水法都加强了对水资源权属的管理。

1. 对水资源的所有权管理

由于水资源在一个国家国民经济和社会生活中占有重要的地位，因此，大多数国家扩大了水资源的公有色彩，强化政府对水资源的控制与管理，淡化水资源的民法色彩，强调水资源的公有属性。实际上，世界上大多数国家的水法都规定了水资源属于国家所有，如

英国、法国先后在20世纪60年代通过水资源公有制的法律，澳大利亚、加拿大等国家也都明确水资源为国家所有，德国水法虽然没有规定水资源的所有制，但是明确了水资源管理服务属于公共利益，我国现行《中华人民共和国水法》第三条也明确规定了水资源属于国家所有。这些均表明，在水资源的所有制法律界定方面，世界上大多数国家的取向是一致的，即强调水资源的公有和共有属性，以维护社会公共利益。

2. 对水资源的使用权管理

长期以来，由于人类认识因素的影响，人类都是无偿取用水资源，不但造成水资源的大量浪费，而且使水资源的取用处于一种无序状态。随着水资源供需矛盾的日益加剧，将水资源的取用纳入管理势在必行，于是，取水许可或水资源使用权登记、管理等水资源使用权属管理就应运而生。世界上许多国家都实行取水许可制度，实行用水许可证已经成为世界普遍采用的水资源管理基本制度。除了法律专门规定可以不经过许可用水的外，用水者都必须根据许可证书规定的方式和范围取水，同时用水者的许可证书在法定条件下还可以加以限制和取消。例如，苏联规定，在违反用水规则和水保护规则，或不按照原定目的利用水体的情况下，可以终止用水权。我国2006年4月15日起以国务院令的形式颁布了《取水许可和水资源费征收管理条例》，根据2017年3月1日《国务院关于修改和废止部分行政法规的决定》取代1993年8月颁布的《取水许可制度实施办法》。此外，在水资源用途上，各国水法都规定了城乡居民生活用水和农业用水优先的原则。

（三）加强对水资源的统一管理

水资源是一个动态、循环的闭合系统，地表水、地下水和空中水彼此可以相互转化，某种形式水资源的变化可以影响其他形式的水资源，因此，各国水法主要从以下三个方面加强对水资源的管理。

1. 对水资源存在形式（即地表水、地下水和空中水）进行统一管理

地表水是人类容易取用的水资源，但地下水、空中水在某种条件下可以和地表水进行交换。因此，对水资源加强管理不仅仅是要加强对地表水的管理，还要加强地下水与空中水的管理。澳大利亚很早就将地表水与地下水统一收归国有，美国在20世纪80年代就开始关注地下水的保护，为此制定了防止地下水污染的全国性水政策。目前由于技术水平的限制，人类对空中水的管理还处于探索阶段，但是也开始施加一定程度的影响，如人工降雨等。

2. 对水资源在量与质两方面的统一管理

据资料显示，全世界有近一半的污水、废水未经处理就排入水域，不但严重威胁人类的身体健康，同时也给环境带来危害。水污染程度的加剧，促进水资源管理发展到水量与水质管理并重的阶段。在世界发展史上，一些欧美国家先后都经历了“先污染，后治理”的阶段，美国于1972年就制定了《联邦水污染法》，提出目标是1985年实现“零排放”，即禁止一切点源污染物排入水体，英国为了改变泰晤士河的污染状况，于1974年制定了各河段的水质目标和污染物排放标准。虽然我国也于1984年制定了《中华人民共和国水污染防治法》，但是水污染主管部门却是环境保护管理部门，只有在国家确定的重要江河、湖泊水功能区才有由水利部门与环境保护部门共同设立的水污染监测机构，在全国范围尚未真正实行水量与水质的统一管理。

3. 对水资源的运行区域进行统一管理

即按照江河、湖泊流域进行统一管理。世界上按照江河、湖泊进行流域管理最成功的是美国田纳西河流域，其他国家也有流域管理的成功经验。我国的流域管理历史比较悠久，早在秦朝即有专司江河治理的中央派出机构或官员，在元、明、清时期则成立专门的流域管理机构，到了近代，流域管理得到了进一步发展。现在，我国政府在长江、黄河等七大国家重要的江河、湖泊设立了流域管理机构，新修改的水法规定了国家对水资源实行流域管理与行政区域管理相结合的制度。国务院水行政主管部门负责全国水资源的统一管理和监督工作。

（四）在水资源开发利用与保护过程中引入市场经济规律，促进水利产业化发展

在水资源管理过程中，由于施加了人类的生产劳动，水资源不再是单纯的自然水资源，而是附加了劳动价值的商品水资源，因此，在各国在水资源开发、利用与保护的立法过程中，都引入市场经济规律，遵循价格与价值相一致的原则，调整水资源的使用价格，使其与水资源的价值相符合，尤其是对用于商业性盈利为目的水资源的管理，如供水、水力发电、水上康乐等，应当根据市场经济发展原则大力调整其价格。只有这样，才能在水资源管理领域形成一个良性的循环发展机制，才能逐步促进水资源走上产业化发展进程。

（五）大力进行节水技术的开发研究和推广利用

由于水资源总量有限，人类要利用现有技术开源、节流，提高水资源的重复使用率。目前，大多数国家的水资源总量不足，水资源供需矛盾十分突出。为了缓解水资源的供需矛盾，各国水法鼓励进行节水技术的开发、研究与推广。

世界上许多国家的节水技术水平都很高，尤其是在缺水比较严重的以色列，有成功的一系列节水措施：①实行用水配额制，强制工业企业和农业向节水型发展；②强调水资源的商品属性，由国家制定适当的水的价格来引导用水户的用水取向；③政府利用经济杠杆来奖励节水用户，惩罚浪费者；④政府对节水技术、设备的研究与推广给予高度重视，目前在以色列，凡是与水有关的，无论是机械设备、各种管道阀门，还是家用电器等都是节水型的；⑤大力推广节水灌溉技术，以色列的节水农业是在20世纪60年代初期随着喷灌技术和设备的出现而开始发展的，现在已发展全部用计算机控制的水肥一体的滴灌和微喷灌系统。此外，以色列还加强对水资源保护的科学研究与技术开发，研制出具有世界一流水平的废水处理设备，其废水处理率已经达到80%。其他国家如美国、英国在节水技术研究与推广方面也取得不小的成绩。我国存在大面积的干旱、半干旱地区，即使在湿润地区，以色列的这些节水技术与政策对我国也具有很好的借鉴和指导作用。为此，我国的《水利产业政策》特别强调了加强对节水技术的开发、研究与推广。

（六）在水资源管理过程中正确处理与土地资源、林业资源、草原资源等自然资源之间的关系

水资源不是独立的一种自然资源，它总是与其他自然资源如土地、林业、草原等结合在一起，共同对人类的生产、生活活动产生影响，因此，各国在水资源开发、利用与保护的立法过程中，能正确处理水资源与其他资源之间的关系，以达到对所有自然资源的合理、充分的利用。如果人类破坏性地开发和利用某一种自然资源，可能对与其相关的资源造成严重的灾害，如1998年发生在长江、松花江与嫩江等流域的洪涝灾害，其中很重要

的一个因素就是这些江河的上游地区林木、草原等地面植被被过度采伐，使其覆盖率过低而造成水土流失。

（七）积极引导全社会共同参与水资源管理

水资源的合理利用对每个公民都是休戚相关的，尤其是在20世纪60年代以来，世界上大多数国家日益强调水资源开发、利用与保护的社会效益和环境效益，在水资源的许多行业管理领域都应当充分听取社会公众的意见。实际上，许多国家的水资源管理法律规范都强调了社会公众参与水资源管理的权利和义务。我国在所颁发的水事法律规范中，几乎都有关于公民参与的法律条文内容。

第二节　水资源规划

一、水资源的概念及其特点

（一）水资源的概念

水资源作为大自然赋予人类的宝贵财富，是人类生活和生产不可缺少的基本物质，是地球上不可代替的自然资源。水资源早已得到人们的重视和利用。而普遍使用“水资源”一词，只是近代的事情。什么是水资源，到目前为止，还没有一个统一的定义。《英国大百科全书》把水资源定义为：“全部自然界任何形态的水，包括气态水、液态水和固态水的全部量。”联合国教科文和世界气象组织共同制定的《水资源评价活动——国家评价手册》则将水资源定义为：“可望利用或有可能利用的水源，具有足够的数量和可用的质量，并能在某一地点为某种用途而利用”。《中国大百科全书》（大气、海洋、水文类），将水资源定义为：“地球表层可供人类利用的水，包括水量（水质）、水域和水能资源”，并强调“一般每年可更新的水资源”。编者认为，水资源可以理解为人类在长期的生活、生产过程中各种需水的基本来源。《中华人民共和国水法》所称的水资源是指地表水和地下水。本教程所讲的水资源，正是水法意义上的水资源。

（二）水资源特点

水资源是在水循环背景下随时空变化的动态自然资源，它有与其他自然资源不同的特点，表现在以下几个方面。

1. 循环性和有限性

水是一种动态资源，自然界中的水不断进行运动，相互转化。在太阳能的作用下，水从海洋、陆地表面蒸发，形成水蒸气进入大气层，环流移动，再凝结成雨雪降落到地面，一部分流入江河湖泊，一部分渗入地下形成地下水，一部分又经水面蒸发及植物蒸腾作用而重新返回到大气中，构成自然界的水分循环。这种循环比较复杂，大体以年为周期，当年水资源耗用或流逝，又可为来年的大气降水所补给，形成了水资源消耗和补给间的循环，使得水资源不同于矿产资源，而具有可恢复性，是一种再生性自然资源。地球上的水分在循环过程中的变化尽管十分复杂，但它终归要达到平衡，既不会增多，也不会减少。就多年均衡意义讲，水资源的平均年耗用量不得超过区域的多年平均年水资源量。全球陆面平均降水量为119万亿m^3，只占淡水储量的0.34%。因此，陆地降水量119万亿m^3是人类世界各种耗水用量的极限。无限的水循环和有限的大气降水补给，决定了区域水资源量的循环性和有限性，也决定了水资源不是取之不尽用之不竭的，而是在一定数量限度内才是可以不断取用的。

2. 时空分布的不均匀性

“时”是指时间，“空”就是空间。时空分布就是某物理量在时间上和空间上的分布情况。水资源时间变化上的不均匀性，表现为水资源量年际、年内变化幅度很大，容易造成连旱、连涝持续出现。水资源的年内变化也很不均匀，汛期水量集中，不便利用，枯季水量锐减，又满足不了需水要求，而且各年内变化的情况也各不相同。水资源空间变化的不均匀性，表现为水资源量地区分布上的不均匀。水资源时空变化的不均匀性，使得水资源利用要采取各种工程的和非工程的措施，或跨地区调水，或调节水量的时程分配，或抬高天然水位，或制订调度方案，以满足人类生活、生产的需求。水资源地区分布的不均匀，使得各地区在水资源开发利用条件上存在巨大的差别。水资源的地区分布与人口、土地资源的地区分布得不相一致，是又一种意义上的空间变化不均匀性。水资源时空分布的不均匀性，是造成洪、涝、旱灾的根本原因。

3. 用途的广泛性和不可代替性

水资源既是生活资源又是生产资料，在国计民生中的用途相当广泛，各行各业都离不开水，水是农业的命脉、工业的血液、城市的命脉、国民经济的命脉。水可用于灌溉、发电、供水、航运、养殖、旅游、净化水环境等各个方面，水的广泛用途决定了水资源开发和利用的多功能特点。按照水资源的功能，有时可将水资源分别称为灌溉资源、水能（力）资源、水运资源、水产养殖资源、旅游资源等，作出专项的水资源评价。表现在水资源利用上，就是一水多用和综合利用。根据生物学家估算，成人体内含水量占体重的66%，哺乳动物含水量为60%～68%，植物含水量为75%～90%。水在维持人类生存和生态环境方面是不可代替的，是比石油、天然气、煤更为宝贵的自然资源。

4. 经济上的两重性

水资源随时空变化不均匀，当一个地区的降水适时适量时，则会呈现出风调雨顺的丰收年景；在水量过多或过少的时间和地点，往往会出现洪、涝、旱、碱等自然灾害。而水资源开发和利用不当，也会引起人为的灾害。因此，在水资源的综合开发和合理利用中，不仅在于增加供水量，满足需水要求，而且还有治理洪涝、旱灾、渍害的问题，即包括兴水利和除水害两个方面。水资源的开发应达到兴利和除害的双重目的。

5. 地表水与地下水相互转化性

地表水与地下水是密切相关而又相互转化的。河川径流中包括一部分地下水的排泄量，而地下水也承受地表水入渗的补给。地下水开采过量，必然导致河川径流和泉水流量的减少；而河川径流的减少会影响对地下水的补给。

二、我国水资源的特点及目前面临的水问题

（一）我国水资源的特点

我国水资源时空分布极不均衡，水资源短缺、水环境污染、水生态损害已成为高质量发展的突出短板。

1. 水资源总量多，人均占有量少

我国水资源总量为2.8亿m^3，仅次于巴西、俄罗斯、加拿大、美国、印度，居世界第六位。由于中国人口众多，人均水资源占有量低，人均占有水资源量只有2340m^3，仅为世界人均水平的1/4，居世界第109位。我国一些流域如海河、黄河、淮河流域，人均占有量更低。

2. 河川径流年际、年内变化大

我国河川径流量的年际变化大。在年径流量时序变化方面，北方主要河流都曾出现过连续丰水年和连续枯水年的现象。这很容易造成水旱灾害频繁，是农业生产不稳和水资源供需矛盾尖锐的重要原因。我国降雨年内分配也极不均匀，主要集中在汛期。长江以南地区河流汛期（4—7月）的径流量占年径流总量的60%左右，华北地区的部分河流汛期（6—9月）可达80%以上。

3. 水资源地区分布与其他重要资源布局不相匹配

我国水资源呈现地区分布不均和时程变化的两大特点，降水量从东南沿海向西北内陆递减，简单概括为“五多五少”，即总量多、人均少；南方多、北方少；东部多，西部少；夏秋多，冬春少；山区多，平原少。这也造成了全国水土资源不平衡现象，如长江流域和长江以南耕地只占全国的36%，而水资源量却占全国的80%；黄河、淮河、海河三大流域，水资源量只占全国的8%，而耕地却占全国的40%，水土资源相差悬殊。同时，年内年际分配不匀，旱涝灾害频繁。大部分地区年内连续4个月降水量占全年的70%以上，连续丰水年或连续枯水年较为常见。

南方水多、北方水少，东部水多、西部水少，山区水多、平原水少。全国年降水量的分布由东南的超过3000mm向西北递减至少于50mm。北方地区（长江流域以北）面积占全国的63.5%，人口约占全国的46%、耕地占60%、GDP占44%，而水资源仅占19%。其中，黄河、淮河、海河三个流域耕地占35%、人口占35%、GDP占32%，水资源量仅占全国的7%，人均水资源量仅为457m^3，是我国水资源最紧缺的地区。

4. 雨热同期是我国水资源的突出特点

我国水资源和热量的年内变化具有同步性，称为雨热同期。每年3—5月后气温持续上升，雨季也大体上在这个时候来临，水分、热量的同期到来有利于农作物的生长。这也是我国以占世界6.45%的土地面积和7.2%的耕地，养活了约占世界1/5人口的一个重要自然条件。

当然，雨热同期只是就全国宏观而言，南方有的地区，7—9月农作物生长旺盛，高温少雨，成为主要的干旱期。只有认识并掌握水资源的以上特征，人们才能有效地开发和合理地利用有限的水资源。我国水法对水资源保护的有关规定，正是在对水资源特征了解的基础上制定出来的。受全球性气候变化等影响，近年来我国部分地区降水发生变化，北方地区水资源明显减少。

5. 总量变化不大，南北河川径流量和水资源总量变化有差异

近20年来，全国地表水资源量和水资源总量变化不大，但南方地区河川径流量和水资源总量有所增加，增幅接近5%，而北方地区水资源量减少明显，其中以黄河、淮河、海河和辽河区最为显著，地表水资源量减少17%，水资源总量减少12%，其中海河区地

表水资源量减少41%、水资源总量减少25%。北方部分流域已从周期性的水资源短缺转变成绝对性短缺。我国的水资源特点，反映出我国总体上是一个干旱缺水的国家。同时，我国来水的时空分布不均给水资源开发和利用带来很大困难，必须修建相应的蓄水、调水等水利工程实现来水和需水的匹配。

（二）我国目前面临的水问题

我国水资源面临十分严峻的挑战。我国是一个水资源不足，水旱灾害频繁发生的国家。受季风气候和地形条件的影响，水资源时空分布极不均衡。长江以北水系流域面积占全国国土总面积的64%，水资源量却只占全国的19%，干旱缺水成为我国北方地区的主要自然灾害。全国大部分地区最大4个月的降雨量约占全年降雨总量的70%，往往造成汛期洪水成灾。兴水利、除水害历来是中国治国安邦的大事。中国水资源领域主要面临以下五个方面的挑战。

1. 洪涝灾害频繁

中华人民共和国成立后，我国七大江河都曾发生过大洪水，20世纪90年代的10年中，主要江河流域有6年发生大洪水，1991年，江淮流域发生大水；1994年，珠江、长江、辽河和黄河流域均发生大洪水；1998年，长江、松花江、嫩江流域又发生大洪水；2020年，我国出现1998年以来最严重汛情，全国共发生21次编号洪水，长江、淮河、松花江、太湖洪水齐发，836条河流发生超警戒水位以上洪水，较多年平均偏多80%。西南、华北、东北地区相继发生旱情，部分地区旱涝急转。我国局部地区的洪水每年都会发生；平均每年有7个左右的台风在中国大陆登陆；因暴雨引发的泥石流、滑坡等突发性山洪灾害也很突出。2022年，我国极端天气事件频发，洪水、干旱、咸潮交叠并发、历史罕见，防御形势极其复杂，防御挑战极其严峻。2023年，我国江河洪水多发重发，海河流域发生60年来最大流域性特大洪水，松花江流域部分支流发生超实测记录洪水，防汛抗洪形势异常复杂严峻。

2. 水资源短缺突出

我国是一个先天水资源匮乏的国家，人口占世界的18%，而水资源仅占世界可用水资源的6%，水资源问题不容乐观。我国是农业大国，也是水资源严重短缺的国家，我国多年平均缺水量为536亿m^3。全国一半城市缺水，其中108个严重缺水。目前1.33亿hm^2耕地中，尚有0.55亿hm^2为无灌溉条件的干旱地，有0.93亿hm^2草场缺水，全国每年有2亿hm^2农田受旱灾威胁，农村8000万人和6000万只家禽饮水困难。农业缺水量达3000亿m^3。水资源短缺已经成为中国尤其是北方地区经济社会发展的严重制约因素。

3. 水土流失严重

我国是世界上水土流失最严重的国家之一。水土严重流失，据统计我国每年流失的土壤近50亿t，相当于耕作层为33cm的耕地130万hm^2，减少耕地300万hm^2，经济损失100亿元，占国土面积39%的水土流失区域内的河流以高含沙著称世界，仅以黄河为例，黄河下游河床每年以10cm的抬升，已高出地面3～10m，成为地上悬河。由于淤积，全国损失水库容量累计200亿m^3。虽然，经过多年治理，全国水土流失面积由20世纪80年代中后期的367.03万km^2，减少到目前的271.08万km^2，减幅达1/4，土壤侵蚀强度也明显下降，呈现出水土流失面积减少和强度降低的趋势。目前我国生态系统还较为脆

弱，水土流失量大面广、局部地区严重的现状还没有发生根本性改变，提升治理水平的科技需求依然突出。因此，要完成水利“十四五”目标，即到2025年，人为水土流失得到基本控制，重点地区水土流失得到有效治理，全国水土保持率提高到73%以上，任务仍然艰巨。

4. 我国生态环境保护结构性、根源性、趋势性压力尚未根本缓解

党的十八大以来，我们把生态文明建设作为关系中华民族永续发展的根本大计，开展了一系列开创性工作，决心之大、力度之大、成效之大前所未有，生态文明建设从理论到实践都发生了历史性、转折性、全局性变化，美丽中国建设迈出重大步伐。我国经济社会发展已进入加快绿色化、低碳化的高质量发展阶段，生态文明建设仍处于压力叠加、负重前行的关键期。必须以更高站位、更宽视野、更大力度来谋划和推进新征程生态环境保护工作，谱写新时代生态文明建设新篇章。

据中国环境监测总站数据统计（资料来源：中华人民共和国生态环境部）：2023年12月，我国十大流域：长江流域、黄河流域、珠江流域、浙闽片河流、西北诸河和西南诸河水质为优；淮河流域、海河流域和辽河流域水质良好：松花江流域为轻度污染。2023年12月我国十大主要江河水质类别比例如图1-1所示，我国重点湖库污染指标统计如图1-2所示。

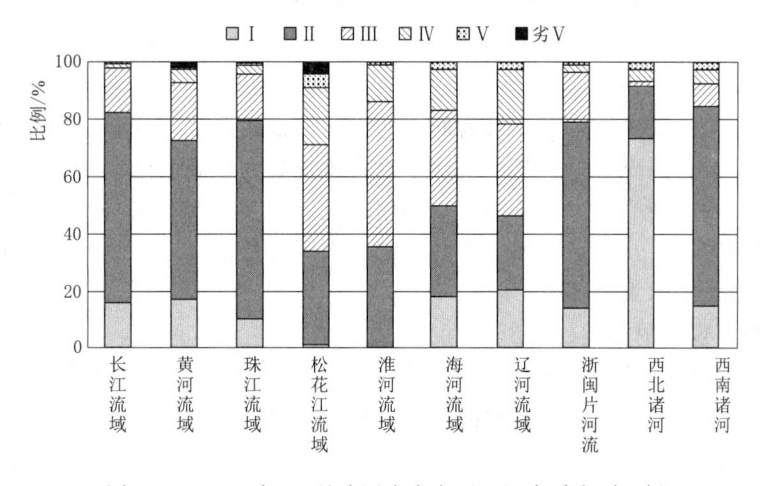

图1-1　2023年12月我国十大主要江河水质类别比例

2023年12月监测的201个重要湖泊和水库中：向海水库、莫莫格泡等10个湖库为重度污染；洪湖、扎龙湖、乌梁素海、滇池等7个湖库为中度污染；仙女湖、洞庭湖、阳澄湖、巢湖、青海湖等31个湖库为轻度污染；主要污染指标为总磷、化学需氧量、高锰酸盐指数、氟化物和五日生化需氧量。其余湖库水质优良。仍需持续打好碧水保卫战，持续开展水污染防治法执法检查，饮用、水水源地生态环境问题排查整治。

5. 水价严重偏低，水资源浪费严重

水资源是人类宝贵的财富，供水具有成本，这就体现水的商业价值。但是我国现行水价偏低，在发达国家水价与电价的比例是6∶1，水比电贵，而在我国是1∶1，甚至更低，水费往往只是象征性地收一点，不讲经济效益，水利建设投资也是由国家财政预算加以解决。近年来，国家对水利行业尽管进行了多方面和大量的改革，但水价调整力度远远不

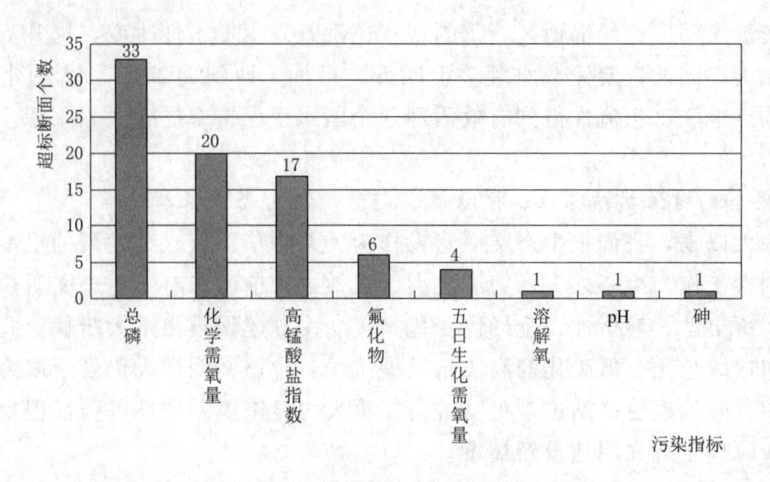

图 1-2 2023 年 12 月我国重点湖库污染指标统计

够，目前水价根本起不到调节水资源市场供求矛盾的作用。统计资料表明：全国各地水费标准只达到测算成本的 62%，农业水价还不到成本的 1/3；水费仅占居民日常开支的 0.3%左右。水价格的低下，使之与其他商品相比，比价十分不合理，许多家庭支付的水费占家庭生活支出费用的比重越来越低，每人每月的水费不足 500g 大米的价值。

三、水资源规划

正是由于我国水资源的特点及目前面临的水问题依然严峻，现行《中华人民共和国水法》中新增了“水资源规划”一章，规定了水资源规划的原则、编制和审批程序，各类规划之间的关系以及规划的法律地位等。水利建设实践经验证明，搞好水资源规划，是保障水利建设健康有序进行，满足国民经济各部门对水利的要求，取得尽可能大的经济社会和生态环境的综合效益的重要环节。

（一）水资源规划的分类

水资源规划分为流域规划和区域规划。流域规划又分为流域综合规划和流域专业规划；区域规划又分为区域综合规划和区域专业规划。

1. 综合规划

综合规划是指根据经济社会发展需要和水资源开发利用现状编制的开发、利用、节约、保护水资源和防治水害的总体部署。

2. 专业规划

专业规划是指防洪、治涝、灌溉、航运、供水、水力发电、竹木流放、渔业、水资源保护、水土保持、防沙治沙、节约用水等规划。专业规划体现了水具有多种功能和广泛的用途，是水资源开发、利用、治理、配置、节约和保护以及防治水害的具体依据。

（二）水资源规划的关系和体系

1. 水资源规划关系

（1）流域范围内的区域规划应当服从流域规划，专业规划应当服从综合规划。

（2）流域综合规划和区域综合规划以及与土地利用关系密切的专业规划，应当与国民经济和社会发展规划以及土地利用总体规划、城市总体规划和环境保护规划相协调，兼顾

各地区、各行业的需要。

2. 水资源规划体系

水资源规划体系包括：全国水资源战略规划；江河流域或者区域的综合规划；防洪规划、水资源保护规划、水土保持生态规划，以及灌溉、治涝、发电、航运、城市供水等专业规划；水中长期供求规划等。各项规划之间协调和衔接构成一个体系。

（三）水资源规划的编制、审核和批准

1. 水资源规划的制定要求

（1）开发、利用、节约、保护水资源和防治水害，应当按照流域、区域统一制定规划。

（2）制定规划必须进行水资源综合科学考察和调查评价。水资源综合科学考察和调查评价，由县级以上人民政府水行政主管部门会同同级有关部门组织进行。

2. 水资源规划的编制、审核和批准

（1）全国水资源战略规划。《中华人民共和国水法》强化了水资源的宏观管理，增加了“国家制定水资源战略规划”的规定。规定了编制全国水资源战略规划，旨在贯彻落实国家新时期的治水方针，着力解决新时期水资源的开发、利用、配置、节约、保护和治理等重大问题，加强水资源科学管理，提高水的利用效率，建设节水型社会，以水资源的可持续利用支撑经济社会的可持续发展，为促进我国人口、资源、环境和经济的协调发展提供强有力的法律保障。

（2）重要江河、湖泊的流域综合规划。国家确定的重要江河、湖泊的流域综合规划，由国务院水行政主管部门会同国务院有关部门和有关省（自治区、直辖市）人民政府编制，报国务院批准。

（3）跨省一级江河、湖泊的流域综合规划和区域综合规划。跨省（自治区、直辖市）的其他江河、湖泊的流域综合规划和区域综合规划，由有关流域管理机构会同江河、湖泊所在地的省（自治区、直辖市）人民政府水行政主管部门和有关部门编制，分别经有关省（自治区、直辖市）人民政府审查提出意见后，报国务院水行政主管部门审核；国务院水行政主管部门征求国务院有关部门意见后，报国务院或者其授权的部门批准。

（4）县（市）一级的江河、湖泊的流域综合规划和区域综合规划。县（市）一级的江河、湖泊的流域综合规划和区域综合规划，由县级以上地方人民政府水行政主管部门会同同级有关部门和有关地方人民政府编制，报本级人民政府或者其授权的部门批准，并报上一级水行政主管部门备案。

（5）专业规划。专业规划由县级以上人民政府有关部门编制，征求同级其他有关部门意见后，报本级人民政府批准。其中，防洪规划、水土保持规划的编制、批准，依照防洪法、水土保持法的有关规定执行。

3. 水资源规划的其他规定

（1）水资源规划的执行。《中华人民共和国水法》规定，规划一经批准，必须严格执行经批准的规划；需要修改时，必须按照规划编制程序经原批准机关批准。这是因为，一些地方和部门建设水工程，较多地考虑局部利益或单项工程自身效益，不严格遵守流域综合规划的规定。《中华人民共和国水法》这一规定是规范监督程序，保障水资源规划的执行，加强对规划实施的监督管理所必需的。

(2) 建设水工程，必须符合流域综合规划。《中华人民共和国水法》规定，建设水工程，必须符合流域综合规划：

1) 在国家确定的重要江河、湖泊和跨省（自治区、直辖市）的江河、湖泊上建设水工程，未取得有关流域管理机构签署的符合流域综合规划要求的规划同意书的，建设单位不得开工建设。

2) 在其他江河、湖泊上建设水工程，未取得县级以上地方人民政府水行政主管部门按照管理权限签署的符合流域综合规划要求的规划同意书的，建设单位不得开工建设。水工程建设涉及防洪的，依照防洪法的有关规定执行；涉及其他地区和行业的，建设单位应当事先征求有关地区和部门的意见。

第三节 水资源开发利用

一、水资源开发利用现状

70多年来，中国政府十分重视水资源的开发和利用，投入了大量资金，领导全国人民进行了大规模的水利水电建设，形成了为国民经济运行提供有力支撑的供水系统。

1. 河湖基本情况

(1) 河流。共有流域面积50km^2及以上河流45203条，总长度为150.85万km，流域面积100km^2及以上河流22909条，总长度为111.46万km；流域面积1000km^2及以上河流2221条，总长度为38.65万km；流域面积10000km^2及以上河流228条，总长度为13.25万km。

(2) 湖泊。常年水面面积1km^2及以上湖泊2865个，水面总面积7.80万km^2（不含跨国界湖泊境外面积）。其中，淡水湖1594个，咸水湖945个，盐湖166个，其他160个。

2. 水利工程基本情况

(1) 水库。共有水库98002座（719座为大型水库大坝），总库容9323.12亿m^3。其中，已建水库97246座，总库容8104.10亿m^3；在建水库756座，总库容1219.02亿m^3。

(2) 水电站。共有水电站46758座，装机容量3.33亿kW。其中，在规模以上水电站中，已建水电站20866座，装机容量2.17亿kW；在建水电站1324座，装机容量1.10亿kW。2023年水电装机容量4.22亿kW，同比增长1.8%。（国家能源局发布2023年全国电力工业统计数据）

(3) 水闸。过闸流量1m^3/s及以上水闸268476座，橡胶坝2685座。其中，在规模以上水闸中，已建水闸96226座，在建水闸793座，分（泄）洪闸7919座，引（进）水闸10970座，节制闸55137座，排（退）水闸17198座，挡湖田5795座。

(4) 堤防。堤防总长度为413679km。5级及以上堤防长度为275495km，其中已建堤防长度为267532km，在建堤防长度为7963km。

(5) 农村供水。共有农村供水工程5887.46万处，其中集中式供水工程92.25万处，分散式供水工程5795.21万处。2020年，全力打好水利脱贫攻坚战，大力实施农村饮水安全巩固提升工程，挂牌督战贫困地区农村供水工程建设，现行标准下贫困人口饮水安全问题全面解决。完成975万人饮水型氟超标改水，解决120万人饮用苦咸水问题，提升了

4233万农村人口供水保障水平。农村供水工程总受益人口8.12亿人，其中集中式供水工程受益人口5.49亿人，分散式供水工程受益人口2.63亿人。

(6) 塘坝窖池。共有塘坝456.51万处，总容积303.17亿m^3；窖池689.31万处，总容积2.52亿m^3。

(7) 灌溉面积。共有灌溉面积10.02亿亩，其中耕地灌溉面积9.22亿亩，园林草地等非耕地灌溉面积0.80亿亩。

(8) 灌区建设。共有设计灌溉面积30亩及以上灌区456处，灌溉面积2.8亿亩。设计灌溉面积1万（含）～30万亩的灌溉面积2.23亿亩；1万（含）～50万亩的灌区205.82处，灌溉面积3.42亿亩。

(9) 地下水取水井。共有地下水取水井9749万眼，地下水取水量为84亿m^3。共有地下水源地1847处。

水利水电建设为保障国家的经济发展和社会进步发挥了重要作用（数据来源：第一次全国水利普查公报2013年，未见第二次普查数据）。

二、水资源开发和利用的原则

1. 水资源国家所有原则

水资源的所有权（即水权）是水法的核心，对水资源所有权的确认是水事立法和执法的前提和基础。

我国也以立法形式对水资源所有权予以确认。《中华人民共和国水法》第三条明确规定，水资源属于国家所有；同时还确定，水资源的所有权由国务院代表国家行使，水资源所有权由水资源的占有、使用、收益和处分几种权力所组成，其中处分权是核心和关键。

在我国，水资源的国家所有权集中体现在国家对水资源管理依法实行取水许可制度和水资源有偿使用制度上。这意味着，在水资源国家所有的条件下，任何针对水资源的开发、利用的行为，必须首先获得国家（通过水行政主管部门）认可并支付一定的费用。在我国，水资源的国家所有权主要表现为国家对水资源的管理权和调配权。

2. 开发、利用与保护相结合的原则

开发、利用水资源，应当坚持兴利与除害相结合，兼顾上下游、左右岸和有关地区之间的利益，充分发挥水资源的综合效益。

开发、利用与保护防治是水资源可持续利用原则的必然要求和体现。《中华人民共和国水法》明确规定，开发、利用、节约、保护水资源和防治水害，应当全面规划、统筹兼顾、标本兼治、综合利用、讲求效益，发挥水资源的多种功能，协调好生活、生产经营和生态环境用水。

这要求人们全面把握和处理好水资源的开发、利用与保护、防治之间的关系，做到既重视开发利用，又重视保护防治在开发、利用的同时搞好保护、防治，为保护、防治而开发、利用，而决不可厚此薄彼，或者顾此失彼。只有这样才能使人们在水资源的开发、利用中获取最大的经济效益、社会效益和环境效益，实现三大效益的和谐统一；否则，如果一味野蛮开发和过度利用，其结果将对水资源产生毁灭性的破坏，不仅危及当代人，更贻害子孙后代。

3. 保护水资源，维护生态平衡的原则

在干旱和半干旱地区开发、利用水资源，应当充分考虑生态环境用水需要。跨流域调水，应当进行全面规划和科学论证，统筹兼顾调出和调入流域的用水需要，防止对生态环境造成破坏。有数据反映，1983年，我国还有大约5万条河流。2013年，根据我国的第一次全国水利普查，其中的2.8万条河流不见了。可见水问题相当严重，保护水资源、维护生态平衡迫在眉睫。2016年12月，中共中央办公厅、国务院办公厅印发了《关于全面推行河长制的意见》，就是要加强水资源保护，全面落实最严格水资源管理制度，严守"三条红线"和加强执法监管，严厉打击涉河湖违法行为等。

河长制，即由中国各级党政主要负责人担任"河长"，负责组织领导相应河湖的管理和保护工作。"河长制"工作的主要任务包括六个方面：一是加强水资源保护，全面落实最严格水资源管理制度，严守"三条红线"；二是加强河湖水域岸线管理保护，严格水域、岸线等水生态空间管控，严禁侵占河道、围垦湖泊；三是加强水污染防治，统筹水上、岸上污染治理，排查入河湖污染源，优化入河排污口布局；四是加强水环境治理，保障饮用水水源安全，加大黑臭水体治理力度，实现河湖环境整洁优美、水清岸绿；五是加强水生态修复，依法划定河湖管理范围，强化山水林田湖系统治理；六是加强执法监管，严厉打击涉河湖违法行为。

4. 实行计划用水、厉行节约用水的原则

国家厉行节约用水，大力推行节约用水措施，推广节约用水新技术、新工艺，发展节水型工业、农业和服务业，建立节水型社会。各级人民政府应当采取措施，加强对节约用水的管理，建立节约用水技术开发推广体系，培育和发展节约用水产业。单位和个人有节约用水的义务。

5. 取水许可制度和有偿使用原则

国家对水资源依法实行取水许可制度和有偿使用制度。但是，农村集体经济组织及其成员使用本集体经济组织的水塘、水库中的水除外。国务院水行政主管部门负责全国取水许可制度和水资源有偿使用制度的组织实施。

6. 统一管理和监督管理相结合原则

这个原则是水资源国家所有原则的要求和体现，水资源的国家所有权必然要求国家对水资源实行统一管理和监督，以最大限度地保护好水资源。国家对水资源实行流域管理与行政区域管理相结合的原则。《中华人民共和国水法》第十二条规定：国家对水资源实行流域管理与行政区域管理相结合的管理体制。国务院水行政主管部门负责全国水资源的统一管理和监督工作。这一规定体现了按照资源管理与开发利用管理分开的原则，建立流域管理与区域管理相结合、统一管理与分级管理相结合的水资源管理体制。流域管理机构，在所管辖的范围内行使法律、行政法规规定的和国务院水行政主管部门授予的水资源管理和监督职责。

三、开发和利用水资源的规定

（一）国家鼓励开发和利用多种水资源

我国是水资源贫乏的国家，解决水资源的供需矛盾和改善水生态环境必须采取多种途径，因此，《中华人民共和国水法》第二十四条规定："在水资源短缺的地区，国家鼓励对

雨水和微咸水的收集、开发、利用和对海水的利用、淡化。”此外，还规定：“按照地表水与地下水统一调度开发、开源与节流相结合、节流优先和污水处理再利用的原则，合理组织开发、综合利用水资源”。“加强城市污水集中处理，鼓励使用再生水，提高污水再生利用率。”在合理开发地表水、科学利用地下水的同时，积极开发和利用多种水源，增加可供水量，是缓解缺水矛盾的重要途径。目前，我国在开发和利用多种水资源上做了有益的尝试，并取得了一定的成效。

1. 雨水集蓄利用

在陕西、山西、甘肃、宁夏等黄土高原地区，河南、河北、内蒙古等干旱、半干旱缺水地区，以及东北的缺水旱地农业区，四川、广西、贵州等西南土石地区，通过修建水窖、水柜、旱井、蓄水池等小型、微型水源工程，发展和建设集雨节灌的雨水集蓄利用工程，结合水土保持建设集雨节灌的雨水集蓄利用工程，结合水土保持建设基本农田，提高农业生产水平，改善农民生活条件。

2. 微咸水利用

根据国内外试验资料，作物可以吸取水分和养分的土壤溶液浓度的极限值为15～20g/L。在田间持水率为60%时，灌溉水的浓度一般为5～6g/L。试验资料表明，咸水的开采和利用有助于淡水的入渗补给和咸水的淡化作用，咸水的利用过程也是对地下咸水的改造过程。

3. 海水利用

海水利用包括海水的直接利用和海水淡化。由于投资和成本高，海水淡化近期还难以普及应用。而直接利用海水供作工业冷却、生活冲洗、城市绿化和环境用水，以替代淡水资源，已成为我国不少沿海城市解决淡水资源紧缺的一条重要途径。利用海水的企业包括发电、化工、石油化工、水产养殖、冶金、造船和纺织等行业，主要用作工业冷却、清洗及生活杂用等用水。与淡水资源相比，海水资源是取之不尽用之不竭的资源，我国大陆海岸线长约1.8万km，沿海城市的工矿企业如能充分利用海水资源，则对节约沿海地区淡水资源和缓解水资源紧缺状况都有着重要的意义。

4. 污水处理利用

2018年我国废污水排放量750亿m^3，污水处理再生利用仅73.5亿m^3，利用率不足10%，其中，我国城镇再生水利用量94.02亿m^3，全国污水再生利用率为15.98%，还有很多地区未启动再生水利用。2021年，“十四五”开局，十部委印发《关于推进污水资源化利用的指导意见》明确，到2025年，全国污水收集效能显著提升，县城及城市污水处理能力基本满足当地经济社会发展需要，水环境敏感地区污水处理基本实现提标升级；全国地级及以上缺水城市再生水利用率达到25%以上，京津冀地区达到35%以上；工业用水重复利用、畜禽粪污和渔业养殖尾水资源化利用水平显著提升；污水资源化利用政策体系和市场机制基本建立。到2035年，形成系统、安全、环保、经济的污水资源化利用格局。预计2030年我国废污水排放量可能达到1100亿t。处理后的污废水成为可用于农业灌溉和城市绿化用水的再生资源，有利于生态环境保护。在2010年和2030年，污水处理率如能分别达到60%和90%，则届时全国污水处理量可达到470亿t和990亿t。污水处理回用对改善全国特别是缺水地区的城市工业用水、增加生态环境用水和提高农业污水利用的质量，均有着重要的作用。

5. 采取多种方式合理开发各种水源

合理开发当地地表水、地下水资源，积极实施污水处理回用可以用作城市绿化用水、工业冷却用水、环境用水、建筑业用水和农田灌溉用水等。

在区域性水资源严重短缺的地区，特别是城市，应积极研究、慎重决策兴建跨流域（跨区域）的调水工程，实现流域或区域之间的水资源合理配置。当调水工程实施后，当地的地表水、地下水和远距离外调水，将构成多种水源的复杂系统。由于各种水源的供水成本、水质和供水保证率各不相同，要研究多种水资源的调配及其经济利益关系，合理调配各种水源，充分发挥多种水源的综合效益。

（二）国家鼓励开发和利用水能资源

《中华人民共和国水法》第二十六条、第二十七条规定，国家鼓励开发、利用水能资源。这是实施水资源综合利用、讲求效益以发挥水资源的多种功能和综合效益的需要。水能资源是可以再生、没污染的、公认的理想的能源。水能利用一般是指水力发电。《中华人民共和国水法》规定："在水能丰富的河流，应当有计划地进行多目标梯级开发。建设水力发电站，应当保护生态环境，兼顾防洪、供水、灌溉、航运、竹木流放和渔业等方面的需要。"

我国有丰富的水能资源，全国河流的水能蕴藏量为6.8亿kW，年电能为5.9万亿kW·h，可能开发水能资源总装机容量3.8亿kW，年电能1.9万亿kW·h，无论是水能蕴藏量，还是可能开发的水能资源，我国在世界各国中都占第一位。长江是我国最大的水能丰富河流，其水能蕴藏量占全国的2/3，被誉为"水能宝库"。长江干支流水能资源蕴藏量共约2.68亿kW，其中可能开发1.97亿kW，年发电量约1万亿kW·h，被誉为"水能宝库"。2022年12月20日，在建规模世界第一、装机规模全球第二大水电站——金沙江白鹤滩水电站最后一台机组顺利完成72小时试运行，正式投产发电。至此，长江干流跨越半个世纪建设的6座巨型梯级水电站（乌东德、白鹤滩、溪洛渡、向家坝、三峡、葛洲坝）共安装110台水电机组，总装机容量达7169.5万kW，相当于3个三峡电站的装机容量，形成世界最大清洁能源走廊。2023年，发电量超2760亿kW·h，同比增长5.34%，相当于节约标准煤约8300万t，减排二氧化碳超2亿t，可满足超2.9亿人一年的生活用电需求。

水电是可再生的能源，一经开发和利用，每年就可节省大量煤炭或石油能源。自中华人民共和国成立以来特别是改革开放以来，虽然党和政府十分重视水能资源开发和利用，但是，我国水资源开发程度远远低于发达国家，也低于许多发展中国家。所以，大力开发我国丰富的水能资源对缓解能源危机、加快我国现代化建设步伐具有十分重要的意义。

（三）国家鼓励开发和利用水运水资源

《中华人民共和国水法》第二十六条、第二十七条规定，国家鼓励开发利用水运资源。这是实施水资源综合利用、讲求效益以发挥水资源的多种功能和综合效益的需要。我国是一个水运资源比较丰富的国家。在960万km^2的国土上，分布有长江、黄河、珠江、淮河、海河、辽河、松花江等大江大河，有贯穿海河、黄河、淮河、长江、钱塘江等五个水系的京杭运河，还有分布众多的湖泊和有1.8万km的海岸线。这些河流、湖泊、近海域多数是冬季不冻，水量丰裕，具有发展水运的良好条件。与陆运相比，水运的优点是运量大、成本低、能耗少。

目前我国的水运事业与世界发达国家相比还很落后，优越的水运资源尚未充分开发和利用。为了更好地发挥水运作用，缓解交通运输上的紧张状况，充分发挥水运资源，大力发展水路运输势在必行。

我国内河水运有悠久的历史。早在公元前214年秦始皇时期就开凿了沟通长江和珠江水系的灵渠，这是世界上第一条越岭运河。从605年隋朝开始，经过唐、宋、元朝所建成的京杭大运河，全程逾1700km，为南粮北运和其他各种物资的集散提供了便利的运输条件。内河航运与其他运输方式相比，它具有运输能力大、成本低、能耗小、投资省、污染少等优点。当然也有它的不足之处，如速度慢、服务范围受一定限制等。航道是水运的基础，为了从法律上保障水运事业的发展，《中华人民共和国水法》规定，在通航的河流上修建永久性拦河闸坝，建设单位应当同时修建过航设施。在不通航的河流或者人工水道上修建闸坝后可以通航的，闸坝建设单位应当同时修建过船设施或者预留过船设施位置。水运是综合运输体系中的一个重要运输方式，也是水资源综合利用的重要组成部分，保护和发展水运事业是实现中华民族伟大复兴的需要。2022年，水利部联合京津冀鲁四省市开展京杭大运河全线贯通补水工作，京杭大运河实现百年来首次全线水流贯通，补水河道5km范围内地下水水位平均回升1.33m，沿线河湖生态环境得到改善。京杭大运河2023年全线贯通补水自3月1日启动，至4月4日实现全线水流贯通。这是继2022年经补水实现百年来首次全线水流贯通后，京杭大运河再次全线通水，持续推进华北地区河湖生态环境复苏和地下水超采综合治理，助力大运河文化保护传承利用。

（四）其他有关规定

1. 禁止性规定

《中华人民共和国水法》规定，任何单位和个人引水、截（蓄）水、排水，不得损害公共利益和他人的合法权益。也就是说，《中华人民共和国水法》禁止任何单位和个人在开发和利用水资源时损害公共或他人的合法权益。

2. 移民的生产、生活安排

《中华人民共和国水法》规定，国家对水工程建设移民实行开发性移民的方针，按照前期补偿、补助与后期扶持相结合的原则，妥善安排移民的生产和生活，保护移民的合法权；移民安置应当与工程建设同步进行。建设单位应当根据安置地区的环境容量和可持续发展的原则，因地制宜，编制移民安置规划，经依法批准后，由有关地方人民政府组织实施。所需移民经费列入工程建设投资计划。这一规定对妥善安置移民，保障水工程建设具有重要作用。规定要求在组织实施过程中达到三个同步：移民同枢纽工程建设同步；专业项目迁建同移民搬迁同步；移民生产安置与移民生活安置同步。既可促进水工程早日建成发挥效益，也能保护移民的合法权益。

第四节　水资源、水域和水工程的保护

一、水资源的保护

（一）水资源保护的概念

水资源的保护是指为了满足水资源可持续利用的要求，采取经济的、法律的、技术的

手段，合理安排水资源的开发和利用，并对影响水资源的客观规律的各种行为进行干预，保证水资源发挥自然资源功能和商品经济功能的活动。水资源保护的根本目的是实现水资源的可持续利用。

（二）水资源保护与可持续发展

1. 可持续发展的内涵

可持续发展是指既满足当代人的需求，又不损害子孙后代满足其需求能力的发展。这一概念的内涵十分丰富，它包含了可持续发展的公平性、持续性和共同性的原则。可持续发展理论的形成经历了相当长的历史过程，从20世纪50—60年代，人们在经济增长、城市化、人口、资源等所形成的环境压力下，对“增长＝发展”的模式产生怀疑并展开讲座开始，到1987年，联合国世界与环境发展委员会发表了一份报告——“我们共同的未来”，正式提出可持续发展概念，并以此为主题对人类共同关心的环境与发展问题进行了全面论述，受到世界各国政府组织和舆论的极大重视，在1992年联合国环境与发展大会上可持续发展要领得到与会者共识与承认。1992年联合国环境与发展大会通过的《21世纪议程》，则标志着把“可持续发展”从理论探讨的过程推向全人类共同追求的实现目标。可持续发展目标呼吁全世界共同采取行动，消除贫困、保护地球、改善所有人的生活和未来。17项目标于2015年由联合国所有会员国一致通过，作为2030年可持续发展议程的组成部分。“数字丝路”国际科学计划，围绕“水资源与水安全”等8个领域所面临的可持续发展挑战，开展了大量工作，形成了一系列服务可持续发展的数据产品，获得了广泛认可，助力“一带一路”沿线国家可持续发展。

2. 水资源保护与可持续发展的关系

在现有状况下，水资源的发展远远不能满足社会、经济持续高速发展的需要。要促进中国可持续性的发展，必须克服严重存在的以牺牲环境求得经济增长的现象。传统的发展观念仅重视资源开发、维持简单的扩大再生产，忽略了资源、环境、自然的调节、补偿和还原功能，这就会造成严重的“资源补偿不足”。只有正确处理资源开发与利用、治理与保护、节约、配置的关系，才能有效解决资源补偿不足的问题，促进社会的可持续发展。目前，水污染严重和水资源的短缺已成为制约我国水资源可持续利用的两大障碍。因此，水资源保护和水污染防治已成为人类社会持续发展的一项重要课题。可持续发展的观念应贯穿水资源保护的全过程。

（三）水资源保护的内容

水资源保护就其内容而言，包括地表水和地下水的水量与水质的保护。

1. 水量保护

在水量保护方面，要求开发、利用水资源和防治水害，应当全面规划、统筹兼顾、标本兼治、综合利用、讲求效益，发挥水资源的多种功能，协调好生活、生产经营和生态环境用水，注意避免水源枯竭、生态环境恶化。因此，《中华人民共和国水法》规定，县级以上人民政府水行政主管部门、流域管理机构以及其他有关部门在制定水资源开发、利用规划和调度水资源时，应当注意维持江河的合理流量和湖泊、水库以及地下水的合理水位，维护水体的自然净化能力。

2. 水质保护

在水质保护方面，要求从水域纳污能力的角度对污染物的排放浓度和总量进行控制，

以维持水质的良好状态。因此，《中华人民共和国水法》规定了水功能区划制度、水污染物总量控制制度、入河排污口的监督制度等（详见第四章第三节的具体内容）。

二、水域的保护

《中华人民共和国水法》规定的水域保护有以下内容。

（1）禁止在江河、湖泊、水库、运河、渠道内弃置、堆放阻碍行洪的物体和种植阻碍行洪的林木及高秆作物。

（2）禁止在河道管理范围内建设妨碍行洪的建筑物、构筑物以及从事影响河势稳定、危害河岸堤防安全和其他妨碍河道行洪的活动。

（3）在河道管理范围内建设桥梁、码头和其他拦河、跨河、临河建筑物、构筑物，铺设跨河管道、电缆，应当符合国家规定的防洪标准和其他有关的技术要求，工程建设方案应当依照防洪法的有关规定报经有关水行政主管部门审查同意。因建设上述工程设施，需要扩建、改建、拆除或者损坏原有水工程设施的，建设单位应当负担扩建、改建的费用和损失补偿。但是，原有工程设施属于违法工程的除外。

（4）国家实行河道采砂许可制度。河道采砂许可制度实施办法由国务院制定。在河道管理范围内采砂，影响河势稳定或者危及堤防安全的，有关县级以上人民政府水行政主管部门应当划定禁采区和规定禁采期，并予以公告。

（5）禁止围湖造地。已经围垦的，应当按照国家规定的防洪标准有计划地退地还湖。禁止围垦河道，确需围垦的，应当经过科学论证，经省（自治区、直辖市）人民政府水行政主管部门或者国务院水行政主管部门同意后，报本级人民政府批准。

（6）单位和个人有保护水工程的义务，不得侵占、毁坏堤防、护岸、防汛、水文监测、水文地质监测等工程设施。

三、地下水资源的保护

1. 地下水资源的特点

地下水是良好、稳定、优质的水源，在我国北方地区，城市和工业用水主要是地下水，高产稳定农田也多靠地下水。水是宝贵的自然资源，地下水则更是极为宝贵的自然资源。地下水是水资源的重要组成部分，它是指以不同形式存在于地壳岩石及土壤的各种孔隙、裂隙或洞穴中的水体。我国多年平均降水总量为6.2万亿m^3，这些雨水除部分通过蒸发和蒸腾回归大气以外，其他雨水形成河川径流，即地表水。部分渗入地下，在岩层和土层中集蓄并缓慢流动，成为地下水。

地下水与地表水相比，具有以下显著的特点。

（1）活动影响小，不易破坏和污染，水质优良，有人类所必需的各种微量元素，是生活饮用水的理想水源。

（2）稳定适中，常年保持十几度，冬暖夏凉。

（3）稳定可靠，可以在汛期集蓄，长年使用。

（4）可以就地开采，工程简易。

但是，它也有不少不足之处，如水体污染不易被发现，也难以治理；水量的补给速度很慢而且数量有限，尤其是较深层的地下含水层，自然补给困难；大量超采易产生地质环境灾害。

2. 地下水资源的保护

地下水保护是指在开发、利用地下水资源及其他经济建设和生产活动，要遵循地下水运动的客观规律，合理开采和防治污染，以确保地下水水量、水质的长期稳定，永续利用。由于长期进行掠夺式超量开采，在许多地方造成了地下水位下降、地下水受到污染，甚至在许多地方还造成了地下漏斗、地面沉降、海水入侵等许多问题。造成这些问题的原因，在很大程度上是因为对地下水资源的开发缺乏科学的、统一的评价和规划，各自为政。

为了加强地下水管理，防治地下水超采和污染，保障地下水质量和可持续利用，推进生态文明建设，根据《中华人民共和国水法》和《中华人民共和国水污染防治法》等法律，制定《地下水管理条例》，自2021年12月1日起施行。《地下水管理条例》共64条，分为总则、调查与规划、节约与保护、超采治理、污染防治、监督管理等活动，适用该条例，利用地下水的单位和个人应当加强地下水取水工程管理，节约、保护地下水，防止地下水污染。

（1）地下水管理坚持统筹规划、节水优先、高效利用、系统治理的原则。国务院水行政主管部门负责全国地下水统一监督管理工作。国务院生态环境主管部门负责全国地下水污染防治监督管理工作。国务院自然资源等主管部门按照职责分工做好地下水调查、监测等相关工作。

（2）国家建立地下水储备制度。国务院水行政主管部门应当会同国务院自然资源、发展改革等主管部门，对地下水储备工作进行指导、协调和监督检查。县级以上地方人民政府水行政主管部门应当会同本级人民政府自然资源、发展改革等主管部门，根据本行政区域内地下水条件、气候状况和水资源储备需要，制定动用地下水储备预案并报本级人民政府批准。除特殊干旱年份以及发生重大突发事件外，不得动用地下水储备。

（3）县级以上地方人民政府对本行政区域内的地下水管理负责，应当将地下水管理纳入本级国民经济和社会发展规划，并采取控制开采量、防治污染等措施，维持地下水合理水位，保护地下水水质：

1）国务院水行政主管部门应当会同国务院自然资源主管部门根据地下水状况调查评价成果，组织划定全国地下水超采区，并依法向社会公布。

2）省、自治区、直辖市人民政府水行政主管部门应当会同本级人民政府自然资源等主管部门，统筹考虑地下水超采区划定、地下水利用情况以及地质环境条件等因素，组织划定本行政区域内地下水禁止开采区、限制开采区，经省、自治区、直辖市人民政府批准后公布，并报国务院水行政主管部门备案。

3）地下水超采区的县级以上地方人民政府应当加强节水型社会建设，通过加大海绵城市建设力度、调整种植结构、推广节水农业、加强工业节水、实施河湖地下水回补等措施，逐步实现地下水采补平衡。国家在替代水源供给、公共供水管网建设、产业结构调整等方面，加大对地下水超采区地方人民政府的支持力度。

四、水工程的保护

为了加强对水工程的管理和保护，《中华人民共和国水法》对水工程保护范围的划定、

占用水工程的补偿、水工程保护、保障工程安全、供水水价和水费等水工程管理和保护工作中面临的一些突出问题做了重要的规定。

1. 水工程的概念

水工程是指在江河、湖泊和地下水源上开发、利用、控制、调配和保护水资源的各类工程。

2. 水工程的分类

水工程按照其服务对象可分为防洪工程、农田水利工程（也称为灌排工程）、水力发电工程、航道及港口工程、城市供水排水工程和环境水利工程等；按其对水的作用分为蓄水工程、排水工程、取水工程、输水工程、提水工程、河道及航道整治工程、水质净化和污水处理工程等。

3. 水工程的作用

水工程是开发、利用、节约和保护水资源的物质基础，是国民经济和社会发展的基础设施，在国民经济发展和社会进步中作出了巨大的贡献，发挥了巨大的效益。加强水工程的管理和保护对发挥水工程的效益，为经济社会的发展服务有十分重要的作用。

水工程的作用体现在以下几个方面。

（1）提供了防洪安全保证，保护了人民生命财产安全和国民经济顺利发展。

（2）提供了安全可靠的供水保证。

（3）为经济建设提供廉价、清洁能源。

（4）发展航运，促进了经济交流。

（5）形成了巨大的人工水域、优美的环境和良好的水生态环境。

4. 水工程管理和保护存在的突出问题

长期以来我们把水利作为公益型事业，在管理体制和机制上受计划经济的影响很深，同时在指导思想上重建设、轻管理，致使水工程管理和保护存在一系列突出的问题。

（1）水工程老化失修严重，维护保养跟不上，影响了水利工程效益的发挥。我国的水利工程大多建设于20世纪50—60年代，这些水库为防御洪水灾害和保障国民经济建设发挥了重要作用。但由于各种原因，目前，许多水库存在着防洪标准偏低，达不到有关规范、规定要求，以及工程本身质量差、工程老化失修等问题，形成了大量的病险水库，工程不能正常运行，严重威胁着下游人民生命财产的安全或不能充分发挥其兴利效益。有些病险水库下游是重要城镇、厂矿、交通干线，位置险要。影响城镇安全的大、中型水库全国有1218座，其中近300座为病险水库，这些病险水库急需抓紧除险加固。这一状况大大影响了水利工程发挥效益，并严重威胁防洪安全。

（2）水价不到位，水费收取率低，缺乏运行机制，管理单位难以维持。长期以来水利工程都是作为国家公益事业单位，建设由国家无偿投资，水费一般作为补充国家财政拨款不足行政事业性收费，实行收支两条线管理。水没有真正作为商品来看待，供水水价远远低于供水成本。水价几年、十几年一贯制，没有建立根据市场供求关系和物价变化及时调整的机制。

近年来，水利工程水价改革虽然取得了一些进展，但是，水利工程水价仍然低于供水成本，供水单位长期亏损。不少水工程管理单位无力进行正常的维护、更新和改造，水利工程老化失修，管理人员思想不稳定，运行管理十分困难。

（3）破坏盗窃水利工程设施，侵占水利工程的违法行为相当普遍。多年来全国每年发生人为破坏水工程和盗窃水工程设施的违法案件都达万余起，造成直接经济损失达亿元。近年在堤防上取土、拆护堤石料、偷走防汛抢险准备石料的现象也屡见不鲜，严重威胁防洪安全。

5. 水工程及其设施的保护

《中华人民共和国水法》规定，水工程及其设施的保护主要有以下四个方面。

（1）水工程安全保障制度。单位和个人有保护水工程的义务，不得侵占、毁坏堤防、护岸、防汛、水文监测、水文地质监测等工程设施。

（2）水工程管理和保护范围划定制度。县级以上地方人民政府应当采取措施，保障本行政区域内水工程，特别是水坝和堤防的安全，限期消除险情。水行政主管部门应当加强对水工程安全的监督管理。在水工程保护范围内，禁止从事影响水工程运行和危害水工程安全的爆破、打井、采石、取土等活动。

（3）国家对水工程实施保护。国家所有的水工程应当按照国务院的规定划定工程管理和保护范围。国务院水行政主管部门或者流域管理机构管理的水工程，由主管部门或者流域管理机构商议有关省（自治区、直辖市）人民政府划定工程管理和保护范围。其他水工程，应当按照省（自治区、直辖市）人民政府的规定，划定工程保护范围和保护职责。

（4）规定水工程设施补偿制度。《中华人民共和国水法》规定，在河道管理范围内建设桥梁、码头和其他拦河、跨河、临河建筑物，铺设跨河管道、电缆，需要扩建、改建、拆除或者损坏原有水工程设施的，建设单位应当负担扩建、改建的费用和损失补偿。

第五节 水资源配置和节约使用

一、水资源配置

（一）水资源配置效率

1. 水资源配置效率的含义

水资源经济学中的“效率”概念，就是指水资源的合理配置问题。在水资源的合理配置中，有三个主要决策：一是生产哪些水商品，生产多少；二是怎样生产；三是如何分配和谁将分配这些水商品和水服务。从这个意义上来说，水资源配置效率就是社会经济活动中的水资源在各种不同的使用方面和方向之间，分出轻重缓急，决定水商品和水服务的最终种类（组合）和数量（组合），并且寻求一种最佳的分配方式，从而使社会福利达到最大化，使社会发展达到最佳状态。显然，水资源配置效率问题不仅涉及政府、企业和家庭，而且涉及政治、经济和环境等一系列的社会经济问题。

2. 水资源配置效率的种类

水资源配置效率一般包括水资源利用效率和水资源分配效率两层含义。

（1）水资源利用效率。水资源配置效率在狭义上称为“水资源利用效率”，也称为“生产效率”。其含义是指一个生产单位、一个区域或一个部门如何组织、运用供给有限的水资源，并使之发挥出最大的作用，从而避免浪费和污染等现象，用既定的水资源生产出

最大价值的商品。“生产效率”又可分为生产的技术效率和生产的经济效益。生产的技术效率是一个纯粹的物质技术性的概念，只是说明在社会生产过程中所需要的水资源投入量，如果所投入的水资源没有出现浪费，那就是有技术效率的。生产的经济效益是指在生产过程中尽可能少投入水资源，多产出水商品；即选择一种能使水资源投入最少，生产成本最低，而产出最大与质量最好的“技术效率”。

水资源的利用效率，通常用每万元产值的耗水量来表示。目前，我国的水资源利用率与发达国家相比还有距离，还需要从技术经济等多方面协同攻关，逐步提高我国的水资源利用率。据预测，我国在2020年万元GDP产值才能达到美国1980年的水平，才能使我国工业用水量趋于“零增长”。同时，还要考虑环境、生态社会对水资源可持续利用的要求，处理好水资源、水经济、水环境、水文明之间的辩证关系。

中国万元GDP产值耗水量预测见表1-1。

表1-1　　中国万元GDP产值耗水量预测表

年　　份	1980	1993	1995	2000	2010	2020	2030
万元GDP产值耗水量/m^3	425	267	248	215	145	93	50

注　摘自中国科学院综考会马明1998年11月编写的《中国水资源持续利用前景》。

2023年9月15日，世界水资源大会首次在中国举办，第18届世界水资源大会15日在北京闭幕并发表重要成果《第18届世界水资源大会北京宣言》（以下简称《北京宣言》）。《北京宣言》指出，水是万物之源，是人类社会诞生、发展乃至未来永续发展的唯一不可替代的自然资源和共同利益。每个人、每个组织、每个企业、每个国家都应在其能力范围内努力做到节约用水、合理开发和高效利用水资源。

国家发展改革委、水利部、住房和城乡建设部、工业和信息化部、农业农村部、自然资源部、生态环境部2023年10月1日，联合印发《关于进一步加强水资源节约集约利用的意见》（以下简称《意见》）。《意见》提出，到2025年，全国年用水总量控制在6400亿立方米以内，万元国内生产总值用水量较2020年下降16%左右，农田灌溉水有效利用系数达到0.58以上，万元工业增加值用水量较2020年降低16%。到2030年，节水制度体系、市场调节机制和技术支撑能力不断增强，用水效率和效益进一步提高。

（2）水资源分配效率。水资源配置效率在广义上称为“水资源分配效率”，也可称之为“经济制度的效率”，其含义是指如何在不同的生产单位、不同区域与不同行业之间分配有限的水资源，即如何使水资源能够有效地配置于最适宜的使用方面和方向上。这一“效率”概念的深层含义可以引申为，如果一个经济模式能够使人们合理地利用水资源和分配水资源，那么这个经济模式就是有效率的。实际上，这种效率就是帕累托效率。帕累托效率是调水方案、水价决策的理论依据之一。

（3）水资源分配效率与水资源利用效率的关系。水资源分配效率与水资源利用效率既有区别又有联系，有机构成水资源配置效率。两者的区别在于它们的实现途径不同，水资源利用效率的实现途径是通过改善内部管理方法和提高生产技术来实现的；而水资源分配效率则是通过外部生产要素流动，即通过制度安排（如经济计划和市场机制）获得的。两者的联系有两个方面：一方面，水资源分配效率的好坏，在一定程度上要影响到水资源利用效率的状态，即总体上水资源分配不当，会使微观上一些生产单位或行业的水资源利用效率降低；另一方面，微观上如泉水资源利用效率较高，就能为社会经济总量的增加创造条件，从而为水资源分配合理化提供一个前提。水资源配置效率是一个综合效率，在某种意义上即为帕累托效率，是一个完全效率的概念，指的是生产、消费、交易都有机地组织在一个经济系统中的水资源配置效率。

（二）水资源配置制度

水资源合理配置是指在流域或特定的区域范围内，遵循高效、公平和可持续的原则，利用工程与非工程各种措施，按照市场经济的规律和资源配置准则，通过合理抑制需求，保障有效供给，维护和改善生态环境质量等措施，对多种可利用水源在区域间和各用水部门间进行分配。

《中华人民共和国水法》对水资源配置、宏观调配以及宏观管理做出了新的规定，对促进水资源的高效利用，提高水资源承载能力，缓解水资源供需矛盾，遏制生态环境恶化的趋势，保障经济社会的可持续发展具有重要意义。《中华人民共和国水法》规定水资源配置制度主要有以下几方面的规定。

1. 全国水资源配置制度

国务院发展计划主管部门和国务院水行政主管部门负责全国水资源的宏观调配。

2. 水资源配置的几项制度

(1) 水中长期供求规划制度。水中长期供求规划，是调节水资源的总供给和总需求总体部署的关系，以水资源的可供给量和生态环境可承受能力为基础。

1) 水中长期供求规划的法律效力、审查程序和批准权限。《中华人民共和国水法》第四十四条明确规定了中长期供求规划的法律效力、审查程序和批准权限：全国的和跨省（自治区、直辖市）的水中长期供求规划，由国务院水行政主管部门会同有关部门制定，经国务院发展计划主管部门审查批准后执行；地方的水中长期供求规划，由县级以上地方人民政府水行政主管部门会同同级有关部门依据上一级水中长期供求规划和本地区的实际情况制定，经本级人民政府发展计划主管部门审查批准后执行。

2) 水中长期供求规划制定的依据、规划的原则。水中长期供求规划要以水资源供求现状为基础，在现状供需分析和对各种合理抑制需求、增加有效供给、保护生态环境的可能措施进行组合和综合分析基础上，与国民经济和社会发展规划、流域规划、区域规划相协调和衔接。因此必须遵守五原则，即供需协调、综合平衡、保护生态、厉行节约和合理开源。

(2) 流域水量分配方案制度。水量分配的实践证明，实行流域水量分配方案制度，能有效缓解水资源日益突出的矛盾，实现水资源的合理配置。因此，《中华人民共和国水法》规定：调蓄径流和分配水量，应当依据流域规划和水中长期供求规划，以流域为单元制定水量分配方案；在不同行政区域之间的边界河流上建设水资源开发、利用项目，应当符合该流域经批准的水量分配方案，由有关县级以上地方人民政府报共同的上一级人民政府水行政主管部门或者有关流域管理机构批准。

(3) 水量分配方案和旱情紧急情况下的水量调度预案制度。我国降水量时空分布不均，经常出现连续枯水和特枯水的年份，为减轻特枯水年所造成的灾害损失，各流域和大中城市要制定相应的对策措施和应急方案。对策和应急方案包括强化管理、挖掘潜力、临时调水、人工增雨等。水量分配方案和水量调度预案是规范用水秩序、优化配置水资源、

合理利用水资源的分水方案和应对旱情紧急情况的对策，有利于节约用水，预防和减少水事纠纷的发生。

因此，《中华人民共和国水法》规定，跨省级区域的旱情紧急情况下的水量调度预案，由流域管理机构商有关省（自治区、直辖市）人民政府制定，报国务院或者授权的部门批准后执行；其他跨行政区域的水量分配方案和旱情紧急情况下的水量调度预案，由共同的上一级人民政府水行政主管部门商有关地方人民政府制定，报本级人民政府批准后执行；水量分配方案和旱情紧急情况下的水量调度预案经批准后，有关地方人民政府必须执行。

（4）年度水量分配方案和调度计划制度。为了优化配置和合理利用水资源，必须对每年实际可能使用的有限水资源，根据批准的水量分配方案，按照不同单位的用水指标、供水保证率、供水水源等，在河道上下游、左右岸不同行政区域或不同用户之间进行分配，也需要不同用水需求和不同的时间段之间进行分配。因此，《中华人民共和国水法》第四十六条规定：县级以上地方人民政府水行政主管部门或者流域管理机构应当根据批准的水量分配方案和年度预测来水量，制定年度水量分配方案和调度计划，实施水量统一调度；有关地方人民政府必须服从。这一规定明确了年度水量分配方案和调度计划制定的主要依据。对水量必须实施统一调度，有关地方人民政府必须服从。

国家确定的重要江河、湖泊的年度水量分配方案，应当纳入国家的国民经济和社会发展年度计划。这一规定为保证方案和计划的实施提供了依据。

（5）总量控制和定额管理相结合的制度。总量控制指标是指水资源管理的宏观控制指标，是指各流域、省（自治区、直辖市）、市、县各部门、各企业、各用水户可使用的水资源量，也就是用水计划指标。定额管理是水资源管理的微观指标，是确定水资源宏观控制指标总量的基础。根据《中华人民共和国水法》，国家对用水实行总量控制和定额管理相结合的制度。这是我国水资源合理开发、节约使用、高效利用、优化配置和有效保护的一项十分重要的制度建设。实行水权界定、水权分配和计划用水、节约用水，必须建立总量控制与定额管理两套指针体系。宏观层次上的用水总量控制体系与微观层次上的用水定额管理体系，两者相辅相成、密不可分。在以流域为单元的水资源系统中，各地区、各行业、各部门的用水定额是测算全流域用水总量的基础，同时又是分解总量控制指针，实现总量控制目标的手段。总量控制的调控对象是水权分配和取水许可，定额调控的对象是用水方式和用水效率。

二、节约用水

我国水安全已全面亮起红灯，高分贝的警讯已经发出，部分区域已出现水危机。河川之危、水源之危是生存环境之危、民族存续之危。水已经成为了我国严重短缺的产品，成了制约环境质量的主要因素，成了经济社会发展面临的严重安全问题。一则广告词说“地球上最后一滴水，就是人的眼泪”，我们绝对不能让这种现象发生。

当今世界普遍关注水危机问题，其中最突出的矛盾就是干旱缺水。当今世界面临的人口、资源和环境三大课题中，水成了关键的问题。专家们认为，我们正进入一个新的水资源紧缺时代，水将成为21世纪可持续发展的严重制约因素。水危机列为未来10年人类面临的最严峻挑战之一。我国的人均水资源远远低于世界平均水平，进入21世纪以后，水资源的形势更加严峻，对经济社会可持续发展将构成严重威胁。因此，在国家实施可持续发展和科教兴国两大战略指导下，厉行节约用水，建立节水型社会已迫在眉睫。

为增强全民节约用水意识，引领公民践行节约用水责任，推动形成节水型生产生活方式，保障国家水安全，促进高质量发展，2021年12月9日，水利部、中央文明办、国家发展改革委、教育部、工信部、住建部、农业农村部、国管局、共青团中央、全国妇联10部门联合发布《公民节约用水行为规范》(以下简称《规范》)，从“了解水情状况，树立节水观念”“掌握节水方法，养成节水习惯”“弘扬节水美德，参与节水实践”3个方面对公众的节水意识、用水行为、节水义务提出了朴素具体的要求。

党中央、国务院高度重视节水工作，党的十八大以来，习近平总书记多次就节水工作发表重要讲话、作出重要指示，并提出“节水优先、空间均衡、系统治理、两手发力”的治水思路，要求观念、意识、措施等各方面都要把节水放在优先位置，强调节水工作意义重大，对历史、对民族功德无量。

1. 节约用水的内涵

节约用水，不能简单地理解为少用水或者限制用水。它是指通过采取行政、法律、经济、技术和宣传教育等综合手段，应用必要的、现实可行的工程措施和非工程措施，依靠科技进步和体制机制创新，提高用水的科技水平和管理水平，减少用水过程中不必要的损失和浪费，提高单方水的生产力。通过水资源的合理使用、高效利用，从而既达到减少水资源的消耗，又减少废污水的排放量。节水不仅可以增效减污，而且节水本身就是一种开源措施，通过节水既节省开源的投入，又可减少治污的费用，并提高单方水的利用率，一举数得。

2. 节约用水的基本方针

《中华人民共和国水法》规定，节约用水的基本方针是“国家实行计划用水，厉行节约用水”。用水应当计量，并按照批准的用水计划用水。计划用水制度是指有关用水计划的编制、审批程序，计划的主要内容和要求以及计划的执行和监督等方面的系统的法律制度。

3. 节约用水的具体要求

(1) 农业用水。要求各级人民政府推行节水灌溉方式和节水技术，对农业蓄水、输水工程采取必要的防渗漏措施，提高农业用水效率。

(2) 工业用水。要求工业用水采用先进技术、工艺和设备，增加循环用水次数，提高水的重复利用率。

(3) 城市用水。要求城市人民政府因地制宜采取有效措施，推广节水型生活用水器具，降低城市供水管网漏失率，提高生活用水效率；加强城市污水集中处理，鼓励使用再生水，提高污水再生利用率。

(4) 建设项目用水。要求新建、扩建、改建建设项目，制定节水措施方案，配套建设节水设施。节水设施应当与主体工程“三同时”，即同时设计、同时施工、同时投产。

4. 建立节水型社会的必要性和紧迫性

我国水资源短缺形势依然严峻，水安全新老问题交织，特别是水资源短缺、水生态损害、水环境污染等新问题日益突出，集约节约利用水平与生态文明建设和高质量发展的需

要还存在一定差距，有必要通过节水，推动形成绿色生产方式、生活方式和消费模式。

水的浪费使人惊叹，水资源往往就在“指尖”流走。例如，南京约有200万只水龙头，130余万只马桶，如果有1/4漏水，一年就要损失上亿吨的水。此外，地下管道的暗漏更是惊人，多数用水单位内部都有暗漏的发生，个别单位的每月漏水量甚至可达万吨以上，其浪费数量触目惊心。一个滴水的水龙头，一个月可以浪费1～6L的水，一个漏水的马桶，一个月要浪费3～25L的水。水，并不是取之不尽，用之不竭的，要珍惜每一滴水。节约水，要从身边的每一件事做起，从生活的点点滴滴做起。一滴水，微不足道。但是不停地滴起来，数量就很可观了。据测定，“滴水”在1小时里可以浪费3.6kg水；1个月里可集到2.6t水。这些水量，足可以供给一个人的生活所需。可见，一点一滴的浪费都是不应该有的。至于连续成线的小水流，每小时可集水17kg，每月可集水12t；哗哗响的“大流水”，每小时可集水670kg，每月可集水482t。所以，节约用水要从点滴做起，使节约用不成为每个单位、每个家庭、每个人的自觉行动。

节约用水是破解我国复杂水问题的关键举措。我国厉行节约用水，建立节水型社会，是我国水情所决定的。

目前，全国正常年份缺水量近400亿m^3，其中农业就占300亿m^3，每年因缺水造成的农业损失超过1500亿元。而农业同时也是用水大部门，每年全部用水量的七成也在农业部门。长期以来我国农业用水大概占总用水量的70%，这一比例在西北等缺水地区甚至达到80%以上，农业结构型缺水矛盾突出，我国全部耕地中只有40%能够确保灌溉。

全国正常年份缺水量近400亿m^3，其中城市，工业缺水80多亿m^3。全国669座城市有400多座城市缺水，其中110座城市严重缺水，尤其是北京、天津等特大城市，国际公认的极度缺水警戒线是人均500m^3，而北京、天津等城市的人均水资源量不足200m^3，在连续遭枯水年时将会发生严重的水危机。

按照国际上常用的缺水标准，我国有2/3的国土面积属于资源型缺水地区。加之水是自然资源，是可流动的资源，因此，水资源的性质及其基本特征决定了厉行节约用水，建立节水型社会不是一项局部性的、临时性的政策措施，而是我国经济社会发展中的战略性、全局性，必须长期坚持的国策。

第六节　水事纠纷处理与执法监督检查

一、水事纠纷

（一）水事纠纷概念和主要特点

1. 水事纠纷的概念

由于水利事业涉及面广，在水资源开发利用中，上下游、左右岸之间以及防洪、治涝、灌溉、排水、供水、水运、水能利用、水环境保护等各项涉水事业之间，往往存在着不同的要求和需要，存在相互作用、错综复杂的利害关系。在现实生活中水事纠纷不可避免。什么是水事纠纷？

水事纠纷是指在开发、利用、保护、治理和管理水资源过程中双方或多方引起的各种争议的总称。

2. 水事纠纷的特点

不同类型的水事纠纷有不同的特点，概括起来，水事纠纷的主要特点有以下几个。

(1) 定点性、区域性。凡是水事纠纷都必定发生在与水有关的区域或地区，即对水敏感区。水事纠纷通常在某些固定地点发生，主要是在那些缺水地区，交界性的河流、湖泊、引水点、取水点以及水利工程附近。

(2) 季节性、长期性。许多水事纠纷的发生具有季节性。水事纠纷发生的频率和严重性程度依季节而呈某种规律性的变化。例如，在某些河流、湖泊的交界处或者取水点、分水点，在大旱季节或生活、生产引水季节，由于水资源的紧缺，往往会发生跨行政区域的、跨流域的、种族的、村庄的、群众性的水事纠纷。

(3) 尖锐性、广泛性。由于引水、用水问题往往涉及人的生存和发展问题，水是人民的根本利益所在。许多水事纠纷具有矛盾尖锐性、斗争激烈性。从历史上看，许多水事纠纷不发生则已，一旦发生则十分尖锐，影响面很广，整个村庄、家族甚至全行政区居民卷入的都有。因水事纠纷导致群众性、大规模的械斗有之，动刀、动枪、动炮的有之，还有引发战争的例子。

(4) 多样性。水事纠纷的种类繁多、成因复杂、性质多样，涉及的利益广泛，且与政治、经济、文化传统、民族风俗、气象、地理等许多社会因素、自然因素有关。一些政治家（政治人物）和企业家（经济人物）往往借助或通过水事纠纷实现其自身的特殊利益和目的。

(5) 复杂性。水事纠纷发展和演变的过程是非常复杂的。它和水事违法有着千丝万缕的联系，往往是相伴而生、互相转化。有的表面上看完全具有水事违法案件的特征，但是如果按照查处水事违法案件的程序去查处就会遇到难以解决的问题。因为调处水事纠纷和查处水事违法案件所适用的法律规定是不同的，救济的途径也不同。因此，必须综合全面的分析和判断，及时采取正确的处置措施。

(6) 技术性。特别是当代的水事纠纷、水环境和水污染纠纷、水工程作用和效益纠纷，往往涉及许多工程技术问题、自然问题，水体的总量与承载能力（纳污总量）、排污总量、治理措施、水量分配与调度等有关。

(二) 水事纠纷调解原则

水事纠纷的处理原则有以下几个。

1. 局部利益服从全局利益的原则

即在不损害大局和大利的前提下，人民政府或者其授权的主管部门有责任保护地区、单位和个人的合法权益。一切兴修水利和防治水害的活动都必须从全局出发，树立全局的观点，为了全局的利益不惜牺牲局部利益。但对于为顾全大局而作出让利或者牺牲的一方，国家或受益地区应给予适当的补偿。

2. 统筹兼顾、协调发展的原则

由于水资源与其他自然资源不同，它是可再生的动态资源，地表水与地下水互相转化，上下游、左右岸、干支流之间，水资源的开发利用互相影响，加之水的多功能性特点，必须统一规划，兼顾各行业、各地区的要求，协调发展。

3. 尊重历史、照顾现实的原则

尊重历史是指在调处水事纠纷时，应对历史上，纠纷双方防洪、灌溉、供水等方面的情况开展调查，对历史上已经处理过的有关协议要予以充分考虑。照顾现实是指调处纠纷要从实际出发，在尊重历史的基础上，可根据社会、经济、人口及自然条件的变化，依法作出调整，以维护纠纷双方的合法权益。

4. 维持原状的原则

为了防止矛盾激化，避免械斗事件，在水事纠纷解决之前，当事人双方不得单方面改变水的现状。这实际是一种“冷处理”的方法，在当时情况紧急的情况下所采取的措施，其本身还是处于不稳定状态，需要抓紧调解或作出处理决定。

5. 组织原则

处理地区之间的水事纠纷，应当强调组织原则。

(1) 水事纠纷发生后，当事双方的地方人民政府和有关职能部门必须以安定团结，大局为重，不得互相推诿、推卸责任；必须及时采取措施，主动介入，掌握了解情况，做好群众的思想工作，防止矛盾激化、事态扩大。

(2) 控制局面，加强引导和疏导。对借机散布谎言、制造事端，借机抢夺公私财物，危害公共安全和非法阻碍、干扰执行公务的相对人应当依法追究责任，不得庇护。

(3) 对参与纠纷调解的双方代表，要站在全局的立场，树立法治观念，摆事实、讲风格、讲科学；要发扬团结治水、互利互让精神，力争协商形成一致意见；确因分歧过大，在协商不成时，对上级人民政府的裁决，必须做好群众思想工作，带头服从，不能以种种理由讨价还价，久拖不决，甚至带头反对。

(三) 水事纠纷的预防

水行政主管部门，把精力放在水事纠纷的预防和预警机制的建设上，做到预防为主、未雨绸缪，才把可能出现的矛盾化解在基层，消灭在萌芽阶段。经过调研综合分析，建议建立健全四项预防机制。

1. 宣传引导机制

大量水事纠纷源于经济利益的争夺，但在深层次上还源于人们在文化层面的习惯认知，因此，对各种水事活动的主体以及社会公众加强宣传引导应作为预防水事纠纷的主要机制。

各级水行政主管部门特别要加强水事矛盾突出地区、行政区域边界地区的水法治宣传，充分利用“中国水周”“世界水日”等有利时机，加大《中华人民共和国水法》《中华人民共和国防洪法》《中华人民共和国水污染防治法》《中华人民共和国水土保持法》《取水许可和水资源费征收管理条例》等水法律法规的宣传，增强全民法律意识。同时要打破传统宣传方式，创新宣传途径，普及法律知识，有效预防水事纠纷事件的发生。例如，在水库周边、河道管理范围等区域设置危险警示牌，对该区域可能出现的危险情况和禁止行为实施友好告知，以便提前做好防范措施。

2. 规划约束机制

水利是两个庞大的、多元的、多层次的系统工程，利害关系错综复杂。因此，防治水害开发利用水资源，必须进行全面规划，从全局和宏观上，从战略布局上进行统筹安排才能做到在全局上合理，又兼顾局部的利益和要求，形成和谐的水事秩序，预防和避免水事纠纷的发生。实践证明，凡是规划比较合理并能严格按照规划实施的地区，纠纷就相对减少。因此，做好统一、科学、合理的规划是防治和解决水事纠纷的必要前提：依照法定程序和权限，组织编制各类规划；对未制定规划的，要求采取补救的利益协调措施；强化规划在水事活动中的基础地位和约束作用。

3. 排查预警机制

导致矛盾激化等情形，立即可以启动相应的对策措施。水事纠纷的预防重在平时对各类隐患的排查，并建立相应的预警机制。一旦出现可能导致矛盾激化的情形，立即启动相应的对策措施。

(1) 建立健全水本矛盾敏感区域的水事纠纷排查机制和日常巡查机制。应当坚持并深化水事纠纷排查机制，实行经常排查与集中排查、全面排查与重点排查相结合，在排查过程中及时分析纠纷形成的原因，弄清纠纷的症结所在。在排查的同时，建立健全水政监察日常巡查制度，加强对水事矛盾突出地区、行政边界地区水事秩序的监督检查，并依法及时查处水事违法案件。

(2) 建立水事纠纷报告制度。充分发挥基层水利人员的作用，及时上报各类水事矛盾，做到早发现、早报告、早处置，切实解决管得着、看不见的难题。

(3) 建立健全科学有效的水事纠纷预警信息系统。在水利设施分布电子图上标明水事矛盾的名称、所在区域、主要原因、预防措施、责任单位和责任人等。运用现代信息技术，建立健全先进多方位的水事纠纷信息平台，通过新技术赋予信息平台自动预警功能。

(4) 完善和深化水事纠纷应急处置机制。各级水行政主管部门应当根据分级负责、加强预防、依法处置、强化教育的要求，制定水事纠纷应急处置预案。在应急预案中明确水事纠纷应急处置的组织指挥体系及其相应责任、监测预警和信息报送机制、水事纠纷分级处置的规则、应急处置的保障机制等。

4. 审批监管机制

实践中，很多纠纷的产生源于没有经过合法的程序与权限办理相关审批手续，虽然已办理审批手续，但不按照批准的要求实施。因此，要有效预防水事纠纷，必须规范水行政许可行为，同时，切实加强审批后的监管职责：①严格依法审批；②加强各方协调；③强化项目监管；④落实业主责任。

(四) 水事纠纷类型及处理程序

《中华人民共和国水法》第五十六条、五十七条、五十八条规定了不同的水事纠纷，适用不同的处理程序。

1. 不同行政区域之间的水事纠纷

(1) 不同行政区域之间的水事纠纷，所涉及的是不同行政区域之间的水事权益问题，实质是行政争议。主体（当事人）自然是县级以上地方人民政府，而不是个人或者其他组织，不属于一般的民事纠纷。

(2) 不同行政区域之间的水事纠纷发生后，当事双方或多方应当按照行政管理的组织原则本着团结协作、互谅互让的精神进行协商处理。

(3) 双方或多方协商不成的由上一级人民政府职能部门组织纠纷方继续协商解决。由

当事双方或多方共同的上一级人民政府裁决。

（4）行政裁决必须以人民政府的名义做出。

（5）上一级人民政府做出的裁决，具有终审裁决的法律效力，各方当事人无论是否满意，都不得起诉或复议，必须无条件服从。

2. 单位之间、个人之间、单位与个人之间发生的水事纠纷

单位之间、个人之间、单位与个人之间发生的水事纠纷，是属于民事性质的纠纷。这类纠纷既受水法调整，也受民法调整，按照处理民事关系的法律规范，解决方式如下。

（1）单位之间、个人之间、单位与个人之间发生的水事纠纷，应当协商解决。

（2）当事人不愿协商或者协商不成的，可以申请县级以上地方人民政府或者其授权的部门调解。

（3）县级以上地方人民政府或者其授权的部门调解不成的，当事人可以向人民法院提起民事诉讼。

（4）当事人不愿意协商或调解的，可直接向人民法院提起民事诉讼。

在水事纠纷解决之前，《中华人民共和国水法》对纠纷的各方提出严格的约定：未经各方达成协议或者共同的上一级人民政府批准，在行政区域交界线两侧一定范围内，任何一方不得修建排水、阻水、取水和截（蓄）水工程，不得单方面改变水的现状。在水事纠纷解决前，当事人不得单方面改变现状。

（五）水事纠纷处理的方法

水行政主管部门是地方政府处理水事纠纷的职能部门，按照法律法规的规定，处理水事纠纷的途径有三种，即协商处理、调解处理和行政裁决。

1. 协商处理

协商处理的适用条件是《中华人民共和国水法》第五十六条的规定，是指发生在不同行政区域之间的水事纠纷。水事纠纷发生后，纠纷双方的水行政主管部门应当及时介入，派人到现场平息事态，防止矛盾继续扩散、激化，展开调查，开展协商，解决纠纷。

协商结果可能会出现以下几种不同情况，但是不管协商出现何种情况，主持协商各方都必须签署协商协议。

（1）协商达成一致的。由双方水行政主管部门或授权的部门签订协商协议，纠纷各方按照协议执行。

（2）协商达不成一致的。

1）要及时将情况分别报请同级人民政府或报请上一级水行政主管部门，继续协商解决。

2）同级人民政府或上一级水行政主管部门主持协商仍然不能达成一致的，由纠纷双方共同的上一级人民政府裁决。

政府裁决水事纠纷是处理水事纠纷的终审结果，纠纷各方必须严格遵照执行。

2. 调解处理

调解处理的适用条件是《中华人民共和国水法》第五十七条的规定，是指单位之间、个人之间、单位与个人之间发生的水事纠纷，纠纷各方都必须以积极的态度面对，首先要积极协商解决。在协商解决不了的前提下，提请由县级以上地方人民政府或者其授权的部

门调解。调解达成一致意见的，要签订协议。

3. 行政裁决

行政裁决的适用条件是第五十六条的规定，是指不同行政区域之间发生的水事纠纷，双方人民政府在按行政管理的组织原则进行协商，在协商不成的前提下，由当事双方共同的上一级人民政府裁决。上一级人民政府做出的裁决，具有终审裁决的法律地位，各方当事人无论是否满意，都不得起诉或复议，必须无条件服从。

（六）处理水事纠纷的步骤

处理水事纠纷分为三个阶段。

1. 前期工作阶段

接到申诉（申请）后的准备工作如下。

（1）认真细致阅读资料。

（2）决定是否采取临时果断措施。

（3）上下沟通，及时掌握新情况。

（4）做好到现场处理纠纷的前期准备工作。

2. 实地调查阶段

能否公正地调处水事纠纷，调查取证工作是基础，是最重要的一环，也是难度最大的一项工作。

调查工作深入了，取证工作详细了，对水事纠纷引发的原因、性质正确判断，对症下药调处，就有了准确的第一手资料。调查原因时，必须认真听取纠纷双方的意见，认真查阅双方提供的资料，了解建设项目的合法性。分析本质时，要善于透过现象分析本质。

3. 处理阶段

依法依规，公正调处。通过了现场勘查，情况调查，在掌握了解情况的基础上，召开纠纷双方或各方代表人员会议，开展调处工作。注意体现法律法规精神，注意保护弱势群体的利益，依法办事不偏袒，敢于碰硬，树立行业威信，保护群众利益，要把调处水事纠纷工作和法律法规宣传工作结合起来，把调解水事纠纷和查处违法违规事件结合起来，把调解水事纠纷和提高行业内部管理相结合。要建立以人为本的和谐社会，在合法的前提下，合情、合理地调处水事纠纷是各级水行政主管部门的一项重要工作。在合法的前提下，适当保护弱势群体的利益，是符合党和国家、社会利益要求的。

（七）水事纠纷的裁决

水事纠纷的裁决是指县级以上政府或者其授权的水行政主管部门依照法律、法规的规定，对不同行政区域之间发生的、与水行政管理活动密切相关的、与合同无关的民事纠纷进行审查，并作出裁决的活动。水事裁决的内容，是水行政主管部门根据水事纠纷当事人双方的陈述和调查的结果，对纠纷当事人的行为事实给对方和他人造成的妨碍和经济损失的补偿事项，依法作出公正、合理的裁决。

（1）水事裁决的对象是与行政管理相联系的民事纠纷，而不是单纯的民事纠纷，也不是单纯行政纠纷。

（2）水事纠纷裁决的主体是法律授权的县级以上的政府和水行政主管部门。

（3）水事纠纷裁决是依申请而为的行为，不同于依职权而为的行政行为。

（4）水事纠纷裁决具有法律约束力。

二、执法监督检查

《中华人民共和国水法》为进一步强化执法监督工作，增加“水事纠纷处理与执法监督检查”一章，规定了水行政执法内容，明确了水行政执法的职责、权力和层级监督；同时，增加了对违反《中华人民共和国水法》应处罚的行为、处罚种类及幅度的内容，加大了处罚力度。

1．水政执法主体

（1）水行政执法主体。《中华人民共和国水法》规定，水行政执法主体（包括监督检查和行政处罚）为县级以上人民政府水行政主管部门或者流域管理机构。

（2）其他执法主体。《中华人民共和国水法》还规定了其他两类执法主体：一是县级以上地方人民政府经济综合主管部门（第六十八条）；二是县级以上人民政府有关部门（第七十一条）。但从严格意义上讲，这两类机关具有的并非水行政执法权，而是在其行政职权范围内享有的其他的行政执法权。

2．执法监督检查权力和职责

《中华人民共和国水法》规定，水行政主管部门对违反《中华人民共和国水法》的行为进行监督检查并依法进行查处，赋予水行政主管部门、流域管理机构及其水政监督检查人员在监督检查时应当忠于职守，秉公执法并拥有以下职权。

（1）要求被检查单位提供有关文件、证照、资料。

（2）要求被检查单位就执行本法的有关问题作出说明。

（3）进入被检查单位的生产场所进行调查。

（4）责令被检查单位停止违反本法的行为，履行法定义务。

3．层级监督

《中华人民共和国水法》规定了水行政执法的层级监督：县级以上人民政府或者上级水行政主管部门发现本级或者下级水行政主管部门的监督检查工作中有违法行为或者失职行为，应当责令其限期改正。

第七节　法　律　责　任

一、法律责任的含义及分类

（一）法律责任的概述

1．法律责任含义

法律责任有广义和狭义之分。广义的法律责任与法律义务同义，既包括了法律所规定的应自觉履行的各种义务，也包括由于实际违反了法律的规定而应具体承担的强制履行的义务。狭义的法律责任是指行为人对自己的违法行为所应承担的带强制性的否定性后果。其特点如下。

（1）它与违法有密不可分的联系，违法是承担法律责任的前提和根据。

（2）它意味着国家机关代表国家查清违法行为的性质、特点和情节。

（3）它意味着国家对违法行为的否定性反映和谴责。

（4）它是国家机关代表国家对违法行为实行法律制裁的根据。

2. 法律责任的分类

按照违法的性质和危害程度，法律责任分为：宪法法律责任；民事法律责任；行政法律责任；刑事法律责任。

（二）水事法律责任的含义及分类

1. 水事法律责任含义

水事法律责任是指公民、法人、其他组织或水行政主体及其工作人员不履行水事法律规范所规定的义务，或者实施了水事法律规范所禁止的行为，并且具备了违法行为的构成要件而依法应当承担相应的法律后果，接受法律规范的制裁。

2. 水事法律责任的分类

根据违法行为所侵犯的水事法律关系的客体、违法行为性质及其社会危害程度，可以将违法行为划分为：水事行政违法行为；民事违法行为；刑事违法行为。相对应的行为人应当承担法律责任分别为：行政法律责任；民事法律责任；刑事法律责任。

二、水行政主管部门及其工作人员的法律责任

1. 责任行为

（1）对不符合法定条件的单位或者个人核发许可证，签署审查同意意见。

（2）不按照水量分配方案分配水量。

（3）按照国家有关规定收取水资源费。

（4）不履行监督职责。

（5）发现违法行为不予查处。

2. 责任方式

（1）造成严重后果，构成犯罪的，对负有责任的主管人员和其他直接责任人员依照刑法的有关规定追究刑事责任。

（2）尚不构成刑事处罚的，依法给予行政处分。

三、当事人（行政相对人）的法律责任

（1）在河道管理范围内违法修建建筑的或从事影响河势稳定、危害河岸堤防安全和其他妨碍河道行洪活动的，根据其不同的违法情况（《中华人民共和国水法》第六十五条），分别处罚如下。

1）责令停止违法行为，或限期补办有关手续或责令限期改正。

2）限期拆除，恢复原状。

3）逾期不拆除、不恢复原状的，强行拆除，所需费用由违法单位或者个人负担，并处1万元以上10万元以下的罚款。

（2）阻碍行洪的，有下列行为之一，且防洪法未做规定的，由县级以上人民政府水行政主管部门或者流域管理机构依据职权，责令停止违法行为，限期清除障碍或者采取其他

补救措施，处1万元以上5万元以下的罚款。

1）在江河、湖泊、水库、运河、渠道内弃置、堆放阻碍行洪的物体和种植阻碍行洪的林木及高秆作物的。

2）围湖造地或者未经批准围垦河道的。

（3）造成水污染的情形。

1）在饮用水水源保护区内设置排污口的，由县级以上地方人民政府责令限期拆除、恢复原状；逾期不拆除、不恢复原状的，强行拆除、恢复原状，并处5万元以上10万元以下的罚款。

2）未经水行政主管部门或者流域管理机构审查同意，擅自在江河、湖泊新建、改建或者扩大排污口的，由县级以上人民政府水行政主管部门或者流域管理机构依据职权，责令停止违法行为，限期恢复原状，处5万元以上10万元以下的罚款。

（4）生产使用被淘汰的落后、耗水量高的工艺、设备和产品的生产、销售或者在生产经营中使用国家明令淘汰的落后的、耗水量高的工艺、设备和产品的，由县级以上地方人民政府经济综合主管部门责令停止生产、销售或者使用，处2万元以上10万元以下的罚款。

（5）违法取水的，有下列行为之一的，由县级以上人民政府水行政主管部门或者流域管理机构依据职权，责令停止违法行为，限期采取补救措施，处2万元以上10万元以下的罚款；情节严重的，吊销其取水许可证。

1）未经批准擅自取水的。

2）未依照批准的取水许可规定条件下取水的。

（6）不依法交纳水资源费违法的。拒不缴纳、拖延缴纳或者拖欠水资源费的，由县级以上人民政府水行政主管部门或者流域管理机构依据职权，责令限期缴纳；逾期不缴纳的，从滞纳之日起按日加收滞纳部分2‰的滞纳金，并处应缴或者补缴水资源费1倍以上5倍以下的罚款。

（7）建设项目违法的。建设项目的节水设施没有建成或者没有达到国家规定的要求，擅自投入使用的，由县级以上人民政府有关部门或者流域管理机构依据职权，责令停止使用，限期改正，处5万元以上10万元以下的罚款。

（8）其他违法行为的，违反《中华人民共和国水法》第七章，有其他违法行为的依其侵犯的客体、违法性质及危害程度不同，分为民事违法、行政违法和刑事违法，应承担的法律责任相应为民事、行政和刑事责任。

第二章 水土保持法

第一节 水土保持法概述

一、水土保持的概念及立法

（一）水土保持的概念

水土保持是针对水土流失现象提出的，是水土流失的相对语，是对自然因素和人为活动造成水土流失所采取的预防和治理措施。因此，水土保持至少包括四层含义，即自然水土流失的预防、自然水土流失的治理、人为水土流失的预防、人为水土流失的治理。

（二）水土保持的立法

为了预防和治理水土流失，保护和合理利用水土资源，减轻水、旱、风沙灾害，改善生态环境，保障经济社会可持续发展，1991年6月29日，全国人大常委会审议通过了《中华人民共和国水土保持法》，这标志我国水土保持事业开始走上法治化的轨道。2010年12月，全国人大常委会对《中华人民共和国水土保持法》进行了修订并公布。该法有七章，依次为总则、规划、预防、治理、监测和监督、法律责任和附则，共60条，于2011年3月1日起施行。

1993年，国务院还制定了《水土保持法实施条例》（2011年1月8日重新修订）。此外，我国的《中华人民共和国环境保护法》《中华人民共和国土地管理法》《中华人民共和国水法》《中华人民共和国森林法》《中华人民共和国草原法》以及《中华人民共和国农业法》中也有防治水土流失的规定。

二、水土保持的方针

（一）水土保持的方针

《中华人民共和国水土保持法》规定，国家对水土保持工作实行“预防为主、保护优先、全面规划、综合治理、因地制宜、突出重点、科学管理、注重效益”的方针。水土保持工作方针是指导水土保持工作开展的总则，涵盖水土保持工作的全部内容，具有提纲挈领、全面指导工作实践的作用，在某一具体工作找不到对应条款时，可适用水土保持工作方针来予以解释和解决。

在几十年的生产实践中，我国的水土保持工作方针不断完善，对指导全国的水土保持工作起到了十分重要的作用。1982年国务院发布的《水土保持工作条例》提出了“防治并重，治管结合，因地制宜，全面规划，综合治理，除害兴利”的水土保持工作方针；

1991年颁布实施的《中华人民共和国水土保持法》提出的水土保持工作方针是“预防为主，全面规划，综合防治，因地制宜，加强管理，注重效益”。

新《中华人民共和国水土保持法》修订增加了“保护优先”和“突出重点”的内容，并将“综合防治”修订为“综合治理”，“加强管理”修订为“科学管理”，使水土保持工作方针更加科学和完善。

（二）水土保持工作方针体现了四个层次的含义

修订后水土保持工作方针32个字，体现了四个层次的含义。

1.“预防为主，保护优先”为第一个层次

本层次体现的是预防保护在水土保持工作中的重要地位和作用，即在水土保持工作中，首要的是预防产生新的水土流失，要保护好原有植被和地貌，把人为活动产生的新的水土流失控制在最低程度，不能走“先破坏、后治理”的老路。

2.“全面规划，综合治理”为第二个层次

本层次体现的是水土保持工作的全局性、长期性、重要性和水土流失治理措施的综合性。对水土流失防治工作必须进行全面规划，统筹预防和治理、统筹治理的需要与投入的可能、统筹各区域的治理需求、统筹治理的各项措施。对已发生水土流失的治理，必须坚持以小流域为单元，工程措施、生物措施和农业技术措施优化配置，山、水、田、林、路、村综合治理，形成综合防护体系。

3.“因地制宜，突出重点”为第三个层次

本层次体现的是水土保持措施要因地制宜，防治工程要突出重点。

（1）水土流失治理，要根据各地的自然和社会经济条件，分类指导，科学确定当地水土流失防治工作的目标和关键措施。例如，黄土高原区，措施配置应以坡面梯田和沟道淤地坝为主，加强基本农田建设，荒山荒坡和退耕的陡坡地开展生态自然修复，或营造以适生灌木为主的水土保持林。长江上游及西南诸河区，溪河沿岸及山脚建设基本农田，在山腰建设茶叶、柑橘等经济果林带，在山顶营造水源涵养林，形成综合防治体系。

（2）东北黑土区，治理措施应以改变耕作方式、控制沟道侵蚀为重点，有效控制黑土流失或退化的趋势，使黑土层厚度不再变薄。西南岩溶区，应紧紧抓住基本农田建设这个关键，有效保护和可持续利用水土资源，提高环境承载力。西北草原区，加强对水资源的管理，合理和有效利用水资源，控制地下水水位的下降。对已经退化的草地实施轮封轮牧，有条件的可建设人工草场，科学、合理地确定单位面积的载畜量。

（3）当前，我国水土流失防治任务十分艰巨，国家财力还较为有限，因此，水土流失治理一定要突出重点，由点带面，整体推进。当前国家水土流失治理的重点区域应当是黄河中游、长江上游、珠江上游、东北黑土区等水土流失严重的大江大河中上游地区。黄河中游的黄土高原区则要将多沙粗沙区治理作为重中之重。治理的措施要抓住坡耕地改造这个关键。

4.“科学管理，注重效益”为第四个层次

本层次体现的是对水土保持管理手段和水土保持工作效果的要求。随着现代化、信息化的发展，水土保持管理也要与时俱进，引入现代管理科学的理念和先进技术手段，促进水土保持由传统向现代的转变，提高管理效率。注重效益是水土保持工作的生命力。水土保持效益主要包括生态、经济和社会三大效益。在防治水土流失工作中要统筹兼顾三大效益，妥善处理国家生态建设、区域社会发展与当地群众增加经济收入需求三者的关系，把治理水土流失与改善民生、促进群众脱贫致富紧密结合起来，充分调动群众参与治理的积极性。

三、水土保持目标责任制和考核奖惩

《中华人民共和国水土保持法》规定，县级以上人民政府应当加强对水土保持工作的统一领导，将水土保持工作纳入本级国民经济和社会发展规划，对水土保持规划确定的任务，安排专项资金，并组织实施。国家在水土流失重点预防区和重点治理区，实行地方各级人民政府水土保持目标责任制和考核奖惩制度。

（一）水土保持事关国计民生，是政府的一项重要职责

珍贵而近于不可再生的土壤资源是生态系统的基础，是农业文明的基础，是人类赖以生存的基础。水土流失及水土保持状况是衡量区域经济社会可持续发展的重要指标。防治水土流失，保护水土资源对人类可持续发展起着关键性作用。水土保持是可持续发展的重要内容，是全面建设小康社会的基础工程，是促进人与自然和谐共存的重要途径，是中华民族生存发展的长远大计，是必须长期坚持的一项基本国策。水土保持的艰巨性、长期性、广惠性和公益性决定了水土保持任务的落实不能完全依靠和运用市场经济机制进行，而必须发挥政府的组织和引导作用，通过运用经济、技术、政策和法律、行政等各种手段，组织和调动社会各方面力量，完成水土保持规划确定的目标和任务。

60多年的实践充分证明，要搞好水土保持工作，必须依靠各级人民政府的高度重视，并列入政府重要工作职责，加强组织领导，加强宏观调控，各部门协调配合，制定和落实各项方针政策，充分发挥国家、单位和广大群众的积极性，才能真正取得成效。这是《中华人民共和国水土保持法》的重要规定，从法律上明确各级人民政府必须抓好水土保持工作。

（二）纳入国民经济和社会发展规划是落实政府水土保持职责的具体体现

将水土保持规划确定的目标和任务纳入国民经济和社会发展规划，并在财政预算中安排水土保持专项资金是确保水土保持规划实施的重要前提条件。各级政府每五年一次制定的国民经济和社会发展规划，主要阐述本级政府的发展战略，明确本级政府五年内的工作重点，是本阶段当地经济社会发展的蓝图，是当地各项工作的纲领，是政府履行经济调节、市场监管、社会管理和公共服务职责的重要依据。

因此，在各级人民政府每五年一次的规划中，应当包括水土保持工作方面的任务和具体指标，将水土保持工作与当地经济社会发展有机结合起来。

（三）建立和完善政府目标责任制是强化政府水土保持职责的重要保障

对水土流失重点防治区地方人民政府实行水土保持目标责任制和考核奖惩制度是强化水土保持政府管理责任，推动水土保持工作顺利开展的重要举措和制度保障。实行地方各级人民政府水土保持目标责任制和考核奖惩制度，包括以下几方面的内容。

1. 明确各级水土保持目标责任制和考核奖惩制度的范围

上一级人民政府在其确定的重点预防区和重点治理区范围内，对下一级人民政府进行

考核和奖惩。例如，国务院划定并公告国家级重点预防区和重点治理区，并对重点预防区和重点治理区范围涉及的有关省（自治区、直辖市）人民政府实施水土保持目标责任制和考核奖惩制度。相应地，省级人民政府划定并公告省级重点预防区和重点治理区，并对本级重点预防区和重点治理区范围涉及的有关市（地、盟）人民政府实施水土保持目标责任制和考核奖惩制度。

2. 明确水土保持目标责任制和考核奖惩制度的具体内容

将年度生产建设项目水土保持方案编报和实施率、水土流失治理面积、水土保持投入占财政收入的比例等可量化、可测定的指标作为考核内容，并将这些指标纳入政府目标管理。

3. 明确水土保持目标责任制和考核奖惩制度的具体考核奖惩措施

把水土保持工作目标任务完成情况作为评价各级政府年度工作的评价内容之一，通过一定的程序进行考核，将考核结果与具体的奖惩挂钩。

四、水土保持的管理体制

（一）国务院水行政主管部门主管全国的水土保持工作

水行政主管部门主管水土保持工作是由水土保持工作的特点决定并经过长期实践形成的。新中国成立70多年来，水土保持主管部门多次调整，除1958—1964年6年间部分水土保持工作由农业行政主管部门主管外，水土保持工作一直由水行政主管部门负责。目前，已形成了较为完善的水土保持工作管理体制，在我国水土流失预防和治理实践以及水土保持制度建设上都取得了极为显著的成效。70多年来，我国水土流失面积从367万km^2减少到274万km^2，减少了93万km^2，减幅达25.3%，相当于减少了两个黑龙江省那么大面积的水土流失。强度以上的水土流失面积从103万km^2减少到58万km^2，减少了45万km^2，减幅达43.7%。当前水土流失强度以中轻度为主，水土流失严重的状况从根本上得到了扭转。党的十八大以来，成效更为明显。我国水土流失面积减少了21.2万km^2，相当于一个湖南省的面积，年均减幅1%，是十八大前年均减幅的3.3倍。

我国现有水土保持机构主要包括水利部水土保持司，七大流域机构水土保持局（处），省、市、县级水行政主管部门水土保持局（处、办），还有协调机构、监测机构和有关科研院所、大专院校、学会等事业单位。全国大部分县级以上地方人民政府的水土保持管理机构都设在水行政主管部门，一些水土流失面积大、治理任务重的地（市）、县（旗）还单设了水土保持管理机构（与水行政主管部门同级），直接归政府管理，这些部门和机构维系着我国水土保持工作的正常运转。

（二）流域管理机构的水土保持职责

国务院水行政主管部门在国家确定的重要江河、湖泊设立的流域管理机构（以下简称流域管理机构），在所管辖范围内依法承担水土保持监督管理职责。

流域管理机构是国务院水行政主管部门的派出机构。目前，水法、防洪法等法律法规已经规定了流域管理机构在水资源管理、防汛抗洪等方面的职责。多年来，各流域管理机构在水土保持技术指导、国家水土保持重点建设工程管理、生产建设项目水土保持监督检查等方面做了大量工作，对推进流域水土流失预防和治理发挥了重要作用。本法明确了流域管理机构的水土保持监督管理职责，主要包括：对流域内生产建设项目水土保持方案的实施情况进行跟踪检查，发现问题及时处理；对流域内水土保持情况进行监督检查；对流域内水土保持工作进行指导。

（三）相关部门的水土保持职责

水土流失防治是一项综合性工作，需要得到各有关部门的密切配合和支持。县级以上地方人民政府水行政主管部门主管本行政区域的水土保持工作。县级以上人民政府林业、农业、国土资源等有关部门按照各自职责，做好有关的水土流失预防和治理工作。

（1）林业主管部门主要是组织好植树造林和防沙治沙工作，配合水行政主管部门做好林区采伐林木水土流失防治工作。

（2）农业主管部门主要是组织做好农耕地的免耕、等高耕作等水土保持措施。

（3）国土资源主管部门主要是在滑坡、泥石流等重力侵蚀区建立监测、预报、预警体系，并采取相应的治理措施，组织做好矿产资源开发、土地复垦过程中的水土流失治理和生态环境恢复工作。

（4）发展改革、财政、环境保护等主管部门要积极配合水行政主管部门做好相应的工作。

（5）交通、铁路、建设、电力、煤炭、石油等主管部门要组织做好本行业生产建设活动中的水土流失防治工作。

五、水土保持工作的其他规定

（一）水土保持的宣传和教育责任

各级人民政府及其有关部门应当加强水土保持宣传和教育工作，普及水土保持科学知识，增强公众的水土保持意识。

1. 增强社会公众水土保持意识是一项重要的政府职责

做好水土流失的预防和治理具有很强的技术性、综合性，水土流失的发生发展和后果显现是一个缓慢的、渐进的，有一个从量变到质变的过程，水土保持效益的显现也是一个长期的、缓慢的过程，容易被社会公众忽视。

因此，需要政府和社会公众的高度重视和广泛参与。各级政府要加强组织领导，做好水土保持的宣传教育工作，普及水土保持科学知识，增强社会公众对水土流失危害的忧患感、对预防水土流失的责任感、对治理水土流失的紧迫感，增强水土保持法律意识。

2. 加强水土保持宣传教育、普及水土保持科学知识是增强公众水土保持意识的重要途径

加强水土保持宣传教育就是要通过政府组织，采取多种形式，广泛、深入、持久地开展宣传教育，使社会公众切实了解水土资源的战略地位、我国水土流失的现状及其危害、水土保持建设成效，增强全社会水土流失忧患意识，增强全民族水土保持责任意识，形成水土保持人人有责，自觉维护、珍惜、合理利用水土资源的氛围。普及水土保持科学知识就是要加大宣传、科普和教育力度，使公众了解水土流失的相关知识，掌握水土保持的相关要求和技能，使每个单位、公民在日常的生产生活中自觉地开展水土流失的预防和治理，成为水土保持的参与者、监督者和推动者。

（二）国家鼓励和支持水土保持工作

1. 国家鼓励和支持水土保持科研和技术推广

强调国家不仅要鼓励水土保持科学技术研究、提高水土保持科学技术水平、推广先进的水土保持技术、培养水土保持科学技术人才，还要提供相应支持。

各级政府以及职能部门的鼓励和支持体现在经费支持，提供科研实验场地、人才培养基地以及创造良好的科学研究环境等诸多方面。

（1）水土保持科学研究是水土保持事业的重要基础。水土流失的发生发展受到地质、土壤、植被、坡度、降雨等一系列因素的影响，具有较为复杂的特征，但又具有一定的规律性，必须开展相关研究，不断探索和掌握水土流失规律，创新水土流失防治的新技术、新方法，为水土流失防治工作提供理论依据和技术支撑。

目前，我国在水土流失基础研究和技术开发方面明显落后于生产实践的需求，急需要加强水土流失规律、水土流失监测预报、水土保持治理开发、水土保持效益评估、水土保持生态建设模式等方面的研究。

（2）加强技术推广，提高水土保持科技水平。科学技术是推动水土保持快速发展的第一生产力。随着科学技术的快速发展，与水土流失防治相关的新材料、新工艺、新技术不断涌现，将它们应用到水土保持生产实践，将会大大加快水土流失防治速度，提高水土流失防治水平，产生巨大的生态效益和社会效益。由于水土保持的生态效益、社会效益大大高于经济效益，水土保持在新技术、新品种推广等方面迫切需要得到国家的大力支持。

（3）水土保持科学技术人才是水土保持事业发展的根本保障。科学技术的研究与推广应用都离不开水土保持科学技术人才。针对目前水土保持事业艰苦、人才队伍不稳定和水土保持科学技术发展落后于生产实践需求的现状，国家应鼓励和支持大专院校、科技机构培养不同层次的水土保持科技人才。创造良好环境，培养优秀科学技术人才，建设一支与水土保持工作相适应的、规模与结构合理的水土保持科技人才队伍，为我国水土保持科学技术发展提供充分的人才支撑和智力保证。

2. 国家鼓励和支持社会力量参与水土保持工作

（1）国家鼓励和支持社会力量参与水土保持工作。首先，水土流失预防和治理需要全社会的广泛参与；其次，各级政府以及有关部门要制定资金、税收、信贷、技术服务和权益保护等相关政策措施，鼓励和支持社会力量积极主动地保护水土资源，按照水土保持规划参与承包治理荒山、荒沟、荒丘、荒滩；鼓励和支持农村集体经济组织和村民对自己所有或使用的土地上的水土流失进行治理；鼓励和支持生产建设单位和个人按照水土保持法的规定和水土保持技术要求对生产建设过程中的水土流失进行预防和治理。

各级政府要保护参与治理的单位和个人从治理成果中取得的合法收益，保障他们的合法权益不受侵犯。

（2）县级以上人民政府应当表彰和奖励水土保持工作中成绩显著的单位和个人。

1）规定了表彰奖励的主体是县级以上各级人民政府，包括以人民政府的名义表彰、以人事或干部主管部门的名义表彰和以水行政主管部门的名义表彰等。

2）规定表彰奖励的对象是水土保持成绩显著的单位和个人。单位可以是企业、事业单位以及各级政府的组成部门，也可以是其他非政府组织等；个人可以是中国公民，也可以是外国人。表彰的对象还可以是生产建设项目和水土流失综合防治工程。

3）规定表彰奖励的范围应当是与水土保持工作相关的各个方面，如水土流失预防和治理，水土保持管理，科学研究和技术推广、监测、宣传、教育和违法行为举报等。

4）表彰奖励的方式方法。一类是精神方面的奖励，可以采取表扬、嘉奖、通报表彰、授予光荣称号等具体形式，如先进单位、先进个人、示范工程、示范流域（区）、示范县、示范城市等；另一类是物质方面的奖励，可以采取发给一定数额的奖金、晋升工资级别等形式。具体工作中可以采用一种形式或者同时采用两种形式。

第二节　水土保持规划

一、水土保持规划编制依据和原则

水土保持规划是国民经济和社会发展规划体系的重要组成部分，是依法加强水土保持管理的重要依据，是指导水土保持工作的纲领性文件。《中华人民共和国水土保持法》对水土保持规划的编制、审批、实施等作出了明确规定，进一步强化了规划的法律地位。

（一）编制水土保持规划的基础

编制水土保持规划的基础是水土流失调查结果和重点防治区的划定。水土流失调查结果主要包括水土流失的分布、类型、面积、成因、程度、危害、发生发展规律以及防治情况等。开展水土流失调查是因地制宜、因害设防、有针对性地开展水土保持工作的前提和划定水土流失重点预防区和重点治理区，实行分区防治、分类管理，是统筹协调、突出重点，有效开展水土保持工作的重要依据。作为指导水土保持工作的纲领性文件，水土保持规划只有在水土流失调查结果和重点防治区划定的基础上进行编制，才更具有科学性、针对性、指导性和可操作性。

（二）水土保持规划编制的原则

统筹协调、分类指导是水土保持规划编制应遵循的原则。水土保持是一项复杂的、综合性很强的系统工程，涉及水利、国土、农业、林业、交通、能源等多学科、多领域、多行业、多部门。编制水土保持规划一定要坚持统筹协调的原则，充分考虑自然、经济和社会等多方面的影响因素，协调好各方面关系，规划好水土保持目标、措施和重点，最大限度地提高水土流失防治水平和综合效益。

我国幅员辽阔，自然、经济、社会条件差异大，水土流失范围广、面积大、形式多样、类型复杂。水力、风力、重力、冻融及混合侵蚀特点各异，防治对策和治理模式各不相同。因此，必须从实际出发，坚持分类指导的原则，对不同区域、不同侵蚀类型区水土流失的预防和治理区别对待，因地施策，因势利导，不能“一刀切”。

二、水土流失调查及结果公报

（一）水土流失的概念

水土流失是指由于自然或人为的原因致使土地表层由于缺乏植被的保护，被雨水冲蚀

后导致土层逐渐变薄、变脊的现象。一般水土流失，开始在土壤层进行，当其发展到一定程度则将涉及土壤母质和基岩，一旦土层全部损失，其实质不仅只是肥力的损耗，应属肥力的彻底破坏，同时也正是土地生产力的破坏，不仅是农业上的损失和破坏，进而涉及人类生命和生产安全以及国土整治、城乡建设、生态环境的破坏。水土流失形式包括水的损失和土的损失（即土壤侵蚀）。土壤侵蚀是指在陆地表面，水力、风、冻融和重力等外引力作用下，土壤、土壤母质及其他地面组成物质被破坏、剥蚀、转运和沉积的全过程。

土地是人类生息繁衍和从事一切活动的不可取代的立足之地，是人类最基本的环境资源。然而，随着森林的砍伐、植被的破坏，水土流失在加剧，土地在减少。

水的损失在国外一些国家的水土保持文献中是指植物截流损失、地面及水面蒸发损失、植物蒸腾损失、深层渗漏损失、坡面径流损失。在我国，水的损失主要指坡地径流损失。水的损失在干旱地区及半干旱地区加重了大气干旱及土壤干旱对农业、林业、牧业等生产事业的危害。

（二）水土流失调查及其公告

水土流失调查及其公告是水行政主管部门的一项重要职责，也是水土保持工作的重要基础。

调查及其公告制度有利于各级政府建立水土保持目标责任制，增强使命感和紧迫感，有利于政府掌握水土流失状况、制定防治方略。这项制度也是对法律赋予公民知情权、参与权和监督权的尊重，是法治政府的体现，有利于增强全民的水土保持意识，调动社会力量参与水土流失防治的积极性。

（三）水土流失调查及其公告的责任分工

1. 全国水土流失调查及其公告的主体是水利部

国务院水行政主管部门应当定期组织全国水土流失调查并公告调查结果。

省（自治区、直辖市）人民政府水行政主管部门负责本行政区域的水土流失调查并公告调查结果，公告前应当将调查结果报国务院水行政主管部门备案。

水土流失调查是指在全国范围内定期开展普查的一项制度。定期开展水土流失调查一般要求调查周期与国民经济和社会发展规划相协调，如国家有特殊需要也可适时开展调查。本款所规定的水土流失调查结果的公告内容主要应包括水土流失面积、侵蚀类型（包括水力侵蚀、重力侵蚀、风力侵蚀、冻融侵蚀）、分布状况（行政区域和流域）和流失程度（土壤侵蚀模数和土壤侵蚀强度）、水土流失成因（自然因素与人为因素）、水土流失造成的危害及其趋势、水土流失防治情况及其效益等。

据第一次全国水利普查资料显示，我国土壤水力、风力侵蚀面积有 294.91 万 km^2。水力侵蚀面积为 129.32 万 km^2，按侵蚀强度分，可分为轻度（66.76 万 km^2）、中度（35.14 万 km^2）、强烈（16.87 万 km^2）、极强烈（7.63 万 km^2）、剧烈（2.92 万 km^2）。风力侵蚀面积共 165.59 万 km^2，按侵蚀强度划分，可分为轻度（71.60 万 km^2）、中度（21.74 万 km^2）、强烈（21.82 万 km^2）、极强烈（22.04 万 km^2）、剧烈（28.39 万 km^2）。

水土流失面积、分布状况有着明显的时段特征，存在一个从量变到质变的过程，定期在全国范围内开展调查的频次要适度。过于频繁，不能反映水土流失的宏观变化，实际意义也不大，一定程度上还会造成人力、物力和财力的浪费；间隔过长，无法掌握水土流失变化情况，也会淡化社会对水土流失的警觉和关注，很大程度上影响政府的宏观决策。根据我国以往开展全国调查的经验，5年开展一次比较适宜。

2. 省级水行政主管部门是所在省水土流失调查及其公告的主体

省级水土流失调查是指在行政区域内开展的普查，调查主体是省级水行政主管部门。省级调查与公告一般应服从全国性定期调查的总体部署。如有特殊情况，可适当加密频次，自行确定调查范围。省级水行政主管部门在水土流失调查结果公告前须向水利部进行备案，这是一项法定的管理程序。备案的目的是接受备案机关对省级水土流失调查结果的审核，确保调查结果符合有关要求。

三、划定水土流失重点预防区和重点治理区

（一）划分水土流失重点防治区是开展水土保持工作的重要基础

我国水土流失分布面积广、类型多，土壤侵蚀强度及危害程度差异极大，对国家生态安全、经济发展和群众生活的影响也不同，需要有针对性地采取不同的水土流失防治措施。划分重点防治区，其目的就是实行分区防治，分类指导，有效开展水土流失预防和治理。

（二）划定并公告水土流失重点防治区是县级以上人民政府的一项职责

重点防治区的划分涉及多个部门和多方利益，需要政府组织、协调才能完成。经政府划定并公告的水土流失重点防治区，既具有法律保障效力，又是科学开展防治工作的重要依据。

（三）划定水土流失重点预防区和重点治理区的依据

水土流失潜在危险较大的区域，应当划定为水土流失重点预防区；水土流失严重的区域，应当划定为水土流失重点治理区。

水土流失潜在危险较大的区域是指目前水土流失较轻、但潜在水土流失危险程度较高、对国家或区域防洪安全、水资源安全以及生态安全有重大影响的生态脆弱或敏感地区。这些地区一般人为活动较少，大多处在森林区、草原区、重要水源区、萎缩的自然绿洲区，主要包括江河源头区、水源涵养区、饮用水水源区等重要的水土保持功能区域。水土流失严重地区主要是指人口密度较大、人为活动较为频繁、自然条件恶劣、生态环境恶化、水旱风沙灾害严重，水土流失是当地和下游国民经济和社会发展主要制约因素的区域。

水土流失重点防治区分为四级，即国家级、省级、市级和县级。具体划定时需要审慎对待、科学论证。

四、水土保持规划的内容及有关规划关系

（一）水土保持规划内容

其主要包括水土流失状况、水土流失类型区划分、水土流失防治目标、任务和措施。

（1）系统分析评价区域水土流失的强度、类型、分布、原因、危害及发展趋势，全面反映水土流失状况。

（2）根据规划范围内各地不同的自然条件、社会经济情况、水土流失及发展趋势，进

行水土流失类型区划分和水土保持区划分，确定水土流失防治的主攻方向。

(3) 根据区域自然、经济、社会发展需求，因地制宜，合理确定水土流失防治目标。一般以量化指标表示，如新增水土流失治理面积、林草覆盖率、减少土壤侵蚀量、水土流失治理度等。

(4) 分类施策，确定防治任务，提出防治措施，包括政策措施、预防措施、治理措施和管理措施等。

(二) 水土保持规划分类

水土保持规划分为总体规划和专项规划两大类。对行政区域或者流域预防和治理水土流失、保护和合理利用水土资源作出的整体部署，是总体规划；根据整体部署对水土保持某一专项工作或者某一特定区域预防和治理水土流失作出的专项部署，是专项规划。

相对而言，水土保持总体规划种类比较简单，是中央、省级、市级和县级政府为完成水土保持全面工作目标和任务，对水土保持各方面工作所做出的全局性、综合性的总体部署。水土保持专项规划种类则相对较多，如预防保护、监督管理、综合治理、生态修复、监测预报、科研与技术推广、淤地坝建设、黑土地开发整治、崩岗侵蚀治理等专项规划。专项规划应当服从总体规划。

(三) 水土保持规划与有关规划的关系

(1)《中华人民共和国水土保持法》规定了水土保持规划应当与土地利用总体规划、水资源规划、城乡规划和环境保护规划等相互协调。

土地利用总体规划、水资源规划、城乡规划和环境保护规划等是根据自然及资源状况和经济社会发展的要求，对土地及水资源的保护、开发和利用的方向、规模、方式，以及对城市及村镇布局与建设、环境保护与治理等方面做出的全局性、整体性的统筹部署和安排。这些规划的实施，涉及大量的水土流失预防和治理的问题，规划编制时应当适应国家和区域水土保持的要求，安排好水土流失防治措施。

(2) 开展水土流失预防和治理也要考虑国家对土地和水资源的保护、开发利用以及城乡建设和环境保护的需要，既要做好水土保持的支撑作用，也要确保水土资源得到有效保护和可持续利用。

(四) 编制水土保持规划应当征求专家、公众的意见

(1) 决策的科学化和民主化是法治政府、服务型政府的重要体现。国际上许多发达国家，对涉及影响生态环境的各种行为，包括政府开展的规划活动和各类开发、生产、建设活动，在规划的编制和项目的可行性研究阶段，都广泛征求社会各方面的意见，提高规划或项目建设的科学性、可行性和可操作性。

(2) 水土保持规划的编制不仅是政府行为，也是社会行为。征求有关专家意见，目的是提高规划的前瞻性、综合性和科学性；征求公众意见，目的是听取群众的意愿和呼声，维护群众的利益，提高规划的针对性、可操作性和广泛性。在规划过程中，让社会各界广泛参与，对水土保持规划出谋献策，才可以做到民主集智、协调利益、达成共识，使政府决策充分体现人民群众的意愿，使水土保持规划所确定的目标和任务转化为社会各界的自觉行动，也是落实群众的知情权、参与权、监督权的重要途径。如果没有公众参与，不广泛听取意见，所制定的水土保持规划就难以被社会公众所认同，在实施过程中就难以得到全社会广泛支持和配合，水土保持规划的实施就难以达到预期的效果。

五、水土保持规划的编制、批准和修改

（一）水土保持规划编制、批准和实施主体

（1）水行政主管部门会同同级政府其他部门编制水土保持规划。编制水土保持规划由水行政主管部门牵头负责，能够从总体上把握水土保持工作的方向；会同发展改革、财政、林业、农业等部门，有利于多部门配合协调，促进防治任务的落实。

（2）规划须经本级人民政府或者其授权的部门批准。授权的部门一般是指同级人民政府发展改革等综合部门。

（3）水行政主管部门是规划组织实施的主体。

（二）水土保持规划执行

（1）《中华人民共和国水土保持法》规定了经批准的水土保持规划应当严格执行，其目的是维护规划的权威性，以确保规划的实施，确保防治任务的落实和目标的实现，确保水土资源得以永续保护和合理利用，确保国家和民族生存发展空间得以可持续维护。

（2）经批准的水土保持规划是水土保持工作的总体方案和行动指南，具有法律效力，违反了水土保持规划就是违法。主要表现在两个方面：一方面水土保持规划所确定的目标任务，应当纳入政府目标责任和考核奖惩体系，政府及相关部门如不采取有效措施予以实现，是一种行政不作为；另一方面水土保持规划所划定的水土流失重点防治区及其确定的对策措施，政府及有关部门、相关利害关系人应当服从和落实。例如，水土保持规划明确重点预防保护区内禁止或限制的生产建设活动，公民、法人和其他组织都应遵守，政府及有关部门应当在行政审批、监督管理方面予以落实。

（三）规划修改的程序

对因形势发生变化，确需修改部分规划内容，规定了必须按照规划编报程序报原批准机关批准，这样规定既维护了已经批准规划的严肃性、减少修订的随意性，又考虑到由于情况发生变化对规划某些内容确需修订的灵活性。

六、基础设施建设等规划中的水土流失防治对策、措施和要求

（一）基础设施等各类建设的总体安排和部署

（1）基础设施建设、矿产资源开发、城镇建设、公共服务设施建设等规划，是对各自领域发展方向和区域性开发、建设的总体安排和部署。列入这些规划的生产建设项目，实施时不可避免地要扰动、破坏地貌植被，引起水土流失和生态环境的破坏。因此，《中华人民共和国水土保持法》规定，编制有关基础设施、矿产资源开发、城镇建设和公共服务设施建设等规划时，组织编制机关应当从水土保持角度，分析论证这些规划所涉及的项目总体布局、规模以及建设的区域和范围对水土资源和生态环境的影响，并提出相应的水土流失预防和治理的对策和措施；对水土保持功能造成重大影响的，应在规划中单设水土保持篇章。

(2)《中华人民共和国水土保持法》规定，规划的组织编制机关应当在规划报请批准前征求同级人民政府水行政主管部门意见，并采取有效措施，落实水土保持的有关要求，确保这些规划与批准的水土保持规划相衔接；确保规划确定的发展部署和水土保持安排，符合本法规定的禁止、限制、避让的规定，符合预防和治理水土流失、保护水土资源和生态环境的要求。

(二) 规划的审查和问题反馈

做好这些规划的审查和问题反馈工作是水行政主管部门一项重要的工作职责。各级水行政主管部门应按照规划管理程序，从源头上把好规划的水土保持审查关，实现水土流失和生态环境由事后治理向事前预防保护的转变。

第三节　水土流失的预防

本节是对水土流失预防的法律规定。新的《中华人民共和国水土保持法》共 14 条，比原《中华人民共和国水土保持法》增加 5 条，进一步强化了预防为主、保护优先的水土保持工作方针。主要内容包括地方政府预防水土流失的职责，在水土流失严重、生态脆弱地区等特殊区域禁止和限制性规定，生产建设项目水土保持方案管理、设施验收制度等。地方各级人民政府加强生态建设，预防和减轻水土流失等职责的规定。

一、各级人民政府预防水土流失的职责

水土流失严重等地区地貌植被及植物保护带的保护的规定如下。

(一) 扩大林草覆盖面积，涵养水源

水土保持，重在预防保护。预防和减轻水土流失是地方各级人民政府的一项重要职责。特别是在一些生态脆弱、敏感地区，一旦造成水土流失，恢复的难度非常大，有的甚至无法恢复。地方各级人民政府应当高度重视水土流失预防工作，坚持“预防为主，保护优先”的水土保持工作方针，把预防保护工作摆在首要位置，广泛发动群众，组织协调，按照水土保持规划确定的区域，保护地表植被，采取封育保护、自然修复等措施，扩大林草覆盖，有效预防水土流失的发生。

1. 开展封育保护、自然修复和植树种草应当按照批准的水土保持规划

水土流失防治的工程措施、植物措施、保护性耕作措施都应按照经批准的水土保持规划统筹安排，科学配置。地方政府应按经批准的、完整统一的水土保持规划组织实施水土保持植被建设。

2. 封育保护、自然修复是水土流失预防保护的主要措施

封育保护、自然修复是指在地广人稀、降雨条件适宜、水土流失相对较轻的山区、丘陵区，通过采取禁垦、禁牧、禁伐或轮封轮牧等措施，封山育林或育草，转变农牧业生产方式，控制人们对大自然的过度干扰、索取和破坏，依靠生态系统的自我修复能力，恢复植被生长，提高植被覆盖度，减轻水土流失。封育保护、自然修复的核心是减少人为干扰，依靠植被自然恢复维护、恢复和改善生态系统功能，减轻水土流失，改善生态环境。采取封育保护、自然修复，既是尊重自然规律的做法，也是现阶段我国生产力发展水平的

现实选择。实践证明，充分发挥大自然的力量，依靠生态的自我修复能力治理水土流失，能够大面积改善生态环境，快速减轻水土流失强度，不仅在降雨量较多的地区效果明显，而且在干旱半干旱地区也能取得较好的效果，是新时期水土保持生态建设一举多得、费省效宏的好措施。

3. 植树种草是水土流失综合治理的一项重要措施

通过在水土流失地区人工植树种草可以加快林草植被的恢复，迅速提高水土保持功能，提高涵养水源和减轻水土流失能力。搞好植树造林是全社会的义务，组织植树种草，一要注重发挥全社会的积极性；二要注重遵循因地制宜、适地适树原则；三要注重乔灌草结合，形成综合防护系统；四要注重生态效益与经济效益相结合，保障水土保持和生态功能的长期发挥。

（二）加强对取土、挖砂、采石等活动的管理

禁止在崩塌、滑坡危险区和泥石流易发区从事取土、挖砂、采石等可能造成水土流失的活动。崩塌、滑坡危险区和泥石流易发区的范围，由县级以上地方人民政府划定并公告。崩塌、滑坡危险区和泥石流易发区的划定，应当与地质灾害防治规划确定的地质灾害易发区、重点防治区相衔接。

1. 地方各级人民政府要承担对本辖区内的取土、挖砂、采石等活动的管理责任

取土、挖砂、采石活动直接在地表施工，土石方挖填量大，造成地表结构破坏、植被占压，是最为普遍、最容易引发水土流失及其危害的生产建设活动。随着我国工业化、城镇化进程和基础设施建设的加快，出现了大量采石场、取土场，造成了大量严重的水土流失和生态破坏，加剧了滑坡、泥石流等水土流失灾害的发生和发展，是当前水土流失防治的一个重点和难点。因此，地方各级人民政府要加强对取土、挖砂、采石的管理，统筹规划设置取土、挖砂、采石地点，规范取土、挖砂、采石行为，切实采取有效预防和治理措施，确保因取土、挖砂、采石造成的水土流失大幅度减少，水土流失等灾害得到有效控制，保障生态安全和公共安全。

2. 禁止在崩塌滑坡危险区、泥石流易发区的取土、挖砂、采石行为

崩塌、滑坡、泥石流属于混合侵蚀，是重力、水力等营力共同作用的水土流失形式，具有突发性强、历时短、危害严重等特点。在崩塌、滑坡危险区和泥石流易发区取土、挖砂、采石，极易导致应力变化，引发崩塌、滑坡和泥石流等，给群众生命财产带来巨大损失，严重危及公共安全。因此，本法明确禁止在崩塌滑坡危险区、泥石流易发区的取土、挖砂、采石行为。

3. 划定崩塌、滑坡危险区和泥石流易发区的范围，应由县级以上地方人民政府进行划定并予以公告

崩塌、滑坡和泥石流易发区的划分要根据地形地质、气象、植被等自然情况，统筹崩塌、滑坡和泥石流的易发性、危害风险和经济社会发展需求，综合论证，科学划定。采取公告、设置标志牌等多种宣传方式对划定的区域和禁止行为予以公告。划定并公告崩塌、滑坡危险区和泥石流易发区，既可以使社会公众认识到在划定区域从事这些活动会产生的严重危害，杜绝在该区域从事取土、挖砂、采石等活动，也是依法加强对取土、挖砂、采石行为的管理，打击违法行为的依据。

4. 崩塌、滑坡和泥石流既是水土流失的一种极端形式，也是地质灾害的一种表现形式

崩塌、滑坡危险区和泥石流易发区不但是水土流失预防保护的重点，同时也有可能是地质灾害防治的重点。县级以上地方人民政府在划定并公告崩塌、滑坡危险区和泥石流易发区时，应当与地质灾害防治规划确定的地质灾害易发区、重点防治区相衔接，将发生崩塌、滑坡和泥石流潜在危险大，造成后果严重的区域划定为崩塌、滑坡危险区和泥石流易发区，严格各项管理措施，禁止取土、挖砂、采石等活动，加强监测和预报，防止取土、挖砂、采石引发的崩塌、滑坡和泥石流等灾害。

二、水土流失严重地区的保护

水土流失严重、生态脆弱的地区，应当限制或者禁止可能造成水土流失的生产建设活动，严格保护植物、沙壳、结皮、地衣等。

在侵蚀沟的沟坡和沟岸、河流的两岸以及湖泊和水库的周边，土地所有权人、使用权人或者有关管理单位应当营造植物保护带。禁止开垦、开发植物保护带。

（一）水土流失严重地区

水土流失严重地区是指水土流失面积较大、强度较高、危害较重的区域。生态脆弱地区是指生态系统在自然、人为等因素的多重影响下，生态系统抵御干扰的能力较低，恢复能力较弱，且在现有经济和技术条件下，生态系统退化趋势得不到有效控制的区域，如戈壁、沙地、高寒山区以及坡度较陡的山脊带等。具体划分和界定，应在各级水土保持规划中予以明确，经批准后向社会公告。在水土流失严重、生态脆弱地区，限制或者禁止可能造成水土流失的生产建设活动。由于这些区域生态环境对外界干扰极为敏感，破坏后极难恢复，易造成严重的水土流失灾害和生态影响，因此本法规定，在上述区域应当限制或者禁止可能造成水土流失的生产建设活动。

（二）在水土流失严重、生态脆弱地区保护沙壳、结皮、地衣十分必要

这些地区的生态系统较低等，稳定性差，地表植被一旦破坏，极易造成生态系统退化，危害十分严重，因此地表及植被需要进行特别的保护。

（1）沙壳、结皮、地衣是在干旱半干旱地区具有较强保护地表作用的地被物。

（2）沙壳是指经长期风蚀后地表形成的主要由粗颗粒砂砾组成的砂砾层。

（3）结皮是指在沙地经淋溶、蒸发后地表形成的具有一定黏着性的沙粒结层。

（4）地衣是指地表形成的由真菌与藻类共生的特殊低等植物体。

沙壳、结皮、地衣对地表及地表层下的土壤或细颗粒沙具有很强的保护作用，可以防止降雨、大风对地表的侵蚀，减轻水土流失及其危害，促进植被恢复，固定沙丘，改善生态环境。一旦破坏，极难恢复，甚至会引发和加剧沙漠化。因此，本法规定在水土流失严重、生态脆弱的地区，严格保护植物、沙壳、结皮、地衣。

（三）侵蚀沟及河湖库岸周边是水土流失较为敏感区域，应加强保护和管理

（1）侵蚀沟是指由沟蚀形成的沟壑。侵蚀沟是我国水土流失最为严重的两大地类之一，因沟坡坡度一般较大，容易造成沟头前进和沟岸扩张，产生新的切沟甚至发育成新的侵蚀沟，并伴有坍塌、泻溜等重力侵蚀发生，泥沙直接进入河道，危及江河防洪安全以及下游群众的生命财产安全。例如，位于黄土高原沟壑区的董志塬，塬面平坦，黄土的厚度

在170m以上，其沟壑部分地形破碎，坡陡沟深，相对高差为100～200m，沟壑密度为0.5～2km/km²，年侵蚀模数达5000～10000t/km²。

(2) 在侵蚀沟及河湖库岸周边设置植物保护带对预防和减轻水土流失具有重要作用。

1) 控制水流和冲刷，护坡和固岸，减少人为破坏。

2) 拦截泥沙，有效控制和减少水土流失及其对下游造成的危害。

3) 改善生态，减少面源污染，净化水质。设置和建设植物保护带要纳入水土保持规划，明确范围，落实建设和管理责任主体。在设置的植物保护带应设立标志，加强宣传，增强公众的保护意识，制定严格的管理制度，落实管理措施。侵蚀沟及河湖库岸周边的土地所有权人、使用权人或者有关管理单位营造植物保护带是法定责任。对已设置和建立的植物保护带禁止开垦、开发。由于植物保护带具有多方面、十分重要的水土保持作用，因此本法规定应严格保护，禁止开垦，改变其土地利用方向。

三、水土保持设施的管理与维护

(一) 加强对水土保持设施的保护

水土保持设施是指具有水土保持功能的所有人工建筑物、植被的总称。我国防治水土流失有悠久的历史，广大劳动人民创造和保留了许多水土保持设施，如云南元阳、广西龙胜梯田建设年代很早，大面积保存至今并发挥良好的水土保持作用和功能。自新中国成立以来，国家、集体和个人投入了大量的人力、物力、财力，建成了大量的水土保持设施。这些设施不仅治理了因建设活动造成的水土流失，同时还为改变当地生态环境，保证主体工程的安全运行起到了重要的作用。长期以来，一些地区重治理轻管护，管护责任不落实，治理成果没有得到有效保护，导致了一些水土保持设施遭受破坏，水土保持功能降低甚至丧失，因此从法律层面规定加强对水土保持设施的保护是十分必要的。

我国是世界上水土流失最严重的国家之一，全国现有水土流失面积356万km²，占国土总面积的37.1%，每年流失土壤45亿t，损失耕地100多万亩。新中国成立以来，党和政府领导人民开展了大规模的水土流失综合治理，取得了举世瞩目的成就。70多年来，全国累计初步治理水土流失面积101.6万km²，实施治理小流域5万多条，建成黄土高原淤地坝9万多座，国家水土保持重点工程覆盖了600多个水土流失严重县。全国实施水土保持生态修复72万km²，加快了水土流失治理步伐，现有水土保持措施每年可保持土壤15亿t，增加蓄水能力250亿m³，增产粮食180亿kg，惠及1亿多人，促使5000多万群众摆脱贫困。凡是经过水土流失重点治理的地区，都取得了明显的生态效益、经济效益和社会效益，给群众带来了实实在在的利益。

(二) 管理和维护水土保持设施的义务

由于种种原因，历史上形成的部分水土保持设施的管护责任主体不明确，出现建、管、用和责、权、利脱节的现象。随着水土保持投资主体的多元化，水土保持设施的所有权人或使用权人，既可能是国家，又可能是农村集体经济组织，还可能是个人、企业法人和其他组织。因此，本法规定水土保持设施的所有权人或者使用权人具有管理和维护的法律义务，它涵盖了全部的各类责任主体，有利于全面落实管护责任，确保水土保持设施长期发挥水土保持功能。

四、水土保持禁止性规定

（一）禁垦坡度、禁垦范围

1. 明确规定25°作为禁垦陡坡地上限

原《中华人民共和国水土保持法》将25°作为禁垦坡角。根据有关研究成果，25°是土壤侵蚀发生较大变化的临界坡角，25°以上陡坡耕地的土壤流失量高出普通坡地2～3倍。本条规定中的农作物是较为广义的概念，除粮食、棉花、油料、糖料、蔬菜等作物之外，也包括人参、烟叶、花卉、药材等，它们都有一个共同的特征，就是在种植时需要经常整地、翻耕等，对地表造成持续的扰动，极易引发严重水土流失。本次修订在总结各地实践经验的基础上，保留了原水土保持法的这一规定。

2. 明确规定在25°以上的陡坡地种植经济林的水土保持要求

坡地上种植经济林的现象在我国较为普遍，特别是在我国南方集中连片种植经济果木林，极易产生非常严重的水土流失。

（1）在种植初期，由于大面积、全坡面的整地甚至炼山造林，扰动地表剧烈，原地表植被几乎完全清除，造成了严重水土流失。

（2）在经营过程中，由于不断深翻施肥、松土、锄草等，不断地、周期性地对地表造成扰动，仍然会引起水土流失。

（3）由于种植树种单一，密度较低，林下无灌草，水土保持功能下降。

因此，《中华人民共和国水土保持法》对陡坡地种植经济林提出了明确的水土保持要求。

1）科学选择树种，种植耗水量小、根系发达、密度大、植被覆盖率高的树种，减少因单一树种或品种不当加重水土流失。

2）确定合理规模，经济林要与生态林相配套布设，经济效益与生态防护效益兼顾。

3）采用有利于水土保持的造林措施，并采取拦水、蓄水、排水等措施，防止形成较大坡面的径流和冲刷，综合防治可能产生的水土流失。

在我国南方的海南、广东、福建、浙江、江西、湖南、广西、云南、贵州等省（自治区、直辖市），陡坡地种植经济果木林的情况较多，面积也非常大，更需要注意这些问题，改进种植和经营方式，防止水土流失。

3. 因地制宜，明确管理制度，落实防治水土流失的措施

我国地域广阔，自然条件各异。水土资源分布不均，经济社会发展水平不同，特别是人均耕地、可利用土地资源也不均衡，人地矛盾尖锐程度、25°以下土地资源量不同，因此法律授权省（自治区、直辖市）可以根据实际情况规定小于25°的禁垦坡角。举例如下。

（1）东北黑土漫川漫岗区，尽管坡度不大，但因其坡长特别长，且降水量和降水强度较大，坡面水流具有较强的冲刷力，造成的水土流失非常严重，黑龙江省针对这种情况将禁垦坡角限定为15°。

（2）宁夏、内蒙古、江西、陕西、浙江和海南等省（自治区、直辖市）在地方性法规中也制定了小于25°的禁垦坡角。县级人民政府划定并公告禁垦陡坡地的范围。在国家和各省（自治区、直辖市）规定的禁垦坡角基础上，县级人民政府要通过深入细致的调查研

究，科学规划，划定具体的禁垦范围，向社会公告，并要明确管理制度，落实防治水土流失的措施。

（二）禁止毁林、毁草和采集发菜

（1）禁止毁林、毁草开垦。毁林、毁草开垦是指将已有的林木（包括天然林、次生林）和草地损毁后，开垦为耕地并种植农作物的行为。由于清除了原有的林草植被，土地裸露，生产中还要扰动土地、翻耕疏松，会带来严重的水土流失，因此法律应当明令禁止。

（2）禁止采集发菜。发菜是生长在西北干旱地区地表的一种藻类。采集发菜一般是用大耙子将发菜、地表灌草和根系一并捞取，是对干旱草原植被的一种毁灭性的破坏活动。为此，早在2000年国务院关于禁止采集和销售发菜，制止滥挖甘草和麻黄草有关问题的通知，明确禁止采集和销售发菜，此次修订将此规定上升为法律规定。

（3）在水土流失重点预防区和重点治理区禁止下列行为。

1）禁止铲草皮、挖树兜。我国一些地方由于燃料缺乏，当地群众取暖、烧饭都以柴草为主，铲草皮、挖树兜的现象较为普遍，再加上近年来制作盆景、根雕等，挖树兜的情况仍然较多，对植被的破坏十分严重，造成了大量的水土流失。随着我国经济发展和群众生活水平的提高，现在已有条件解决农村能源替代问题。因此，法律规定禁止在水土流失重点预防区和重点治理区从事这些活动。

2）禁止滥挖虫草、甘草、麻黄。虫草、甘草、麻黄等具有药用的植物大多生长在青藏高原、北方草原、干旱半干旱等地区。这些地区生态极为脆弱，采挖药材对地表的扰动强度大，植被破坏也大，进一步引发和加剧水土流失，产生的危害极大。因此，本法根据国务院关于禁止采集和销售发菜，制止滥挖甘草和麻黄草有关问题的通知规定，明确禁止在水土流失重点预防区和重点治理区滥挖虫草、甘草、麻黄。

五、林木采伐的水土保持措施及其监督管理

林木采伐应当采用合理方式，严格控制皆伐；对水源涵养林、水土保持林、防风固沙林等防护林只能进行抚育和更新性质的采伐；对采伐区和集材道应当采取防止水土流失的措施，并在采伐后及时更新造林。

林区采伐林木的采伐方案中应当有水土保持措施。采伐方案经林业主管部门批准后，由林业主管部门和水行政主管部门监督实施。

（一）林木采伐应当采用科学合理的方式

科学合理的采伐方式能够保护林下植被，避免大面积土地裸露。常见的皆伐、间伐、带伐、择伐、渐伐方式中，皆伐是在极短时间内（一般不超过一年）将伐区内的林木全部或几乎全部伐光的采伐方式。这一采伐方式使地表大面积裸露，如果遭受地表径流冲刷或大风吹蚀，便会造成严重的水土流失，甚至失去表土层，因此必须严格控制。

（1）水源涵养林、水土保持林、防风固沙林等水土保持功能强的特殊林种只能进行抚育和更新性质的采伐。水源涵养林、水土保持林、防风固沙林等对保护土地资源、涵养水源、防治水土流失、维护生态系统的稳定性具有重要作用，因此必须加强保护。本法规定只能进行抚育和更新性质的采伐，实际就是不能变更林地的用途。抚育采伐是指在未成熟

的森林中，伐除部分林木为留存林木的生长发育创造良好条件。更新采伐是指为恢复和提高林木的效能而进行的采伐。

（2）采伐林木时应在采伐区、集材道采取水土保持措施。采伐区、集材道是地表植被损坏最为严重的部位，也是引发水土流失的重点部位，必须采取保护林下植被，设置截水、排水、拦沙等拦排措施，防止采伐过程中造成严重水土流失。采伐完成后，要及时完成更新造林，促进林木生长，增加地面覆盖，避免地表长时间处于裸露状态而发生水土流失。

（二）林木采伐方案中应当有水土保持措施

在林区采伐林木的，在制定采伐方案的同时必须制定采伐区水土保持措施，并经林业行政主管部门批准，这是落实防治水土流失措施的保证，经批准的采伐方案及明确的水土保持措施应抄送水行政主管部门，作为监督管理的依据。林业、水行政主管部门应当加强协调配合，共同做好水土保持工作。

六、在5°以上坡地种植水土保持措施

在5°以上坡地植树造林、抚育幼林、种植中药材及开垦种植农作物的水土保持措施的规定如下。

（一）在坡地上营造林木、抚育幼林、种植中药材等

种植初期因大面积扰动地表、损坏原有植被，引发和加剧水土流失，经营过程中还会因采挖、采伐、翻耕等引发水土流失。

如南方地区种植和经营林浆纸林木、东北地区种植人参、西北地区种植百合、一些林区全垦造林等，都会造成水土流失。因此本法规定，在坡地上营造林木、抚育幼林、种植中药材，应当采取水土保持措施。

（1）采用有利于保持水土的种植和经营方式，如等高种植、带状种植、混交种植，保护林下植物，采用间伐、带伐、渐伐等采伐方式。

（2）按水土保持造林技术要求种植，布设水平沟、排水沟、拦沙坝，间隔种植植物保护带等。

（二）开垦禁垦坡度以下、5°以上荒坡地，应当采取水土保持措施

开垦禁垦坡度以下、5°以上荒坡地，将适宜开发为农用地的未利用土地开发成农用地，扰动地表及微地形，破坏土体结构，使相对密集稳定的原状土壤转变为松散的耕作土壤，极容易在降水和径流作用下造成强度大、后果严重的水土流失。

因此，开垦和生产经营中，应综合采取水土保持工程措施、植物措施和保护性耕地措施，防止水土流失，保障持续发挥作用。开垦具有一定坡度的土地，极易引发水土流失，但考虑到坡地开垦涉及面广且各地情况又不尽相同，因此本条规定，各省、自治区、直辖市应根据本辖区的实际情况，制定具体管理办法。

七、其他预防水土流失措施

（一）生产建设项目选址、选线应当避让水土保持重点预防区和重点治理区

1. 对水土流失重点预防区和重点治理区应当进行重点保护

（1）水土流失重点预防区一般为植被良好、水土流失相对较轻区域，许多是江河源头

区、饮用水源区和水源涵养区；水土流失重点治理区一般为水土流失严重、开展重点治理的区域，对当地和下游产生严重影响。

（2）重点预防区和重点治理区具有较为重要的水土保持功能，对国家或区域生态安全、饮水安全、防洪安全、水资源安全等都具有重大影响。在重点预防区和重点治理区，中央和地方投入了大量资金，建设重点工程，进行预防保护和综合治理，其成果发挥着越来越大的作用。重点预防区和重点治理区对当地经济社会的发展具有重要影响，需要严格保护。

2. 一般生产建设项目在选址选线时应当避让重点预防区和重点治理区

（1）特别是涉及或影响到流域或区域生态安全、饮水安全、防洪安全、水资源安全等的生产建设项目必须从严控制，严格避让。

（2）对国家重要基础设施建设、重要民生工程、国防工程等在选址、选线时无法避让水土流失重点预防区和重点治理区的，应当依法提高水土流失防治标准，严格控制地表扰动和植被损坏范围，减少工程永久或临时占地面积，加强工程管理，优化施工工艺，这样可以最大限度地减轻水土流失和生态环境影响。

（3）公路建设项目应提高桥梁、隧道比例，减少开挖、填筑工程量。在河谷狭窄地段，可适当降低路面两侧附属设施的标高。在填筑时尽量使用开挖的土石，以减少废弃的土石方量。缩短土石方的存放时间，将废弃土石方运至水土流失重点预防区外堆放。输变电工程可以通过优化塔体设计，采用全方位、高低腿的工艺，减少塔基土石方开挖的范围和数量，架设线路可以采用飞艇、火箭筒等新工艺，减少对地表及植被的破坏。

（二）生产建设项目水土保持方案

1. 水土保持方案编报范围和主体

原《中华人民共和国水土保持法》将水土保持方案编报范围限定为山区、丘陵区、风沙区，这种划分方式不够科学和全面。生产建设项目是否造成水土流失，不仅与项目所处大地貌类型有关，还与项目所在的区域——环境及项目特点（规模、性质、挖填土石方量、施工周期等）有关，平原地区开展生产建设活动同样存在水土流失问题。

本次新法修订在总结实践经验的基础上，明确水土保持方案编报范围不仅包括山区、丘陵区、风沙区，还包括水土保持规划确定的容易发生水土流失的其他区域。在上述区域开办可能造成水土流失的生产建设项目，生产建设单位应当编制水土保持方案，按照经批准的水土保持方案，采取水土流失预防和治理措施。

2. 编制水土保持方案的机构

本法规定，生产建设单位没有能力编制水土保持方案的，应当委托具备相应技术条件的机构编制。水土保持方案既要对主体工程的设计报告进行水土保持论证，对水土流失防治目标、任务和标准做出部署，还要对水土保持工程措施、植物措施、临时措施进行设计，对水土保持方案实施提出要求，其技术复杂，专业性强。同时，生产建设项目水土流失防治关系到人民群众的切身利益，涉及公众生命和财产安全。因此，作为主体工程项目技术设计的组成部分，同建设项目主体设计一样，要求编制单位熟悉国家有关法律法规和技术规程规范，并且具备相应的技术条件和能力。

3. 水土保持方案内容

（1）水土流失防治的责任范围。其包括生产建设项目永久占地、临时占地及由此可能

对周边造成直接影响的面积。

(2) 水土流失防治目标。在生产建设项目水土流失预测的基础上，根据项目类别、地貌类型、项目所在地的水土保持重要性和敏感程度等，合理确定扰动土地整治率、水土流失总治理度、土壤流失控制比、拦渣率、林草植被恢复率、林草覆盖率等目标。

(3) 水土流失防治措施。根据项目特性及项目区自然条件造成的水土流失特点，采取工程措施、植物措施、临时防护措施和管理措施。

(4) 水土保持投资。根据国家制定的水土保持投资编制规范，估算各项水土保持措施投资及相关的间接费用。

4. 水土保持方案的审批部门

《中华人民共和国水土保持法》规定，水土保持方案的审批部门为县级以上人民政府水行政主管部门。水土保持方案变更审批。水土保持方案是项目立项审批或核准阶段的技术文件，大多数行业和项目达到可行性研究的设计深度。工程设计的后续阶段及在工程实施期间，主体工程的地点、规模发生重大变化时，将引起水土流失防治责任范围、水土保持防治措施及措施布置的变化，因此本法规定生产建设项目应当补充或者修改水土保持方案并报原审批部门批准。此外，水土保持方案在实施过程中，水土保持措施发生重大变更的，应按本法规定，报原审批机关批准。

5. 水土保持方案管理制度

与环境影响评价法有关建设项目环境影响评价的规定是衔接的，建设项目涉及水土保持项目的，环境保护行政主管部门在审批环境影响评价文件时，还必须有经水行政主管部门审查同意的水土保持方案。

6. 生产建设项目水土保持方案的编制和审批办法的制定

生产建设项目水土保持方案的编制和审批办法，本法授权国务院水行政主管部门制定。有关需要编制水土保持方案的生产建设项目、编制水土保持方案机构的技术条件、水土保持方案审批程序等，由国务院水行政主管部门制定。

(三) 生产建设项目水土保持“三同时”制度

水土保持“三同时”制度是生产建设项目自始至终全过程履行防治水土流失义务的制度保证。

1. 同时设计

同时设计是指生产建设项目水土保持设施的设计要与项目主体工程设计同时进行。工程设计过程是分阶段、逐步深化细化的，主要包括项目可行性研究报告或项目申请核准报告、初步设计和施工图设计。可行性研究阶段按水土保持法规定编报水土保持方案，在初步设计和施工图设计阶段要根据批准的水土保持方案和有关技术标准，组织开展水土保持设计，编制水土保持设计篇章，并成为工程设计的重要组成部分。

2. 同时施工

同时施工是指水土保持措施应当与主体工程建设同步建设实施。水土保持措施施工的时效性强，生产项目在施工过程中，如果不及时采取措施，就可能导致严重水土流失，开挖面、弃渣场等还可能引发崩塌、滑坡、泥石流等灾害，危及人民生命财产安全。同时施工就是确保水土保持措施及时、有效发挥作用，建设过程中的水土流失得到有效防治，水

土流失危害得到有效控制。

3. 同时投入使用

同时投入使用是指水土保持措施应与主体工程同时完成，并投入使用，既发挥防治水土流失、恢复和改善生态环境的作用，也保障主体工程安全运行。不能出现主体工程已完工甚至投入使用，而水土保持措施没有完成，水土流失依然存在的情况。

（四）水土保持设施验收制度

1. 水土保持设施验收是生产建设项目竣工验收的专项验收

水土保持设施竣工验收是水土保持“三同时”制度中“同时投入使用”的具体规定，是检验生产建设项目是否依法履行水土流失防治义务、是否按照批准的水土保持方案及时有效地实施了水土流失防治措施，防治的效果是否达到了国家标准和要求的重要检验过程。生产建设项目竣工验收应当向水土保持方案批准机关申请组织开展水土保持设施专项验收。水土保持设施竣工验收是把好生产建设项目人为水土流失防治的最后一道关口，水土保持方案批准机关必须把好水土保持设施验收关，确保责任明确，方案和设计得到落实，达到水土保持措施设计效果，并长期发挥作用。

2. 水土保持设施验收是生产建设项目投产使用的前置性条件

水土保持设施未经验收或者验收不合格的，生产建设项目不得投产使用。例如，规定火电厂项目应当在168h试运行后完成水土保持专项验收，公路铁路项目应当在工程完工试通行期间完成水土保持专项验收，采矿项目在基本建设完工投产时完成水土保持专项验收。

（五）生产建设活动弃渣的利用和存放的规定

1. 弃渣是生产建设项目造成水土流失及其危害最直接的行为活动

我国目前正处于经济快速发展期，资源开发、工业化和城镇化进程加快，基本建设活动面广量大，随之产生大量的土石方开挖和填筑，由于综合利用程度不高，废弃的砂、石、土总量巨大，一方面弃渣的堆放造成了大量的土地占压和植被破坏；另一方面形成大量新的水土流失策源地，对周边和下游造成严重的水土流失影响甚至构成安全威胁。据统计，近几年我国每年从陆地表面上搬动和迁移岩石、土壤的数量高达380亿t，约占全世界的28%，是世界平均水平的1.4倍；生产活动搬运表面物质的总量约是每年从河川径流中搬运至海洋泥沙数量的8倍。

2. 弃渣应首先进行综合利用

生产建设项目大多既有土石方的开挖，也有土石方的回填。在工程设计中要树立少挖就是多保护少破坏、少弃就是多利用少危害的观点，应做深入调查研究和统筹安排，尽可能实现综合利用，减少弃渣数量，不仅要在总量上实现挖填利用平衡，还要在标段上做到平衡，还可以与相邻项目间进行平衡，如将本工程多余土石方供给相邻的其他生产建设项目，就地消化土石方，尽可能不产生弃渣。平衡工作做好了，不仅可大幅度减少开挖的范围和数量，还可大幅度减少弃渣占压土地的数量，起到防止水土流失、保护生态环境的作用。

3. 依法应当编制水土保持方案的生产建设项目确需弃渣的应当堆放在水土保持方案确定的专门存放地

一些项目经综合利用后仍需少量废弃的，或者即使能够综合利用，但利用过程中需要

临时存放的，都必须堆放在水土保持方案确定的专门存放地（弃渣场），专门存放地包含堆存废弃的砂、石、土、矸石、尾矿、废渣等的场地，应由水土保持方案编制单位、主体工程设计单位研究后提出，经水行政主管部门批准后实施。

4. 弃渣必须采取防护措施，保证不产生新的危害

由于生产建设项目弃渣具有堆放集中、数量大、物质松散、高差大、流失量大、危害大的特点，有的甚至危及生命财产和公共安全，因此应当采取相应的防护措施，如拦挡、护坡、排水、土地整治、植被等措施，以保证不产生新的危害，特别是不能有安全隐患和威胁。

（六）水土保持方案实施情况的跟踪检查

（1）水土保持方案实施情况跟踪检查是落实水土保持方案的保障性措施。一些生产建设单位由于水土保持法律意识淡薄和利益驱动，往往把水土保持方案作为了立项的“敲门砖”，一旦通过审批，就将水土保持方案束之高阁，不去落实，失去了编报、审批水土保持方案的意义和作用。通过水土保持方案审批后实施情况的跟踪检查，促使生产建设单位落实水土保持设计、防治资金、监测监理、验收的责任，形成监督机制，保障水土保持方案的落实。

（2）县级以上人民政府水行政主管部门以及流域管理机构是实施跟踪检查的责任主体，在检查中发现水土保持设计不落实、施工不落实、专项验收不落实，以及水土保持措施进度、质量、效果不符合规定，甚至存在水土流失隐患时，应及时处理，防止发生严重水土流失及灾害性事件。

第四节 水土流失的治理

国家加强水土流失重点预防区和重点治理区的坡耕地改梯田、淤地坝等水土保持重点工程建设，加大生态修复力度。县级以上人民政府水行政主管部门应当加强对水土保持重点工程的建设管理，建立和完善运行管护制度。《中华人民共和国水土保持法》对国家水土保持重点工程建设、水土保持生态效益补偿、水土保持补偿费、社会公众参与治理、水土保持技术路线及措施体系等作了规定。

一、水土保持重点工程建设和运行管护

（一）国家加强在水土流失重点预防区和重点治理区水土保持重点工程建设

（1）水土流失重点预防区是水土流失潜在危险较大，对国家或区域生态安全有重大影响的生态脆弱或敏感地区。重点治理区是指水土流失严重，且严重的水土流失已成为当地和下游经济社会发展的主要制约因素的地区。这些地区严重的水土流失能否得到有效治理，脆弱的生态状况能否得到切实保护，对改善当地群众生产生活条件、改善生态环境、保障国家和地区经济社会的可持续发展具有重要作用。

（2）国家应在这些地区集中开展水土保持重点工程建设，安排大型生态建设项目，实行集中、连续和规模治理，有效预防和治理水土流失，保护和合理利用水土资源，维护生态安全，保障经济社会的可持续发展。

（二）水土保持重点工程建设应当因地制宜、因地施策、对位配置各项水土保持措施

实施水土保持工程建设，要以天然沟壑及其两侧山坡地形成的小流域为单元，因地制宜采取工程措施、植物措施和保护性耕作措施。

（1）坡耕地和侵蚀沟是我国水土流失的主要来源地。坡耕地面积占全国水蚀面积的15%，每年产生的土壤流失量约为15亿t，占全国水土流失总量的33%。长江上游三峡库区坡耕地面积占到耕地面积的57.7%，怒江流域占到68.4%。同时，坡耕地产量低而不稳，成为许多地区经济落后的主要原因。严重的水土流失导致土地越种越贫瘠，陷入“越垦越穷、越穷越垦”的恶性循环。坡面侵蚀发展到一定程度后就会形成沟道，而沟道发育又使坡面稳定性降低，坡度加大，侵蚀加剧。研究表明，当15°以上的坡耕地普遍发育浅沟时，其侵蚀量比原来增加2～3倍。

（2）沟道侵蚀水土流失量约占全国水土流失总量的40%，个别地区甚至达到50%以上。在各类侵蚀沟中，以黄土高原的沟壑、黑土区的大沟、西南地区泥石流沟和南方的崩岗四大类侵蚀沟水土流失最为严重，黄土高原地区长度超过1km的侵蚀沟有30万条。坡耕地改梯田通过改变坡面长度、降低坡度，配套建设小型水利工程，分段拦截水流，有效控制水土流失，可使“三跑田”（跑水、跑土、跑肥）变为“三保田”（保水、保土、保肥）。在西北黄土高原等沟道侵蚀严重地区，加强淤地坝工程建设，充分发挥其拦泥、蓄水、缓洪、淤地等综合功能，快速控制水土流失，减少进入江河湖库的泥沙，同时抬高沟道侵蚀基准面，建设高产、稳产的基本农田，改善生产、生活和交通条件。

（3）在国家重点工程建设中要突出加强坡改梯和黄土高原地区淤地坝工程建设。实施坡改梯和淤地坝建设一举多得：一是可以从源头上控制水土流失，对下游起到缓洪减沙的作用；二是能够改善当地的基本生产条件，解决山丘区群众基本口粮等生计问题，促进退耕还林还草；三是可以增强山丘区农业综合生产能力，促进农村产业结构调整，为发展当地特色经济奠定基础；四是可以有效保护耕地资源，减轻水土流失对土地的蚕食。

（4）生态修复是水土保持综合治理的重要措施之一，生态修复是指对生态系统停止人为干扰，以减轻负荷压力，依靠生态系统的自我调节能力，辅以人工措施，使遭到破坏的生态系统逐步恢复或使生态系统向良性循环方向发展。水利部积极推动以封育保护为主要内容的水土保持生态修复工作。全国27个省（自治区、直辖市）的136个地（市）和近1200个县实施了封山禁牧，国家水土保持重点工程区全面实现了封育保护，全国共实施生态修复面积达72万km^2，显著加快水土流失治理步伐和植被恢复进度，同时也促进了当地干部群众观念和生产方式的转变，起到了事半功倍、一举多得的效果。实践证明，在一定时期、一定地域内限定各种扰动和破坏，大自然完全可以依靠自身的力量逐步自我修复。充分发挥大自然力量，依靠生态自我修复能力，促进大面积植被恢复，促进生态环境改善，是新时期加快水土保持生态建设的重要措施。

（三）加强水土保持重点工程的建设和运行管理

各级水行政主管部门要加强对水土保持重点工程的建设和运行管理，确保工程建设质量，保证工程安全运行和正常发挥效益。

近年来，水利部制定了重点工程管理办法和管理制度，如《国家水土保持重点建设工程管理办法》《水土保持重点工程管理暂行规定》等，明确和规范了国家水土保持重点工

程的立项、设计、施工、检查、监理、验收等相关环节的程序和要求，对做好重点工程的建设和管理发挥了重要作用。已建成的水土保持重点工程，淤地坝、梯田、谷坊等工程措施和水土保持林草等植物措施如果缺乏必要的管理维护，不但其正常的水土保持效益难以发挥，水土保持投入也无谓浪费，而且有的工程措施还可能产生稳定安全问题，甚至威胁群众生命、财产安全。地方各级水行政主管部门要加强对水土保持设施的维护，建立和完善运行管护制度，明确管护对象、责任、内容和要求，建立管护台账，做好日常检查、维护，确保重点水土保持工程效益长期稳定发挥。

二、水土保持生态效益补偿制度

《中华人民共和国水土保持法》规定，国家加强江河源头区、饮用水水源保护区和水源涵养区水土流失的预防和治理工作，多渠道筹集资金，将水土保持生态效益补偿纳入国家建立的生态效益补偿制度。

（一）国家加强江河源头区、饮用水水源区保护区和水源涵养区的水土流失预防和治理工作

江河源头地区，特别是长江、黄河等我国大江、大河的源头地区水土流失和生态环境状况，对维护整个流域及国家的水资源安全、生态安全起着至关重要的作用；饮用水水源保护区的水土流失和生态环境状况，直接关系广大群众健康和生命安全；水源涵养区对流域水资源状况、生态状况起着不可替代的作用，关系流域及国家的水资源安全和防洪安全。江河源头区、饮用水水源区保护区和水源涵养区具有重要水土保持和生态功能，关系国家水资源安全、生态安全和防洪安全，关乎国家利益和公众利益，必须从战略高度来重视这些区域的水土保持和生态建设。

因此，国家应切实加强这些地区水土流失预防和治理工作，保证其水土保持和生态功能持久发挥和良性循环，维护江河安澜，保障经济社会的可持续发展。

（二）建立国家水土保持生态效益补偿机制

（1）水土保持生态效益补偿机制是以保护水土资源、维护生态平衡、促进人与自然和谐为目的，根据水土保持生态系统服务价值、建设和保护成本、发展机会成本，综合运用行政和市场手段，调整水土保持生态建设和经济建设相关各方之间利益关系的经济政策。建立水土保持生态效益补偿机制，就要在流域上下游等区域间既公平承担水土流失预防和治理责任，同时也公平享受水土保持和生态建设成果（效益）。国家建立和完善水土保持生态效益补偿机制，有利于解决生态保护和建设资金短缺的问题，促进区域协调发展，缓解不同地区因资源禀赋、生态功能定位不同导致的发展不平衡问题，促进共同富裕，实现生态和经济建设双赢。多年来中央一号文件就已明确提出了建立水土保持生态效益补偿机制的要求。水土保持生态效益补偿机制是国家生态效益补偿机制的一个重要组成部分。

（2）一些地方根据当地实际，探索了多种水土保持生态效益补偿形式，取得了很好的效果。例如，广东、河北、福建等省对已经发挥效益的水库，从其水电收入中按照一定比例提取资金用于库区及上游水土保持工作；山西柳林、河南义马等地采取以治理代补偿方式，开展“一矿一企治理一山一沟”“一企一策治理一山一沟”，督促矿产资源开发企业负责所在区域水土流失的防治，实现了生态和经济建设的双赢。

三、水土流失治理义务及水土保持补偿费

《中华人民共和国水土保持法》第三十二条规定：开办生产建设项目或者从事其他生产建设活动造成水土流失的，应当进行治理。

（一）水土流失治理义务

根据“谁建设、谁保护，谁造成水土流失、谁负责治理”的原则，生产建设活动造成水土流失的，应当履行水土流失治理义务。

这里所说的水土流失，是指由于开办生产建设项目或者从事其他生产建设活动导致的，既包括修建铁路、公路、水电站等建设项目造成的水土流失，也包括煤矿、铁矿等企业在生产中造成的水土流失。治理因生产建设活动导致水土流失的主体，是开办生产建设项目或者从事其他生产建设活动的单位或者个人，也就是说，生产建设主体对其生产建设活动造成的水土流失进行治理，是法定的义务和责任。本条在总结各地实践经验基础上，修改完善了原《中华人民共和国水土保持法》《水土保持法实施条例》的相关内容。

（二）水土保持补偿费缴纳

在山区、丘陵区、风沙区以及水土保持规划确定的容易发生水土流失的其他区域开办生产建设项目或者从事其他生产建设活动，损坏水土保持设施、地貌植被，不能恢复原有水土保持功能的，应当缴纳水土保持补偿费。

这里所说的补偿费，不是赔偿水土保持设施、林草植被的建设费用的赔偿费（赔偿费属于民事赔偿范畴），而是由于损坏水土保持设施、地貌植被，造成原有水土保持功能不能恢复而进行的补偿。

1. 缴纳对象

缴纳水土保持补偿费的对象是指开办需要编制水土保持方案的生产建设项目或者从事其他可能造成水土流失活动的单位和个人。

2. 计征范围

生产建设活动中损坏水土保持设施和地貌植被，致使其水土保持功能丧失或者降低，且不能恢复其原有水土保持功能的，都应缴纳水土保持补偿费。

（1）水土保持设施、地貌植被。水土保持设施是指具有预防和治理水土流失功能的各类人工建筑物的总称，主要包括以下内容。

1）水平阶（带）、鱼鳞坑、梯田、截水沟、沉沙池、蓄水塘坝或蓄水池、排水沟、沟头防护设施、跌水等构筑物。

2）骨干坝、淤地坝、拦沙坝、尾矿坝、谷坊、护坡、护堤、挡土墙等工程设施。

3）监测站点和科研试验、示范场地、标志碑牌、仪器设备等设施。

4）其他水土保持设施。地貌植被是指人工植被和天然植被。人工植被包括水土保持林（草）、水源涵养林、防风固沙林、植物梗（篱）、植物保护带等。天然植被是指天然形成的地表及其植物附着物，如各种天然植被以及沙地、戈壁、高寒山地等生态敏感地区、生态脆弱地区的沙壳、结皮、地衣等。

（2）水土保持功能。水土保持功能是指水土保持设施、地貌植被所发挥或蕴藏的有利于保护水土资源、防灾减灾、改善生态、促进社会进步等方面的作用。

1）保护水土资源功能，包括预防和减少土壤流失，防止和治理石化、沙化等土地退化，提高土壤质量和土地生产力；拦蓄地表径流、增加土壤入渗、提高水源涵养能力等。

2）防灾减灾功能，包括减轻下游泥沙危害、洪涝灾害，减轻干旱灾害，减轻风沙灾害和滑坡泥石流危害等。

3）改善生态功能，包括增加常水流量，净化水质，保护和改善江河湖库水生态环境；增加林草植被覆盖、改善生物多样性，改善靠近地层的小气候环境等。

4）促进社会进步功能，包括优化土地利用结构、农村生产结构，促进农民脱贫致富和农村经济发展，改善城乡生活环境，保障经济社会可持续发展等。

生产建设活动中不能恢复水土保持功能的情况主要有以下几种。

（1）水土保持设施、地貌植被被永久占压、损坏的，以及采取水土保持措施仍不能恢复原有水土保持功能的。

（2）生产建设中水土保持设施、地貌植被被临时占压、损坏，造成水土保持功能丧失不能恢复的。

3. 专项使用

水土保持补偿费专项用于水土流失预防和治理，并由水行政主管部门组织实施。补偿的原则如下。

（1）满足开展预防和治理水土流失的需要，保证本地区水土保持功能总体上不降低、水土流失状况总体上不恶化。

（2）弥补损失水土保持功能的需要。

（3）发挥经济调控、导向作用的需要，具有一定的力度，以促进生产建设单位或者个人最大限度地约束自己的行为方式，减少水土保持设施、地貌植被的占压、损坏范围。

（三）水土保持补偿费征收

（1）法律授权国务院财政部门、国务院价格主管部门会同国务院水行政主管部门制定水土保持补偿费征收管理办法。

（2）全国水土保持补偿费征收使用管理办法应就征收、使用、管理等作出规定。我国幅员辽阔，各地自然地理和经济社会发展水平差异较大，因此，研究制定征收使用管理办法要充分考虑以下四个方面的因素：①要考虑各地经济社会发展水平，全国在征收标准上不能“一刀切”；②要考虑开办生产建设项目及从事其他生产建设活动的单位或者个人的承受能力；③要考虑征收手续的简便、可操作，不宜过于烦琐；④统筹考虑补偿费征收使用的全国统一规范和各地具体执行存在合理差异的问题。

（四）水土流失防治费用缴纳

生产建设项目在建设和生产过程中发生的水土保持费用，按照国家统一的财务会计制度处理，即建设过程中发生的水土流失防治费用从基本建设投资中列支；生产过程中发生的水土流失防治费用从生产费用中列支。

四、国家鼓励全社会参与水土流失治理

（一）鼓励全社会共同参与水土保持工作

我国水土流失量大面广，治理任务艰巨而紧迫，仅靠国家治理还不够，应当鼓励公

民、法人和其他组织通过多种形式参与水土流失治理，这样不仅可以广开渠道，增加水土流失治理的社会总投入，加快水土流失预防和治理进程，而且还可以提高社会公众的水土保持意识和法制观念，形成良好的水土保持社会氛围。因此，《中华人民共和国水土保持法》规定，国家鼓励单位和个人按照水土保持规划参与水土流失治理，并在资金、技术、税收等方面予以扶持。

（二）按水土保持规划开展水土流失治理

按照水土保持规划实施水土流失治理，可以避免治理工作的随意性和盲目性，保证治理工作科学、有序开展并发挥效益。水土保持工作综合性很强，涉及多部门、多行业，我国水土流失防治工作主要由各级水行政主管部门组织实施，农业、林业、国土等部门具体承担了部分水土保持生态建设任务，交通、能源、旅游等行业也承担了其生产建设项目水土流失防治责任。

（三）吸引和鼓励更多的社会资金投入水土流失治理

（1）国家在资金、技术、税收等方面制定扶持政策和规定，吸引和鼓励更多的社会资金投入水土流失治理，在参与治理各方实现经济收益的同时，实现防治水土流失、改善生态环境的目标。

（2）水土保持是一项社会公益性事业，经济效益相对较低，对社会资金的吸引力不强，国家需要在资金、技术、税收等方面给予一定的扶持优惠政策，充分调动社会各方面参与水土流失治理的积极性。近年来，很多地方出台了扶持优惠政策，取得了很好的效果。例如，山西省政府出台了《关于发展民营水保大户的资金扶持办法》，从投资、贷款、奖励等方面制定了一些操作性较强的扶持措施，省政府每年拿出500万元补助治理大户；首都21世纪水资源保护规划项目，列专项资金用于当地群众建造沼气池，替代燃柴；各级水行政主管部门、科研单位和大专院校在治理工作中提供技术培训和技术指导。

（四）研究制定扶持优惠政策的重点和方向

1. 资金方面的优惠扶持

采取投资补贴、以奖代补、民办公助、低息贷款和信贷担保等手段，对公民、法人和其他组织有利于水土保持的生产方式和技术措施给予扶持。举例如下。

（1）对将25°以下坡耕地改造为水平梯田的农户给予经济补贴；对由顺坡耕种改为等高耕作的农户给予经济补贴；对实行免耕的农户给予经济补贴；对实行轮作的农田给予经济补贴；对实施封山禁牧、舍饲养殖、以草定畜等有利于水土保持的牧业生产方式给予资金补贴。

（2）对从事水土流失防治规划设计、建设施工、质量检查、后续管理经营等专门机构，给予资金保证，使其能充分为国家的水土流失防治事业提供有力的技术服务和指导。

（3）设立长期无息或低息生态贷款，鼓励企业和群众大面积承包水土流失土地的治理，也鼓励企业融资建立生产基地。

（4）对有限区域或小流域水土流失采取村民自行治理、“一事一议”等方式进行治理的，通过民办公助、先建后补的方式给予治理资金补助。

2. 技术方面的优惠扶持

通过加强技术培训、建立和推广示范工程，推广新品种、新技术、新工艺等措施对有

利于水土保持的生产方式和措施给予技术支持。

例如，加强技术培训和指导；建立和推广示范工程；保证对免耕、等高耕作、秸秆还田等水土保持耕作措施作业期间机械机具维修服务能够及时到位，进一步提高免耕播种机的作业效率和使用效益，加强机具生产质量的技术监督工作。

3. 税收方面的优惠扶持

水土流失治理具有群众性、长期性和公益性特点，国家在宏观上制定一些税收优惠政策，通过财政、金融和税收等经济刺激措施，提高从事水土保持治理的公民、企业的市场渗透力和经济竞争力，以实现国家对水土保持投入资金的多元化政策引导。

例如，对承担水土保持工程建设的企业减免施工企业的税金，保护企业投身水土保持的积极性。

五、"四荒"承包者水土流失防治责任

《中华人民共和国水土保持法》规定，国家鼓励和支持承包治理荒山、荒沟、荒丘、荒滩，防治水土流失，保护和改善生态环境，促进土地资源的合理开发和可持续利用，并依法保护土地承包合同当事人的合法权益。承包治理荒山、荒沟、荒丘、荒滩和承包水土流失严重地区农村土地的，在依法签订的土地承包合同中应当包括预防和治理水土流失责任的内容。

（一）国家鼓励和支持承包治理"四荒"

治理开发荒山、荒沟、荒丘、荒滩（简称"四荒"）是预防和治理水土流失，保护和改善生态环境和农业生产条件，促进土地资源的合理开发、农民脱贫致富和农业可持续发展的一项重要战略措施。

（二）承包治理"四荒"和承包水土流失严重地区农村土地的应当依照《中华人民共和国农村土地承包法》的规定签订土地承包合同

根据《中华人民共和国农村土地承包法》规定，承包治理"四荒"不宜采取家庭承包方式，而采取招标、拍卖、公开协商等方式；承包水土流失严重地区农村土地采取家庭承包方式，在签订土地承包合同中明确承包方、发包方的权利和义务。《中华人民共和国水土保持法》特别规定土地承包合同中应当包括预防和治理水土流失责任的内容，与《中华人民共和国农村土地承包法》有关保护土地资源的合理开发和利用，防止水土流失，保护生态环境的规定是衔接的。

（三）依法保护土地承包合同当事人的合法权益

通过治理"四荒"取得经济收入或者收益，是承包治理者的合法权益，是国家对承包治理者劳动成果的尊重和保护，也体现了土地使用人责、权、利的统一。《中华人民共和国农村土地承包法》第九条规定，国家保护集体土地所有者的合法权益，保护承包方的土地承包经营权，任何组织和个人不得侵犯。

六、侵蚀地区的水土流失治理措施

水力、风力和重力侵蚀的特点和规律不同，针对不同侵蚀类型采取科学合理的水土保持技术路线。从多年的水土保持实践来看，在水力、风力和重力侵蚀地区，根据不同侵蚀

类型的特点及其流失规律，因害设防，因地制宜，建立综合防护体系，能够有效防治水土流失，减轻水土流失危害；能够增加植被覆盖度和蓄水量，降低土壤侵蚀模数；能够促进农、林、牧、副、渔各业的生产，加快群众脱贫致富的步伐，收到显著的水土保持生态效益、经济效益和社会效益。特别是以小流域为单元的综合治理技术路线，是总结60多年我国水土保持工作实践的宝贵经验，一方面强调因地制宜、综合治理；另一方面强调完整体系、发挥整体功能、提高整体效益。

（一）水力侵蚀地区治理

在水力侵蚀地区，地方各级人民政府及其有关部门应当组织单位和个人，以天然沟壑及其两侧山坡地形成的小流域为单元，因地制宜地采取工程措施、植物措施和保护性耕作等措施，进行坡耕地和沟道水土流失综合治理。

水力侵蚀是指土壤及其母质或其他地面组成物质在降雨、径流等作用下，发生破坏、剥蚀、搬运和沉积的过程，包括面蚀、沟蚀等。

（1）小流域是一个在天然沟壑及其两侧山坡地形成的面积不超过50km^{2}的独立的、闭合的集水单元，是一个土壤侵蚀单元，也是一个发展农、林、牧、副、渔各业生产的经济单元。在小流域内，由于地貌分布规律及土壤母质、高度、坡向、气候、植被和地下水等自然因素的差异，决定了在治理时，坡面与沟道、沟头与沟口、上游与下游、阳坡与阴坡不能采取单一的、相同的措施，必须在小流域综合治理规划的基础上，以坡耕地整治和沟道治理为重点，坚持工程措施、植物措施和耕作措施相结合，建立水土流失综合防治体系，最大限度地控制水土流失，达到保护、改良和合理利用水土资源的目的。

（2）水土流失综合防治体系由工程措施、植物措施和耕作措施组成。水土保持工程措施指为防治水土流失而修建的工程设施，主要包括坡面治理工程、沟道治理工程、山洪排导工程和小型蓄水工程等。水土保持植物措施指为防治水土流失所采取的造林、种草及封禁育保护等生产活动，主要包括水土保持林、水源涵养林、薪炭林、等高植物篱等。水土保持耕作措施指在遭受水蚀和风蚀的农田中，采用改变微地形，增加地面覆盖和土壤抗蚀力，实现保水、保土、保肥、改良土壤、提高农作物产量的农业耕作方法，主要包括等高耕作、沟垄耕作、垄作区田、覆盖种植、免耕、带状间作、草田轮作等。

（二）风力侵蚀地区治理

（1）在风力侵蚀地区，地方各级人民政府及其有关部门应当组织单位和个人，因地制宜地采取轮封轮牧、植树种草、设置人工沙障和网格林带等措施，建立防风固沙防护体系。

（2）风力侵蚀是指风力作用于地面，引起地表土粒、沙粒飞扬、跳跃、滚动和堆积，并导致土壤中细粒损失的过程，包括扬失、跃移和滚动三种运动形式。

（3）风力侵蚀多发生于植被覆盖率较低、降水量少、生态脆弱的地区。预防和治理风力侵蚀，应该按照风力侵蚀特点及规律，本着“休养生息、适度发展”的原则，以农牧交错带和草原地区为重点，因地制宜地采取植树种草、轮封轮牧、设置人工沙障和网格林带等措施，建立防风固沙防护体系，增加植被覆盖率，同时注重增加和补充生态用水，有效控制水土流失，改善生态环境，促进农、林、牧、副业发展。

（三）重力侵蚀地区治理

（1）在重力侵蚀地区，地方各级人民政府及其有关部门应当组织单位和个人，采取监

测、径流排导、削坡减载、支挡固坡、修建拦挡工程等措施，建立监测、预报、预警体系。

（2）重力侵蚀是土壤及其母质或基岩在重力作用下发生位移和堆积的过程，主要包括崩塌、泻溜、滑坡和泥石流等形式，具有突发性、集中性、潜在性、冲击力强、危害性大等特点，多发生在山地、丘陵、河谷及陡峻的斜坡。

（3）根据重力侵蚀的规律及产生的部位，建立一套科学的、行之有效的监测、预报、预警体系。对于重力侵蚀，可以通过径流排导、拦截，阻止雨水入渗，减轻水流对坡体滑动面或坡体裂隙的冲泡、浸润；通过削坡减载、支挡固坡措施，肢解动力、减轻负荷、稳定坡体；根据重点侵蚀的形成机理和特点，要建立预警预报体系，制定应急避险和抢险方案，发动群众群测群防，以减轻灾害造成的损失，保护群众生命财产安全。

七、饮用水水源保护区的水土流失治理措施

在饮用水水源保护区，地方各级人民政府及其有关部门应当组织单位和个人，采取预防保护、自然修复和综合治理措施，配套建设植物过滤带，积极推广沼气，开展清洁小流域建设，严格控制化肥和农药的使用，减少水土流失引起的面源污染，保护饮用水水源。

（一）加强水土流失面源污染的防治十分迫切

水土流失面源污染是指水土流失过程中土壤养分、有机质和残留农药、化肥等被带入水体，污染地表水、地下水，造成的水体富营养化。当前，我国重要的湖泊和河流水域富营养化问题十分严峻，如近几年来滇池、巢湖等重要湖泊水库相继暴发蓝藻“水华”污染，曾经2007年太湖和长春新立城水库也出现了蓝藻“水华”污染，严重影响了当地的生产和生活。面源污染带来的危害已经让数以百万的人有了切肤之痛，成为社会关注的焦点，国家也给予了高度关注和重视。

（二）以清洁小流域为重点，有效控制饮用水水源区水土流失引起的面源污染

（1）生态清洁小流域保护。清洁小流域也叫生态清洁小流域，指流域内水土资源得到有效保护、合理配置和高效利用，沟道基本保持自然生态状态，行洪安全，人类活动对自然的扰动在生态系统承载能力之内，生态系统良性循环、人与自然和谐共存，人口、资源、环境协调发展的小流域。

开展生态清洁小流域建设，就是在开展传统水土流失预防和治理的基础上，通过小型污水处理设施建设、垃圾填埋设施建设、湿地建设与保护、生态村建设、限制农药化肥的施用、库滨区水土保持生态缓冲带建设等措施，改善生态环境、控制面源污染、保护饮用水水源，营造优美的人居环境。

（2）建立饮用水水源保护区制度。为保护饮用水水质，根据《中华人民共和国水污染防治法》规定，国家建立饮用水水源保护区制度，饮用水水源保护区由国务院或者省、自治区、直辖市人民政府批准。当然，在批准的饮用水水源保护区之外，也应在水库、湖泊、河道周边地区、生态敏感地区等区域，开展生态清洁小流域建设，控制面源污染，改善生态环境。北京市是全国最早开展生态清洁小流域建设的城市，确立了构筑“生态修复、生态治理、生态保护”三道防线，扎实推进生态清洁小流域建设的工作思路，已建成50条生态清洁小流域，探索出了一条水源保护的新途径。

（三）开展面源污染防治，要采用综合治理措施

（1）通过调整产业结构，减少农作物的种植面积，降低化肥、农药残留带来的影响。

（2）综合采取工程、植物和耕作措施，充分利用大自然的自我修复能力，增加植被，减少水土流失。

（3）通过科学施用化肥、农药，综合应用节水、节肥、节药等先进技术，发展绿色无公害农业、高科技产业和农林产品加工业，推广生态农业，有效消除污染源；通过建设植物过滤带，能减缓径流，过滤泥沙，固定、保持径流中可溶化学物质，增加地表径流入渗，截留、利用营养元素，减少排入水体的污染物总量；通过修建沼气、生物净化池、小型污水及垃圾处理等设施，减少人类生活垃圾侵入水体。总之，通过多种措施的综合应用，保护和改善饮用水水源保护区水环境质量，保证饮水安全。

八、坡耕地水土流失治理的规定

（一）退耕规定

《中华人民共和国水土保持法》第三十七条第一款规定，已在禁止开垦的陡坡地上开垦种植农作物的，应当按照国家有关规定退耕，植树种草；耕地短缺、退耕确有困难的，应当修建梯田或者采取其他水土保持措施。

根据有关研究成果，25°是土壤侵蚀发生较大变化的临界坡度，25°以上陡坡耕地的土壤流失量高出普通坡地2～3倍。为有效控制陡坡耕地产生的严重水土流失，本法第二十条明确规定，禁止在25°以上陡坡地开垦种植农作物。已在禁止开垦的陡坡地上开垦种植农作物的，应当退耕，植树种草，恢复植被。已在禁止开垦的陡坡地上开垦种植农作物，耕地短缺、退耕确有困难的，应当采取修建梯田或其他水土保持措施，这体现了法律规定的灵活性。

目前，我国大于25°的陡坡地有5035.01万亩，占坡耕地总面积的15.85%，主要分布在四川、贵州、云南、重庆、陕西、湖北、甘肃等省（自治区、直辖市），其中部分县大于25°的陡坡耕地占总耕地面积的50%以上。从防治水土流失的角度来讲，这些坡耕地都应当退耕、恢复林草植被。但是，这些地区经济发展相对落后、人口密度大、人地矛盾突出，如云南、贵州、四川等省（自治区、直辖市），90%以上都是山地高原，人均耕地不足0.5亩，坡耕地是当地群众的基本口粮田，如果全部无条件地退耕，势必给当地群众生产和生活带来严重困难。

因此，对陡坡地是否退耕也必须坚持实事求是的原则，区别对待，具备退耕条件的可以先退；不具备条件的可以根据实际情况调整产业结构，逐步地退耕；对耕地短缺，退耕确有困难的，可以暂缓退耕，但必须采取修建梯田、水平阶、植物篱、等高耕作以及其他水土保持措施，拦泥蓄水保土，减少暴雨冲刷，改良土壤，保护土地生产力，防止水土流失和土地退化。

（二）开垦坡耕地种植农作物应当做好坡耕地水土流失预防和治理工作

《中华人民共和国水土保持法》第三十七条第二款规定，在禁止开垦坡度以下的坡耕地上开垦种植农作物的，应当根据不同情况，采取修建梯田、坡面水系整治、蓄水保土耕作或者退耕等措施。

据统计，我国有3.1亿亩25°以下的坡耕地，占全国现有耕地面积的17%，坡耕地既是重要农业用地，同时也是水土流失的主要策源地之一，必须加强坡耕地水土流失预防和治理，减少水土流失，保持和培育土地农业生产能力。坡耕地水土流失预防和治理主要有以下三个方面的措施。

（1）将坡耕地修建为梯田。

（2）采用保土耕作措施也能有效减少坡耕地水土流失。保土耕作措施主要分为三类：一是改变微地形的保土耕作法，如等高耕作、垄作区田、掏钵种、水平防冲沟和抗旱丰产沟等；二是增加覆盖保土耕作法，主要有间作、套种、复种、草田轮作和休闲地种绿肥等；三是改良土壤的保土耕作法，如免耕、少耕、深耕和深松耕、增施有机肥料、铺压沙田等。

（3）建设坡面水系工程，包括排蓄水池、灌渠、沉沙凼等。

九、生产建设活动造成水土流失的治理措施的规定

（一）保护、利用好表层土

水是生命之源，土是生存之本，这里土指的就是表层土，是宝贵的基础性资源。表层土是指土壤剖面中最靠近地表的一个层次，该层土壤富含腐殖质，一般厚度为20～30cm，黑土和黑钙土则有50～100cm。表层土是土壤层中含有最多有机质和微生物的地方，是地球上多数生态活动进行的地方，也是植物大部分根系生长、吸收养分的地方。据估计，一般条件下，每形成1cm的土壤需要100～400年的时间，也就是说，每形成30cm的耕作层需要3000～12000年。特别是在生态脆弱地区，表土一旦被破坏，生态也就没有恢复的可能，保护和利用好地表土就显得尤为重要。因此，在生产建设活动中，应当对表土进行分层剥离、集中存放并进行苫盖等保护，施工结束后回填或用于渣场覆盖等，从而为植被恢复和农业生产提供保障。因此，《中华人民共和国水土保持法》第三十八条规定，“对生产建设活动所占用土地的地表土应当进行分层剥离、保存和利用，做到土石方挖填平衡，减少地表扰动范围。”

（二）有效控制生产建设期间可能产生的水土流失

（1）做到土石方挖填平衡，减少开挖和占地面积，减少地表扰动，提高土石方的利用率，从而减少对周边生态环境和景观的破坏，减轻水土流失。

（2）减少地表扰动范围，最大限度地保护地貌植被，增加地表抗蚀性，减少地表径流，增加径流汇流时间，加速地表水入渗，有效补充地下水。

（3）对废弃的砂、石、土、渣、矸石、尾矿等存放地，通过采取遮盖，设置拦挡、排水沟、沉沙池、坡面防护等措施，减轻地表水的冲刷。

对在沟道设置的废弃砂石土渣存放地，还要做好上游集水区防洪排导工程措施。同时，还要确保这些工程措施的稳定、安全，保障周边居民群众的生命、财产安全以及公共设施免遭损坏。

因此，《中华人民共和国水土保持法》第三十八条规定，“对废弃的砂、石、土、矸石、尾矿、废渣等存放地，应当采取拦挡、坡面防护、防洪排导等措施。生产建设活动结束后，应当及时在取土场、开挖面和存放地的裸露土地上植树种草、恢复植被，对闭库的

尾矿库进行复垦。”

（三）减少土地裸露，增加植被覆盖

在取土场、开挖面和存放地的裸露土地上植树种草，恢复植被，快速增加地表覆盖，减少水土流失。根据我国土地资源短缺的现状，对具备复垦条件的闭库尾矿库，要采取整治措施，尽量实施复垦，恢复种植农作物或者种植林草，增加植被覆盖。

（四）在干旱缺水地区要充分利用降雨资源

在干旱缺水地区从事生产建设活动，主要预防和治理水土流失、保护水土资源的措施有，一是采取防风固沙措施，增加植被覆盖或提高地表糙率，降低风速，防治风力侵蚀，控制风沙危害；二是设置降水蓄渗设施和集雨工程等，如水池、水窖、透水砖、渗水井等，集蓄降水资源，减少地表径流外排，减少开采和消耗，提高降水资源利用率，最大限度地补充地下水，从而缓解水资源供需矛盾，改善生态环境。

因此，《中华人民共和国水土保持法》第三十八条规定，“在干旱缺水地区从事生产建设活动，应当采取防止风力侵蚀措施，设置降水蓄渗设施，充分利用降水资源。”

十、国家鼓励和支持的有利于水土保持的措施

国家鼓励和支持在山区、丘陵区、风沙区以及容易发生水土流失的其他区域，采取下列有利于水土保持的措施。

（一）在农业耕作方面，国家鼓励和支持免耕、等高耕作、轮耕轮作、草田轮作、间作套种等保土耕作措施

（1）免耕少扰动的措施有免耕覆盖不压实、免耕覆盖压实、免耕不覆盖压实和浅松不覆盖不压实等。

（2）等高耕作就是沿着等高线的方向进行水平耕作，除能改善土壤物理性状外，还能拦蓄大量地表径流，增加土壤的蓄水量，控制水土流失，提高农作物产量。据四川省丘陵区典型地块测定，等高沟垄耕作与习惯顺坡耕作相比，年径流量减少28.07%，年土壤流失量减少28.13%，保肥能力提高28.71%，粮食增产11.5%～21.3%，平均每公顷增产粮食132.5～159.0kg。

（3）轮作有空间上和时间上的轮作、轮换种植，空间种植是将同一种农作物（或牧草）逐年轮换种植，而时间轮作是在同一块农田上于轮作周期内按轮作方式栽植不同品种的农作物或豆科牧草。采用轮作方式，可以增加作物的覆盖期，改善土壤理化性状，恢复土地生产力。

（4）实施间作套种，提高复种指数，减少土地裸露。间作就是两种或两种以上生长期相近的作物，在同一块田地上，隔株、隔行或隔畦同时栽培的方式。套种就是在同一块田地上，于前季作物的生长后期，将后季作物播种或栽植在前季作物的株间、行间或畦间的种植方法。

（二）在牧业生产方面，国家鼓励和支持封禁抚育、轮封轮牧、舍饲圈养等措施

实践证明，这些措施能够有效增加地表植被覆盖度，加快水土流失治理速度，改善生态环境，促进农村社会经济的发展。陕西吴起县、内蒙古乌兰察布市等一大批地区经过几年的实践，初步遏制了草场生态环境持续恶化的势头，植被覆盖率大幅度提高，水土流失

强度显著降低，草地生产力开始恢复和提高，畜牧业收入显著增加，走上了一条生态保护、生产发展、生活提高的良性发展之路。

（三）在农村能源建设方面实施能源替代战略

（1）国家鼓励发展沼气、节柴灶，利用太阳能、风能和水能，以煤、电、气代替薪柴等。薪柴是农村传统生活能源，特别是山区、丘陵区等水土流失严重地区农村经济社会发展相对滞后，生活能源严重短缺，很多农村家庭生活中80%以上的燃料来源是秸秆、薪柴等，每年因生活燃料需砍伐大量灌木、树木，造成土地的水土流失，生态环境恶化。

（2）实施农村能源替代战略就显得重要而紧迫，要通过能源结构的转变，改变农村群众对薪柴的依赖，减少植被消耗，有效保护植被，减少水土流失，保护和改善生态环境。实施农村能源替代战略，要因地制宜，采用发展沼气、节柴灶，利用太阳能、风能和水能，以煤、电、气代替薪材等多种方式。实践证明，发展农村沼气是解决水土流失区燃料紧缺矛盾，从根本上遏制因农村生活能源大量砍伐森林而加剧的水土流失，保护生态系统的一项重要措施。据测算，一个3～4口人的农户全年使用沼气做饭，就可节煤1t、节柴草2t左右，相当于保护了4亩山林植被；一口沼气池每年可提供优质有机肥40担，相当于10～15包化肥，可满足4亩柑橘园所需肥料，节约化肥农药支出420元，每亩平均增加经济收入100元。使用节柴灶则可直接有效地节约燃料。同时，我国风能资源丰富，太阳能集热和发电技术先进并具备推广应用的条件，在小水电资源丰富的地方实行“以电代柴”，在煤炭资源丰富的地方实行“以煤代柴”等措施，实施的潜力都很大。

（四）国家鼓励从生态脆弱地区向外移民

生态移民就是从保护和恢复生态环境的目标出发，把位于生态脆弱地区、居住分散的人口，通过移民的方式集中到有一定生态环境容量的地区，形成新的村镇，减少破坏，为生态脆弱区创造自我修复、恢复生态的条件，使人口、资源、环境和经济实现协调发展。从2001年开始，国家就通过生产生活设施补助的方式稳步推进生态移民。“一方水土养活不了一方人!”有人无奈地感叹。综观全球，自然资源“分配不均”极为普遍，而“厚此薄彼”的现象更是随处可见。在我国宁夏的表现尤其明显，一南一北构成强烈的反差：宁夏的北部，虽然降雨稀少，但因得黄河水灌溉之利而稻香鱼肥，有“塞上江南”的美誉；宁夏的南部，水土流失严重，生态环境恶劣，且陷入“越垦越穷、越穷越垦”的恶性循环，导致生态恶化、贫困加剧，曾有二三百万人不能解决温饱，因而被联合国认定为不适宜人类居住的地方。为了让这里的百姓摆脱贫困，党和政府倾注了全力，也进行了很多探索。从2011年起投资100亿元，陆续将生活在南部山区极度贫困地区的35万人搬迁出来，集中安置到近水、沿路、靠城和打工近、上学近、就医近，具备“小村合并、大村扩容”的地方，让百姓靠特色种养、劳务输出、商贸经营、道路运输摆脱贫困。宁夏35万新移民基本实现了“搬得出、稳得住、能致富”的目标，建档立卡户也做到了“两不愁”“三保障”。

实践证明，这一举措不仅减轻了生态脆弱区的环境压力，使原来受破坏的生态环境逐步得到恢复，而且提高了移民地区的农地利用效率，促进了产业结构调整，改善了农牧民的生活和生产条件。因此，国家鼓励从生态脆弱地区向外移民，通过移民搬迁让贫困群众摆脱贫困。

（五）其他有利于水土保持的措施

其他有利于水土保持的措施指以上提到的四类措施以外，只要是有利于水土保持的措施，如生产建设单位采用新施工工艺、先进技术、新设备以减少对地表扰动和破坏的，国家也同样应给予支持和鼓励。我国幅员辽阔，各地自然地理和经济社会条件千差万别，防治水土流失的措施也千变万化。各地政府可根据具体情况制定相应的优惠政策，引导、支持和推动社会各界采取有利于水土保持的措施和行为，提高防治水土流失、改善生态环境的效果，促进当地经济社会可持续发展。

十八大以来，我国认真贯彻落实习近平生态文明思想，坚持预防为主、保护优先、严格监管，19 万个生产建设项目实施了水土流失防治措施，减少人为新增水土流失面积 9 万 km^2。因生产建设造成的人为增量，得到了有效控制。像南水北调、青藏铁路、西气东输等一批国家重大项目，通过严格落实水土保持措施，实现了工程建设与生态保护的双赢，形成了一道道亮丽的风景线。

治理成效来自久久为功、因地制宜。通过实施水土保持、退耕还林、京津风沙源治理等重大生态保护修复工程，我国 70 年累计治理水土流失面积 131.5 万 km^2，黄土高原建成淤地坝 5.9 万座。十八大以来，共治理水土流失面积 34.1 万 km^2，年均治理面积达 5.7 万 km^2，是十八大之前年均治理面积的 3.7 倍。凡是经过重点治理的区域，控制土壤流失 90%以上，林草植被覆盖率提高 30%以上，治理区生产生活条件和生态环境明显改善。

第五节　水土流失监测和监督

一、水土保持监测工作一般规定

（一）水土保持监测是一项重要的基础性工作

（1）水土保持监测是开展水土保持工作的重要基础和手段。通过水土保持监测，可以准确掌握水土流失预防和治理情况，分析和评价水土保持效果，为水土流失防治总体部署、规划布局、防治措施科学配置等提供科学依据；可以掌握生产建设项目造成水土流失情况、防治成效，为各级水行政主管部门有针对性地开展监督检查、案件查处等提供重要依据；可以积累长期的监测数据和成果，为水土保持科学研究、标准规范制定等提供可靠数据资料。

（2）水土保持监测是国家生态保护与建设的重要基础。可以及时、准确掌握全国生态环境现状、变化和动态趋势，分析和评价重大生态工程成效，为国家制定生态建设宏观战略、调整总体部署、实施重大工程提供重要依据。

（3）水土保持监测是国家保护水土资源促进可持续发展的重要基础。可以不断掌握水土资源状况、消长变化，为国家制定经济社会发展规划、调整经济发展格局与产业布局、保障经济社会的可持续发展提供重要技术支撑。

（4）水土保持监测是社会公众了解、参与水土保持的重要基础，可以使公众及时了解水土流失、水土保持对生活环境的影响，满足社会和公众的知情权、参与权和监督权，促

进全社会水土保持意识的提高。

（二）水土保持监测经费保障

水土保持监测数据和成果是服务于政府、服务于社会、服务于公众的，因此，水土保持监测是一项社会公益事业，各级人民政府及其水行政主管部门应加强领导，保障监测工作经费。

县级以上人民政府应当将水土保持监测工作纳入水土保持规划，将监测网络运行经费、监测业务工作经费等列入同级财政预算，保障水土保持监测工作的正常开展。根据我国财政体制分级负责的原则，中央财政应保障中央水土保持监测机构（主要包括水利部、长江黄河等七个流域机构的水土保持监测机构）的运行和工作经费，重点开展国家级水土保持重点预防区和重点治理区、国家重大水土保持工程的监测，并对承担国家水土保持监测任务的地方水土保持监测机构、监测站点给予一定经费支持。此外，中央财政应加大对革命老区、少数民族地区、贫困地区以及边远地区水土保持监测经费支持的力度。省级财政应保障省级、市级监测机构的运行和工作经费以及监测站点的工作经费。

（三）加快完善监测网络建设

国家要加快完善监测网络建设，全面开展水土流失动态监测工作。

(1) 全国水土保持监测网络由两部分组成。一是各级政府批准成立的水土保持监测机构，即水利部水土保持监测中心、长江黄河等大江大河流域监测中心站、省级监测总站、重点防治地区监测分站和监测站；二是根据监测任务需要，经科学论证，在全国各地设立水土保持监测站点，包括为国家提供基础数据的监测点、水土流失抽样调查点、水土保持重点工程监测点等。目前，国家已实施了全国水土保持监测网络与信息系统一期、二期工程建设，在国家、流域、省、市层面建立了监测机构，在全国建设了75个综合监测站、738个监测点。这些站点是我国长期开展水土保持监测的基本站点。今后还将依据水土保持监测规划和国家信息化规划，逐步健全水土保持监测网络，完善监测信息系统，提高自动化和信息化水平，开展监测机构和监测站点标准化建设，提升监测能力。

(2) 各级政府设立的水土保持监测机构，应根据法律规定和社会需求，开展水土流失动态监测，掌握水土流失发生、发展、变化趋势，进行监测预报，满足政府、社会公众的信息需求，实现水土保持监测数据和成果的社会共享。对严重水土流失灾害性事件，应能迅急开展监测，为各级政府及时应对灾害、采取科学的处置措施提供支持。

(3) 水土保持监测数据和成果要为在水土流失重点预防区和重点治理区实行政府水土保持目标责任制和考核奖惩制度提供重要依据。

二、大中型生产建设项目水土保持监测

（一）开展水土保持监测是大中型生产建设项目生产建设单位的法定义务

(1) 根据“谁造成水土流失、谁负责治理、谁负责监测”的原则，造成水土流失的生产建设单位有责任和义务开展水土保持监测。水土保持监测可以为建设单位自查和管理提供支撑，可以全面监控和管理各个施工建设单位和施工现场，对存在的问题及时整改和处置，最大限度地避免可能发生的水土流失、生态环境破坏和潜在危害。通过水土保持监

测，可以及时发现重大水土流失隐患和事件，确保应急措施及时、到位，避免引发严重后果，造成重大灾害和损失。同时，通过实施对水土保持措施的成效监测，还可以调整和优化水土流失防治措施，使生产建设项目的水土流失防治达到国家标准。

（2）大中型生产建设项目是水土保持监测的重点。扰动地表和破坏植被面积较大、挖填土石方量较多的项目，容易引发较为严重的水土流失，是开展水土保持监测的重点。关于大中型项目的划分，按国家基本建设项目建设规模和等级的有关规定执行，如煤炭等矿产开采项目是以年产量划分、电站以装机容量划分等。对于小型生产建设项目，本法没有明确规定水土保持监测义务，为防治水土流失、保障工程安全生产和正常运行，鼓励开展监测工作。

（3）水土保持监测专业性、技术性较强，对可能造成严重水土流失的大中型生产建设项目，生产建设单位自身具有水土保持监测能力的，可以自行对生产建设活动造成的水土流失进行监测；也可以委托具备水土保持监测资质的机构进行监测。

水利部于2011年制定了《生产建设项目水土保持监测资质管理办法》，规定受委托从事生产建设项目水土保持监测活动的单位，应当按照本办法规定，取得《生产建设项目水土保持监测资质证书》（简称资质证书），并在资质等级许可范围内从事水土保持监测活动。生产建设项目水土保持监测资质（简称监测资质）分为甲级、乙级两个等级。取得甲级资质的单位，可以承担由各级人民政府水行政主管部门审批水土保持方案的生产建设项目的水土保持监测工作；取得乙级资质的单位，可以承担由县级以上地方人民政府水行政主管部门审批水土保持方案的生产建设项目的水土保持监测工作。

1）其中，申请甲级资质的单位，应当具备下列条件：

a. 具有独立企业法人或者事业单位法人资格，具有固定工作场所、组织机构健全、组织章程和管理制度完善。

b. 注册资金不少于500万元或者固定资产不少于1000万元。

c. 具有水土保持监测相关专业学历、技术职称和从业经历的专业技术人员不少于20人，其中，具有水土保持专业学历的不少于6人，具有高级专业技术职称的不少于6人，具有中级专业技术职称的不少于10人，参与过水土保持方案编制、技术设计、监理监测、验收评估、规划编制或者科学研究工作的不少于6人。

d. 技术负责人具有相关水土保持监测专业的高级专业技术职称，从事水土保持工作5年以上。

e. 配备径流、泥沙、降水、测量以及数据分析处理等监测仪器设备。

f. 取得乙级资质证书满3年，独立完成生产建设项目水土保持监测项目不少于6个。

g. 申请资质之日前3年内没有因存在《生产建设项目水土保持监测资质管理办法》第二十条规定的情形而受到处罚。

前款所指的水土保持监测相关专业包括水土保持、水利工程、土木工程、测绘工程、水文和资源环境类专业。

2）申请乙级资质的单位，应当具备下列条件：

a. 具有独立企业法人或者事业单位法人资格，具有固定工作场所、组织机构健全、组织章程和管理制度完善。

b. 注册资金不少于100万元或者固定资产不少于200万元。

c. 具有水土保持监测相关专业学历、技术职称和从业经历的专业技术人员不少于12人，其中，具有水土保持专业学历的不少于4人，具有高级专业技术职称的不少于3人，具有中级专业技术职称的不少于5人，参与过水土保持方案编制、技术设计、监理监测、验收评估、规划编制或者科学研究工作的不少于3人。

d. 技术负责人具有相关水土保持监测专业的高级专业技术职称，从事水土保持工作5年以上。

e. 配备径流、泥沙、降水、测量以及数据分析处理等监测仪器设备。

（二）生产建设单位定期将监测成果报告当地水行政主管部门是法定义务

此外，当出现水土流失隐患和重大危害事件时，须立即向当地水行政主管部门报告，争取避险、抢险的有利时机，防止造成重大灾害性事件和更大的损失。有关水行政主管部门根据监测报告，不定期进行检查，发现问题及时提出整改要求。

（三）从事水土保持监测活动应当遵守国家有关技术标准

为确保监测质量和监测成果的准确性、科学性，监测方式方法、使用的设备等必须遵守国家规定的统一技术标准、规范和规程。国务院水行政主管部门应根据本法的规定，完善生产建设项目水土保持监测的条件、成果、资质等管理办法，制定相应技术标准、规程和规范。

（四）开展水土保持监测是生产建设单位应当承担的法律义务，相应的费用应当由生产建设单位承担

同时，县级以上人民政府水行政主管部门水土保持监测机构，可以根据工作需要，对其所属行政区内生产建设项目水土流失情况开展监测，监测成果作为评价生产建设项目水土保持工作的重要依据，监测费用应当由各级政府承担。

三、水土保持监测情况公告

（一）水土保持监测公告分布职责

（1）发布公告对制定水土流失防治与生态建设政策、编制水土保持规划、评价与检查水土保持及生态建设重大工程成效、实行政府水土保持目标责任制，保证社会公众充分享有知情权、参与权、监督权，都具有重要作用。

（2）依法开展区域和流域水土保持监测、生产建设项目水土流失监测、定期组织全国水土流失调查，是公告的基础和数据来源。

（3）水利部和省（自治区、直辖市）水行政主管部门应建立水土保持监测公告制度，建立和完善水土保持监测信息发布和共享机制。市级、县级水行政主管部门也可根据需要，开展水土保持监测工作。自2005年以来，水利部每年都发布水土保持公报，一些省级水行政主管部门也陆续发布了水土保持公报。

（二）水土保持监测公告发布期限

对全国、七大流域、较大区域的水土保持监测公告可每5年、10年发布一次，以满足国家5年发展规划、10年中期规划的需要；对水土流失重点预防区和重点治理区可发布年度水土保持监测公告；对特定区域、特定对象的监测可适时发布。

（三）水土保持监测公告发布内容

（1）水土流失情况，主要包括水力侵蚀、风力侵蚀、重力侵蚀、冻融侵蚀等各类侵蚀的面积、分布情况，各级侵蚀强度（微度、轻度、中度、强烈、极强烈、剧烈侵蚀）的面积、分布情况，并分析变化情况及趋势。

（2）水土流失造成的危害，如进入江河、湖泊、水库的泥沙量，发生崩塌、滑坡、泥石流的情况，严重水土流失灾害事件及造成生命财产损失情况等。

（3）水土流失预防和治理的情况，如重点预防和治理工程建设情况、保存情况、成效以及重大政策、重要活动等。上述内容中应包括生产建设项目的水土流失预防、治理及监测数据和成果。

四、水行政主管部门及流域管理机构的监督检查职责

（一）水土保持监督检查的含义

它是指县级以上人民政府水行政主管部门，依据法律、法规、规章及规范性文件或政府授权，对所辖区域内公民、法人和其他组织与水土保持有关的行为活动的合法性、有效性等的监察、督导、检查及处理的各项活动的总称，如实施水土保持行政许可、行政检查、行政处理等。因此，水土保持监督检查属行政管理范畴，是公共行政的有机组成部分，需要运用国家行政权力来保护生态环境和公众利益，依法对违法行为进行行政处罚；同时，水土保持监督检查属于法定职权，各级水行政主管部门及其监督管理机构不能超越法律和国务院所规定的职权违法行事。

（二）水土保持监督检查的主体

县级以上人民政府水行政主管部门是水土保持监督检查的主体，即县级以上人民政府水行政主管部门可以自己的名义，在其管辖范围内独立行使水土保持监督检查职权。

（三）水土保持监督检查内容

（1）水土保持监督管理贯彻落实水土保持法律法规的情况，主要包括水土保持法律法规的宣传普及、配套法规政策体系的建设、监督执法队伍的建设以及生产建设单位落实水土保持“三同时”制度情况等。

（2）水土流失预防和治理开展情况，主要包括水土流失重点预防区和重点治理区的划定、水土保持规划的编制、重点治理项目的安排和实施、经费保障等。

（3）水土保持科技支撑服务开展情况，主要包括水土保持监测网络建设与监测预报、技术标准制定、科学研究与技术创新，以及水土保持方案编制、验收评估和监理监测的技术服务等。

（四）流域管理机构水土保持监督检查

流域管理机构是国务院水行政主管部门的派出机构。按照本法第五条和本条规定，流域管理机构在其管辖范围内可以行使国务院水行政主管部门的水土保持监督检查职权。

五、水政监督检查人员监督检查措施

（一）水政监督检查

水政监督检查是水行政监督检查的简称，水土保持监督检查是水行政监督检查的重要组成部分。《中华人民共和国水土保持法》规定的水政监督检查人员，具体是指水行政主管部门中负责水土保持监督检查的人员。

（二）水政监督检查人员履行监督检查职责可以采取的措施

水政监督检查人员依法履行监督检查职责时，有权采取下列措施。

（1）要求被检查单位或者个人提供有关文件、证照、资料。

（2）要求被检查单位或者个人就预防和治理水土流失的有关情况作出说明。

（3）进入现场进行调查、取证。

被检查单位或者个人拒不停止违法行为，造成严重水土流失的，报经水行政主管部门批准，可以查封、扣押实施违法行为的工具及施工机械、设备等。

这些规定既是对监督检查权的保障，也是对监督检查权的限制。根据职权法定原则，水政监督检查人员必须按照法律规定的权限履行职责，也就是说，法无明文规定不得为之；而被监督检查的人员，须按照法律规定配合监督检查工作。

（三）水政监督检查人员依法履行监督检查职责

水政监督检查人员依法履行监督检查职责时，应当出示执法证件。被检查单位或者个人对水土保持监督检查工作应当给予配合，如实报告情况，提供有关文件、证照、资料；不得拒绝或者阻碍水政监督检查人员依法执行公务。

（1）水政监督检查人员依法履行监督检查职责时，向当事人出示执法证件，一是执法程序的要求，表明代表国家开展监督检查工作；二是可以及时表明自己的合法身份；三是对被检查单位或者个人知情权的一种尊重。目前，各省级人民政府依据国家有关规定，普遍制定了《行政执法证件管理办法》，明确执法证件由县级以上人民政府颁发。

（2）水政监督检查人员代表国家依法履行监督检查职责，是法定的职责和权力。被检查单位或者个人，应自觉接受与配合水土保持监督检查，如实报告情况，并就有关问题做出说明和解释；提供必要的工作条件，如允许进入生产建设场所，提供有关文件、证照、资料，确保检查工作顺利进行，使监督检查人员尽可能掌握真实、客观的情况。

（3）根据本条规定，被检查的单位或者个人不得拒绝或者阻碍水政监督检查人员执行公务。如果拒绝或者阻碍监督检查工作，根据本法第五十八条规定，构成违法。

六、不同行政区域间水土流失纠纷解决

（一）处理纠纷解决原则

水土流失及其危害既能对当地生态环境和群众生产生活构成严重影响，也可能对周边地区、下游地区造成危害，影响甚至制约这些地区经济社会的持续发展。因此，不同行政区域之间可能因水土流失诱发纠纷。地区间纠纷处理不当，会直接关系群众的生产生活安全，甚至影响相关地区群众关系和社会稳定。本条规定提倡纠纷双方在自愿的基础上，协商处理，化解矛盾，维护稳定。协商不成的，则由共同的上一级人民政府裁决，防止事态恶化。

（二）纠纷解决处理程序

本条规定所指的水土流失纠纷，不是一般的民事纠纷，而是涉及不同行政区域之间的关系，因此，本条规定的纠纷处理程序不同于一般的民事纠纷处理程序，具体程序如下。

(1) 纠纷发生后先由当事双方协商解决，即当事双方在发生水土流失纠纷后，本着自愿、团结、互谅互让的精神，依照有关法律法规，直接进行磋商，自行解决纠纷。

(2) 当事双方协商不成时，由双方共同的上一级人民政府裁决。上一级人民政府的裁决有关各方必须遵照执行。

第六节 法 律 责 任

一、未依法履行法定职责的法律责任

(一) 法定违法责任

《中华人民共和国水土保持法》规定，水行政主管部门或者其他依照本法规定行使监督管理权的部门，不依法作出行政许可决定或者办理批准文件的，发现违法行为或者接到对违法行为的举报不予查处的，或者有其他未依照本法规定履行职责的行为的，对直接负责的主管人员和其他直接责任人员依法给予处分。

处分又称为行政处分，是行政责任的一种，是指行政机关内部上级对下级以及监察机关、人事部门对违法的国家工作人员依法给予的法律制裁。《中华人民共和国公务员法》第五十六条规定，处分分为警告、记过、记大过、降级、撤职、开除6种形式。实际操作中处分可分为三种情况。

(1) 对违法行为较轻，仍能担任现任职务的人员，可以给予警告、记过、记大过处分。

(2) 对违法行为较重，不宜继续担任现任职务的人员，给予降级、撤职处分。

(3) 对严重违法失职的，给予开除处分。具体给予违法行为人何种处分，应当由任免机关或者监察机关根据不同情况做出。

(二) 违法行为

依据本条规定，水行政主管部门或者其他依照本法行使监督管理权的部门未依法履行法定职责的违法行为具体包括以下几种情况。

1. 不依法作出行政许可决定或者办理批准文件的

(1) 行政许可是水土保持管理的重要手段，对于预防和治理水土流失具有重要作用。《中华人民共和国水土保持法》中涉及了行政许可，如第二十五条规定的水土保持方案审批、第四十一条规定的水土保持监测资质的审批。

(2) 水行政主管部门或者其他依照本法行使监督管理权的部门应当严格按照本法及《中华人民共和国行政许可法》等相关法律、法规的规定，向符合条件的申请人作出行政许可决定或者办理批准文件，对不符合法定条件的单位一律不得作出行政许可决定或者办理批准文件。水行政主管部门或者其他依照本法行使监督管理权的部门对不符合法定条件的申请人作出行政许可决定或者办理批准文件、超越职权作出行政许可决定或者办理批准文件、对符合法定条件的申请人不予作出行政许可决定或者办理批准文件以及不在法定期限内作出行政许可决定或者办理批准文件的，均构成违法，应当承担本条规定的法律责任。

2. 发现违法行为或者接到对违法行为的举报不予查处的

（1）查处违反《中华人民共和国水土保持法》的行政违法行为，是水行政主管部门或者其他依照本法行使监督管理权的部门的法定职权和职责。水行政主管部门或者其他依照本法行使监督管理权的部门，应当通过各种行之有效的方式方法，积极主动地进行监督检查，发现违法行为要依法及时、有效查处。例如，本法第二十九条规定，县级以上人民政府水行政主管部门、流域管理机构，应当对生产建设项目水土保持方案的实施情况进行跟踪检查，发现问题及时处理。发现违法行为而不予查处，应当作为而不作为，是失职、渎职行为，是对违法行为的放纵，严重损害水土保持工作和行政管理秩序，是一种违法行为，应当承担法律责任。

（2）水土保持是一项社会性很强的工作，需要社会各界广泛参与，动员全社会的力量共同开展水土保持。本法第八条规定，任何单位和个人都有保护水土资源、预防和治理水土流失的义务，并有权对破坏水土资源、造成水土流失的行为进行举报。对于单位和个人举报的破坏水土资源、造成水土流失的行为，水行政主管部门或者其他依照本法行使监督管理权的部门应当依法及时调查、取证、核实，举报属实、确实存在违法行为的，应当依法及时、有效查处。如果接到对违法行为举报不予查处的，也是失职、渎职行为，是一种违法行为，应当承担法律责任。

3. 有其他未依照本法规定履行职责的行为的

这是兜底性、总括性规定，即水行政主管部门或者其他依照本法行使监督管理权的部门，除以上两种违法行为外，凡有其他未依照本法规定履行职责的行为的，均应当承担法律责任。

未依照本法规定履行职责的行为可以是不作为，也可以是作为不到位或乱作为。这样规定，进一步完善和强化了水行政主管部门或者其他依照本法行使监督管理权的部门的法律责任，不仅有利于依法追究水行政主管部门或者其他依照本法行使监督管理权的部门违法行为的法律责任，而且有助于加强水行政主管部门或者其他依照本法行使监督管理权的部门依法行政的法治意识和素质，促进和提高依法行政的水平。

二、违法进行可能造成水土流失活动的法律责任

（1）违反《中华人民共和国水土保持法》第十七条规定，在崩塌、滑坡危险区或者泥石流易发区从事取土、挖砂、采石等可能造成水土流失活动的应当承担法律责任、接受法律制裁。

（2）县级以上地方人民政府未依法及时划定并公告崩塌、滑坡危险区和泥石流易发区的范围，是未履行法定职责的不作为，也是违法行为，也应当承担相应的法律责任。

（3）行政处罚种类。

1）责令停止违法行为。即由县级以上人民政府水行政主管部门责令违法行为人停止在崩塌、滑坡危险区或者泥石流易发区从事取土、挖砂、采石等可能造成水土流失的违法行为。责令应当采用书面的形式，即由县级以上人民政府水行政主管部门向违法行为人送达责令停止违法行为的通知书，在特殊情况下也可以采用口头责令的形式（如执法人员在实地巡查中发现违法行为时可当场口头责令当事人立即停止违法行为）。按照依法行政

“程序正当”的要求，县级以上人民政府水行政主管部门应当尽可能采用书面责令的方式，一方面作为执法部门查处违法行为的材料，另一方面作为行政复议、行政诉讼的证据。

2）没收违法所得。违法所得是指公民、法人或其他组织从事违法行为或未履行法定义务而获得的财物。没收违法所得是指行政机关依法将违法行为人因违法行为所获得的财物强制无偿收归国有的一种行政处罚。在崩塌、滑坡危险区和泥石流易发区从事取土、挖砂、采石等可能造成水土流失的活动，往往是为了谋取非法经济利益。对于这种违法活动，应当没收违法所得，以示惩戒，杜绝违法行为人继续从事活动的利益动机，同时也警示其他可能效仿该违法行为的单位和个人。“没收违法所得”针对的是从事违法活动且已取得经济利益的违法行为人，如果违法行为人实施了违法行为但未获得经济利益的，则不适用该处罚。

3）罚款。罚款是指行政处罚机关依法强制违法行为人当场或在一定期限内缴纳一定数额货币的处罚行为。罚款是一种财产罚。在崩塌、滑坡危险区或者泥石流易发区从事取土、挖砂、采石等可能造成水土流失的活动，既有单位（如企业或其他组织）也有个人。对于不同的违法行为人，应当适用不同的罚款幅度。依据“过罚相适应”的法治原则，罚款额度应当与违法行为的情节、危害等因素相适应，避免畸轻畸重、显失公正。本条规定，对个人处1000元以上10000元以下的罚款，对单位处2万元以上20万元以下的罚款。对于具体的违法行为人处以的罚款数额，不仅要考虑违法行为的性质、情节、危害等因素，也要考虑到当地的经济社会发展水平。由于各地经济社会发展水平不均，因此本条规定了一个罚款幅度，具体罚款数额由处罚机关根据违法行为的具体情形和当地经济社会发展水平依法决定。

三、禁止开垦的陡坡地开垦种植农作物的法律责任

在禁止开垦的陡坡地开垦种植农作物，或者在禁止开垦、开发的植物保护带内开垦、开发的由县级以上地方人民政府水行政主管部门依法追究法律责任。

(1) 责令停止违法行为。即由县级以上地方人民政府水行政主管部门责令违法行为人停止在禁止开垦坡度以上陡坡地开垦种植农作物或者在禁止开垦、开发的植物保护带内开垦、开发的违法行为。

(2) 采取退耕、恢复植被等补救措施。由县级以上地方人民政府水行政主管部门责令违法行为人采取退耕、恢复植被等补救措施。

(3) 罚款。按照开垦或者开发面积，可以对个人处每平方米2元以下的罚款，对单位处每平方米10元以下的罚款。

本条规定的罚款数额，是按照开垦或者开发面积来计算。县级以上地方人民政府水行政主管部门应当准确核算开垦或者开发面积，作为决定罚款数额的依据。本条规定“可以”处以罚款，即授予县级以上地方人民政府水行政主管部门行政处罚自由裁量权。县级以上地方人民政府水行政主管部门根据违法行为的性质、情节、危害等多种因素，可以对违法行为人处以罚款，也可以不处以罚款。如违法行为人积极采取了退耕、恢复植被等补救措施，且恢复效果良好的，县级以上地方人民政府水行政主管部门就可以不处或少处罚款。

四、违反水土保持法其他规定法律责任

（1）违反本法规定，毁林、毁草开垦的，采集发菜，滥挖虫草、甘草、麻黄等的法律责任。违反《中华人民共和国水土保持法》规定，毁林、毁草开垦的，依照《中华人民共和国森林法》《中华人民共和国草原法》的有关规定处罚。由林业主管部门、县级以上人民政府草原行政主管部门依法追究法律责任。

（2）违反本法规定，采集发菜，或者在水土流失重点预防区和重点治理区铲草皮、挖树兜、滥挖虫草、甘草、麻黄等的，由县级以上地方人民政府水行政主管部门责令停止违法行为，采取补救措施，没收违法所得，并处违法所得1倍以上5倍以下的罚款；没有违法所得的，可以处5万元以下的罚款。

在草原地区有前款规定违法行为的，依照《中华人民共和国草原法》的有关规定处罚。在草原地区违反本条规定的违法行为，由县级以上地方人民政府草原行政主管部门依法追究法律责任。行政责任有以下几种。

1）责令停止违法行为。即由县级以上地方人民政府水行政主管部门责令违法行为人停止采集发菜，或者在水土流失重点预防区和重点治理区铲草皮、挖树兜、滥挖虫草、甘草、麻黄等违法行为。

2）采取补救措施。即由县级以上地方人民政府水行政主管部门责令违法行为人采取植树种草、保护土壤等补救性措施，以治理因滥采滥挖造成的水土流失。

3）没收违法所得。即由县级以上地方人民政府水行政主管部门对违法行为人因滥采滥挖而获得的经济收入予以强制没收。采集发菜或者在水土流失重点预防区和重点治理区铲草皮、挖树兜、滥挖虫草、甘草、麻黄等违法行为，主要是为了谋取经济利益，一般均有违法所得。对违法行为人处以没收违法所得，杜绝其非法牟利的可能，能够有效打击这种违法行为，教育和促使违法行为人不再从事该违法行为。

4）罚款。对于从事本条规定的违法行为、有违法所得的，除没收违法所得外，还要处以违法所得1倍以上5倍以下的罚款；对于从事本条规定的违法行为、但没有违法所得的，县级以上地方人民政府水行政主管部门可以处5万元以下的罚款。本条规定的“可以”表明，县级以上地方人民政府水行政主管部门根据违法行为的性质、情节、危害等因素，可以对违法行为人处以罚款，也可以不处以罚款。

（3）在林区采伐林木不依法采取防止水土流失措施的法律责任。

1）在林区采伐林木不依法采取防止水土流失措施的，由县级以上地方人民政府林业主管部门、水行政主管部门责令限期改正，采取补救措施；造成水土流失的，由水行政主管部门按照造成水土流失的面积处每平方米2元以上10元以下的罚款。

本条规定的违法行为分为以下两种情况：

a. 在林区采伐林木不依法采取防止水土流失措施、尚未造成水土流失的行为。

b. 在林区采伐林木不依法采取防止水土流失措施，且造成水土流失的行为。

这两种违法行为都应当承担法律责任，但因其危害程度不同，因此承担的法律后果也有所不同。

2）本条规定的法律责任由县级以上地方人民政府林业主管部门、水行政主管部门依法追究。

应当注意的是，依据本条规定，在林区采伐林木不依法采取防止水土流失措施的法律责任，由县级以上地方人民政府林业主管部门、水行政主管部门追究；造成水土流失的法律责任，由水行政主管部门追究。行政责任有以下几种。

a. 责令限期改正。即县级以上地方人民政府林业主管部门、水行政主管部门责令违法行为人限期改正其违法行为，停止在林区采伐林木不依法采取防止水土流失措施或造成水土流失的行为。

b. 采取补救措施。即在林区采伐林木的，依法采取防止水土流失措施，具体包括：对采伐区和集材道采取防止水土流失的措施，并在采伐后及时更新造林；在林区采伐林木的，在采伐方案中增加水土保持措施；采伐方案经林业主管部门批准后，由林业主管部门和水行政主管部门监督实施。

c. 罚款。对于在林区采伐林木不依法采取防止水土流失措施、且造成水土流失的行为，由水行政主管部门按照造成水土流失的面积处每平方米 2 元以上 10 元以下的罚款。应当注意的是，本条规定的罚款，只适用于造成水土流失后果的行为，并只能由水行政主管部门作出决定。

（4）未依法编制、审批、修改水土保持方案及违法开工建设的法律责任。

违反本法规定，有下列行为之一的，由县级以上人民政府水行政主管部门责令停止违法行为，限期补办手续；逾期不补办手续的，处 5 万元以上 50 万元以下的罚款；对生产建设单位直接负责的主管人员和其他直接责任人员依法给予处分。

1）依法应当编制水土保持方案的生产建设项目，未编制水土保持方案或者编制的水土保持方案未经批准而开工建设的。

2）生产建设项目的地点、规模发生重大变化，未补充、修改水土保持方案或者补充、修改的水土保持方案未经原审批机关批准的。

3）水土保持方案实施过程中，未经原审批机关批准，对水土保持措施作出重大变更的。

4）本条规定的法律责任由县级以上人民政府水行政主管部门依法追究。

按照《中华人民共和国行政处罚法》第二十条的规定，本条规定的县级以上人民政府水行政主管部门是指违法行为发生地的县级以上人民政府水行政主管部门，包括国务院水行政主管部门。

5）本条规定的行政责任有以下几个：

a. 责令停止违法行为，限期补办手续。县级以上人民政府水行政主管部门，对于依法应当编制水土保持方案的生产建设项目，未编制水土保持方案或者编制的水土保持方案未经批准而开工建设的，责令生产建设单位停产停业，限期编制水土保持方案或申请县级以上人民政府水行政主管部门审查水土保持方案；对于生产建设项目的地点、规模发生重大变化，未补充、修改水土保持方案或者补充、修改的水土保持方案未经原审批机关批准的，责令生产建设单位停产停业，限期补充、修改水土保持方案或者申请原审批机关审查补充、修改的水土保持方案；对于水土保持方案实施过程中，未经原审批机关批准，对水土保持措施作出重大变更的，责令生产建设单位停产停业，限期申请原审批机关审查水土保持措施的重大变更。

b. 罚款。生产建设单位逾期不补办手续的，包括未在规定的期限内编制水土保持方案或补办水土保持方案报批手续的；未在规定的期限内补充、修改水土保持方案或补办报批手续的；或者水土保持措施作出重大变更未在规定的期限内补办报批手续的，县级以上人民政府水行政主管部门处 5 万元以上 50 万元以下的罚款。应当注意的是，依据本条规定，生产建设单位逾期不补办手续的，才处以罚款。如果生产建设单位在县级以上人民政府水行政主管部门规定的期限内补办了手续的，则不处以罚款。

c. 处分。对生产建设单位直接负责的主管人员和其他直接责任人员依法给予处分。生产建设单位违反水土保持方案法律制度的行为，是由生产建设单位的主管人员和相关工作人员实施的，追究生产建设单位直接负责的主管人员和其他直接责任人员的法律责任，给予其处罚，能够有效惩戒教育违法者，防止再次发生此类违法行为。这里规定的处分是行政处分，生产建设单位直接负责的主管人员和其他直接责任人员如属于国家工作人员的，依照公务员法的有关规定，由任免机关或监察机关给予警告、记过、记大过、降级、撤职或者开除的处分。

(5) 违反《中华人民共和国水土保持法》规定，造成水土流失危害的，依法承担民事责任；构成违反治安管理行为的，由公安机关依法给予治安管理处罚；构成犯罪的，依法追究刑事责任。

五、附则

县级以上地方人民政府根据当地实际情况确定的负责水土保持工作的机构，行使本法规定的水行政主管部门水土保持工作的职责。

这是对地方水土保持工作机构授权的规定。现行《水土保持法实施条例》第四条规定，地方人民政府根据当地实际情况设立的水土保持机构，可以行使《中华人民共和国水土保持法》和本条例规定的水行政主管部门对水土保持工作的职权。目前，有 90 多个水土流失预防和治理任务较重的地（市）、县（旗）单独设立了负责水土保持的工作机构，直属于当地人民政府管辖，与当地水行政主管部门没有隶属关系。按照本条规定，这些单设的水土保持工作机构行使本法规定的水行政主管部门的水土保持工作职责。

第三章 防 洪 法

第一节 防洪法概述

一、《中华人民共和国防洪法》的立法宗旨和制定意义

（一）《中华人民共和国防洪法》的立法宗旨

防洪法是我国防治洪水工作的基本法律，是调整防治洪水活动中各种社会关系的强制性规范。《中华人民共和国防洪法》的制定是为了防治洪水，防御、减轻洪涝灾害，维护人民的生命和财产安全，保障社会主义现代化建设顺利进行。

（二）防洪法制定意义

（1）洪涝灾害是中华民族的心腹之患，减轻和防御洪涝灾害是多少年来中华儿女为之不懈努力的奋斗目标。我国是洪涝灾害频发的国家，历史上洪水为患十分严重，这与我国气候和地理条件有关。我国地处亚洲大陆东部，受季风影响，常年降雨分布不均，冬季少雨，而夏季多雨。另外，我国主要江河的中下游人口密集，经济发达，所以受洪水影响较为严重。据不完全统计，自公元前206年至1949年的2155年间，有记载的较大洪水1029次，平均约两年一次，而七大江河的洪水灾害尤为频繁。中华人民共和国成立以后，也先后发生多次流域性洪水，给国家和人民造成了巨大的损失。

（2）近年来，我国水土流失严重，河流湖泊大量淤积、围垦，防洪能力进一步下降，同样的洪水，水位逐年升高，流速越来越慢，洪水持续时间越来越长，防洪的形势更加严峻。在防洪工作中存在着没有切实的手段保证防洪规划的落实，对河道防护及防洪工程设施保护缺乏强有力的措施，对蓄滞洪区的安全与建设缺乏有效的管理以及防洪投入不够、防洪标准偏低、实际防洪能力差等若干问题。制定防洪法就是要针对上述问题进行规范，通过法律手段，理顺防洪活动中的各种社会关系，使防洪活动在有序、高效、科学的轨道上顺利进行，最终达到治理、预防、减轻洪涝灾害，保障人民生命财产安全，保障国家现代化建设实现的根本目的。

《中华人民共和国防洪法》1997年8月29日第八届全国人民代表大会常务委员会第二十七次会议通过，根据2009年8月27日第十一届全国人民代表大会常务委员会第十次会议《关于修改部分法律的决定》（第一次修正）、根据2015年4月24日第十二届全国人民代表大会常务委员会第十四次会议《关于修改〈中华人民共和国港口法〉等七部法律的决定》（第二次修正）、根据2016年7月2日第十二届全国人民代表大会常务委员会第二十一次会议《关于修改〈中华人民共和国节约能源法〉等六部法律的决定》（第三次修正），共八章六十五条。《中华人民共和国防洪法》的颁布施行，体现了党和国家把握改革、发

展和稳定的全局，将人民生命财产的安危放在首位，抱着切实为人民服务的宗旨和最终目标，标志着我国防洪减灾事业进入了一个新的阶段，它必将指引我国的防洪事业朝着法制化、规范化的方向发展。《中华人民共和国防洪法》的颁布和实施，对防治洪涝、保障人民生命财产安全和社会主义现代化建设的顺利进行具有重大而深远的意义。

二、防洪法工作的基本原则

《中华人民共和国防洪法》在总则中规定了防洪工作的基本原则，有以下几个方面。

（一）全面规划原则

洪水的流域性特征决定了防洪活动是一项复杂的、综合的流域性工程，防洪工作必须实行全面规划。江河洪水是一个按照流域运动的动态整体，其上下游及干支流的洪水传递都相互关联，有其内在的运动规律。洪水成因复杂，涉及环境、气候等多种因素，泛滥后所造成的损失往往也是多方面的。因此，防洪活动必须根据洪水的特点，根据该流域的经济发展状况以及在国民经济中的地位，结合国土整治、生态环境的保护及水资源的综合开发等情况，进行跨地区、跨行业的综合分析、全面规划。由于防洪工程是一项投资巨大的公益性事业，在我国目前经济尚不发达的情况下，更要注重全面规划，避免重复建设等不必要的浪费。规划是工作的目标，对全盘工作起了统领的作用。防洪规划就是统领防洪工作的战略部署，是防洪工作的基本依据。因此，防洪活动坚持全面规划是防洪工作的一项重要原则。

（二）统筹兼顾的原则

根据防洪工作的特点及洪水灾害所造成的严重后果，本法强调了防洪工作要坚持统筹兼顾的原则。统筹兼顾是指在防洪工作中必须兼顾上下游、左右岸、干支流的关系，局部利益和整体利益的关系，重点防护和一般防护的关系。由于防洪工作是一项跨地区、跨部门的综合性活动，涉及方方面面与百姓的生活息息相关。因此，防洪工作必须统筹兼顾，谨防顾此失彼，努力用最低的代价获得最高的防洪效益。

（三）预防为主原则

防洪工作一是要预防，二是要治理，其中预防更为重要。做好预防工作，就是要做到未雨绸缪有备无患。预防为主，要求人们在思想上高度重视，行动上坚持不懈地抓好防洪工作。洪涝灾害是一种自然灾害，人类不可能完全避免，但是人类可以通过采取一些措施，如果根据气候变化情况及地理特点等对洪水来临的时间和程度进行综合分析，制定防汛抗洪的应急预案，修建高标准的防洪堤坝，加强薄弱环节的建设，加强上游的水土保持等措施来防治洪灾。只有长期的不间断地做好预防工作，洪水来临时才能及时、稳妥地采取各种应急措施，减少洪水给人类造成的损失。

（四）综合治理原则

如前所述，洪水的成因涉及地理、环境、气候等多种因素，因此，防治洪水是一项包括修筑堤坝、科学利用水库、抓好国土整治、防治水土流失等在内的系统工程。只有采取多种措施，进行综合治理，形成综合的防洪体系，才能有效地治理洪水，如果偏废了任何一方，都会使防洪工作陷于困境。依据相关规定，流域性洪水分为三个等级：流域性特大洪水、流域性大洪水、流域性较大洪水。

1998年我国长江、松花江和嫩江所遭遇的流域性特大洪水，主要是由于气候异常所造成的，但洪水来势如此凶猛，这与多年来上游地区乱砍滥伐森林、植被破坏及修建阻水工程、河道不畅等都有重大关系。如果不立即着手进行森林保护工作，防治水土流失，不进行小流域的治理，疏浚河道，只靠修筑堤坝是难以从根本上挡住洪水的。这使我们进一步认识到综合治理的重要性。

2023年8月12日，海河流域子牙河发生大洪水，大清河、永定河发生特大洪水，被水利部并命名为海河"23·7"流域性特大洪水。可见，综合治理还包括根据水的特性，通过治理，变水害为水利，为干旱地区提供水资源。历史的经验告诉我们，采取单一措施进行防洪，效果是有限的，只有采取综合措施进行系统防治，才是防治洪水的根本途径。因此，《中华人民共和国防洪法》将综合治理作为一项基本原则确定下来。

（五）局部利益服从全局利益的原则

这个原则适用于我国防洪工作的各个方面，其中包括对蓄滞洪区的规定。我国一方面地域辽阔，洪涝灾害频繁，同时由于经济发展水平所限，全社会用于修建水利工程设施的投入难以满足抵御各种标准的洪水侵袭的要求，防洪能力十分有限。在这种情况下，为了将洪水损失降到最低，不得已时只能牺牲局部利益以保大局。

根据这一实际情况，国家在长江、黄河、淮河、海河等流域开辟了98处蓄滞洪区，在遇到较大洪水时，动用蓄滞洪区分蓄洪水，以确保重点地区的防洪安全。强调局部利益服从全局利益就是强调从大局出发，从全国人民的整体利益出发，从某一地区的大多数人的利益出发来处理防汛抗洪事务，用尽量少的牺牲换取尽量多的人员生命和财产的安全。实践中，由于启用蓄滞洪区主要涉及该地区人民群众的财产和经济利益，涉及人民群众的生命安全，一些地区的领导在洪水泛滥、大坝面临决堤的情况下，往往不敢下命令启用蓄滞洪区，使国家防汛抗洪的统一领导和具体部署难以贯彻执行。因此，坚持局部利益服从全局利益的原则，对实践有直接的指导意义。无论是领导还是普通群众，都要牢固树立从大局出发的思想，洪水无情，只有在必要时勇于舍小家、保大家，才能使洪水得到有效的遏制，降低所受到的损失。

三、其他原则性规定

（一）防洪工程设施建设应当纳入国民经济和社会发展计划的原则

防洪工作是事关国民经济发展和社会进步的大事。随着经济的发展以及大中城市建设发展，铁路、公路等交通网线，大型国有工业企业、重点矿山建设等基础设施增多，相应地，洪水给国家和人民造成损失的可能性也日渐增大。如果没有必要的防洪工程设施做保障，一旦出现大的洪水，人民的生命财产就会受到巨大的损失，整个经济建设的部署就会被打乱，因此，防洪工程设施的建设就显得尤为重要。防治洪涝灾害需要巨大的投入。作为一项社会性公益事业，政府应当是防洪事业投入的主要承担者。所以，应当将防洪工程设施的建设纳入国民经济和社会发展计划，使之与国民经济和社会发展相适应，从而更好地为国民经济和社会发展服务。

（二）开发利用和保护水资源，应当服从防洪的总体安排，实行兴利与除害相结合的原则

水资源是一种有限而又宝贵的自然资源。水是一种具有多种用途的综合性资源，但它

在实际生活中既可以为利，也可以为害。一方面，水既是万物生命之源，也是人类生产活动的必要资源，没有足够的水，生态难以平衡，人类无法生存，农作物得不到灌溉，农业无法发展，一些工业活动也难以开展。同时，水对人类还有多种用途。比如，水可以用来发电，为生活和工农业生产提供廉价的电力，水可以用来养鱼、虾发展养殖业，江河湖海可以用来放木行船，发展航运事业等。另一方面，水过丰也会造成洪涝灾害，历史上人们称洪水为“猛兽”，大洪水直接威胁人类的生命，给社会财富带来巨大的损失。所以，水既有“利”的一面，也有“害”的一面，水在为害时对人类具有极大的破坏性。兴利要与除害相结合，水资源的开发、利用和保护要服从防洪的要求。在人们的思想观念里，普遍较重视水资源的保护和开发利用，对于水资源的保护和开发利用要服从防洪的总体安排则不能理解，这恰恰是我们应当树立的正确观念。我国是一个多暴雨洪灾的国家，同时也是一个水资源匮乏的国家，因此，防洪与开发利用水资源往往是联系在一起的。但是，在除害和兴利中，除害是基本的，防洪保障仍然是首要的，在任何时候都要引起足够的重视，所以说，水资源的开发、利用和保护要服从防洪工作的总体安排。

（三）江河、湖泊治理以及防洪工程设施建设，应当坚持符合流域综合规划，与流域水资源的综合开发相结合的原则

江河、湖泊的治理直接关系到防洪工作。防洪工程设施的建设是防御洪水的重要手段和措施。而这些措施的实施，应当符合流域的综合规划。流域综合规划是指开发、利用水资源和防治水害的综合规划，换句话说，也就是兴利与除害相结合的规划。江河、湖泊的治理以及防洪工程设施的建设不能孤立地看待，都必须充分考虑到整个流域的水资源分布与水害发生的规律。正因为水是流动的，水资源的开发和水害的防治才更具有流域性的特点。水资源的开发和防御洪水，不但要考虑流域的特点，还要宏观地从空间和时间上考虑，要有全局观念，而不能以局部的利益来代替全局的利益。例如，江河、湖泊的上游地区在治理江河、湖泊或者修建防洪工程设施时，不但要考虑本地区的利益和需要，同时还要兼顾下游地区的利益。不能是上游的洪水被防御了，而下游却被淹没，或者上游地区的水资源被充分利用了而下游却没有水可用。所以，无论是上游还是下游地区，在治理江河、湖泊和修建防洪工程设施时，都必须根据所处流域综合规划，即开发、利用水资源和防治水害的综合规划进行，而不能擅自进行或各自为政。

（四）任何单位和个人都有保护防洪工程设施和依法参加防汛抗洪义务的原则

防洪工作不仅事关国民经济和社会的发展，也关系到每一个公民的生命和财产安全，俗话说“水火无情”，洪水给人民生命和财产造成的损失是难以统计的。因此，对于防洪工程设施的保护，不仅仅是政府和行政主管部门的职责，也是每个公民的义务，更是作为一个社会成员起码的社会公德。爱护公共财物是一种美德，更何况防洪工程设施是为了保护我们自己的家园和生命财产的安全。只有防洪工程设施的牢固，才有我们每个人的生命和财产安全。鉴于此，任何单位和个人都应当而且必须爱护和保护防洪工程设施，使其更好地防御洪水，保护我们的安全。也就是说，建设和保护防洪工程设施，积极参加防汛抗洪，是每个公民不可推卸的责任和义务。

四、防洪工作管理体制

《中华人民共和国防洪法》就防洪工作管理体制做以下规定。

(1) 国务院水行政主管部门在国务院的领导下，负责全国防洪的组织、协调、监督等日常工作。

国务院水行政主管部门作为国务院主管水行政的职能部门，负有统一管理全国水资源和河道、水库、湖泊，主管全国防汛抗旱和水土保持工作的职责。国务院水行政主管部门在国务院的领导下，负责全国防洪的组织、协调、监督、指导等日常工作。

(2) 国务院水行政主管部门在国家确定的重要江河、湖泊设立的流域管理机构，在新管辖的范围内行使法律、行政法规规定和国务院水行政主管部门授权的防洪协调和监督管理职责。考虑到洪水的流域性特点，且水利部在长江、黄河、淮河、海河、珠江、松花江和辽河以及太湖都设有派出机构——流域管理机构，国家授权这些流域管理机构对其所在流域行使水行政主管部门的职责。在《中华人民共和国防洪法》中，第一次明确授权国务院水行政主管部门在国家确定的重要江河、湖泊设立的流域管理机构，在其所管辖的范围内，行使法律、行政法规规定的和国务院水行政主管部门授权的防洪协调和监督管理职责。这是由防洪工作的特殊性决定的。这样规定便于流域管理机构更好地代表国务院水行政主管部门在各个流域行使防洪的协调和监督管理职责，也有利于我国防洪工作的领导和协调，真正将国家的防洪工作方针贯彻到底，同时也有利于信息反馈，便于国务院的统一指挥和调度，从而更好地完成防洪任务。

(3) 国务院建设行政主管部门和其他有关部门在国务院的领导下，按照各自的职责，负责有关的防洪工作。对于建设、交通、铁道等有关部门，也应当在本级人民政府的领导下，按照其各自的职责范围，配合同级水行政主管部门，负责有关的防洪工作。

(4) 县级以上地方人民政府水行政主管部门在本级人民政府的领导下，负责本行政区域内防洪的组织、协调、监督等日常工作。

(5) 县级以上地方人民政府建设主管部门和其他有关部门在本级人民政府的领导下，按照各自的职责，负责有关的防洪工作。

防洪工作是一项关系全局的大事，任何一级政府，任何一个部门，都应当将之视为头等大事，不能掉以轻心，作为政府组成部分的职能部门，更应在本级人民政府的统一领导下，分工负责，共同做好防洪工作。各级人民政府水行政主管部门在本级人民政府的领导下，负责本行政区域内防洪的组织、协调、监督、指导等日常工作，各级人民政府的建设、交通、铁道、邮电、气象等部门也应当在本级人民政府的领导下，按照其各自的职责分工，配合同级水行政主管部门，负责做好有关的防洪工作。

五、防洪工作的责任

《中华人民共和国防洪法》规定了政府、各单位、各部门和每个公民的防洪责任。

(一) 各级政府在防洪工作中的职责

防洪是一项长期的工作，各级人民政府都应当将防洪工作作为政府的一项重要工作来做，一方面，加强对本行政区域内防洪工作的领导，组织各方面的力量，作为防洪工作的预防工作；另一方面，还要贯彻实施科技兴国的战略，依靠技术进步，减少洪灾损失。要结合本行政区域内水资源的综合开发，有计划地进行江河、湖泊治理，疏浚河道、加固堤防等，以提高本地区防洪工程设施防御洪水的能力。各级政府在防洪工作中的职责主要体

现在以下几个方面。

(1) 各级人民政府应当加强对防洪工作的领导，组织有关部门和单位，动员全社会的力量，依靠科技的进步，有计划、有步骤地进行江河、湖泊治理；采取必要的措施以加强防洪工程设施的建设，最终达到提高本行政区域防洪能力的目的。

(2) 各级人民政府应当组织有关部门和单位，动员社会力量，做好防汛抗洪工作以及灾后的恢复与救济工作。

(3) 各级人民政府应当对蓄滞洪地区的生产和人民生活予以扶持；在蓄滞洪后，对蓄滞洪地区要依照国家的有关规定给予必要的补偿和进行救助。

(二) 各单位、各部门和每个公民的责任

由于防洪工作是一项时效性强、任务繁重、涉及面广的系统工程，必须动员和调动各部门、各方面的力量，齐心协力才能完成。因此，根据《中华人民共和国防洪法》规定，全社会都有责任参与和承担防洪工作的义务。

(1) 各部门应认真履行好自己的防洪职责。防洪工作是社会公益性事业，各有关部门应按照政府确定的分工，各负其责，密切配合，共同做好防洪工作。

(2) 所有单位和个人有保护防洪工程设施、依法参加防汛抗洪的义务。防洪工作不仅事关国民经济和社会的发展，也关系到每一个公民的生命和财产安全。

(3) 人民解放军和武警部队是防洪的重要力量。历年来，人民解放军和武警部队广大官兵发扬拥政爱民的光荣传统，把支持抗洪救灾斗争作为一项重要的政治任务，在抗洪抢险救灾斗争中，广大官兵总是承担急难险重的任务，哪里最艰苦，哪里最危险，就奋战在哪里，是防洪的重要力量。在 1998 年长江和松花江、嫩江流域抗洪抢险的那场斗争中，解放军和武警部队参加抗洪抢险的人数达到 27 万多人，为全面夺取抗洪抢险的胜利发挥了重要的作用。

第二节　我国的防洪工作

一、中华人民共和国成立 70 多年来防洪工作的开展历程

(一) 中华人民共和国成立初期我国面临的防洪局面

1949 年中华人民共和国成立初期，巩固政权、恢复生产、发展经济的任务很重，各项事业百废待兴。其中一项放在重要位置的任务是兴修水利，整治江河，减轻水患。

从鸦片战争到 1949 年的 100 多年中，由于当时政治腐败，外来侵略、战争不断，国力衰竭和自然灾害等原因，防洪设施薄弱，江河水系紊乱。全国防洪工程设施不仅数量很少，而且残缺不全，防御洪水的能力很低，灾害频发。1949 年，全国仅有堤防 4.2 万 km，除黄河下游堤防、荆江大堤、淮河洪泽湖大堤、海河永定河堤防、钱塘江海塘等工程相对完整以外，绝大多数江河堤防矮小单薄，破烂不堪，防洪能力很低。全国仅有 6 座大型水库（丰满、水丰、镜泊湖、闹德海、二龙山、太平池），防洪作用很小。洪水监测和预报的手段也相当落后，全国仅有水文站 148 个、水位站 403 个。1949 年前后，全国各大江河均发生了不同程度的大洪水，特别是珠江流域的西江、长江中下游、淮河流域、海滦河流

域都发生了较大洪水，由于防洪工程残破不全，不具备防洪能力，造成河堤决口、土地被淹、房屋倒塌、百姓流离失所甚至家破人亡。1949年黄河正处于“堵口归故”时期，自国民党政府扒开花园口大堤，黄河故道已8年不走水，堤防经历战争的破坏，险工和河势控导工程等毁坏殆尽，已无抗洪能力。其他江河的防洪标准更低，常常洪水泛滥成灾，群众苦不堪言。这就是中华人民共和国成立时面临的严峻防洪形势和历史留下的艰巨防洪任务。

（二）中华人民共和国成立以来我国防洪工作的开展历程

中华人民共和国成立以来，党和政府对水利非常重视，领导和带领全国各族人民兴水利、除水害，克服了重重困难，开展了大规模的防洪工程建设和江河治理工作，夺取了历次抗洪抢险斗争的胜利，为经济社会发展提供了有力的保障。

20世纪50—60年代，毛泽东主席曾分别就黄河、淮河、海河流域的水利工作题词：“一定要把淮河修好”“要把黄河的事情办好”“一定要根治海河”，充分表达了全国人民整治江河、造福人民的坚强决心和强烈愿望。从那时起，各大江河的流域防洪规划、水文基础资料整编、防汛抗洪科学研究等工作全面展开，蓄泄兼筹的江河治理方针逐步形成，开展大规模的防洪工程建设，相继开工兴建了官厅水利枢纽工程、长江荆江分洪工程、导淮工程等，为初步控制常遇的洪水灾害，进一步提高防洪标准打下了基础。到中共中央十一届三中全会前的1978年，全国整修新修江河防洪堤16.5万km，保护面积达到4.8亿亩；建成各类水库8.4万座，其中大型水库311座，总库容4000亿m^3，初步形成了大江大河防御洪水灾害的工程体系。1978年党的十一届三中全会以来，改革开放极大地促进了国民经济的高速发展和综合国力的不断增强，防洪工作得到了全面发展，走上了正规化、现代化、法制化的发展轨道。党中央、国务院和地方各级党委、政府把做好水利防洪工程建设作为关系中华民族生存和发展的长远大计，坚持全面规划、统筹兼顾、标本兼治、综合治理的原则，实行兴利除害结合，加大防洪投入的各项保障措施，加快防洪建设以适应国民经济的发展。建立健全了全国抗洪抢险的调度指挥体系以及防洪法制体系。长江三峡、黄河小浪底等举世瞩目的控制性防洪工程开工兴建，实现了中国几代人孜孜以求的梦想。防洪工程从质量和规模上都有了质的飞跃，进一步提高了我国的防洪抗灾能力，开创了防汛事业的新局面。

二、我国防洪工作成就

（一）形成了比较完整的防洪工程体系

水患，是中华民族的心腹之患。据史料记载及权威媒体公开报道，从汉初至清末，两千多年间，长江共发生洪水灾害214次，平均十年一次。其中1870年的大洪水千年一遇，“雨如悬绳连三昼夜”，宜昌“尽成泽国”，两湖地区50多个州县被淹，后人称为“数百年未有之奇灾”。近代以来，长江水患依然难除。1931年，中下游全部被淹，死亡14.5万人；1935年，江汉平原53个县市受灾，死亡14.2万人；1954年，京广铁路中断100多天，死亡3.3万人；1998年，受灾严重的中下游五省，死亡1562人，直接经济损失2000亿元……

中华人民共和国成立70多年来，我国开展了大规模的水利防洪工程建设，按照“蓄

泄兼筹”和“除害与兴利相结合”的方针，对大江大河进行了大规模的治理，初步形成了江河干支流的控制性枢纽工程、堤防工程、蓄滞洪区为主体的防洪工程体系，进行了大规模的河道整治，中小河流和易涝地区得到初步治理，大面积、经常性的洪水灾害已经明显减轻。自中华人民共和国成立以来，全国共修建加固堤防 28.7 万 km，建成水库 8.64 万座，主要蓄滞洪区 97 处，水文测业 3.4 万余处、报汛站点 8600 多个。已建成的各类水库和江河堤防可保护人口 5.7 亿人，保护耕地 6.9 亿亩。随着大江大河的治理、江河防洪标准的提高，江河决堤、涉水泛滥、肆虐成灾的局面得到根本扭转，主要江河中下游发展成为中国重要的工农业生产基地，防洪减灾效益显著。

据统计分析，1949 年以来我国发生较大洪水 50 多次，按照 2000 年不变价格估算，全国七大江河（黄河、长江、淮河、海河、辽河、珠江、松花江流域）以及太湖流域防洪减灾的直接经济效益达 3.93 万亿元，防洪减灾耕地面积 24.75 亿亩，平均每年减淹耕地 4110 万亩，年均减免粮食损失 1029 万 t，累计减免粮食损失 6.17 亿 t，每年因洪涝灾害死亡人数呈大幅度减少趋势。

（二）提高了大江大河的防洪标准

经过多年来连续不断的防洪工程建设，我国七大江河的防洪标准较中华人民共和国时都有了明显提高，可防御 20～300 年一遇的洪水。

例如：三峡工程，世界防洪效益最为显著的水利工程，总库容 393 亿 m^3，防洪库容 225 亿 m^3 三峡工程建成后，可控制长江中游荆江河段 95%的来水，将荆江河段的防洪标准由约十年一遇提高到百年一遇。在 2020 年更是经受住建库以来最大洪峰的考验，通过三峡水库拦洪削峰，成功避免荆江分蓄洪区运用以及 60 万人转移、49 万亩耕地被淹，让人们对“大国重器”有了全新认知。从可持续发展的角度看，三峡工程是长江防洪综合体系中的关键性骨干工程，拥有 221.5 亿立方米防洪库容，保护了江汉平原 150 万 hm^2 土地和 1500 万人口的安全，这是最大的生态环境变化。2003 年至今，根据中下游的防洪需求，三峡工程累计拦洪运用 66 次，拦洪总量 2088 亿 m^3，多年平均防洪效益为 88 亿元，防洪减灾效益显著。

例如，珠江流域，对珠江三角洲地区的圩区联圩修闸，全面加强西、北江下游及三角洲的江河和沿海堤防。改革开放后，珠江三角洲地区作为改革开放的前沿，在经济高速发展的同时，水利防洪工程建设也突飞猛进。目前，已建成江海堤防逾 20500km，水闸 8500 多座，修建各种类型水库 13000 多座，总库容 706 亿 m^3。保护广州市和珠江三角洲地区的北江大堤的防洪标准达到了 100 年一遇，飞来峡水利枢纽工程，堤库联合运用可防御 300 年一遇洪水；珠江三角洲万亩以上围堤一般可防御 20～50 年一遇的洪水。治理中小河流是减轻洪涝灾害和全面实现流域治理的重要部分。经过各地多年建设，威胁重要城镇、交通的中小河流防洪标准达到 10～20 年一遇，排涝标准达到 3～5 年一遇。城市防洪标准有了较大提高，全国 639 座有防洪任务的城市中有 207 座达到规定的防洪标准，北京、哈尔滨、沈阳等重点防洪城市的防洪标准达到 100 年一遇以上。

（三）建设完善了防洪非工程措施

防洪非工程措施是通过法律、政策、经济和防洪工程以外的技术手段来减轻洪水灾害损失的辅助措施。中华人民共和国成立以来，特别是改革开放 30 多年来，我国在防汛指挥调度通信系统、洪水预警报、洪泛区管理、蓄滞洪区管理、洪水保险、防洪抢险和救灾预案、洪灾救济等防洪非工程措施建设方面取得了显著进展，初步形成了全国防汛指挥调度系统，形成了水文站网和预报系统，完善了大江大河、重点地区、重要防洪工程等各类防汛调度预案，为减轻洪水灾害损失发挥了重要作用。

（四）建立了防洪法制体系

中华人民共和国成立以后，根据我国的国情和实际情况，国家先后制定颁布了《中华人民共和国水法》《蓄滞洪区安全建设指导纲要》《河道管理条例》《水库大坝安全管理条例》《防汛条例》《黄河、长江、淮河、永定河防御特大洪水方案》《海河流域防御特大洪水方案》等法律、法规。特别是1998年1月1日起草《中华人民共和国防洪法》正式实施，标志着我国的防洪事业走上了依法防洪的新阶段。1998年，长江、松花江流域发生了大洪水和特大洪水，在抗洪抢险斗争中，湖南、江西、湖北、黑龙江等省依据《中华人民共和国防洪法》采取了宣布进入紧急防汛期等措施，为抗洪抢险斗争的顺利进行和夺取最后的全面胜利提供了法律保障。各级地方人民政府根据国家有关防洪的法律、法规，制定了本地区的有关配套法规，初步形成了国家和地方防洪法制体系，使我国的防洪管理和洪水调度逐步规范化、制度化和法制化。

（五）建立了严密的防汛抗洪组织体系

组织全社会力量抗御洪水灾害，是我国劳动人民在同洪水斗争的实践中总结出来的，既适合我国国情又行之有效的抗洪抢险措施。中华人民共和国成立以来，我国防汛组织体系建设取得了重大进展：实施了各级人民政府行政首长负责制，做到统一指挥，分级分部门负责；发挥我国社会主义制度的优越性，发扬中华民族“一方有难、八方支持”的优良传统，广泛发动干部群众和社会各方面的力量，参与抗洪抢险救灾；确保在发生重大洪水灾害时，党中央、国务院和各级防汛指挥部的指示、命令和防汛抗洪部署能够得到迅速的贯彻落实。为此，我国建立了严密的防汛抗洪组织体系，建立健全了以行政首长防汛责任制为核心的防汛责任制体系；建立健全了各级防汛指挥部及其办事机构；完善了抗洪决策指挥的支持手段。

（六）取得了历次防汛抗洪斗争的胜利

中华人民共和国成立以来，我国大江大河先后发生了多次大洪水和特大洪水。党和政府领导各族人民与洪水灾害进行了顽强的斗争，夺取了1954年长江流域的大洪水、1958年黄河下游的大洪水、1963年抗御海河流域大洪、1991年抗御淮河、太湖流域大洪水、1994年珠江大水、1998年长江和松花江、嫩江流域抗大洪水、1999年太湖流域大洪水和2023年海河流域特大洪水等历次抗洪抢险斗争的伟大胜利，最大限度地减轻了洪涝灾害损失，保护了人民群众生命财产安全，保证了国民经济的顺利发展，为维护社会稳定作出了应有的贡献。

（七）防洪取得了重大效益

据测算，1995年、1996年、1997年和1998年防洪工程的减灾直接经济效益分别为3000亿元、4800亿元、1500亿元、7000多亿元，仅20世纪90年代以来的几个大水年防洪工程的直接经济效益就达15000多亿元。

2023年，我国江河洪水多发重发，海河流域发生60年来最大流域性特大洪水，松花

江流域部分支流发生超实测记录洪水，防汛抗洪形势异常复杂严峻。我们始终把保障人民群众生命财产安全放在第一位，坚决扛起防汛天职，贯通雨情水情汛情灾情防御，强化预报预警预演预案措施，牢牢把握防御主动，有效抵御大江大河4次编号洪水、708条河流超警以上洪水、49条河流有实测资料以来最大洪水。科学调度运用流域防洪工程体系，全国4512座（次）大中型水库拦蓄洪水603亿m^3，减淹城镇1299个（次），减淹耕地1610万亩，避免人员转移721万人（次），实现各类水库无一垮坝、重要堤防无一决口、蓄滞洪区转移近百万人无一伤亡，最大程度保障了人民群众生命财产安全，最大限度减轻了灾害损失。在抗御海河“23·7”流域性特大洪水过程中，强化监测预报、数字赋能、靶向预警、协调联动，逐河系超前研判、逐河系科学防控，精准有序调度流域84座大中型水库拦洪28.5亿m^3，启用8处国家蓄滞洪区蓄洪25.3亿m^3，及时果断处置白沟河左堤等堤防重大险情。在抗御松花江流域洪水期间，强化超标准洪水应对措施，果断实施工程抢护，及时消除磨盘山、龙凤山两座大型水库超设计水位重大险情。加强山洪灾害防御，发布县级山洪灾害预警16.7万次，提前转移560.8万人（次）。科学实施应急水量调度，有效应对西南、西北部分地区1961年以来最严重干旱，有力保障了旱区群众饮水安全和灌区农作物时令灌溉用水需求。迅速排查处置甘肃积石山县地震震损水利设施险情，保障了水利工程安全、群众饮水安全。

社会效益和环境效益也十分显著。夺取抗洪抢险救灾工作的胜利，保障了社会稳定，为人民群众创造了安定的生产、生活环境。与此同时，减轻了洪水引起的水土流失、土地沙化、河湖萎缩、土地贫瘠等环境影响方面，对保护自然生态环境和保护耕地、促进农业发展等方面发挥了重要作用。

（八）积累了丰富的防洪工作经验

在防洪工程建设和抵御中华人民共和国成立以来发生的历次大洪水的实践中，逐步总结出了一些带有规律性的认识，积累了丰富的防汛工作经验，主要是：坚持“安全第一，常备不懈，以防为主，全力抢险”的方针；坚持把保证人民群众生命安全作为防汛工作的首要目标；坚持做好汛前准备；坚持军民联防，全社会总动员；坚持科学防洪；坚持党和政府的统一领导。

三、防洪工作存在的主要问题及对策

（一）防洪工作存在的主要问题

由于我国防洪、治涝任务艰巨，资金投入不足，管理落后等原因，还存在以下问题。

（1）目前大多数江河和地区的防洪、排涝能力仍然偏低，达不到国家规定的标准和国民经济各部门的要求。

（2）许多防洪、治涝工程设施老化失修，隐患险情多，不能正常运行。

（3）盲目围垦、侵占水域、人为设障严重，江河行洪和湖泊调蓄洪涝水的能力降低，防治工程设施的效益被抵消。

（4）工程防洪措施建设进展缓慢，启用蓄滞洪区困难多，损失大。

（二）防洪工作对策

我国防洪任务将随着经济的发展和人口增加而更加艰巨。从我国水情的历史看，洪涝灾害发生的可能性在增大。为确保国民经济持续、快速、健康发展和社会稳定作出贡献，应积极采取防洪减灾对策，主要有以下几个方面。

(1) 正确处理工程措施和非工程措施的关系，在大力加强工程设施建设的同时，要重视非工程措施。

(2) 正确处理新建工程和现有工程除险加固的关系，近期首先要抓好现有工程的除险加固，抓好河道清淤疏浚，逐步完善高标准防洪工程体系。

(3) 正确处理治标和治本的关系，在抓好应急措施的同时，要加强治本的措施。

(4) 正确处理改造自然和适应自然的关系，既要改造自然又要适应自然。要加强政府防洪减灾职能，加强法制，健全政策，强化管理，改善环境，提高标准，按照可持续发展战略的要求，保持防洪减灾事业持续健康发展。具体做到以下几点：①全面提高防洪标准；②加强河流上中游地区的水土保持和下游平垸行洪、退田还湖、清淤疏浚；③抗洪与避洪并重，防灾与减灾并举；④完善以政府为主、社会为辅的防洪投入体系；⑤建立社会化保障体系，按照防灾与减灾并举的原则，洪水发生后，应最大限度地限制灾害的蔓延和发展，减少灾害损失；⑥健全法规和政策，加强政府宏观调控。

第三节 防 洪 规 划

一、防洪规划的定义和种类

(一) 防洪规划定义

防洪规划是指为防治某一流域、河段或者区域的洪涝灾害而制定的总体部署。其特点如下。

(1) 防洪规划是一种安排或计划，它规定的是一个时期内的防洪工作。

(2) 防洪规划是在深入研究有关流域、河段或者区域的自然与社会特点、水文气象资料、洪灾损失的历史经验和现有防洪能力等各种情况，在广泛调查研究的基础上，通过综合比较论证而制定的，它反映的是对某一流域或区域防洪工作的总体要求，对该地区的防洪工作具有普遍意义。

(3) 防洪规划的主要内容是拟定防洪标准和选择优化的防洪系统，包括对现有河流、湖泊的治理计划及兴修新的防洪工程的战略部署等。

(4) 相对于流域或区域的综合规划而言，防洪规划是一项专业规划。

(二) 防洪规划种类

按《中华人民共和国防洪法》的规定，防洪规划包括国家确定的重要江河、湖泊的流域防洪规划以及其他江河、河段、湖泊的防洪规划和区域防洪规划。

流域防洪规划是指黄河、长江、松花江、珠江、淮河、海河、辽河等七大流域及太湖流域的防洪规划，以一个行政区、经济区或地理区为对象制定的水害防治规划为区域防洪规划。

二、防洪规划之间的关系

防洪规划应当服从所在流域、区域的综合规划；区域防洪规划应当服从所在流域的流

域防洪规划。有防洪任务的城市，应当制定城市防洪规划。

综合规划是指综合研究一个流域或区域的水资源开发、利用和水害防治的规划。综合规划是根据水具有多种功能的特点在综合考虑了社会经济发展的需要和可能统筹兼顾各方面的利益、协调各种关系的基础上，以综合开发利用水资源、兴利除害为基本出发点制定的其确定的开发目标和方针，选定的治理开发的总体方案、主要工程布局与实施程序都体现了开发利用水资源与防治水害相结合，开发利用和保护水资源服从防洪总体安排的原则。因此，综合规划对防洪规划具有指导意义。防洪规划应当在综合规划的基础上编制，与综合规划相协调。根据洪水的流域性特点，制定区域性的防洪规划也必须以流域的防洪规划为基础。

三、防洪规划的效力

防洪规划应当成为江河、湖泊治理和防洪工程设施建设的基本依据。重视编制防洪规划，全面考虑防洪工作，严格执行防洪规划，就能够保证防洪工作的有序进行，减少重复建设，避免人力、财力和物力的浪费，使各项防洪措施发挥最佳的防洪效益。曾经有一段时期，有的人对防洪规划的重要意义认识不足，认为规划是“纸上画画，墙上挂挂”的事，甚至在防洪工作中违反规划、主观臆断的现象时有发生，有的因不按规划盲目建设导致修建的工程设施不能发挥应有的作用，给国家造成了不必要的损失。因此，本条规定了在江河、湖泊治理和修建防洪工程设施的活动中，必须以防洪规划为依据，这对我国的防洪工作具有十分重要的意义。

四、防洪规划的编制、审查及批准权限

（一）重要江河、湖泊的防洪规划的编制、审查及批准权限

国家确定的重要江河、湖泊的防洪规划，由国务院水行政主管部门依据该江河、湖泊的流域综合规划，会同有关部门和有关省（自治区、直辖市）人民政府编制，报国务院批准。

（二）其他江河、河段、湖泊的防洪规划或者区域防洪规划的编制、审查及批准权限

其他江河、河段、湖泊的防洪规划或者区域防洪规划的编制、审查及批准权限规定了以下两个层次。

(1) 跨省（自治区、直辖市）的江河、河段、湖泊的防洪规划，按照流域管理机构的分工管辖范围，由流域管理机构编制，流域管理机构在编制上述江河、河段、湖泊的防洪规划时，要会同江河、河段、湖泊所在地的省（自治区、直辖市）人民政府水行政主管部门及有关部门拟定，并分别送有关省（自治区、直辖市）人民政府审查提出意见后，报国务院水行政主管部门批准。

(2) 在一个省（自治区、直辖市）内的江河、河段、湖泊的防洪规划及区域防洪规划，按照分级管理的权限编制，报同级人民政府批准，并报上一级水政主管部门备案。备案的目的在于使上级水行政主管部门掌握，并便于监督检查该备案的防洪规划是否符合其所在流域的综合规划和区域的综合规划。

（三）城市防洪规划编制、审查及批准权限

城市防洪规划与江河防洪规划密不可分，城市防洪规划又是城市总体规划的组成部

分，涉及城市的发展和建设。

《中华人民共和国防洪法》规定：要由城市人民政府组织水行政主管部门、建设行政主管部门及其他有关部门，依据流域防洪规划编制。城市防洪规划按照国务院规定的审批程序批准后，纳入城市总体规划。其原因在于城市人口密集、经济发达，是一个地区的政治、经济、文化中心，交通枢纽，地位重要，一旦被淹受灾，损失巨大，影响深远。为保证城市防洪安全，要求大中城市都必须编制防洪规划。修改防洪规划，应当报经原批准机关批准。

五、防洪规划的编制原则和主要内容

（一）防洪规划的编制原则

1. 确保重点、兼顾一般的原则

确保的重点是指《中华人民共和国防洪法》第三十四条规定的大中城市，重要的铁路、公路干线，大型骨干企业。大中城市，人口密集、经济发达，又是交通枢纽，地位重要；铁路、公路干线是国民经济发展的大动脉；大型骨干企业是我国经济发展的支柱。因此，只有确保重点、兼顾一般才能使洪灾损失最小。

2. 防汛和抗旱相结合的原则

洪涝和干旱是一对“孪生姐妹”，旱、涝会交替发生，考虑防洪时，也要考虑抗旱对水资源的要求，尤其是水库，在汛末一定要抓住有利时机蓄水。

3. 工程措施和非工程措施相结合的原则

防治洪水，要进行综合治理，靠单一的工程措施要耗费巨资，我国经济承受能力有限。总结和借鉴国内外经验，将防洪工程措施和非工程措施相结合，才能达到最好的经济效益。

4. 统筹兼顾的原则

防洪规划的制定和实施涉及上下游、左右岸地区以及国民经济各部门对防洪的要求以及经济利益，协调好方方面面的关系有利于防洪规划的实施。

5. 与国土规划和土地利用总体规划相协调的原则

为发展国民经济，综合开发、利用水土资源，国家有关部门制定国土规划和土地利用总体规划，江河整治是国土整治的重要内容，防洪规划中的蓄滞洪区、河道管理范围内的土地利用涉及土地利用总体规划，为了更广泛地统筹兼顾，使防洪规划更切实际，保障其实施，因而规定相协调的原则。

（二）编制防洪规划的主要内容

根据《中华人民共和国防洪法》规定，编制防洪规划的主要内容为：确定防护对象、治理目标和任务、防洪措施和实施方案；规定洪涝区、蓄滞洪区和防洪保护区的范围；规定蓄滞洪区的使用原则。

六、应纳入防洪规划的几种情况及防御措施

（一）应纳入防洪规划的几种情况

1. 对沿海地区风暴潮的防御

《中华人民共和国防洪法》规定：受风暴潮威胁的沿海地区县级以上人民政府，应当

把防御风暴潮纳入本地区的防洪规划。这是因为我国沿海地区，从南到北有广西、广东、福建、浙江、上海、江苏、山东、天津、河北、辽宁10个省（自治区、直辖市）受到风暴潮的威胁。沿海地区每年平均有20个左右热带风暴登陆或受其影响，热带风暴除大量降雨引发洪水外，还伴随着大风以及潮水位上涨。毁坏海堤、水闸及港口设施，造成水灾，是沿海地区的主要自然灾害。上述沿海地区是我国人口最稠密、经济最发达的地区，一旦防御不力，对人民生命财产会造成极大的威胁，影响经济建设和社会发展。因此，我国历来十分重视对风暴潮的防御，国家防总和沿海各省每年都要召开防台风工作会议，总结经验和教训，采取措施，加强防守，尽量减少损失。

2. 对易涝地区涝灾的预防

《中华人民共和国防洪法》规定了平原、洼地、水网圩区、山谷、盆地等易涝地区的有关地方人民政府制定除涝治涝规划，采取治涝措施，进行综合治理。这是因为平原、洼地、水网圩区、山谷、盆地等地区降雨不易排出形成渍涝，危害农作物的生长，威胁工业、交通安全，在易涝地区涝灾造成的损失很大。1991年淮河发生的那场大水，就是因为涝水排不出形成的涝灾。当时堤防并未决口，但仍然造成了淮河流域受灾面积8274.9万亩，其中，涝灾面积为66978万亩，占受灾面积的80%；成灾面积6024.3万亩，其中涝灾成灾面积为4787.8万亩，占成灾面积的80%。积水还淹没和浸泡了津浦线、淮南线等铁路干线，使铁路交通几度中断，不少公路干线被淹，数千家工厂、企业被困，处于停产、半停产状态，造成的直接和间接经济损失十分严重。因此，为了减轻涝灾，就要根据涝灾形成规律，江河、湖泊防洪安全的需要，在易滞洪地区，将除涝治涝规划纳入本地区的防洪规划。

（二）防御措施

1. 对沿海地区风暴潮的防御措施

《中华人民共和国防洪法》总结我国多年的经验和教训，使防御风暴潮纳入法制的轨道。对沿海地区风暴潮的防御措施：首先，要有总体部署，即制定规划，纳入地区的防洪规划；其次，加强海堤（海塘）建设、挡潮闸及沿海防护林建设。随着沿海地区经济的发展，沿海地区县级以上地方人民政府加强海堤（海塘）工程建设，提高防御标准，减少灾害损失，就显得更为重要。

2. 对易涝地区涝灾的治涝措施

（1）形成一套完善的排水系统，按除涝治涝规划，由有关地方人民政府按照规划的要求，组织有关部门和群众，包括水利、农业以及农业集体经济组织、乡镇企业等，采取修排水沟渠，建立泵站抽排，形成高排、低排、自排、抽排以及临时治涝等一套完善的排水系统。

（2）在一些涝水难以排出的地区，就要选择一些耐涝的农作物。

（3）进行综合治理，在易涝地区旱、涝、盐碱会交替发生，因此，在建排涝设施的同时，还应进行综合治理，形成旱能灌、涝能排，又能降低盐碱的综合治理措施，使这些地区减轻灾害，变为稳产、高产地区。

3. 山洪可能诱发山体滑坡、崩塌和泥石流的地区以及其他山洪多发地区的预防措施

山洪诱发的山体滑坡、崩塌及泥石流有突发性强、来势凶猛、涉及面广、毁灭破坏性大的特点，严重威胁人民生命财产安全，大的造成滑坡、泥石流甚至堵塞江河。

《中华人民共和国防洪法》规定了山洪可能诱发山体滑坡、崩塌和泥石流地区以及山洪多发地区应采取防御措施。这些措施有以下几种。

（1）做好防治工作，组织地质矿产行政主管部门、水行政主管部门对山地灾害进行全面调查，摸清分布区划，制定危害性程度分布图，划定重点防治区。

（2）采取综合防治措施，做到两结合：以防为主，防治结合，工程措施与生物措施相结合，社会防治与行政措施相结合，积极开展以保护城镇、居民点、交通干线、工矿企业为重点的防治工作。

七、其他规定

（一）入海河口的整治规划

《中华人民共和国防洪法》第十五条规定：国务院水行政主管部门应当会同有关部门和省（自治区、直辖市）人民政府制定长江、黄河、珠江、辽河、淮河、海河入海河口的整治规划。

在上述大江大河入海河口围海造地，应当符合河口整治规划。这是因为，我国上述大江大河入海河口是河流的尾间，是河流排洪排沙的通道，也是由内河向海洋航运的出口通道。在河口段，由于受河流、海洋的影响，河口段水流、波浪、盐淡水混合以及泥沙运动及河床演变规律十分复杂；各个河口的上述条件均不一样。特别是北方河流入海河口，由于海水顶托造成河口严重淤积，排洪不畅。为了满足防洪、防潮、航运、供水要求，在入海河口段，对治理工程进行总体安排部署，即制定河口整治规划。因河口整治涉及面广，在制定规划时要统筹兼顾、综合治理。因而，要由国务院水行政主管部门会同有关主管部门，包括交通部门、土地部门、计划主管部门等部门以及河口所在地的省（自治区、直辖市）人民政府制定。在上述河口地区，地势平坦、自然资源丰富，是我国经济发达、人口密集的地区。全国第一大城市上海就在长江河口地区，天津在海河河口地区，广州在珠江河口地区。随着国民经济和城乡建设的快速发展，河口地区围海造地也随之日益加快，因而出现了危害河口的流路、束窄河道、影响河势、阻碍交通通畅等一系列问题。因此，在大江大河入海河口整治规定的制定，河口地区围海造地，应符合河口整治规划，满足了国民经济建设和城乡建设用地的要求，能够保证河口尾间的通畅，保证防洪安全、防潮安全，促进航运事业的发展。

（二）规划保留区制度

《中华人民共和国防洪法》中设立了规划保留区制度，规定防洪规划确定的河道整治、防洪工程设施建设项目等用地，经有关土地管理部门和水行政主管部门核报本级人民政府批准，划定为规划保留区；规划保留区内的土地利用，应当符合防洪规划的要求，不得建设与防洪无关的其他永久性工程设施；在特殊情况下，国家建设项目确需占用规划保留区内的土地的，应当征求有关水行政主管部门的意见。

这在其他国家和地区也有类似的规定，如日本的《河川法》规定，河流管理者可以划定一定的区域为河流保护区，也可以划定由于河流工程施工而可能变为河道区域的土地为预定河道区，并禁止在上述两区域挖掘土地以及其他改变土地形状的行为和新建或改建建

筑物的行为。我国台湾地区的水利法也规定了对于河道治理计划或堤防预定线内的土地，主管机关可依法征收或限制使用。

（三）规划同意书制度

防洪是社会公益性事业，得到的是社会效益，一些地方和部门建设防洪工程和其他水工程、水电站存在着较多地考虑局部利益或单项工程自身的效益和不严格遵守防洪规划的问题。因此，为了切实保障防洪规划的执行，加强对规划实施的监督管理，《中华人民共和国防洪法》规定，防洪工程和其他水工程、水电站的可行性研究报告，在按照国家基本建设程序批准时，应当附具有关水行政主管部门签署的符合防洪规划要求的规划同意书。例如，《中华人民共和国防洪法》第十七条规定，建设跨河、穿河、穿堤、临河的桥梁、码头、道路、渡口、管道、缆线、取水、排水等工程设施，应当符合防洪标准、岸线规划、航运要求和其他技术要求，不得危害堤防安全、影响河势稳定、妨碍行洪畅通；其工程建设方案未经有关水行政主管部门根据前述防洪要求审查同意的，建设单位不得开工建设。前款规定的防洪工程和其他水工程、水电站未取得有关水行政主管部门签署的符合防洪规划要求的规划同意书的，建设单位不得开工建设。

第四节 治理与防护

一、治河方略的规定

（一）我国江河洪水与其灾害的特点

洪水是暴雨、急骤融冰化雪以及风暴潮等自然因素引起的江河湖海水量迅速增加或水位急剧上升的自然现象。

洪水泛滥是人类经常遭受的最严重的灾害之一。大约 2/3 的国土面积存在着不同类型和不同危害程度的洪水灾害。

暴雨洪水是我国洪水灾害的最主要来源，它具有以下的特点：各地暴雨洪水出现的时序有一定的规律；我国暴雨洪水集中程度是世界各国少见的；特大洪水存在周期性变化。

暴雨洪水是我国江河洪水的主要形式。同时也有存在其他类型的洪水，如冰雪洪水、冰川洪水和冰凌洪水。

（二）治河方略的有关规定

《中华人民共和国防洪法》就治河方略进行了规定：防治江河洪水，应当蓄泄兼施，充分发挥河道行洪能力和水库、洼淀、湖泊调蓄洪水的功能，加强河道防护，因地制宜地采取定期清淤疏浚等措施，保持行洪畅通；防治江河洪水，应当保护、扩大流域林草植被，涵养水源，加强流域水土保持综合治理。

当前，造成我国防洪形势严峻的重要原因是由于水土流失造成生态破坏，泥沙俱下，河道淤积，降低了河道的行洪能力。河道是水流的通道，形成一定的行洪能力。洼淀、湖泊是水的天然储存地，对洪水也具有一定的调蓄能力。充分发挥水库、洼淀、湖泊调蓄洪水的功能，可以调节洪水流量、减轻洪水压力。而要充分发挥河道的行洪能力，就需要加强对河道的治理和防护，避免在河道内设障阻水，并定期清除淤积在河道内的泥沙，对河道进行疏浚，保持和增强河道行洪能力，确保行洪畅通。

二、整治河道、修建控导护岸的原则和整治河道工程措施

（一）整治河道、修建控导护岸的原则

《中华人民共和国防洪法》规定，整治河道和修建控制引导河水流向、保护堤岸等工程，应当遵守兼顾上下游、左右岸的关系，按照规划治导线实施，不任意改变河水流向的原则。

（二）整治河道的工程措施

河道整治，即为稳定河槽、改善河流边界条件及水流流态而采取的工程措施。其主要任务是满足防洪、保护城镇等的需要。整治河道的工程措施有以下几种。

（1）护岸工程，通过修建丁坝、矶头、顺坝、平顺护岸等工程以控制主流，归顺河道，防止堤防和岸滩冲刷，安全泄洪。

（2）疏浚工程，利用挖泥船等工具，以及爆破、清除浅滩、暗礁等措施改善河道流态，保持足够的行洪能力。

（3）裁弯工程及堵汊工程，对过分弯曲河段进行裁弯取直，堵塞汊道等，扩大河道泄洪能力，集中水流。

河道整治，需要根据国土整治的情况、河道演变规律和兴利除害要求编制整治规划。在整治前，要了解河道的基本情况，按照因势利导、统筹兼顾、综合治理的原则，制定规划治导线和整治工程的平面布置，以满足实现整治目标的需要，做到技术经济合理。整治河道，因其涉及上下游、左右岸之间的相互关系，比较敏感，容易引发水事矛盾，因此要加强管理，妥善处理与有关各方面的关系，以达到兴利除害、综合利用水资源的目的。

三、规划治导线制定程序

治导线是河道整治后在设计流量下河道的平面轮廓，整治工程按治导线进行布设。防洪法按照江河的重要程度，并考虑到省际关系的协调，区分不同江河、河段规定了规划治导线的制定程序。

（1）国家确定的重要江河，因其涉及范围广、洪水影响大，其管理应尤其严格和谨慎，其规划治导线由所在的流域管理机构拟定，报国务院水行政主管部门批准。

（2）跨省级行政区域的江河、河段以及省界河道，因其涉及省级行政域之间的利益和要求，由地方政府制定规划治导线，则利害关系较难协调，因此法律规定跨省级行政区域的江河、河段和省界河道的规划治导线，由流域管理机构组织有关省级政府水行政主管部门拟定，报国务院水行政主管部门批准，以达到兼顾各种因素，从全局和长远出发，实现经济、社会、资源、环境的综合平衡，最大限度地除害兴利。对于一个省内跨县、市的江河、市界河的规划治导线的制定，也可采取类似的程序。

（3）其他江河、河段的规划治导线，则由县级以上地方人民政府水行政主管部门拟定，报本级政府批准。

四、整治河道

详见第七章河道管理法规。

五、河道湖泊管理原则、体制及管理范围

（一）河道湖泊管理原则

《中华人民共和国防洪法》规定了河道、湖泊管理实行“按水系统一管理和分级管理相结合”的原则。这是因为河道、湖泊按水系而分别成为独立的自然单元。从符合自然规律和治水规律要求的角度讲，按水系实施统一管理比较科学，可以统筹兼顾、协调一致。为了加强管理，国家在重要江河设立了7个流域管理机构，各省（自治区、直辖市）也设立了许多流域管理机构。但由于国家行政管理体系是按照行政区域建立的，并以行政区域为单元实施行政管理，在河道、湖泊的管理上，也应与国家行政管理体制相衔接，充分发挥各级政府及其水行政主管部门的作用，以提高管理效能。

（二）河道湖泊管理体制

《中华人民共和国防洪法》规定的江河、湖泊的管理体制如下。

（1）国家确定的重要江河、湖泊的主要河段，跨省（自治区、直辖市）的重要河段、湖泊，省（自治区、直辖市）之间的省界河道、湖泊以及国（边）界河道、湖泊，由流域管理机构和江河、湖泊所在地的省级政府水行政主管部门按照国务院水行政主管部门的划定实施管理。这是因为，因上述江河、湖泊的地位重要涉及省际关系，或涉及国家间关系，应加强管理。

（2）其他河道、湖泊，由县级以上地方人民政府水行政主管部门按照国务院水行政主管部门或者国务院水行政主管部门授权机构的划定依法实施管理。

在河道、湖泊管理体制上，《中华人民共和国防洪法》在制定过程中总结了《河道管理条例》实施的经验和存在的问题，对河道、湖泊管理体制作了进一步完善，体现在以下两个方面。

1）进一步明确了各级人民水行政主管部门是河道、湖泊的主管机关，而《河道管理条例》第四条中只明确了国务院和省级政府的水行政主管部门是河道主管机关，而对省级以下河道主管机关未予明确。

2）在管理权限上，授权国务院水行政主管部门划定河道、湖泊的管理权限。国务院水行政主管部门要根据授权划定具体管理权限，各级政府及其水行政主管部门要依照法律规定理顺河道、湖泊的管理体制。

（三）河道湖泊管理范围

《中华人民共和国防洪法》就河道湖泊管理范围作了以下规定。

（1）有堤防的河道、湖泊，其管理范围为两岸堤防之间的水域、沙洲、滩地、行洪区和堤防及护堤地；无堤防的河道、湖泊，其管理范围为历史最高洪水位或者设计洪水位之间的水域、沙洲、滩地和行洪区。为加强河道、湖泊管理，防止在河道、湖泊附近从事有碍其防护的活动，确保安全，需要划定一定的区域作为河道、湖泊的管理范围，由水行政主管部门实施管理。这在《河道管理条例》中已有规定。

其他一些国家或地区也有此规定。如日本《河川法》规定：河流管理者为了保护河岸或为了实施河流治理控制措施，可以在距河流区域的边界一般不超过 50m 的地方划定一定的区域作为河流保护区，在该范围内禁止一切挖掘土地以及其他改变土地形状的行为和新建或改建建筑物的行为。我国台湾地区的《水利法》授权河道主管机关在河道防护范围内可执行警察职权。

《中华人民共和国防洪法》总结了这项制度实施的经验，将《河道管理条例》中的有关规定上升为法律规范，对有堤防的河道、湖泊的管理范围和无堤防的河道、湖泊的管理范围作出了更加明确的规定。自《河道管理条例》颁布实施以来，全国普遍开展了河道、湖泊管理范围的确权划界工作。

(2) 流域管理机构直接管理的河道、湖泊管理范围，由流域管理机构会同有关县级以上地方人民政府依照前款规定界定。流域管理机构直接管理的河道其管理范围的划定工作难度相对大一些，防洪法对此专门规定，要由流域管理机构会同有关县级以上地方人民政府划定，也就是说，流域管理机构直接管理的河道其管理范围的划定，是流域管理机构和有关县级以上地方人民政府的共同责任。

(3) 其他河道、湖泊管理范围，由有关县级以上地方人民政府依照防洪法的规定界定。

六、河道清障

详见第六章河道管理法规第一节。

七、治理与防护的其他规定

(一) 整治河道与航道、林业和渔业之间的规定

对于通航河流，航道是河道的重要功能之一，无论是整治河道还是整治航道，都会改变河流边界条件，或改变河槽形态，从而改变水流流态，对防洪和航运产生影响，因此两者关系十分密切。《中华人民共和国防洪法》第二十条作了以下规定。

(1) 整治河道，首先要考虑防洪需要，同时还要兼顾航运需要，因此在整治前要征求交通主管部门的意见。

(2) 整治航道，不能单纯考虑航运，还要符合防洪安全的要求，因此在整治前要征求水行政主管部门的意见。

(3) 在竹木流放的河流和渔业水域，整治河道与竹木流放、渔业生产之间也会彼此影响，整治河道要兼顾竹木流放和渔业发展的需要，事先征求林业、渔业行政主管部门的意见；在河道中流放竹木，有关部门要严格管理，不得影响河道行洪和防洪工程设施的安全。

这一规定的目的是既要保障防洪安全，又要发挥河道及其水域的综合功能；既要考虑某方面的经济效益，又要考虑整体的社会效益。要妥善处理各种利益间的关系，在确保防洪安全的前提下，无论是整治河道还是整治航道，抑或是流放竹木进行渔业生产，都应统筹兼顾，考虑和发挥河道及其水域的综合功能，各有关主管部门要依法行事，相互配合，尽可能做到决策科学化、民主化。

（二）禁止性、限制性规定

《中华人民共和国防洪法》禁止或限制规定湖泊管理范围内损害防洪和其他公众利益的活动，具体规定如下。

（1）禁止在河道、湖泊管理范围内建设妨碍行洪的建筑物、构筑物，倾倒垃圾、渣土，从事影响河势稳定、危害河岸堤防安全和其他妨碍河道行洪的活动。

这是限制河道、湖泊管理范围内损害防洪和其他公众利益活动的有关规定。利用河道、湖泊管理范围内的土地和岸线，应当符合行洪、输水的要求。利用河道内的土地，如在滩地上进行农业种植生产，或进行一些工程建设活动，以及利用河道水域从事渔业生产等，都必须在符合防洪要求、不影响河道行洪、输水功能正常发挥的前提下才能进行。利用河道、湖泊岸线，特别是在城市河段，河道堤防两侧岸线开发十分活跃，必须加强管理，不得挤占河道，影响堤防安全。

（2）禁止在行洪河道内种植阻碍行洪的林木和高秆作物（详见第六章河道管理法规中的具体规定）。

（3）在船舶航行可能危及堤岸安全的河段，应当限定航速。限定航速的标志由交通主管部门与水行政主管部门商定后设置。

（4）禁止围湖造地。已经围垦的，应当按照国家规定的防洪标准进行治理，有计划地退地还湖；禁止围垦河道。确需围垦的，应当进行科学论证，经水行政主管部门确认不妨碍行洪、输水后，报省级以上人民政府批准。

这是对围垦河道、湖泊的禁止、限制性规定。不合理围垦河道、湖泊的情况，在现实生活中比较普遍，这实际是人类生产和发展与水争地的表现。其结果是事与愿违，破坏了资源与环境，最终更大范围地损害了人类自己。河道是行洪的通道，湖泊具有调蓄洪水的功能。保持河道行洪和湖泊调蓄洪水的能力，对保住防洪安全具有重要意义。但长期以来，随着经济的发展和人口的增加，人与水争地的现象十分严重，使一些河道过洪断面减小，湖区面积和蓄洪能力锐减，河湖防洪能力严重下降。洞庭湖湖面由20世纪50年代的4000多km^2减少到现在的2691km^2，调蓄洪水的容量减少40%。据统计，全国被围垦的湖泊至少有2000多万亩，减少蓄洪容量逾350亿m^3。河湖防洪能力下降是近年来一些江河防洪形势紧张的重要原因。因此本法规定禁止围湖造地，已经围垦的，要按照国家规定的防洪标准进行治理，逐步退地还湖；禁止围垦河道，但因生产或建设需要确需围垦的，也应从严管理，即要进行科学论证，不仅考虑某方面经济发展，还要考虑保护资源与环境；不仅要考虑当下，还要考虑长远。在程序上要经水行政主管部门确认不妨碍行洪、输水，并报省级以上人民政府批准后方可进行。

（三）防洪河道内居民外迁的规定

我国人多地少，因此在一些江河的行洪河道内也居住和生活着大量人口，如黄河滩区内居住着160万人（其中河南省100万人，山东省60万人），有的地方甚至整个行政村都在行洪河道内。这些群众一遇洪水即被围困，需政府组织解救，房屋、家产则被洪水冲毁。生命财产安全得不到保障，灾后恢复难度极大，同时对防洪工作也有很大的影响。行洪河道内居民的外迁工作难度较大，需要大量投入，安置也比较困难。但从改善这部分群众的生存环境、保证防洪安全的大局出发，这项工作又必须进行并争取及早完成。这项工作由地方人民政府负责，当地政府应有计划地组织行洪河道内的居民逐步外迁到安全地区居住。

（四）护堤护岸林木管理规定

护堤护岸林木是指在河道、湖泊堤防、岸线两侧种植的保护堤岸安全的林木。其主要作用是拦沙固滩，防止水浪对堤岸的冲刷，在防汛期间可用作防汛抢险物料。护堤护岸林木是河道、湖泊堤岸工程措施的组成部分。多年来，水利部门在进行江河、湖泊治理和堤防修建的同时，也组织营造了大量的护堤护岸林木，并实施管理。正因为护堤护岸林木的上述特点和作用，对其的管理也有别于其他一般林木的管理，其采伐必须经河道、湖泊管理机构同意后，方可办理采伐许可手续，并要完成规定的更新补种任务。河道、湖泊管理机构不同意采伐的则不得采伐。

（五）河道内建设活动管理制度和监督检查规定

1. 河道内建设活动管理制度

《中华人民共和国防洪法》对河道内建设活动管理作了以下规定。

（1）建设跨河、穿河、穿堤、临河的桥梁、码头、道路、渡口、管道、缆线、取水、排水等工程设施，应当符合防洪标准、岸线规划、航运要求和其他技术要求，不得危害堤防安全，影响河势稳定，妨碍行洪畅通；其可行性研究报告按照国家规定的基本建设程序报请批准前，其中的工程建设方案应当经有关水行政主管部门根据前述防洪要求审查同意。

（2）上述工程设施需要占用河道、湖泊管理范围内土地，跨越河道、湖泊空间或者穿越河床的，建设单位应当经有关水行政主管部门对该工程设施建设的位置和界限审查批准后，方可依法办理开工手续；安排施工时，应当按照水行政主管部门审查批准的位置和界限进行。

在河道、湖泊管理范围内进行建设，会对防洪产生一定的影响，需要建立相应的管理制度。严格执行此项规定，就可以有效避免建后再处置的问题，因此十分重要。对此，《河道管理条例》第十一条、第十二条已经作出了规定。为了更好地贯彻落实《河道管理条例》，加强对河道管理范围内建设项目的管理，确保江河防洪安全，保障人民生命财产安全和经济建设的顺利进行，1992年水利部、国家计委制定了《河道管理范围内建设项目管理的有关规定》，将《河道管理条例》的有关规定进行了具体化，对加强河道管理范围内建设项目管理发挥了重要作用。但在实践中，不经水行政主管部门审查同意或不按水行政主管部门的要求进行河道内建设的现象相当严重，以至于河道内旧障未除，新障又起，给防洪工作造成了很大的影响，问题十分突出。因此，在总结经验的基础上，《中华人民共和国防洪法》将《河道管理条例》中的规定上升为法律规范，确立了河道内建设活动管理制度。

2. 河道内建设监督检查规定

《中华人民共和国防洪法》对河道内建设监督检查做了规定：对于河道、湖泊管理范围内依照本法规定建设的工程设施，水行政主管部门有权依法检查；水行政主管部门检查时，被检查者应当如实提供有关的情况和资料。上述工程设施竣工验收时，应当有水行政主管部门参加。这是因为，对于河道内建设的工程设施，本法确立了规划同意书制度和河

道内建设审批管理制度，意在强化防洪行政管理。但制度只是手段，而不是目的。要实现保证河道、湖泊防洪安全的目的，就要狠抓制度的落实，水行政主管部门和有关部门要落实制度，加强监督检查，强化执法，建设单位也要自觉遵守管理制度。因此本条赋予水行政主管部门可以依法检查的权力和责任，规定了被检查者有如实提供有关情况和资料的义务，并规定工程设施竣工验收时，应当有水行政主管部门参加，为有效实施监督提供了法律保障。有关水行政主管部门应认真履行这条法律规定。

第五节　防洪区和防洪工程设施的管理

防洪区处于江河洪水位以下，洪水泛滥时可能淹及，受到洪水的直接威胁。在我国，有 100 万 km^2 国土、5 亿亩耕地、6 亿人口所处的地面高程低于江河洪水位之下，有 90% 以上的城市受到洪水威胁，防洪区安全保障是国计民生中的一个重要问题。

一、防洪区的安全建设与管理

（一）防洪区的分类与划定

《中华人民共和国防洪法》对防洪区的分类与划定作了以下规定。

（1）防洪区是指洪水泛滥可能淹及的地区，分为洪泛区、蓄滞洪区和防洪保护区。

1）洪泛区是指在受洪水威胁的尚无工程设施保护、被洪水自然淹没的地区。在我国，大江大河的许多支流、中小河流基本未设防，洪泛区的范围还相当大，不仅在地广人稀的西部有许多这类地区，在人口稠密的东部，面对不同频率的洪水，也存在相当数量的这类地区，如一些未设防河段洪水可能淹及的地区。

2）蓄滞洪区是指河堤背水面以外临时储存洪水的低洼地区湖泊等，是江河防涝体系的重要组成部分。历史上，沿江河两岸的洼地湖泊有许多与江河相通，汛期自然蓄滞洪水，随着人口增加、生产发展，产生人水争地的矛盾，于是将一些洼地湖泊与江河分开，小洪水时不再分蓄，大洪水时有计划地使用，使这些洼地湖泊成为有控制的蓄滞洪区。目前，我国主要江河通过规划确定的蓄滞洪区有 98 处，总面积为 3.45 万 km^2，其中有居民 1600 余万，耕地 3000 万亩。现在，蓄滞洪区已成为我国综合性防洪体系的重要组成部分，是合理处理局部与全局关系，减轻洪水灾害总体损失的有效措施。

3）防洪保护区是指在防洪标准内受防洪工程设施保护的地区。在我国现有堤防约 24 万 km，保护耕地 4.83 亿亩，保护人口 3.6 亿。例如，黄河下游的河堤，长江的荆江大堤，淮河的淮北大堤、洪泽湖大堤等都是历史悠久、规模宏大的著名堤防工程，保护区内耕地在千万以上，人口也达千万至数千万。我国许多城镇、铁路、公路以及重要能源基地都处于防洪保护区范围，如塞沪、陇海、京广、京九、京哈等铁路和大部分城市，东部地区四通八达的公路网，大庆、中原、胜利等油田以及一些煤田。地处重要江河中下游黄淮平原、松辽平原、长江三角洲、珠江三角洲，都是面积很大、人口密集、经济发达的防洪保护区。

（2）洪泛区、蓄滞洪区保护区的范围，在防洪规划或者防御洪水方案中划定，并报请省级以上人民政府按照国务院规定的权限批准后予以公告。

这是《中华人民共和国防洪法》的一项新规定，规定要求把具体范围经批准后予以公告，这就需要对防洪区的范围作出定量说明，明确具体界线和位置，以保证防洪的需要，沿用以往的一些笼统的描述已不能满足要求。因此，在制定防洪规划或者防御洪水方案时，必须做仔细的工作，针对典型年洪水，分别划定洪泛区、蓄滞洪区和防洪保护区的具体范围，作为防洪规划或者防御洪水方案的组成部分，并报请省级以上人民政府按照国务院规定的权限批准后予以公告。公告的目的，一是可以使在防洪区从事各类活动的人们知道自己处于何种防洪地区，获得与防洪有关的信息；二是便于对各类防洪区的管理措施的落实。

（二）防洪区的土地管理

按照有关的防洪规划，对防洪区内的土地实行分区管理，目的是使防洪区内土地的利用、开发和各项建设既符合防洪的需要，又能实现土地的合理、有效利用，减少洪灾损失，使防洪区内的土地利用与防洪区的不同类型、洪水可能产生的不同影响相协调。

例如，洪泛区内集中居民点应安排在高程适当的地方，行洪滩地上不应种植高秆阻水作物；蓄滞洪区内，分洪口门附近不允许设置有碍行洪的建筑物，种植业应抓好夏季作物生产，秋季种耐水作物；重要的大型建设项目应考虑建在标准较高的防洪保护区或洪水影响较小的地方等。

《蓄滞洪区安全与建设指导纲要》中对蓄滞洪区内的土地利用和产业活动做了以下限制。

（1）在指定的分洪口门附近和洪水主流区域内，不允许设置有碍行洪的各种建筑物。上述地区的土地，一般只限于农牧业以及其他露天方式的使用，以保持其自然状态。

（2）在农村土地利用方面，要按照蓄滞洪的机遇及其特点，调整农业产业结构，积极开展多种经营。

在种植业方面应努力抓好夏季作物的生产，在蓄滞洪机遇较少的地区，应“保夏夺秋”，秋季种植耐水作物，能收则收；在蓄滞洪机遇较多的地区，则应“弃秋夺夏”。

（3）蓄滞洪区内工业生产布局应根据蓄滞洪区的使用机遇进行可行性研究。对使用机遇较多的蓄滞洪区，原则上不应布置大中型项目；对使用机遇较少的蓄滞洪区，建设大中型项目必须自行安排可靠的防洪措施。禁止在蓄滞洪区内建设有严重污染物质的工厂和储仓。

（4）在蓄滞洪区内进行油田建设必须符合防洪要求，油田应采取可靠的防洪措施，并建设必要的避洪设施。

（5）蓄滞洪区内新建的永久性房屋（包括学校、商店、机关、企业房屋等），必须采取平顶、能避洪救人的结构形式，并避开洪水流路；否则不准建设。

（6）蓄滞洪区内的高地、旧堤应予保留，以备临时避洪。在洪泛区和防洪保护区内，也应根据各自规律和特点，对其土地利用和产业活动实行必要的限制。

（三）防洪区安全建设职责

《中华人民共和国防洪法》第三十一条对地方各级人民政府在防洪区安全与建设工作中的职责做了规定。各级人民政府在防洪区安全与建设各项工作中处于领导地位，其职责包括防洪宣传教育、防洪区防洪体系的建立和完善。

1. 做好防洪宣传教育

地方各级人民政府要组织有关部门、单位对防洪区内的单位和居民进行防洪教育，使公众了解防洪的基本知识，能因地制宜地采取防洪避洪措施，自保救人；具备有关防洪常

识，提高水患意识，自觉地保护防洪设施，关心并参加防洪建设和防汛抗洪斗争。这是防洪工作的重要内容，也是防洪区安全建设和管理能否顺利进行、防汛抗洪能否取得成功的重要保证。

防洪宣传教育的重点：①任何单位和个人都有保护防洪工程设施和依法参加防汛抗洪的义务；②本地区洪水灾害的历史概况；③根据国家批准的防洪规划，对超过现有河道泄洪能力的洪水，有计划地采取蓄洪、滞洪、分洪措施的必要性；④防洪区有关人口控制、土地利用和各项建设的有关法令、政策；⑤国家对防洪区实行的各项政策和扶持措施；⑥鼓励依法参加洪水保险等。

2. 建立和完善防洪区防洪体系

随着经济的发展，防洪安全日显重要。《中华人民共和国防洪法》规定了有防汛抗洪任务的县级以上人民政府要制定防御洪水方案，在防洪规划和防御洪水方案中应当包括防洪体系和水文、气象、通信、预警以及洪涝灾害监测系统的规划。

防洪工程是防洪体系的主体，必须按照防洪规划组织实施，加强管理，保证工程质量和工程体系的整体性，确保防洪工程体系能够承担既定的防洪任务；同时，只有当防汛指挥部门能及时获得有关洪水和洪灾的可靠信息时，才有可能采取有效措施，科学运用、调度防洪工程，充分发挥防洪工程的效用。因此，各级人民政府必须严格按照防洪规划和防御洪水方案建立并完善防洪体系和水文、气象、通信、预警以及洪涝灾害监测系统，提高防御洪水能力。

（四）蓄滞洪区的安全建设管理与补偿、救助制度

《中华人民共和国防洪法》第三十二条对蓄滞洪区的安全建设管理与补偿、救助制度做了以下规定。

（1）洪泛区、蓄滞洪区所在地的省（自治区、直辖市）人民政府应当组织有关地区和部门，按照防洪规划的要求，制定洪泛区、蓄滞洪区安全建设计划，控制蓄滞洪区人口增长，对居住在经常使用的蓄滞洪区的居民，有计划地组织外迁，并采取其他必要的安全保护措施。

从规定来看，洪泛区、蓄滞洪区的管理是有区别的。

对于蓄滞洪区，所在地的省级人民政府应当制定安全建设计划，控制人口增长，有计划地组织外迁，并采取必要的安全保护措施，国务院和省级人民政府应当建立对蓄滞洪区的扶持和补偿、救助制度，可以制定安全建设管理办法以及扶持和补偿、救助办法。蓄滞洪区在历次抗洪斗争中对保障广大地区的安全和国民经济建设发挥了十分重要的作用。现有的蓄滞洪区历史上多为洪水经常泛滥和自然滞蓄的场所，地广人稀，由于河道泄洪能力随着防洪建设的进行得到提高，蓄滞洪区进洪机会减少，区内人口增加，经济得到发展，逐步修建了一些工厂、扩大了城镇，使用时的困难和损失越来越大。合理和有效地使用蓄滞洪区，使区内居民的生活和经济活动适应防洪要求，得到安全保障，并妥善解决分洪的种种矛盾，是江河防洪的重大问题。

对于洪泛区，所在地的省级人民政府应当制订安全建设计划，并采取必要的安全保护措施，国务院和省级人民政府可以制定安全保护管理办法。

（2）因蓄滞洪区而直接受益的地区和单位，应当对蓄滞洪区承担国家规定的补偿、救助义务。国务院和有关省（自治区、直辖市）人民政府应当建立对蓄滞洪区的扶持和补偿、救助制度。

蓄滞洪区牺牲局部利益，为广大保护区的防洪安全做出了贡献，政府和受益地区应当帮助其解决恢复生产、生活时的实际问题，克服分洪造成的困难。为此，《中华人民共和国防洪法》也规定因蓄滞洪区而直接受益的地区和单位，应当对蓄滞洪区承担国家规定的补偿、救助义务。同时规定国务院和有关的省（自治区、直辖市）人民政府应当建立对蓄滞洪区的扶持和补偿、救助制度。这为从制度保障蓄滞洪区人民顾全大局做出牺牲的义举而获得相应的权益，提供了法律依据。

(3) 国务院和有关的省（自治区、直辖市）人民政府可以制定洪泛区、蓄滞洪区安全建设管理办法以及对蓄滞洪区的扶持和补偿、救助办法。

安全建设是防洪规划的重要组成部分，从规定上看，洪泛区、蓄滞洪区所在地的省（自治区、直辖市）人民政府应当组织有关地区和部门，按照防洪规划的要求，制订洪泛区、蓄滞洪区安全建设计划。主要内容应包括：通信与洪水预报、警报系统，撤退道路，桥梁、车辆、船只等撤离措施，围村埝、庄台、避水台、避水楼房等就地避洪设施，组织管理、宣传通告以及与洪水有关的基本资料数据和蓄滞洪区运用方案等。

（五）洪水影响评价报告制度

1. 洪水影响评价报告制度的确立及内容

《中华人民共和国防洪法》确立了洪水影响评价制度，规定了在洪泛区、蓄滞洪区内建设非防洪建设项目，建设单位应当进行建设项目的洪水影响评价，编制洪水影响评价报告。评价的内容包括洪水对建设项目可能产生的影响；建设项目对防洪可能产生的影响；提出减轻或避免影响的防御措施。洪泛区和蓄滞洪区是在防洪区受洪水威胁较大的地区。

2. 洪水影响评价制度确立的意义

洪水影响评价制度的确立有积极的意义，既可以减少在洪泛区、蓄滞洪区内建设的非防洪建设项目给防洪工作带的严重影响，也可以避免对经济建设造成很大损失。

过去，一些地区因水患意识薄弱，只重视经济发展而忽视洪涝为患，未经充分论证，也未采取必要措施，将一些非防洪建设项目安排在未设防的洪泛区或安排在经常启用滞洪区，甚至在这类地区设立经济开发区或工矿区。不仅给防洪工作带来了严重影响，也给经济建设造成了很大损失。

3. 洪水影响评价制度的具体规定

《中华人民共和国防洪法》规定：建设单位应当将所编制的洪水影响评价报告送交对拟建项目所在的洪泛区、蓄滞洪区有管辖权的水行政主管部门审批。建设项目可行性研究报告按照国家规定的基本建设程序报请批准时，应当附具有关水行政主管部门审查批准的洪水影响评价报告。没有编制洪水影响评价报告或者洪水影响评价报告未经有关水行政主管部门批准的建设项目，不得批准立项。

《中华人民共和国防洪法》规定：对在蓄滞洪区内建设油田、铁路、公路、矿山、电厂、电信设施和管道，其洪水影响评价报告应当包括建设单位自行安排的防洪避洪方案，建设项目投入生产或者使用时，其防洪工程设施应当经水行政主管部门验收。防洪法对上述基础设施建设项目的建设和使用规定了比其他非防洪建设项目更多的要求，这是因为能源、交通、通信等基础设施建设项目在国民经济中地位重要，安全性要求高，而且目前有不少油田、铁

路、公路、矿山、电厂、电信设施和管道建在蓄滞洪区内，规定设立洪水影响评价制度目的是减免建设项目对防洪可能产生的不利影响、保障建设项目自身的防洪安全。

（六）防洪重点保护区及其防洪要求

防洪工作必须根据防洪保护对象的重要程度，确定保护重点和保护顺序，尤其在我国江河防洪标准目前还不高的情况下。《中华人民共和国防洪法》第三十四条对此做了规定。

1. 防洪重点保护区

应当列为防洪重点，确保安全的有以下地区。

（1）大中城市，重要的铁路、公路干线，大型骨干企业大中城市是国家及区域的政治、经济、文化的中心，居民集中，常常又是交通的枢纽；重要的铁路、公路干线是社会和国家经济运行的命脉；大型骨干企业是国民经济的支柱。这类地区的安全保障对保证国家社会、经济的正常运行至关重要，因此，要作为防洪工作的重中之重，确保其防洪安全。

（2）受洪水威胁的其他城市、经济开发区、工矿区和国家重要的农业生产基地等。这类地区对国家和各地的社会、经济有着重要的影响，但是其目前的防洪标准还不高，迫切需要提高这类地区防御洪水的能力。因此，必须将这类地区列为防洪的重点保护对象，建设必要的防洪工程设施。

2. 防洪重点保护区的防洪要求

（1）《中华人民共和国防洪法》规定，城市建设不得擅自填堵原有河道沟汊、储水湖塘洼淀和废除原有防洪围堤。城市防洪能力的提高，一方面要靠新建防洪工程设施；另一方面要维护好原有的防洪设施。随着城市建设的迅速发展和城市范围的不断扩大，城市建设不可避免地涉及一些防洪设施，原有的河道沟汊、储水湖塘洼淀和防洪围堤是防洪设施的一部分，填堵或废除这些设施应当非常慎重。

（2）城市建设也是一项复杂的工作，为达到城市建设与防洪建设的协调发展，对确需考虑填堵或者废除的，《中华人民共和国防洪法》规定了严格的审批程序：经所在城市水行政主管部门审查同意，并报城市人民政府批准。作为主管防洪日常工作的水行政主管部门，要根据有关的防洪规划和防洪总体安排，论证原有设施的防洪价值、填堵或废除后对防洪可能造成的影响，并对有影响的设施提出可能的替代措施的要求，提出同意或不同意的审查意见。

二、防洪工程设施的管理

（一）防洪工程设施管理范围和保护范围

1. 防洪工程设施的管理范围和保护范围的含义

防洪工程设施的管理范围是指为保证防洪工程设施正常运行管理的需要而划定的范围；防洪工程设施的保护范围是指为防止在防洪工程设施周围进行对其安全造成不良影响的其他活动，为满足保护防洪工程设施安全的需要，而在管理范围以外划定的范围。防洪工程设施的管理和保护范围应当在设计中明确，其中管理范围应视为工程设施的组成部分。

2. 防洪工程设施的管理和保护范围的划定

（1）国家所有的防洪工程设施的管理和保护范围的划定。划定的时间是在防洪工程设施竣工验收之前；划定权限在县级以上人民政府。因为划定管理和保护范围涉及土地的占用，而占用土地要接受有关土地法律、法规的调整，按照有关土地法律、法规的现有规定，国家建设用地的批准权在县级以上人民政府，因此本规定由县级以上人民政府按照国家规定，划定防洪工程设施的管理和保护范围。对于防洪工程设施管理范围内的土地，防洪工程设施的管理单位应当按照《中华人民共和国土地管理法》及其实施条例等法律、法规的规定，取得土地使用权。

(2) 集体所有的防洪工程设施的保护范围的划定。由于各地集体所有的防洪工程设施的建设、运行、管理方式不尽相同，《中华人民共和国防洪法》不宜作统一的具体规定，因此，集体所有的防洪工程设施将按照省（自治区、直辖市）人民政府的规定划定保护范围。

3. 在防洪工程设施保护范围内活动的限制

防洪工程设施的安全与否，事关重大。为此，《中华人民共和国防洪法》规定：在防洪工程设施保护范围内，禁止进行爆破、打井、采石、取土等危害防洪工程设施安全的活动。

（二）水库大坝安全管理

详见第八章水利工程管理法规。

三、防洪工程设施的保护

（一）防洪工程设施遭破坏情况及特点

中华人民共和国成立70多年来，党和政府领导全国人民艰苦奋斗，进行了大规模的水利建设，建成的防洪工程设施在兴利除害方面发挥了巨大的效益。但是，一些地方的防洪工程设施遭损坏、破坏和盗窃的情况相当严重，不仅影响工程设施安全运行，而且直接危及防汛抗旱的调度。近年来，全国每年都发生万余起防洪工程设施遭受人为破坏和盗窃的案件，直接经济损失在亿元之上。

防洪设施遭人为损坏或破坏有以下几个特点：发案率高，损失大；团伙作案，大要案突出；重点要害部位的案件增多；来势凶猛，气焰嚣张；破案率低，打击不及时。

（二）打击破坏活动，依法保护防洪工程设施

防洪工程和设施是防洪的基础，防汛备用器材、物料是防汛抢险不可缺少的物资，直接影响到防汛抗洪斗争的成败。针对严重毁损、破坏防洪工程设施的现象，《中华人民共和国防洪法》对破坏、侵占、毁损防洪工程、设施和防汛备用器材、物料等的行为作了严格的禁止性规定：在防洪工程设施保护范围内，禁止进行爆破、打井、采石、取土等危害防洪工程设施安全的活动；任何单位和个人不得破坏、侵占、毁损水库大坝、堤防、水闸、护岸、抽水站、排水渠系等防洪工程和水文、通信设施以及防汛备用的器材、物料等。违者将按《中华人民共和国防洪法》第六十一条承担民事责任、行政责任或刑事责任。这些规定为保护防洪工程设施提供了法律依据，为打击破坏防洪工程设施的不法行为提供了武器。

第六节 防 汛 抗 洪

一、防御洪水方案

（一）防御洪水方案的含义

防御洪水方案是在现有防洪工程设施和自然地理环境条件下，对可能发生的各种不同

类型的洪水预先制定的防御对策和计划安排。它是防汛抗洪战略部署重大决策的指令性文件，是各级人民政府防汛指挥机构实施防洪调度决策和抢险救灾的依据。

防汛抗洪是事关人民生命财产安全和国家社会经济发展的大事，要求各级人民政府遵照国家有关防洪的法规和方针政策，在确保重点、照顾一般、全面安排、服从大局的原则下，预先制定正确的防御洪水方案，以备在防汛抗洪中做到有计划、有准备、有措施，达到最大限度地减免洪水灾害所造成的损失。

（二）防御洪水方案的主要内容

为了避免防汛抗洪重大决策的失误，防御洪水方案应建立在切合实际的基础上，且要有科学的依据。主要从以下方面考虑：①根据流域综合规划，参照规划中的洪水分析、防洪方案以及工程措施；②研究防洪工程的实际状况，分析已建成工程的现有防洪能力和运行状态；③根据社会经济建设，防护对象的重要性和防洪工程安全等级，确定实际达到的防洪标准；④进行风险分析，通过测算确定优化调度方案。

防御洪水方案的内容主要包括基本概况、资料分析、防御任务、洪水调度方式和实施措施等。目前各地已制订的方案有：防御洪水方案或预案；防台风暴潮灾害预案；防山洪、泥石流、滑坡灾害预案；防冰凌洪水灾害方案；防溃坝洪水灾害预案以及河道、水库、蓄滞洪区防洪调度计划等。这些方案和预案在实际防汛抗洪中发挥了很好的指导作用。

（三）防御洪水方案的制定和审批

《中华人民共和国防洪法》规定：长江、黄河、淮河、海河的防御洪水方案，由国家防汛指挥机构制定，报国务院批准；跨省（自治区、直辖市）的其他江河的防御洪水方案，由有关流域管理机构会同有关省（自治区、直辖市）人民政府制定，报国务院或者国务院授权的有关部门批准，防御洪水方案经批准后，有关地方人民政府必须执行。需要说明的是，对跨省（自治区、直辖市）的其他江河的防御洪水方案的规定与1991年国务院发布的《防汛条例》第十一条的规定有所不同，主要是加强了流域管理机构的作用。对于省（自治区、直辖市）行政区范围以内的江河的防御洪水方案的制定和审批权限，可由省级人民政府规定。

二、防汛责任制

《中华人民共和国防洪法》第三十八条规定：防汛抗洪工作实行各级人民政府行政首长负责制，统一指挥、分级分部门负责。原因在于以下几点。

（1）洪水灾害突发性强，破坏力大，影响范围广，对人民生命财产安全和国民经济发展威胁严重。如一旦遭受洪水灾害，会有大面积农田受淹，农作物减产，造成交通枢纽中断，城乡基础设施和人民生活设施破坏，国民经济各项生产活动不能正常进行，甚至还会带来一些社会不安定因素。作为各级人民政府的行政首长，为保障本行政区域内人民生命财产安全及国民经济持续快速健康发展，必然对本地区的防汛抗洪减灾负有总的责任。

（2）防洪抗汛又是一项时间紧、任务重、综合性很强的工作，非一个单位、一个部门所能胜任。因此，担当这一重任的也只能是各级人民政府的行政首长。我国早在20世纪80年代后期就实行了“防汛行政首长负责制”：全国范围内的防汛由国务院负责，对一个省、一个地区来说，防汛的总责任就落在省长、市长、县长的身上。实践证明，这是加强防汛抗洪工作的重要保障。

防汛责任制，严格地讲，包括以下两方面含义。

1）各级人民政府的行政首长对本辖区内管辖的防汛抗洪事项负责。这是防汛责任制的核心和前提，如发生由于工作上的失误而造成防汛抗洪工作严重损失的，首先要追究行政首长的行政责任。

2）防汛抗洪工作实行统一指挥与分级分部门负责的制度。统一指挥和分级分部门负责这两层意思是密切联系、要求一致的。要在统一指挥的原则下，做到分级分部门负责，在分级分部门负责的基础上实行统一指挥。防汛抗洪是一场严重的抗灾斗争，大家在洪水灾害面前，率先产生维护整体利益的共同信念，奋起战胜洪水的目标一致。为此，各级、各部门要根据各自的职责，把分担的防汛抗洪任务认真做好，以听从防汛指挥机构的统一指挥。只有这样才能在防汛抗洪斗争中，从中央到地方，任何一个地区、一个流域、上下游、左右岸，对于洪水的蓄泄调度决策，防汛抢险，做到统一认识、统一部署、行动一致、层层落实，以保障防汛抗洪的最大胜利。

三、防汛组织机构

为了加强防汛工作的统一指挥和调度，根据我国防汛抗洪需要和多年来的实践，《中华人民共和国防洪法》对防汛组织的设置作了一些具体规定。

（一）防汛组织机构的设立

（1）国家防汛指挥机构。国务院设立国家防汛指挥机构（其办事机构设在国务院水行政主管部门），由国务院副总理任总指挥，国务院副秘书长，国务院水行政主管部门、国家计委、国家经贸委负责人任副总指挥，其他成员由国务院所属有关部门、人民解放军、武警等单位的领导担任。

（2）地方防汛指挥机构。有防汛抗洪任务的县级以上地方人民政府均应设置由当地人民政府主要领导人为总负责，由同级政府有关部门、当地驻军、人民武装部负责人等组成的防汛指挥机构（其办事机构设在同级水行政主管部门）。

（3）重要江河湖泊防汛指挥机构。考虑到我国重要江河流域防汛任务重，洪水灾害影响在流域内相互关联，是国家防汛抗洪的重点。因此，在国家确定的重要江河、湖泊逐步设立由有关省（自治区、直辖市）人民政府和该江河、湖泊的流域管理机构负责人等组成的防汛指挥机构（其办事机构设在流域管理机构），如黄河、长江等设立防汛指挥机构。

（二）防汛指挥机构的职责

（1）国家防汛指挥机构的职责。依照《中华人民共和国防洪法》和国务院授权，国家防汛抗旱总指挥部负责组织、领导全国的防汛抗洪工作。其主要职责包括贯彻执行国家有关防汛工作的方针、政策及指令；制定防汛法规；组织制定重要江河的防御洪水方案和调度方案；督促检查各地防汛、计划和防汛准备；协调国务院有关部门的防汛工作；会同国务院有关部门审定防洪资金和防汛补助经费；负责全国重点防汛物资储备、调拨及管理；汛期掌握水情、汛情、灾情，及时向国务院提出报告；对防汛抗洪重大问题提出处理建议；开展防汛抗洪宣传教育和技术培训等。

（2）地方防汛指挥机构的职责。县级以上地方防汛指挥机构在上级防汛指挥机构和本级人民政府的领导下指挥本地区的防汛抗洪工作。其主要职责是贯彻实施防汛工作的法规、政策；执行上级指令；制定和审批所管辖范围内江河、湖泊防御洪水方案和防汛工作计划；督促检查防汛准备；督促检查所属防洪工程的修复；会同有关部门安排有关防洪、防汛经费；储备管理防汛物资；掌握本地区水情、汛情、灾情；向上级提出报告和建议；发布洪水预报、警报；下达和执行防汛调度命令；组织防汛队伍；指挥防汛抢险及灾区人员安全转移；开展防汛工作的宣传教育和培训工作。

（3）重要江河、湖泊防汛指挥机构的职责。依据《中华人民共和国防洪法》和各级人民政府、上级主管部门授权，重要江河、湖泊防汛指挥机构负责本流域所管辖范围内的防汛抗洪工作，其主要职责包括贯彻执行上级防汛指挥机构的指令；制订防汛实施计划；根据已批准的防御洪水方案，会同有关地方人民政府制定实施措施；协调有关地方人民政府的防洪调度实施意见；监督检查有关防汛抗洪工作和调度指令的执行情况；掌握水情、汛情、灾情；及时向上级提出情况报告和提供洪水预报；组织防汛抢险队伍；负责储备防汛抢险物料；组织汛后检查，制订所辖水毁工程的修复计划并组织实施。

（4）有防汛抗洪任务的部门和单位的职责。有防汛抗洪任务的部门和单位，应根据防御洪水方案，结合本地的具体情况做好实施准备。例如，落实防御洪水方案的宣传教育、健全防汛组织系统和责任制度、落实各项工程措施、做好水情测报预报工作、做好通信联络和物料储备以及人力组织等。

四、汛期和紧急防汛期的防汛与抢险

（一）汛期和紧急防汛期的确定

每年防汛抗洪的起止日期称为汛期，这是根据洪水发生的自然规律划定期限，以加强防汛抗洪管理的集中统一性，使有关防汛抗洪的行动更加规范化，避免因随意性造成失误。

（1）汛期的确定。“汛期”由各省（自治区、直辖市）人民政府防汛指挥机构划定，是所辖行政区内防汛抗洪准备工作和行动部署的重要依据。汛期一般有春汛（或桃汛）、伏汛和秋汛之分，起止时间由省级人民政府防汛指挥机构划定。

（2）“紧急防汛期”的确定。“紧急防汛期”是当江河、湖泊的水情接近保证水位或者安全流量，水库水位接近设计洪水位，或者防洪工程设施发生重大险情时，由有关县级以上人民政府防汛指挥机构宣布确定的。这是由于县级以上人民政府防汛指挥机构位于防汛抗洪第一线，当发生重大洪水灾害和险情时，便于立即采取应急的非常措施。当地人民政府有直接率领广大群众进行防汛抢险的责任，能及时调动防汛抗洪所需的人力、物力。

1）在紧急防汛期，国家防汛指挥机构或者其授权的流域、省（自治区、直辖市）防汛指挥机构有权对壅水、阻水严重的桥梁、引道、码头和其他跨河工程设施作出紧急处置。

2）在紧急防汛期，防汛指挥机构根据防汛抗洪的需要，有权在其管辖范围内调用物资、设备、交通运输工具和人力，决定采取取土占地、砍伐林木，清除阻水障碍物和其他必要的紧急措施；必要时，公安、交通等有关部门按照防汛指挥机构的决定，依法实施陆地和水面管制。

3）在紧急防汛期依法调用的物资、设备、交通运输工具等，在汛期结束后应当及时归还；造成损坏或者无法归还的，按照国务院有关规定给予适当补偿或者做其他处理。取土占地、砍伐林木的，在汛期结束后依法向有关部门补办手续；有关地方人民政府对取土后的土地组织复垦，对砍伐的林木组织补种。

（二）汛期和紧急防汛期的抢险

由于汛期和紧急防汛期性质不同，因而各自的防汛抢险工作也有侧重。

1. 汛期的防汛抢险

汛期是一年中江河等水域呈现特定洪水规律的一段周期性时期，这时的防汛工作是一项例行的常规工作，也是各级人民政府的一项基本工作。主要有以下几个方面。

（1）各级防汛指挥机构的负责人要主持本级防汛指挥机构的日常工作，及时处理本辖区内汛期中出现的各种问题，做好上级防汛指挥机构交办的防汛工作；各有关部门的有关责任人员应按本部门防汛岗位责任制的要求，坚守岗位，认真履行职责，及时掌握汛情，并按防御洪水方案、汛期调度运用计划和有管辖权的防汛指挥机构的调度命令进行调度。

（2）气象、水文、海洋等有关部门应当按照各自的职责，及时向有关防汛指挥机构提供天气、水文等实时信息和风暴潮预报。

（3）河道、水库、闸坝、水运设施等工程管理单位及其主管部门，应在服从有管辖权的人民政府防汛指挥机构统一调度指挥或监督的前提下，执行汛期调度运用计划。其中，以发电为主的水库，其汛限水位以上的防洪库容以及洪水调度运用，由有管辖权的人民政府防汛指挥机构统一调度指挥。

（4）河道、水库、闸坝、水电站等水工程管理单位要按有关规定，对所管辖的水工程进行巡查，发现险情立即采取抢护措施，并及时向有关防汛指挥机构和上级主管部门报告。

（5）运输、电力、物资材料供应等有关部门应当优先为防汛抗洪服务，及时运送防汛物资和抢险人员，保证防汛用电。

（6）中国人民解放军、武装警察部队和民兵要做好随时参加抗洪抢险的各项准备工作。

2. 紧急防汛期的防汛抢险

在紧急防汛期，时刻都有发生重大灾害的可能，为了保护人民生命财产安全和国家经济建设，紧急防汛期的抢险工作必须由地方各级人民政府的负责人主持，并动员和组织本地区各有关单位和个人及时投入抗洪抢险，所有单位和个人必须听从指挥并承担其所分配的抗洪抢险任务。公安部门要按照防汛指挥部门要求，加强所辖区域的治安管理和安全保卫工作；情况紧急，必要时有关部门可依法实行陆地和水面交通管制。为保护国家确定的重点地区和大局的安全，在必须作出局部牺牲的非常情况下，有管辖权的防汛指挥部门有权依据经批准的分洪、滞洪方案采取相应的分洪、滞洪措施，任何单位和个人不得阻挡和拖延；否则，有管辖权的人民政府有权组织强制执行。

五、灾后恢复与救济

《中华人民共和国防洪法》第四十七条就灾后恢复与救济进行了规定：发生洪涝灾害后，有关人民政府应当组织有关部门、单位做好灾区的生活供给、卫生防疫、救灾物资供应、治安管理、学校复课、恢复生产和重建家园等救灾工作以及所管辖地区的各项水毁工程设施修复工作。水毁防洪工程设施的修复，应当优先列入有关部门的年度建设计划；国

家鼓励、扶持开展洪水保险。

（一）灾后群众生产、生活的恢复与救济

洪涝灾害发生后，灾区居民的生产生活遭受破坏，社会环境动荡不安，各方面的困难很大。有关人民政府应及时开展救灾工作，在发挥社会主义制度优越性的条件下，发动群众，组织社会各方面力量，开展生产自救、提倡互助互济，辅之以国家必要的救济。要把防灾、抗灾、救灾紧密结合起来，及时做好抢救转移安置灾民的工作，解决灾区居民的吃、穿、住、医等生活问题。同时还要做好恢复生产、重建家园工作，保证灾区所需物资供应，支持卫生防疫，加强治安管理，安排学校复课等。要尽量缩短灾期，减少发生灾荒。由于灾区救灾工作是多方面的，涉及各行各业，有关部门和单位一定在人民政府的统一领导下，互相配合，发扬一方有难、八方支援的互助精神。

（二）灾后水利工程等基础设施的恢复与救济

在发生洪水灾害地区，因洪水的冲刷和淹没，常发生大量水利工程冲毁、防洪工程失效、铁路公路中断、桥梁坍塌，输电、邮电、供水等设施破坏。为了保持国民经济各部门的正常运转，支持灾区开展救灾工作，各有关部门要在有关人民政府的组织安排下，对所属水毁工程设施抓紧进行修复。水毁防洪工程设施是防御洪灾再次发生和扩大的工程设施，要尽快修复，应优先列入有关部门的年度建设计划。

（三）洪水保险

洪水保险是社会互助性质的经济保障制度。它的作用可以增强被保险单位或个人承担洪水灾害的能力，弥补国家救济费用的不足；同时还可制约防洪地区不合理的开发和利用，减少人为活动造成洪水灾害损失的扩大。随着科学、技术、经济的发展，社会财富日益增多，采用洪水保险措施已为国内外广泛重视。但在我国洪水险尚处于研究、试办阶段，有关洪水保险基金的建立和相应的技术政策等方面都需要进一步开展工作。《中华人民共和国防洪法》规定国家鼓励、扶持开展洪水保险，以利于促进洪水保险事业的开展。

第七节　保障措施与法律责任

一、保障措施

（一）提高防洪投入的总体水平

1. 加大防洪投入

《中华人民共和国防洪法》规定，各级政府应当提高防洪投入的总体水平。新中国成立 70 多年，特别是改革开放 40 多年来，现有江河防洪标准逐年提升，早在 2009 年，七大流域防洪规划就全部通过过国务院批复，从 20～50 年一遇，提升到 100 年一遇以上。如，广州市提高防洪投入的总体水平，加快推进防洪排涝补短板工作。完成珠江堤防达标提升建设 182.26km，占总建设任务的 99.68%，珠江广州防洪（潮）标准达到 200 年一遇。近三年，全市累计实施完成排水改造工程 200 余宗，完成 168 个倒灌隐患点整治，有效应对了风暴潮。

防洪投入是加快防洪事业发展的关键所在。鉴于防洪水利工程建设属于社会效益为主

的基础设施建设项目，由政府加大投资，提高防洪投入的总体水平，并采取必要的引导和组织措施来实施，应该是主要的途径。自《中华人民共和国水法》实施以来，国家采取了多种措施筹措资金，加大了防洪投入的力度。尽管如此，从中央到地方的资金缺口仍然很大。资金投入不足会使防洪事业处于被动局面：不少规划中的防洪项目被搁置，该配套的设施不能配套，有些正在兴建中的防洪项目也处于半停工状态，水毁工程不能及时修复，工程老化失修，水利基础设施薄弱，水利工程抗灾减灾的效益不能正常发挥。因此，提高防洪投入的总体水平是加强防洪工程设施建设的关键和重要保障。

近年我国加大投资支持力度，落实 832 个贫困县水利投资 1863 亿元，加快完善贫困地区防洪、供水、灌溉等水利基础设施。全国大中型水库和小（1）型水库无一垮坝，大江大河和重要圩垸堤防无一决口，洪涝灾害伤亡人数大幅低于近 20 年平均值，旱区群众饮水安全得到有效保障，最大程度减轻了洪涝干旱损失。

2. 完善防洪投资机制

长期以来，我国防洪建设由国家统一安排。在社会主义市场经济体制下，这种国家单一投资的做法已很不适应当前经济发展的需要。各级政府应改变观念，完善防洪投资机制，拓宽投资渠道，按照受益者合理承担的原则，广泛吸引筹集社会资金，使水利建设有一个稳定的资金来源，加快防洪建设。尽快形成与社会经济发展水平相适应的防洪体系，提高防洪抗灾能力。

《中华人民共和国防洪法》就江河治理和防洪工程设施建设投资渠道和投资原则做了规定。包括以下两个方面的内容。

（1）关于作为防洪投入主体的中央和地方财政在防洪投入中事权划分的原则和关于城市防洪建设的投资主体的规定。一直以来，我国的防洪实行分级负责制，即大江大河的治理以国家为主，中小河流的治理以地方为主，城市防洪由市政府负责。防洪是水利建设的主要任务之一，应当根据项目的规模、性质和受益范围确定中央和各级地方政府的投资比例，按照责权利统一的原则，划分事权。明确投资主体的责任，是投资体制改革的重要内容。《中华人民共和国防洪法》在肯定我国财政体制改革及水利投资体制改革成果的基础上，明确了按照现行投资体制要进一步明确划分中央和地方在包括江河治理和防洪工程设施建设在内的水利建设中的事权和责任；明确要继续贯彻“中央投资办中央的事情，地方的事情由地方投资办”的原则。城市防洪建设既是城市建设的重要组成部分，又是城市建设的重要保障。城市人民政府应当将城市防洪建设纳入城市建设总体规划，统一部署，并承担相应的投资。

（2）关于兴建防洪自保工程的规定。这是对应于总则第三条关于“防洪费用按照政府投入同受益者合理承担相结合的原则筹集”的规定而作出的规定，是“受益者合理承担”的一种具体表现形式。防洪自保体系是防洪体系的组成部分，全部依靠国家投入是不可能的，必须多渠道、多形式增加防洪投入。此规定再次明确了“谁受益、谁投资”的原则，体现了责权利的统一。考虑到企事业单位的性质、重要性及实际情况，尤其是考虑到不少油田、铁路、公路、矿山、电力、电信设施和管道都建在或穿经蓄滞洪区，为了维护防洪安全，都必须采取防洪避洪措施，本款特别明确了油田、管道、铁路、矿山、电力、电信等企事业单位自筹资金兴建防洪自保工程的责任。这也是体现了受益者合理承担的原则。

（二）防洪工程措施与防洪非工程措施

我国由于特定的地理位置，洪水问题十分突出。自古以来，防御洪水灾害都是历代朝政的大事。我国经过70多年艰苦努力，建成了一大批防洪工程，并逐步完善各种非工程措施。这些由防洪工程措施与防洪非工程措施组成的防洪体系在战胜历次大江大河的洪水中发挥了巨大的作用。

1. 防洪工程措施

防洪工程措施是指采用修建各种建筑物防御洪水的措施。它包括防洪水库、行洪河道及两岸堤防、临时行洪工程、防洪中的抢险工程、防洪工程的抢修及排涝工程措施等。这些工程措施组成防洪工程体系。

（1）防洪水库。水库用于防洪，主要是用来调蓄洪水，即起“滞洪”“缓洪”或“蓄水”的作用，从而可以有效地降低水库大坝下游的洪水位。

（2）行洪河道及两岸堤防。行洪河道有利用天然河道行洪与人工开挖减河两种，其对堤防的安全要求和对两岸的防洪保护考虑都是一样的。整治河道的主要工程措施有治导、裁弯、扩展及疏浚等。

（3）临时行洪工程。防洪设计中，除在某些特定的堤段预留行洪口门、设闸控制外，有的还可考虑在紧急情况下，在某些堤段进行临时爆破，进行临时行洪，这可用人工（机械）挖掘或炸药爆破来实现，并在汛前做好准备。

（4）排涝工程措施。排涝属于广义防洪内容的一部分。一般来说，洪灾发生时，往往伴有涝灾，当然，也有局部地区因降雨过大而排水不畅发生涝灾的情况。为尽快消除涝灾后果的排涝，从地区类型上分，可分为城市排涝和农村排涝。城市排涝主要是城市排水问题，也就是排水能力问题，重要的是要注意地面径流产流下垫面因迅速城市化而发生的变化，即要着重研究城市水文学问题，但对排涝而言，相对较为简单，而农村排涝还涉及农作物生长规律问题，较为复杂。

2023年水利工程运行管理有力有效，防洪工程措施有力保障。三峡工程安全运行综合管理机制进一步健全，三峡库区地质灾害防治全面加强，工程巨大综合效益持续发挥。南水北调安全防御体系经受考验，东中线工程圆满完成年度调水85.4亿m^3任务。开展白蚁等害堤动物普查，全面完成应急整治任务，建立健全综合防治长效机制。蓄滞洪区维修养护经费保障取得突破。启动构建现代化水库运行管理矩阵，完成3125座水库安全鉴定、3663座病险水库除险加固及19189座水库雨水情测报设施、17400座水库大坝安全监测设施建设，水库安全状况和监测预警能力显著提升。全面落实水库、水闸、堤防安全责任制，全面推进水利工程标准化管理。在大规模推进水利工程建设中，未发生重特大安全生产事故，水利安全生产形势总体平稳。

2. 防洪非工程措施

防洪非工程措施包括防洪除涝的调度指挥、蓄滞洪区安全建设与管理、防洪除涝信息系统、决策指挥支持系统以及防洪保险等，其重要性不亚于工程措施。如运用得当，可收到投入少而效益高的效果。

（1）防洪除涝的调度指挥。我国的防洪体系决定，大江大河由国家统一负责，城市防洪由市长负责，中央和地方均设有防汛（一般兼管抗旱）指挥部，并设有常设的办公室，负责调度和指挥。一般来说，防洪中最主要的任务是保证人民生命财产的安全和不受（或少受）损失，而安全涉及的方面又包括水库安全、堤防安全、被保护区的安全和分蓄滞洪区的安全等，而其中重点保护区，如特大城市及重要的厂矿基地，又是必保的重点。而在整个调度指挥系统中，通信系统的畅通和正常运行具有最重要的意义。

(2) 蓄滞洪区安全建设与管理。蓄滞洪区的建设与管理，从防洪系统的全局来说，是非工程措施，但它本身也包含工程问题，如蓄滞洪区的进洪设施、分洪道、防护堤、避洪的安全房安全台、保护村社的围村垫、退洪的涵闸以及为蓄滞洪区的运用和区内人员安全撤离的道路通信设施等的建设，也应按工程建设的程序和要求进行规划设计和施工。蓄滞洪区的安全建设，包括以下几项。

1) 通信与交通网的建设，即在发布洪水预报、警报或疏散命令后，能及时、准确地传达到分洪区居民，并能按计划将群众转移到安全地带的设施。

2) 临时避水台及避水楼房，台面或避水楼面的高程要达到蓄洪水位加风浪超高，并酌设防浪工程，人均面积为 3～5m^2。设置安全台和安全区时，安全台的台面高程一般与堤顶高程相同，安全区则是一个完整的堤圩，并具有完备的生活、生产条件。

(3) 防洪除涝信息系统。防洪除涝信息系统是防洪调度指挥的决策依据。一般由水情、汛（涝）情、工情、社会经济情况等资料信息构成。现代化的信息系统，将用计算机操作，并形成网络系统，联网运行。这需要有先进可靠的实时遥测、遥控、遥信设施为基础，并有相应的软件系统和熟练的管理操作人员。就我国目前的情况来说，将逐渐从传统手工资料报表方式向现代化信息系统的方向发展。

(4) 防洪决策指挥支持系统。这是现代化防洪系统的长远和最终的目标，即指运用现代化手段和技术，以资料信息系统为基础，包括预报警报系统的措施在内，并有若干防洪预案模拟系统（模型），在有准确汛情预报的情况下，按最优方案（损失最少）进行实时的调度指挥的支持系统。逐步研究建立基础性的数据库、信息系统、调度模型，制定防洪预案以及按需要配备相应的硬件和软件设施和培养合格的运行管理人员，是促进这一系统能够实现的基础建设。

(5) 防洪保险。防洪保险是发达国家业已实行并取得成效的一项防洪非工程措施，并走过了从自愿保险到强制保险的过程。我国洪灾涉及范围及蓄滞洪区的面积甚大，而且近年来经济社会发展迅速，有的对易淹地区的发展控制不严，因而灾后损失巨大，可见防洪保险势在必行。

（三）其他保障措施

(1) 防御特大洪涝灾害经费的来源及使用。中央财政应当安排资金，用于国家确定的重要江河、湖泊的堤坝遭受特大洪涝灾害时的抗洪抢险和水毁防洪工程修复。省（自治区、直辖市）人民政府应当在本级财政预算中安排资金，用于本行政区域内遭受特大洪涝灾害地区的抗洪抢险和水毁防洪工程修复。

(2) 水利建设基金和河道工程维修管理费。国家设立水利建设基金，用于防洪工程和水利工程的维护和建设。具体办法由国务院规定。受洪水威胁的省（自治区、直辖市）为加强本行政区域内防洪工程设施建设，提高防御洪水能力，按照国务院的有关规定，可以规定在防洪保护区范围内征收河道工程修建维护管理费。

(3) 农村义务工和劳动积累工的规定。有防洪任务的地方各级人民政府应当根据国务院的有关规定，安排一定比例的农村义务工和劳动积累工，用于防洪工程设施的建设、维护。

(4) 防洪、救灾资金和物资的管理原则。任何单位和个人不得截留、挪用防洪、救灾资金和物资。各级人民政府审计机关应当加强对防洪、救灾资金使用情况的审计监督。

二、法律责任

(一) 民事责任

《中华人民共和国防洪法》第六十一条规定："违反本法规定，破坏、侵占、毁损堤防、水闸、护岸、抽水站、排水渠系等防洪工程和水文、通信设施以及防汛备用的器材、物料的，责令停止违法行为，采取补救措施，可以处五万元以下的罚款；造成损坏的，依法承担民事责任……"这是关于民事法律责任的规定。防洪法没有对承担民事责任的内容作出明确规定，主要考虑到我国民法比较完善，只需按有关民事法律执行就可以了。

(二) 行政责任

《中华人民共和国防洪法》第五十四条至第六十五条规定了行政法律责任。这是"法律责任"一章的重点内容。

1. 承担行政责任的行为

违反防洪法相关规定，有下列行为之一的，应承担行政责任。

(1) 未经水行政主管部门签署规划同意书，擅自在江河、湖泊上建设防洪工程和其他水工程、水电站的。

(2) 未按照规划治导线整治河道和修建控制引导河水流向、保护堤岸等工程，影响防洪的。

(3) 在河道、湖泊管理范围内建设妨碍行洪的建筑物、构筑物的；在河道、湖泊管理范围内倾倒垃圾、渣土，从事影响河势稳定、危害河岸堤防安全和其他妨碍河道行洪活动的；在行洪河道内种植阻碍行洪的林木和高秆作物的。

(4) 围海造地、围湖造地、围垦河道的。

(5) 未经水行政主管部门对其工程建设方案审查同意或者未按照有关水行政主管部门审查批准的位置、界限，在河道、湖泊管理范围内从事工程设施建设活动的。

(6) 在洪泛区、蓄滞洪区内建设非防洪建设项目，未编制洪水影响评价报告的。

(7) 防洪工程设施未经验收，即将建设项目投入生产或者使用的。

(8) 因城市建设擅自填堵原有河道沟汊、储水湖塘洼淀和废除原有防洪围堤的。

(9) 破坏、侵占、毁损堤防、水闸、护岸、抽水站、排水渠系等防洪工程和水文、通信设施以及防汛备用的器材、物料的。

(10) 阻碍、威胁防汛指挥机构、水行政主管部门或者流域管理机构的工作人员依法执行公务，尚不构成犯罪的。

(11) 截留、挪用防洪、救灾资金和物资，尚不构成犯罪的。

(12) 有下列行为，尚不构成犯罪的严重影响防洪的：滥用职权，玩忽职守，徇私舞弊，致使防汛抗洪工作遭受重大损失的；拒不执行防御洪水方案、防汛抢险指令或者蓄滞洪方案、措施、汛期调度运用计划等防汛调度方案的；违反本法规定，导致或者加重毗邻地区或者其他单位洪灾损失的。

2. 承担行政责任的方式

《中华人民共和国防洪法》规定的行政处罚和行政措施，由县级以上人民政府水行政主管部门决定，或者由流域管理机构按照国务院水行政主管部门规定的权限决定。但是，属于按照治安管理处罚条例规定的，按其有关规定执行。

（三）刑事责任

《中华人民共和国防洪法》第六十一条至六十三条、第六十五条规定了刑事责任。对违反防洪法，有上述（9）～（12）项行为，触犯刑法的，一律视其罪行轻重追究其刑事责任。

第四章　水污染防治法

第一节　水污染防治法概述

一、水污染含义及其危害

（一）水污染含义

《中华人民共和国水污染防治法》所指的水污染，是指水体因某种物质的介入导致其化学、物理、生物或者放射性等方面特性的改变，从而影响水的有效利用，危害人体健康或者破坏生态环境，造成水质恶化的一种现象。

在环境科学里，一般将水及其物理性质（如色、嗅、味、透明度等）、水中的化学物质、水中的生物及底泥等因素的总和称为狭义上的水体，而将具体的河流（或河段）、湖泊、水库、河口海湾等称为广义上的水体。《中华人民共和国水污染防治法》第二条规定的水体，主要包括江河、湖泊、运河、渠道、水库等地表水体以及地下水体，而不包括海洋。

水体污染物的种类非常多，根据它们的来源及其性质，主要可以归纳为需氧污染物、植物营养物、重金属、农药、石油、酚类化合物、氰化物、酸碱及一般无机盐、放射性物质、病原微生物和致癌物十大类。

目前，科学地判断水污染的水质指标，主要有悬浮物、有机物（包括 BOD、COD、TOC 和 TOD）、pH 值、污水的细菌污染指标和污水中的有毒物质指标五类。

（二）水污染的种类

水污染有两类：一类是自然污染；另一类是人为污染。当前对水体危害较大的是人为污染。水污染还可根据污染杂质的不同主要分为化学性污染、物理性污染和生物性污染三大类。

（三）水污染的危害

水污染对人体健康和国民经济与社会发展等方面有着巨大的危害。

1. 水污染对人体健康的危害

水资源遭到污染，尤其是饮用水遭到污染对人体的健康具有极大的危害。饮用水如遭到病原体特别是传染病原体的污染，就会造成肝炎、痢疾、霍乱、伤寒等疾病的流行；如受到放射性物质的污染，则会对人体产生内照射，会导致胎儿畸形、智力低下甚至引起癌变；如果长期饮用受重金属污染的水，会导致慢性中毒。

2. 水污染对国民经济与社会发展的危害

（1）对水资源开发、利用的影响。由于水资源遭到污染，加剧了我国水资源短缺的矛盾，增加了我国水资源的开发、利用成本与难度，减少了我国城乡居民可以饮用的水资源，从而使我国的水资源供需不足的问题更为突出。目前，此问题在我国的南方地区表现明显，即我国南方地区开始出现“水质性”水资源短缺。

(2) 对工业的影响。水资源遭受污染后，达不到工业用水的要求而造成工业开工不足，甚至停产，或者严重腐蚀、磨损机器等，从而加速设备损坏、所生产的产品不符合质量标准。

(3) 对农业的影响。近年来，在我国广大农村，因为引用被污染的水资源灌溉农田而引起的农田污染问题已经屡见不鲜。水污染还会破坏土壤肥力，影响土壤肥力，影响土壤结构，甚至使土地报废。

另外，在我国南方水乡渔业发达地区，水资源遭受污染后会对渔业的生产造成严重的损失，尤其是需氧物和石油的污染。水体中需氧物的增加会使水中的鱼类、贝类等水生生物因缺乏氧气而窒息死亡；而石油污染会影响鱼卵及其幼体的生长、发育，进而导致水产品产量减少。

二、立法宗旨和适应范围

(一)《中华人民共和国水污染防治法》的立法宗旨

为了保护和改善环境，防治水污染，保护水生态，保障饮用水安全，维护公众健康，推进生态文明建设，促进经济社会可持续发展，特制定《中华人民共和国水污染防治法》。《中华人民共和国水污染防治法》的立法就是通过对产生和可能产生水污染的各种人为活动依法给予干预，防治水污染，保护和改善环境，以保障人体健康，同时保证水资源的有效利用，促进社会主义现代化建设的发展。

(二)《中华人民共和国水污染防治法》适应范围

《中华人民共和国水污染防治法》适用于我国领域内的江河、湖泊、运河、渠道、水库等地表水体以及地下水体的污染。防治海洋污染适用《中华人民共和国海洋环境保护法》，不适用该法。

三、立法沿革及新《中华人民共和国水污染防治法》特点

(1) 1979 年 9 月，中国新颁布的《中华人民共和国环境保护法（试行）》首次以法律的形式对水污染的防治作出了原则性的规定，据此国家还制定颁布了一系列水环境标准。

(2) 1984 年 5 月，全国人大常委会通过了《中华人民共和国水污染防治法》，对防治陆地水污染作出了系统的规定。1989 年 7 月，国务院还批准实施了《水污染防治法实施细则》。此外，在 1988 年国家制定的《中华人民共和国水法》中，也对合理开发和利用水资源和防治水环境污染作出了规定。

(3) 1996 年 5 月，全国人大常委会对《中华人民共和国水污染防治法》进行了 23 处修改，法律条文也由原来的 46 条增加到 62 条，并重新公布。其修改的主要内容是增加了对企业实行清洁生产工艺、国家对落后工艺和设备实行淘汰制度和防治流域水污染、重点区域排放量的总量核定制度等。

(4)《中华人民共和国水污染防治法》由十届全国人大常务委员会第三十二次会议于

2008年2月28日修订通过，2008年6月1日起施行，共8章92条。

（5）2017年6月27日，十二届全国人大常委会第二十八次会议表决通过了《关于修改水污染防治法的决定》。新修订的《中华人民共和国水污染防治法》共8章103条，更加明确了各级政府的水环境质量责任，实施总量控制制度和排污许可制度，加大了农业面源污染防治以及对违法行为的惩治力度。于2018年1月1日起施行，以更大力度保护和改善水环境。

新修改的水污染防治法包括以下四大特点。

1. 河长制写入《中华人民共和国水污染防治法》

2016年12月，中办、国办印发了《关于全面推进河长制的意见》，对推进河长制的指导思想、基本原则、工作职责、组织保障等都做了规定。河长制是河湖管理工作的一项制度创新，也是我国水环境治理体系和保障国家水安全的制度创新。将河长制写进法律中，强化党政领导对水污染防治、水环境治理的责任。一些地方根据实践推动了河长制，要求党政领导负责组织协调各方力量对水环境治理、水生态保护、水生态修复等工作亲自抓，从实践看效果是好的。

2. 强化农业和农村水污染防治

在水污染方面，当前我国农业、农村的污染问题较为严重，农业、农村水污染防治工作是一个薄弱环节。大家普遍反映要加强这方面的制度建设，这次修改水污染防治法也从几个方面对于农业和农村的污染防治做了规定。

法律规定，国家支持农村污水、垃圾处理设施的建设，推进农村污水、垃圾集中处理。地方各级人民政府应当统筹规划建设农村污水、垃圾处理设施，并保障其正常运行。

我国是农业大国，农药、化肥的施用量在世界上所占比例很大，造成了比较严重的农业面源污染。此次修改的法律明确提出，制定化肥、农药等产品的质量标准和使用标准，应当适应水环境保护要求；农业部门要指导农业生产者科学、合理地施用化肥，要推广测土配方施肥和高效低毒农药；明确在散养密集区所在地的县、乡级政府对畜禽粪便污水进行分户收集、集中处理利用。同时，还明确禁止工业废水和医疗污水向农田灌溉渠道排放。

3. 加强饮用水的管理，突出保障饮用水安全

近些年我国饮用水水源发生了几起突发事件，引起了大家的关注。目前，各级政府对饮用水安全非常重视，也做了大量工作，从执法检查的情况看总体情况是好的，但也存在着饮用水水源保护区制度不落实、农村的饮用水水源没有得到保护的问题。过去都关注大城市，对农村的关注比较少，这次针对这些问题也作了相应的规定。法律从几个方面加强饮用水的管理，规定要建立风险评估调查制度，预防风险，规定单一供水的城市要建立应急水源和备用水源，或者建立区域联网供水。对农村有条件的地方也要求集中供水。同时要加强信息公开的力度，要求供水单位应当加强监测，对入水口和出水口都要加强监测，地方政府每个季度至少公布一次饮用水安全的信息。同时如果发生了水污染突发事件，也要及时地向社会公开。

4. 就如何解决违法成本低的难题出新招

此前广受媒体关注的企业利用渗井、渗坑等手段违法偷排现象一直存在。这次修改水

污染防治法，针对媒体报道的恶劣违法行为进一步加大了处罚力度，提高了罚款上限，最高可达100万元。如果企业的违法情形再严重，构成破坏环境罪的，可以追究其刑事责任。同时水污染防治法还规定，情节严重的，可以停产关闭。法律规定了企业对所排放的水污染物进行自行监测的义务。但对于保障企业监测数据的真实准确，这次修订的水污染防治法对保障监测数据的真实性、准确性也作了针对性的规定，增加了对于禁止数据作假的明确规定："没有安装监控装备或者没有与环保部门联网或者没有保证其正常运行的会被处以2万元以上20万元以下的罚款，情节严重的、逾期不整改的，将责令企业停产整顿。"如果篡改数据掩盖非法排污的，由此发生污染，根据新修订的最高人民法院有关司法解释的规定，将构成犯罪，将被依法追究刑事责任。通过这一套组合拳打下来，对监测数据造假将会产生足够的震慑力。

四、水污染防治方针

根据《中华人民共和国水污染防治法》的规定，我国实行"预防为主、防治结合"的方针。为了很好地贯彻这一方针，要把水污染防治与经济建设、城乡建设同步规划，建设项目中防治水污染的设施，必须与主体工程"三同时"，即同时设计、同时施工、同时投产使用。

五、水污染防治责任与义务

（1）县级以上人民政府应当将水环境保护工作纳入国民经济和社会发展规划。地方各级人民政府对本行政区域的水环境质量负责，应当及时采取措施防治水污染。

（2）省、市、县、乡建立河长制，分级分段组织领导本行政区域内江河、湖泊的水资源保护、水域岸线管理、水污染防治、水环境治理等工作。

（3）国家实行水环境保护目标责任制和考核评价制度，将水环境保护目标完成情况作为对地方人民政府及其负责人考核评价的内容。

（4）国家鼓励、支持水污染防治的科学技术研究和先进适用技术的推广应用，加强水环境保护的宣传教育。

（5）任何单位和个人都有义务保护水环境，并有权对污染损害水环境的行为进行检举。

（6）县级以上人民政府及其有关主管部门对在水污染防治工作中做出显著成绩的单位和个人给予表彰和奖励。

六、水污染防治管理体制

《中华人民共和国水污染防治法》第九条规定了我国的水污染防治管理体制，即实行统一管理与分级、分部门管理相结合的体制。

（1）统一管理是指由国家各级环境保护部门统一行使水污染防治监督与管理职权，即由国家环境行政主管部门和地方各级人民政府的环境行政主管部门对水污染防治实施统一的监督与管理。

（2）分级管理是指在国家环境行政主管部门的统一领导下，地方各级人民政府的环境行政主管部门在各自的行政区域内依法独立行使水污染防治监督与管理职权，或者水事法

律、法规授权的组织在其授权范围内依法独立行使水污染防治监督与管理职权。

(3) 分部门管理是指在水污染防治监督与管理过程中，不可避免地要涉及其他行业管理部门，因此，需要这些部门的通力协助。《中华人民共和国水污染防治法》在第九条作出了规定，即各级交通部门的航政机关对船舶污染水域实施监督与管理；各级人民政府的水利管理部门、卫生行政部门、地质矿产部门、市政管理部门、重要江河的水资源保护机构，结合各自的职责，协同环境保护部门对水污染防治实施监督与管理。

第二节　水污染防治的标准和规划

一、水污染防治标准制定

(一) 水环境质量标准

水环境质量标准也是整个环境标准体系的一个组成部分，是水污染防治法中的技术规范。它包括水环境质量标准、水污染物排放标准、水环境基础标准、水环境方法标准、水环境样品标准等。在水污染防治法的实施中，经常涉及的是水环境质量标准和水污染物排放标准。我国法律、法规对此作出了规定。

我国的水环境质量标准由多个标准组成，目前主要有《地表水环境质量标准》(GB 3838—2002)、《渔业水质标准》(GB 11607—89)、《生活饮用水卫生标准》(GB 5749—85) 和《农田灌溉水质标准》(GB 5084—92) 这四个有不同针对性的标准。

(1) 国家水环境质量标准由国务院环境保护主管部门制定。省(自治区、直辖市)人民政府可以对国家水环境质量标准中未做规定的项目，制定地方标准，并报国务院环境保护主管部门备案。

(2) 国务院环境保护主管部门会同国务院水行政主管部门和有关省(自治区、直辖市)人民政府，可以根据国家确定的重要江河、湖泊流域水体的使用功能以及有关地区的经济、技术条件，确定该重要江河、湖泊流域的省界水体适用的水环境质量标准，报国务院批准后施行。

(二) 水污染物排放标准

为了实现国家的水环境质量标准，对水污染源排放到水体中的污染物的浓度或数量所作的限量规定就是水污染物排放标准。制订水污染物排放标准的直接目的就是要控制污染物的排放量，达到环境质量的要求。污染物排放标准更具有法律约束力，排放水污染物超过排放标准就要承担相应的法律责任。

我国颁布了许多水污染物排放标准，其中最常用的是《污水综合排放标准》(GB 8978—2002)。具体规定如下。

(1) 国务院环境保护主管部门根据国家水环境质量标准和国家经济、技术条件，制定国家水污染物排放标准。

(2) 省(自治区、直辖市)人民政府对国家水污染物排放标准中未做规定的项目，可以制定地方水污染物排放标准；对国家水污染物排放标准中已作规定的项目，可以制定严于国家水污染物排放标准的地方水污染物排放标准。地方水污染物排放标准须报国务院环境保护主管部门备案。

(3) 向已有地方水污染物排放标准的水体排放污染物的，应当执行地方水污染物排放标准。

(三) 水环境质量标准和水污染物排放标准适时修订

国务院环境保护主管部门和省（自治区、直辖市）人民政府，应当根据水污染防治的要求和国家或者地方的经济、技术条件，适时修订水环境质量标准和水污染物排放标准。

二、水污染防治规划

(一) 水污染防治规划制定

(1) 防治水污染应当按流域或者按区域进行统一规划。国家确定的重要江河、湖泊的流域水污染防治规划，由国务院环境保护主管部门会同国务院经济综合宏观调控、水行政等部门和有关省（自治区、直辖市）人民政府编制，报国务院批准。

(2) 其他跨省（自治区、直辖市）江河、湖泊的流域水污染防治规划，根据国家确定的重要江河、湖泊的流域水污染防治规划和本地实际情况，由有关省（自治区、直辖市）人民政府环境保护主管部门会同同级水行政等部门和有关市、县人民政府编制，经有关省（自治区、直辖市）人民政府审核，报国务院批准。

(3) 县级以上地方人民政府应当根据依法批准的江河、湖泊的流域水污染防治规划，组织制定本行政区域的水污染防治规划。

(4) 经批准的水污染防治规划是防治水污染的基本依据，规划的修订须经原批准机关批准。

(二) 限期达标规划的制定

(1) 有关市、县级人民政府应当按照水污染防治规划确定的水环境质量改善目标的要求，制定限期达标规划，采取措施按期达标。有关市、县级人民政府应当将限期达标规划报上一级人民政府备案，并向社会公开。

(2) 市、县级人民政府每年在向本级人民代表大会或者其常务委员会报告环境状况和环境保护目标完成情况时，应当报告水环境质量限期达标规划执行情况，并向社会公开。

第三节　水污染防治的监督管理

一、水污染防治监督管理制度

(一) 环境影响评价制度

环境影响评价制度是指可能对环境有影响的建设和开发项目，在其兴建之前，对其可能造成的环境影响进行调查、预测和评价，提出环境影响及防治方案的报告，按照法定程序经主管当局进行审批的法律制度。《中华人民共和国水污染防治法》第十九条规定了此项制度。

(1) 新建、改建、扩建直接或者间接向水体排放污染物的建设项目和其他水上设施，应当依法进行环境影响评价。

(2) 建设单位在江河、湖泊新建、改建、扩建排污口的，应当取得水行政主管部门或

者流域管理机构同意；涉及通航、渔业水域的，环境保护主管部门在审批环境影响评价文件时，应当征求交通、渔业主管部门的意见。

（二）“三同时”制度

“三同时”制度是建设项目的水污染防治设施，应当与主体工程同时设计、同时施工、同时投入使用。水污染防治设施应当符合经批准或者备案的环境影响评价文件的要求。简称“三同时”制度。《中华人民共和国水污染防治法》第十九条规定了此项制度。“三同时”制度是中国首创的控制新污染的一项重要法律制度。它和环境影响评价制度结合起来，成为贯彻“预防为主”方针的完整的环境管理制度。环境影响评价制度可以防止对环境有重大不利影响的项目进行和防止选址不当；“三同时”制度则是在允许开发建设的情况下，使环境保护的措施在基本建设的三个主要阶段（即设计、施工和竣工验收）得到落实和保证。因此，它是把“预防为主”政策具体化、制度化，并对控制新污染极为有效的一项环境管理制度。

（三）重点水污染物排放实施总量控制制度

水污染物排放的总量控制是指在一定时期内，根据经济、技术、社会等条件，采取向水污染物排放源分配水污染物允许排放量的形式，将一定空间范围内水污染源排放的污染物数量控制在水环境质量允许限度内而实行的一种污染控制方式。它是针对水污染物浓度控制中存在的缺陷，在污染源密集状况太大，无法保证水环境质量目标的实现而提出和发展的一种污染控制方式，因而，它是比浓度控制更先进和更有效的污染控制方式。修订后的《中华人民共和国水污染防治法》第二十条规定了水污染物排放的总量控制制度。

(1) 重点水污染物排放总量控制指标，由国务院环境保护主管部门在征求国务院有关部门和各省（自治区、直辖市）人民政府意见后，会同国务院经济综合宏观调控部门报国务院批准并下达实施。

(2) 省（自治区、直辖市）人民政府应当按照国务院的规定削减和控制本行政区域的重点水污染物排放总量。具体办法由国务院环境保护主管部门会同国务院有关部门规定。

(3) 省（自治区、直辖市）人民政府可以根据本行政区域水环境质量状况和水污染防治工作的需要，对国家重点水污染物之外的其他水污染物排放实行总量控制。

(4) 对超过重点水污染物排放总量控制指标或者未完成水环境质量改善目标的地区，省级以上人民政府环境保护主管部门应当会同有关部门约谈该地区人民政府的主要负责人，并暂停审批新增重点水污染物排放总量的建设项目的环境影响评价文件。约谈情况应当向社会公开。

（四）排污许可制度

1. 排污许可证取得与禁止

(1) 直接或者间接向水体排放工业废水和医疗污水以及其他按照规定应当取得排污许可证方可排放的废水、污水的企业事业单位和其他生产经营者，应当取得排污许可证。

(2) 城镇污水集中处理设施的运营单位，也应当取得排污许可证。排污许可证应当明确排放水污染物的种类、浓度、总量和排放去向等要求。排污许可的具体办法由国务院规定。

(3) 禁止企业事业单位和其他生产经营者无排污许可证或者违反排污许可证的规定向水体排放前款规定的废水、污水。

2. 排污口设置

向水体排放污染物的企业事业单位和其他生产经营者，应当按照法律、行政法规和国务院环境保护主管部门的规定设置排污口；在江河、湖泊设置排污口的，还应当遵守国务院水行政主管部门的规定。

3. 排污口监测

(1) 实行排污许可管理的企业事业单位和其他生产经营者应当按照国家有关规定和监测规范，对所排放的水污染物自行监测，并保存原始监测记录。重点排污单位还应当安装水污染物排放自动监测设备，与环境保护主管部门的监控设备联网，并保证监测设备正常运行。具体办法由国务院环境保护主管部门规定。

(2) 应当安装水污染物排放自动监测设备的重点排污单位名录，由设区的市级以上地方人民政府环境保护主管部门根据本行政区域的环境容量、重点水污染物排放总量控制指标的要求以及排污单位排放水污染物的种类、数量和浓度等因素，商同级有关部门确定。

(3) 实行排污许可管理的企业事业单位和其他生产经营者应当对监测数据的真实性和准确性负责。环境保护主管部门发现重点排污单位的水污染物排放自动监测设备传输数据异常，应当及时进行调查。

(五) 水环境质量监测和水污染物排放监测制度

(1) 国家建立水环境质量监测和水污染物排放监测制度。国务院环境保护主管部门负责制定水环境监测规范，统一发布国家水环境状况信息，会同国务院水行政等部门组织监测网络。

(2) 国家确定的重要江河、湖泊流域的水资源保护工作机构负责监测其所在流域的省界水体的水环境质量状况，并将监测结果及时报国务院环境保护主管部门和国务院水行政主管部门；有经国务院批准成立的流域水资源保护领导机构的，应当将监测结果及时报告流域水资源保护领导机构。

(六) 水环境保护联合协调机制制度

(1) 国务院有关部门和县级以上地方人民政府开发、利用和调节、调度水资源时，应当统筹兼顾，维持江河的合理流量和湖泊、水库以及地下水体的合理水位，保障基本生态用水，维护水体的生态功能。

(2) 国务院环境保护主管部门应当会同国务院水行政等部门和有关省（自治区、直辖市）人民政府，建立重要江河、湖泊的流域水环境保护联合协调机制，实行统一规划、统一标准、统一监测以及统一的防治措施。

(七) 环境资源承载能力监测、评价制度

(1) 国务院环境保护主管部门和省（自治区、直辖市）人民政府环境保护主管部门应当会同同级有关部门根据流域生态环境功能需要，明确流域生态环境保护要求，组织开展流域环境资源承载能力监测、评价，实施流域环境资源承载能力预警。

(2) 县级以上地方人民政府应当根据流域生态环境功能需要，组织开展江河、湖泊、湿地保护与修复，因地制宜建设人工湿地、水源涵养林、沿河沿湖植被缓冲带和隔离带等生态环境治理与保护工程，整治黑臭水体，提高流域环境资源承载能力。

(3) 从事开发建设活动，应当采取有效措施，维护流域生态环境功能，严守生态保护红线。

(4) 环境保护主管部门和其他依照本法规定行使监督管理权的部门，有权对管辖范围内的排污单位进行现场检查，被检查的单位应当如实反映情况，提供必要的资料。检察机关有义务为被检查的单位保守在检查中获取的商业秘密。

二、跨行政区域的水污染纠纷解决

跨行政区域的水污染纠纷，由有关地方人民政府协商解决，或者由其共同的上级人民政府协调解决。

第四节　水污染防治措施

一、一般规定

(一) 风险管理

国务院环境保护主管部门应当会同国务院卫生主管部门，根据对公众健康和生态环境的危害和影响程度，公布有毒有害水污染物名录，实行风险管理。

排放前款规定名录中所列有毒有害水污染物的企业事业单位和其他生产经营者，应当对排污口和周边环境进行监测，评估环境风险，排查环境安全隐患，并公开有毒有害水污染物信息，采取有效措施防范环境风险。

(二) 地表水污染防治

(1) 禁止向水体排放油类、酸液、碱液或者剧毒废液。禁止在水体清洗装储过油类或者有毒污染物的车辆和容器。

(2) 禁止向水体排放、倾倒放射性固体废物或者含有高放射性和中放射性物质的废水。向水体排放含低放射性物质的废水，应当符合国家有关放射性污染防治的规定和标准。

(3) 向水体排放含热废水，应当采取措施，保证水体的水温符合水环境质量标准。

(4) 含病原体的污水应当经过消毒处理；符合国家有关标准后方可排放。

(5) 禁止向水体排放、倾倒工业废渣、城镇垃圾和其他废弃物。禁止将含有汞、镉、砷、铬、铅、氰化物、黄磷等的可溶性剧毒废渣向水体排放、倾倒或者直接埋入地下。存放可溶性剧毒废渣的场所，应当采取防水、防渗漏、防流失的措施。

(6) 禁止在江河、湖泊、运河、渠道、水库最高水位线以下的滩地和岸坡堆放、存储固体废弃物和其他污染物。

(7) 禁止利用渗井、渗坑、裂隙、溶洞，私设暗管，篡改、伪造监测数据，或者不正常运行水污染防治设施等逃避监管的方式排放水污染物。

(三) 地下水污染防治

地下水是指地表以下潜水和承压水。地下水质与地表水与人类的生产、生活活动有密切关系，地面降水以及地上污染物都可以通过水循环渗入地下水，而且地下水受到污染后不易发现，也难以治理，因此必须加以特殊保护。

(1) 化学品生产企业以及工业集聚区、矿山开采区、尾矿库、危险废物处置场、垃圾填埋场等的运营、管理单位，应当采取防渗漏等措施，并建设地下水水质监测井进行监测，防止地下水污染。

(2) 加油站等的地下油罐应当使用双层罐或者采取建造防渗池等其他有效措施，并进行防渗漏监测，防止地下水污染。

(3) 禁止利用无防渗漏措施的沟渠、坑塘等输送或者存储含有毒污染物的废水、含病原体的污水和其他废弃物。

(4) 多层地下水的含水层水质差异大的，应当分层开采；对已受污染的潜水和承压水，不得混合开采。

(5) 兴建地下工程设施或者进行地下勘探、采矿等活动，应当采取防护性措施，防止地下水污染。报废矿井、钻井或者取水井等应当实施封井或者回填。

(6) 人工回灌补给地下水，不得恶化地下水质。人工回灌补给地下水，是提高地下水水位，防止地面沉降的有效措施，但是由于地表水一般比地下水污染重，因此，在进行人工回灌时注意防止将受到污染的水补给地下水；否则，会使地下水水质恶化。

二、工业水污染防治

(1) 国务院有关部门和县级以上地方人民政府应当合理规划工业布局，要求造成水污染的企业进行技术改造，采取综合防治措施，提高水的重复利用率，减少废水和污染物排放量。

(2) 排放工业废水的企业应当采取有效措施，收集和处理产生的全部废水，防止污染环境。含有毒有害水污染物的工业废水应当分类收集和处理，不得稀释排放。

(3) 工业集聚区应当配套建设相应的污水集中处理设施，安装自动监测设备，与环境保护主管部门的监控设备联网，并保证监测设备正常运行。

(4) 向污水集中处理设施排放工业废水的，应当按照国家有关规定进行预处理，达到集中处理设施处理工艺要求后方可排放。

(5) 国家对严重污染水环境的落后工艺和设备实行淘汰制度。国务院经济综合宏观调控部门会同国务院有关部门，公布限期禁止采用的严重污染水环境的工艺名录和限期禁止生产、销售、进口、使用的严重污染水环境的设备名录。依法规定被淘汰的设备，不得转让给他人使用。

(6) 国家禁止新建不符合国家产业政策的小型造纸、制革、印染、染料、炼焦、炼硫、炼砷、炼汞、炼油、电镀、农药、石棉、水泥、玻璃、钢铁、火电以及其他严重污染水环境的生产项目。

(7) 企业应当采用原材料利用效率高、污染物排放量少的清洁工艺，并加强管理，减少水污染物的产生。

三、城镇水污染防治

(一) 城镇污水应当集中处理

(1) 县级以上地方人民政府应当通过财政预算和其他渠道筹集资金，统筹安排建设城镇污水集中处理设施及配套管网，提高本行政区域城镇污水的收集率和处理率。

(2) 城镇污水集中处理设施的运营单位按照国家规定向排污者提供污水处理的有偿服务，收取污水处理费用，保证污水集中处理设施的正常运行。收取的污水处理费用应当用

于城镇污水集中处理设施的建设运行和污泥处理处置，不得挪作他用。

（二）城镇污水需达标排放

向城镇污水集中处理设施排放水污染物，应当符合国家或者地方规定的水污染物排放标准。

（三）相关部门责任

（1）城镇污水集中处理设施的运营单位，应当对城镇污水集中处理设施的出水水质负责。环境保护主管部门应当对城镇污水集中处理设施的出水水质和水量进行监督检查。

（2）城镇污水集中处理设施的运营单位或者污泥处理处置单位应当安全处理处置污泥，保证处理处置后的污泥符合国家标准，并对污泥的去向等进行记录。

四、农业和农村水污染防治

（一）农村污水、垃圾处理设施建设

国家支持农村污水、垃圾处理设施的建设，推进农村污水、垃圾集中处理。地方各级人民政府应当统筹规划建设农村污水、垃圾处理设施，并保障其正常运行。

（二）化肥、农药防污染要求

（1）制定化肥、农药等产品的质量标准和使用标准，应当适应水环境保护要求。

（2）使用农药，应当符合国家有关农药安全使用的规定和标准。

（3）运输、存储农药和处置过期失效农药，应当加强管理，防止造成水污染。

（4）县级以上地方人民政府农业主管部门和其他有关部门，应当采取措施，指导农业生产者科学、合理地施用化肥和农药，推广测土配方施肥技术和高效低毒低残留农药，控制化肥和农药的过量使用，防止造成水污染。

（三）畜禽粪便、废水的综合利用或者无害化处理

（1）国家支持畜禽养殖场、养殖小区建设畜禽粪便、废水的综合利用或者无害化处理设施。

（2）畜禽养殖场、养殖小区应当保证其畜禽粪便、废水的综合利用或者无害化处理设施正常运转，保证污水达标排放，防止污染水环境。

（3）畜禽散养密集区所在地县、乡级人民政府应当组织对畜禽粪便污水进行分户收集、集中处理利用。

（四）水产养殖、农田灌溉防污染

（1）从事水产养殖应当保护水域生态环境，科学确定养殖密度，合理投饵和使用药物，防止污染水环境。

（2）农田灌溉用水应当符合相应的水质标准，防止污染土壤、地下水和农产品。禁止向农田灌溉渠道排放工业废水或者医疗污水。向农田灌溉渠道排放城镇污水以及未综合利用的畜禽养殖废水、农产品加工废水的，应当保证其下游最近的灌溉取水点的水质符合农田灌溉水质标准。

五、船舶水污染防治

（一）船舶污染物需达标排放

船舶排放含油污水、生活污水，应当符合船舶污染物排放标准。从事海洋航运的船舶进入内河和港口的，应当遵守内河的船舶污染物排放标准。

（二）禁排船舶污染物

（1）船舶的残油、废油应当回收，禁止排入水体。禁止向水体倾倒船舶垃圾。

（2）船舶装载运输油类或者有毒货物，应当采取防止溢流和渗漏的措施，防止货物落水造成水污染。

（3）进入中华人民共和国内河的国际航线船舶排放压载水的，应当采用压载水处理装置或者采取其他等效措施，对压载水进行灭活等处理。禁止排放不符合规定的船舶压载水。

（三）持证排污作业要求

（1）船舶应当按照国家有关规定配置相应的防污设备和器材，并持有合法有效地防止水域环境污染的证书与文书。船舶进行涉及污染物排放的作业，应当严格遵守操作规程，并在相应的记录簿上如实记载。

（2）港口、码头、装卸站和船舶修造厂所在地市、县级人民政府应当统筹规划建设船舶污染物、废弃物的接收、转运及处理处置设施，禁止采取冲滩方式进行船舶拆解作业。

第五节 饮用水水源和其他特殊水体保护

一、国家建立饮用水水源保护区制度

（1）饮用水水源保护区分为一级保护区和二级保护区；必要时，可以在饮用水水源保护区外围划定一定的区域作为准保护区。

（2）饮用水水源保护区的划定，由有关市、县人民政府提出划定方案，报省（自治区、直辖市）人民政府批准；跨市、县饮用水水源保护区的划定，由有关市、县人民政府协商提出划定方案，报省（自治区、直辖市）人民政府批准；协商不成的，由省（自治区、直辖市）人民政府环境保护主管部门会同同级水行政、国土资源、卫生、建设等部门提出划定方案，征求同级有关部门的意见后报省（自治区、直辖市）人民政府批准。

（3）跨省（自治区、直辖市）的饮用水水源保护区，由有关省（自治区、直辖市）人民政府商有关流域管理机构划定；协商不成的，由国务院环境保护主管部门会同同级水行政、国土资源、卫生、建设等部门提出划定方案，征求国务院有关部门的意见后，报国务院批准。

（4）国务院和省（自治区、直辖市）人民政府可以根据保护饮用水水源的实际需要，调整饮用水水源保护区的范围，确保饮用水安全。有关地方人民政府应当在饮用水水源保护区的边界设立明确的地理界标和明显的警示标志。

二、特殊水体保护

（一）饮用水水源保护区禁止性规定

（1）在饮用水水源保护区内，禁止设置排污口。

（2）禁止在饮用水水源一级保护区内新建、改建、扩建与供水设施和保护水源无关的建设项目；已建成的与供水设施和保护水源无关的建设项目，由县级以上人民政府责令拆

除或者关闭。

(3) 禁止在饮用水水源一级保护区内从事网箱养殖、旅游、游泳、垂钓或者其他可能污染饮用水水体的活动。

(4) 禁止在饮用水水源二级保护区内新建、改建、扩建排放污染物的建设项目；已建成的排放污染物的建设项目，由县级以上人民政府责令拆除或者关闭。在饮用水水源二级保护区内从事网箱养殖、旅游等活动的，应当按照规定采取措施，防止污染饮用水水体。

(5) 禁止在饮用水水源准保护区内新建、扩建对水体污染严重的建设项目；改建建设项目，不得增加排污量。

(二) 确保饮用水安全责任规定

(1) 县级以上地方人民政府应当组织环境保护等部门，对饮用水水源保护区、地下水型饮用水源的补给区及供水单位周边区域的环境状况和污染风险进行调查评估，筛查可能存在的污染风险因素，并采取相应的风险防范措施。

(2) 饮用水水源受到污染可能威胁供水安全的，环境保护主管部门应当责令有关企业事业单位和其他生产经营者采取停止排放水污染物等措施，并通报饮用水供水单位和供水、卫生、水行政等部门；跨行政区域的，还应当通报相关地方人民政府。

(3) 单一水源供水城市的人民政府应当建设应急水源或者备用水源，有条件的地区可以开展区域联网供水。

县级以上地方人民政府应当合理安排、布局农村饮用水水源，有条件的地区可以采取城镇供水管网延伸或者建设跨村、跨乡镇联片集中供水工程等方式，发展规模集中供水。

(4) 饮用水供水单位应当做好取水口和出水口的水质检测工作。发现取水口水质不符合饮用水水源水质标准或者出水口水质不符合饮用水卫生标准的，应当及时采取相应措施，并向所在地市、县级人民政府供水主管部门报告。供水主管部门接到报告后，应当通报环境保护、卫生、水行政等部门。

饮用水供水单位应当对供水水质负责，确保供水设施安全、可靠运行，保证供水水质符合国家有关标准。

(5) 县级以上地方人民政府应当组织有关部门监测、评估本行政区域内饮用水水源、供水单位供水和用户水龙头出水的水质等饮用水安全状况。

县级以上地方人民政府有关部门应当至少每季度向社会公开一次饮用水安全状况信息。

第六节　水污染事故处置

一、政府部门事故处置责任

各级人民政府及其有关部门，可能发生水污染事故的企业事业单位，应当依照《中华人民共和国突发事件应对法》的规定，做好突发水污染事故的应急准备、应急处置和事后恢复等工作。

二、企业事业单位事故处置责任

（1）可能发生水污染事故的企业事业单位，应当制定有关水污染事故的应急方案，做好应急准备，并定期进行演练。

（2）生产、储存危险化学品的企业事业单位，应当采取措施，防止在处理安全生产事故过程中产生的可能严重污染水体的消防废水、废液直接排入水体。

（3）企业事业单位发生事故或者其他突发性事件，造成或者可能造成水污染事故的，应当立即启动本单位的应急方案，采取隔离等应急措施，防止水污染物进入水体，并向事故发生地的县级以上地方人民政府或者环境保护主管部门报告。环境保护主管部门接到报告后，应当及时向本级人民政府报告，并抄送有关部门。

三、其他事故处置

造成渔业污染事故或者渔业船舶造成水污染事故的，应当向事故发生地的渔业主管部门报告，接受调查处理。其他船舶造成水污染事故的，应当向事故发生地的海事管理机构报告，接受调查处理；给渔业造成损害的，海事管理机构应当通知渔业主管部门参与调查处理。

第七节　法律责任及附则

一、饮用水安全突发事件应急预案

（1）市、县级人民政府应当组织编制饮用水安全突发事件应急预案。

（2）饮用水供水单位应当根据所在地饮用水安全突发事件应急预案，制定相应的突发事件应急方案，报所在地市、县级人民政府备案，并定期进行演练。

（3）饮用水水源发生水污染事故，或者发生其他可能影响饮用水安全的突发性事件，饮用水供水单位应当采取应急处理措施，向所在地市、县级人民政府报告，并向社会公开。有关人民政府应当根据情况及时启动应急预案，采取有效措施，保障供水安全。

二、水污染防治法律责任

《中华人民共和国水污染防治法》第六章第七十九条至第一百零一条规定了违反该法的行为及应承担的三大法律责任。

（一）行政责任或民事责任

《中华人民共和国水污染防治法》第六章第八十条至第一百条规定了违反该法的行为及应承担的行政责任或民事责任。承担的责任形式主要有以下几种。

（1）依法给予处分。

（2）责令改正，责令停产整治，罚款；责令停业、关闭；按日连续处罚。

（3）排除危害和赔偿损失，违法者承担代为治理费用。

（4）行政拘留等。

（二）刑事责任

违反本法规定，构成犯罪的，依法追究刑事责任。

三、附则

《中华人民共和国水污染防治法》中用语的含义如下。

（1）水污染，是指水体因某种物质的介入，而导致其化学、物理、生物或者放射性等方面特性的改变，从而影响水的有效利用，危害人体健康或者破坏生态环境，造成水质恶化的现象。

（2）水污染物，是指直接或者间接向水体排放的，能导致水体污染的物质。

（3）有毒污染物，是指那些直接或者间接被生物摄入体内后，可能导致该生物或者其后代发病、行为反常、遗传变异、生理机能失常、机体变形或者死亡的污染物。

（4）污泥，是指污水处理过程中产生的半固态或者固态物质。

（5）渔业水体，是指划定的鱼虾类的产卵场、索饵场、越冬场、洄游通道和鱼虾贝藻类的养殖场的水体。

第五章 流域专门法

大江大河，需要法治保障。十三届全国人大常委会先后通过《中华人民共和国长江保护法》《中华人民共和国黄河保护法》两部流域专门法律，这不仅是推进国家“江河战略”法治化的重要成果，也反映了江河治理在制度、观念和策略等各方面的全要素转变，为长江流域和黄河流域生态保护和高质量发展提供了有力的法治保障。

第一节 《中华人民共和国长江保护法》

一、《长江保护法》是一部什么样的法律？

2020年12月26日第十三届全国人民代表大会常务委员会第二十四次会议通过，2021年3月1日起，我国首部有关流域保护的专门法律——《中华人民共和国长江保护法》（以下简称《长江保护法》）正式施行。该法涵盖了总则、规划与管控、资源保护、水污染防治、生态环境修复、绿色发展、保障与监督、法律责任和附则等内容，共九章，96条，是我国首部流域立法。实施好长江保护法意义重大，“长江保护法不仅关系长江流域的生态环境保护，而且关系党和国家工作大局，关系中华民族伟大复兴战略全局。”

（一）是一部生态环境的“保护法”

首先是一部生态环境的保护法。长期以来，长江生态环境透支严重。沿江污染物排放基数大，流域环境风险隐患突出，长江岸线、港口粗放利用问题突出，接近30%的重要湖库仍处于富营养化状态，长江生物完整性指数到了最差的“无鱼”等级。保护和修复长江生态环境已到了刻不容缓的地步。

（1）坚持生态优先、绿色发展的战略定位。长江保护法的定位，首先是一部生态环境的保护法，坚持生态优先、保护优先的原则，把保护和修复长江流域生态环境放在压倒性位置，建立健全一系列硬约束机制，强化规划管控和负面清单管理，严格规范流域内的各类生产生活和开发建设活动。同时，注重在发展中保护、在保护中发展，在优化产业布局，调整产业结构，推动重点产业升级改造，促进城乡融合发展，提升长江黄金水道功能等方面规定了许多支持、保障措施，以促进长江流域经济社会发展全面绿色转型，实现长江流域科学、绿色、高质量发展。

（2）对长江流域国土空间实施用途管制，实施取水总量控制和消耗强度控制管理制度，确定重点污染物排放总量控制指标，实施生态环境分区管控和生态环境准入清单，加强对水能资源开发利用的管理，对长江干流和重要支流源头实行严格保护，对长江流域河湖岸线实施特殊管制，在长江流域水生生物重要栖息地划定禁止航行区域，建立河道采砂规划和许可制度。

(3) 设生态环境修复专章。确立国家对长江流域生态系统实行自然恢复为主、自然恢复与人工恢复相结合的系统治理原则，规定对长江流域重点水域实行严格捕捞管理，实施长江干流和重要支流的河湖水系连通修复方案，在三峡库区等因地制宜实施退耕还林还草还湿，建立野生动植物遗传资源基因库，进行抢救性修复等。

(二) 一部绿色发展的"促进法"

保护长江是为了什么？提到长江流域的重要性，人们常常引用一组数据：长江流域以20%左右的国土面积，支撑起全国超45%的经济总量，涵养着超过四成的人口，占据全国"半壁江山"。可以说，长江经济带是我国经济重心所在、活力所在。

(1) 专章设"绿色发展"。为了更好发挥长江经济带在践行新发展理念、构建新发展格局、推动高质量发展方面的重要作用，《长江保护法》专设"绿色发展"一章，明确提出国务院有关部门和长江流域地方各级人民政府应当按照长江流域发展规划、国土空间规划的要求，调整产业结构，优化产业布局，推进长江流域绿色发展。从这个意义上说，长江保护法也是一部绿色发展的促进法。

比如，针对高污染型产业在长江经济带占比较高问题，长江保护法规定，长江流域县级以上人民政府应当推动钢铁、石油、化工、有色金属、建材、船舶等产业升级改造，提升技术装备水平；推动造纸、制革、电镀、印染、有色金属、农药、氮肥、焦化、原料药制造企业实施清洁化改造。企业应当通过技术创新减少资源消耗和污染物排放。

针对产业布局不合理问题，长江保护法规定，长江流域县级以上地方人民政府应当采取措施加快重点地区危险化学品生产企业搬迁改造。

(2) 推动形成绿色发展方式和生活方式，促进长江经济带绿色转型。长江保护法鼓励和支持在长江流域实施重点行业和重点用水单位节水技术改造，提高水资源利用效率；要求地方政府应当按照绿色发展的要求，建设美丽城镇和美丽乡村；并实施养殖水域滩涂规划，科学确定养殖规模和养殖密度；支持、引导居民绿色消费，提倡简约适度、绿色低碳的生活方式等。

(3) 统筹协调、系统保护的顶层设计。长江保护法突出强调长江保护的系统性、整体性、协同性。主要是：建立长江流域协调机制，统一指导、监督长江保护工作；支持地方根据需要在地方性法规和政府规章制定、规划编制、监督执法等方面开展协同协作；充分发挥长江流域发展规划、国土空间规划，以及生态环境保护规划、水资源规划等规划的引领和约束作用；推动山水林田湖草整体保护、系统修复、综合治理。

(三) 首部流域保护的"专门法"

1. 树立绿色发展规矩

长江流域以全国21%的面积，养育着全国40%的人口，承载着全国40%的经济总量。长江拥有独特的生态系统，是我国重要的生态宝库。随着长江流域经济的快速发展，生态资源透支比较严重，环境污染问题日益凸显，习近平总书记曾痛心地形容长江"病了，病得不轻了"，并指出长江流域发展可持续性面临的严峻挑战，是长江的主要"病灶"。

2016年1月5日，习近平总书记在推动长江经济带发展座谈会上指出，当前和今后相当长一个时期，要把修复长江生态环境摆在压倒性位置，共抓大保护，不搞大开发。因此，《长江保护法》为长江流域立下绿色发展规矩：

（1）确立绿色发展理念。《长江保护法》在第三条中明确要求，长江流域经济社会发展，应当坚持生态优先、绿色发展，共抓大保护、不搞大开发；长江保护应当坚持统筹协调、科学规划、创新驱动、系统治理。将“共抓大保护、不搞大开发”写入法律，成为长江流域各地区经济发展必须共同遵守的法律制度。

（2）统筹绿色发展规划。《长江保护法》第十八条明确要求，国务院发展改革部门会同国务院有关部门编制长江流域发展规划，科学统筹长江流域上下游、左右岸、干支流生态环境保护和绿色发展，报国务院批准后实施。并在第二十二条中明确要求，长江流域产业结构和布局应当与长江流域生态系统和资源环境承载能力相适应；禁止在长江流域重点生态功能区布局对生态系统有严重影响的产业；禁止重污染企业和项目向长江中上游转移。

（3）制定绿色发展红线。《长江保护法》第二十六条明确要求，禁止在长江干支流岸线一公里范围内新建、扩建化工园区和化工项目；禁止在长江干流岸线三公里范围内和重要支流岸线一公里范围内新建、改建、扩建尾矿库；但是以提升安全、生态环境保护水平为目的的改建除外。

（4）明确绿色发展措施。《长江保护法》在第六章专门一章共 11 条，来规定绿色发展的措施，具体包括推进产业升级改造和清洁化改造，加快雨水自然积存、自然渗透、自然净化的海绵城市建设，科学确定养殖规模和养殖密度、强化水产养殖投入品管理，加强长江流域综合立体交通体系建设，统筹建设船舶污染物接收转运处置设施、船舶液化天然气加注站，制定港口岸电设施、船舶受电设施建设和改造计划等。

（4）建立绿色发展评估机制。《长江保护法》第 67 条要求：国务院有关部门会同长江流域省级人民政府建立开发区绿色发展评估机制，并组织对各类开发区的资源能源节约集约利用、生态环境保护等情况开展定期评估；长江流域县级以上地方人民政府应当根据评估结果对开发区产业产品、节能减排等措施进行优化调整。

2. 建立流域协调机制

“不谋全局者，不足谋一域。”长江流域全程 6300 多公里，涉及 19 个省区市，行经 180 万平方公里，意味着长江保护不能是一省一市的“家务活”，而需要流域上下“一盘棋”的共治共理，是一个全流域的系统工程。

过去，长江条块分割的管理方式，带来各自为政、重复建设的问题，久遭诟病。《长江保护法》在第一章总则中明确建立流域协调机制，将“九龙治水”变为“一龙管江”，促进长江流域实现龙头龙身龙尾协调发展，真正成为中国经济新的支撑带。

（1）明确流域协调机制的职责。在第四条中明确国家长江流域协调机制统一指导、统筹协调长江保护工作，审议长江保护重大政策、重大规划，协调跨地区跨部门重大事项，督促检查长江保护重要工作的落实情况。

（2）明确流域协调机制的组成。在第五条中明确由国务院有关部门和长江流域省级人民政府，负责落实国家长江流域协调机制的决策，按照职责分工负责长江保护相关工作，并要求长江流域各级河湖长负责长江保护相关工作。

（3）建立流域信息共享机制。在第九条中要求国家长江流域协调机制应当统筹协调国务院有关部门，在已经建立的台站和监测项目基础上，健全长江流域生态环境、资源、水

文、气象、航运、自然灾害等监测网络体系和监测信息共享机制；并在第13条中要求，国家长江流域协调机制统筹协调国务院有关部门和长江流域省级政府建立健全长江流域信息共享系统，共享长江流域生态环境、自然资源以及管理执法等信息。

（4）建立地方协作机制。在第六条中要求长江流域相关地方在地方性法规和政府规章制定、规划编制、监督执法等方面建立协作机制，协同推进长江流域生态环境保护和修复。并在第八十条明确对长江流域跨行政区域、生态敏感区域和生态环境违法案件高发区域以及重大违法案件，依法开展联合执法。

（5）建立专家咨询委员会。在第十二条中要求国家长江流域协调机制设立专家咨询委员会，组织专业机构和人员对长江流域重大发展战略、政策、规划等开展专业咨询；国务院有关部门和长江流域省级政府及其有关部门按照职责分工，组织开展长江流域建设项目、重要基础设施和产业布局相关规划等对长江流域生态系统影响的第三方评估、分析、论证等工作。

3. 强化政府管理责任

《长江保护法》是对政府责任要求最多的法律之一，共有62条有关政府的责任规定，占法律条文总数的65%，体现出《长江保护法》的综合性、跨界性和宏观性。

从党的十八大以来积累的生态环境治理经验来看，要想改善一个区域的生态环境，首先要加强政府环境责任，推动地方党政主要领导发挥示范带动作用，真正重视生态环境保护工作、承担起应尽的职责，其辖区内的各县（市、区）委、政府就会亲自研究、部署并重视生态环境问题，从而会促进其辖区内的企业遵守环境保护的要求。

尽管涉及到长江保护职责的部门非常多，责任划分也非常复杂，职能比较分散，现行涉及水管理的法律也有30多部，但是保护长江，离不开长江沿岸各级地方政府的总指挥、总调度和运筹帷幄。因此，《长江保护法》通过加强政府责任，来理清部门履职边界，理顺中央和地方、部门与部门、流域与区域、区域与区域之间的关系，解决谁都可以管、谁都不愿管以及部门间监管方法、尺度和标准不一致等问题。

（1）系统明确政府责任。通过对长江流域的规划布局、绿色发展战略、资源开发利用、资源保护、污染防治、生态环境修复、生态环境保护资金投入、生态保护补偿等方方面面的政府责任，进行全面系统性的制度设计，加强长江流域山水林田湖草的系统治理，建立起全流域水岸协调、陆海统筹、社会共治的综合协调管理体系。

（2）明确地方政府考核制度，第78条规定，国家实行长江流域生态环境保护责任制和考核评价制度；上级人民政府应当对下级人民政府生态环境保护和修复目标完成情况等进行考核。

（3）约谈地方政府制度。第81条规定，国务院有关部门和长江流域省级人民政府对长江保护工作不力、问题突出、群众反映集中的地区，可以约谈所在地区县级以上地方人民政府及其有关部门主要负责人，要求其采取措施及时整改。

（4）政府向人大报告制度。第82条要求，国务院应当定期向全国人民代表大会常务委员会报告长江流域生态环境状况及保护和修复工作等情况；长江流域县级以上地方人民政府应当定期向本级人民代表大会或者其常务委员会报告本级人民政府长江流域生态环境保护和修复工作等情况。

4. 推进流域休养生息

推进长江流域休养生息，是恢复和保持长江良好的自我修复、自我净化功能的根本措施，一方面需要以资源环境承载能力为基础，以自然规律为准则，停止过度的人为破坏活动；另一方面要遵循生态系统的自然科学规律，采取措施修复生态系统功能，使长江达到良好的生态环境质量。为了推进长江流域休养生息，《长江保护法》做出了以下规定：

（1）开展资源环境承载能力评价。第八条授权国务院自然资源主管部门会同国务院有关部门，定期组织长江流域土地、矿产、水流、森林、草原、湿地等自然资源状况调查，建立资源基础数据库，开展资源环境承载能力评价，并向社会公布长江流域自然资源状况。并在第22条明确规定，长江流域产业结构和布局应当与长江流域生态系统和资源环境承载能力相适应。

（2）实施“三线一单”生态环境分区管控。“三线一单”是以改善环境质量为核心，以空间管控为手段，统筹生态保护红线，环境质量底线，资源利用上线以及环境准入负面清单等要求的系统性分区环境管控体系，把经济活动、人的行为限制在自然资源和生态环境能够承受的限度内，给自然生态留下休养生息的时间和空间。《长江保护法》第22条规定，长江流域省级人民政府根据本行政区域的生态环境和资源利用状况，制定生态环境分区管控方案和生态环境准入清单，报国务院生态环境主管部门备案后实施。

（3）禁止生产性捕捞和禁渔。第53条规定，国家对长江流域重点水域实行严格捕捞管理；在长江流域水生生物保护区全面禁止生产性捕捞；在国家规定的期限内，长江干流和重要支流、大型通江湖泊、长江河口规定区域等重点水域全面禁止天然渔业资源的生产性捕捞。

（4）划定禁止采砂区和禁止采砂期。第28条规定，国务院水行政主管部门有关流域管理机构和长江流域县级以上地方人民政府依法划定禁止采砂区和禁止采砂期，严格控制采砂区域、采砂总量和采砂区域内的采砂船舶数量；禁止在长江流域禁止采砂区和禁止采砂期从事采砂活动。

5. 加强长江资源保护

长江流域横跨东、中、西部三大经济区，蕴藏着全国13的水资源、15的水能资源，具有完备的自然生态系统、独特的生物多样性，蕴藏着丰富的野生动植物资源、矿产资源、水资源、水能资源，是中华民族的母亲河，也是中华民族发展的重要支撑。

过去几十年粗放式的发展使长江付出了沉重的环境代价，据农业农村部统计，长江流域濒危鱼类物种达到92种，濒危物种接近300种。有“水中大熊猫”之称的白鳍豚2007年被宣布功能性灭绝，有长江生态“活化石”之谓的长江江豚2017年数量仅存1012头，本世纪初长江鲟野生种群基本绝迹，生物完整性指数到了最差的“无鱼”等级，一些珍稀、濒危野生动植物种群数量急剧下降、栖息地和生物群落遭到破坏。为了加强长江流域生态资源保护，《长江保护法》做出了以下规定：

（1）国家统筹长江流域自然保护地体系建设。第39条授权国务院和长江流域省级人民政府在长江流域重要典型生态系统的完整分布区、生态环境敏感区以及珍贵野生动植物天然集中分布区和重要栖息地、重要自然遗迹分布区等区域，依法设立国家公园、自然保护区、自然公园等自然保护地。

（2）重点保护珍贵、濒危水生野生动植物。第42条要求国务院农业农村主管部门和长江流域县级以上地方人民政府，应当制定长江流域珍贵、濒危水生野生动植物保护计划，对长江流域江豚、白鱀豚、白鲟、中华鲟、长江鲟等珍贵、濒危水生野生动植物实行重点保护。

（3）开展长江流域水生生物完整性评价。第41条要求国务院农业农村主管部门会同国务院有关部门和长江流域省级人民政府建立长江流域水生生物完整性指数评价体系，组织开展长江流域水生生物完整性评价，并将结果作为评估长江流域生态系统总体状况的重要依据。长江流域水生生物完整性指数应当与长江流域水环境质量标准相衔接。

（4）建立野生动植物遗传资源基因库。第59条要求国务院林业和草原、农业农村主管部门，应当对长江流域数量急剧下降或者极度濒危的野生动植物，以及受到严重破坏的栖息地、天然集中分布区、破碎化的典型生态系统，制定修复方案和行动计划，修建迁地保护设施，建立野生动植物遗传资源基因库，进行抢救性修复。

6. 完善污染防治措施

2017年6月27日修正的《水污染防治法》对于水污染防治有较为详细的制度设计，《长江保护法》在《水污染防治法》的基础上，针对长江水污染的特点，增加了以下六项要求：

（1）控制总磷排放总量。第四十六条明确要求长江流域省级政府，要制定本行政区域的总磷污染控制方案，并组织实施。对磷矿、磷肥生产集中的长江干支流，有关省级人民政府应当制定更加严格的总磷排放管控要求，有效控制总磷排放总量；磷矿开采加工、磷肥和含磷农药制造等企业，应当按照排污许可要求，采取有效措施控制总磷排放浓度和排放总量；对排污口和周边环境进行总磷监测，依法公开监测信息。

（2）加强对固废的监管。第49条明确禁止在长江流域河湖管理范围内倾倒、填埋、堆放、弃置、处理固体废物，并要求长江流域县级以上地方人民政府应当加强对固体废物非法转移和倾倒的联防联控。

（3）加强农业面源污染防治。第48条要求长江流域农业生产应当科学使用农业投入品，减少化肥、农药施用，推广有机肥使用，科学处置农用薄膜、农作物秸秆等农业废弃物。

（4）开展地下水重点污染源和环境风险隐患调查评估。第50条要求长江流域县级以上地方人民政府，应当组织对沿河湖垃圾填埋场、加油站、矿山、尾矿库、危险废物处置场、化工园区和化工项目等地下水重点污染源及周边地下水环境风险隐患开展调查评估，并采取相应风险防范和整治措施。

（5）严格危化品运输的管控。第51条明确禁止在长江流域水上运输剧毒化学品和国家规定禁止通过内河运输的其他危险化学品，要求长江流域县级以上地方政府交通运输主管部门会同本级政府有关部门，加强对长江流域危险化学品运输的管控；并授权国务院交通运输主管部门会同国务院有关部门，制定建立长江流域危险货物运输船舶污染责任保险与财务担保相结合机制。

（6）加快搬迁改造重点地区危化品企业。第66条要求长江流域县级以上地方政府，应当加快重点地区危险化学品生产企业搬迁改造，推动钢铁、石油、化工、有色金属、建材、船舶等产业升级改造，推动造纸、制革、电镀、印染、有色金属、农药、氮肥、焦化、原料药制造等企业实施清洁化改造。

7. 推行生态保护补偿

在长江保护工作中，长江干流及重要支流源头、上游水源涵养地等区域，往往要为流域的生态环境保护作出一定经济利益牺牲。推行生态保护补偿，在《长江保护法》中建立生态保护补偿的法律机制，有利于环境利益和经济利益在保护者和破坏者、受益者和受害者之间公平分配，上下游之间通过补偿方与被补偿方之间的利益协调和共享机制，促进环境福祉的共享，真正形成全流域发展合力，从而推进长江经济带的高质量发展。

(1) 明确生态保护补偿办法。第 76 条明确规定，国家建立长江流域生态保护补偿制度，国家加大财政转移支付力度，对长江干流及重要支流源头和上游的水源涵养地等生态功能重要区域予以补偿，并授权国务院财政部门会同国务院有关部门，制定具体办法。

(2) 明确生态保护补偿资金。第 76 条规定，国家鼓励社会资金建立市场化运作长江流域生态保护补偿基金；第 63 条规定，国家按照政策支持、企业和社会参与、市场化运作的原则，鼓励社会资本投入长江流域生态环境修复。

(3) 明确生态保护补偿方式。第 63 条规定，长江流域中下游地区县级以上地方政府应当因地制宜在项目、资金、人才、管理等方面，对长江流域江河源头和上游地区实施生态环境修复和其他保护措施给予支持。同时，第 76 条规定，国家鼓励长江流域上下游、左右岸、干支流地方政府之间开展横向生态保护补偿；鼓励相关主体之间采取自愿协商等方式开展生态保护补偿。

8. 实施最严格法律责任

(1) 法律责任范围宽。《长江保护法》在法律责任这一章，虽然一共只有 12 条，但涉及到的法律责任可不仅仅是这 12 条。《长江保护法》第 92 条规定，“对破坏长江流域自然资源、污染长江流域环境、损害长江流域生态系统等违法行为，本法未作行政处罚规定的，适用有关法律、行政法规的规定。”

《长江保护法》仅对其它相关法律法规未予以处罚的违法行为作出规定，例如，在长江干支流岸线一公里范围内新建、扩建化工园区和化工项目的，违反生态环境准入清单的规定进行生产建设活动的，在长江流域开放水域养殖、投放外来物种的，非法侵占长江流域河湖水域或者违法利用、占用河湖岸线的，非法捕捞、非法采砂的，船舶在禁止航行区域内航行的，等等。

迄今为止，有关的法律就有 30 多部，有关的行政法规有 50 多部。这些法律和行政法规对破坏长江流域自然资源、污染长江流域环境、损害长江流域生态系统的违法行为，都有严厉的处罚，例如《水污染防治法》法律责任部分有 22 条，《水法》法律责任部分有 14 条，《野生动物保护法》法律责任部分有 16 条，《危险化学品安全管理条例》法律责任部分有 22 条。

(2) 损害赔偿责任严。《长江保护法》第九十三条要求，因污染长江流域环境、破坏长江流域生态造成他人损害的，侵权人应当承担侵权责任。违反国家规定造成长江流域生态环境损害的，国家规定的机关或者法律规定的组织有权请求侵权人承担修复责任、赔偿损失和有关费用。

根据《民法典》《侵权责任法》《环境保护法》《水污染防治法》《水法》等有关法律法规规定，因污染环境和破坏生态对他人造成了损害，承担损害赔偿的侵权责任。例如，《环境保护法》《民事诉讼法》授权环保社会组织，《行政诉讼法》授权检察机关，可以对污染环境、破坏生态，损害社会公共利益的行为，向人民法院提起环境公益诉讼，让污染者作出污染损害赔偿，用于修复被其污染的生态环境。

2016年2月，向腾格里沙漠排污的8家企业，被环保社会组织向法院提起公益诉讼，2017年8月28日，法院判决这8家企业承担5.69亿元用于修复和预防土壤污染，并承担环境损失公益金600万元。

(3) 新增刑事责任多。与《长江保护法》同一天表决通过的《中华人民共和国刑法修正案（十一）》，新增了四项与长江保护有关的刑事责任，非常严厉。

第一，刑法第338条新增“在饮用水水源保护区、自然保护地核心保护区等依法确定的重点保护区域排放、倾倒、处置有放射性的废物、含传染病病原体的废物、有毒物质，情节特别严重的”“向国家确定的重要江河、湖泊水域排放、倾倒、处置有放射性的废物、含传染病病原体的废物、有毒物质，情节特别严重的”，判处三年到七年的有期徒刑或者拘役。

第二，刑法第341条新增“违反野生动物保护管理法规，以食用为目的非法猎捕、收购、运输、出售第一款规定以外的在野外环境自然生长繁殖的陆生野生动物，情节严重的”，判处五年到十年的有期徒刑。

第三，刑法第342条新增“违反自然保护地管理法规，在国家公园、国家级自然保护区进行开垦、开发活动或者修建建筑物，造成严重后果或者有其他恶劣情节的”，判处五年以下有期徒刑或者拘役。

第四，刑法第344条新增“违反国家规定，非法引进、释放或者丢弃外来入侵物种，情节严重的”，判处三年以下有期徒刑或者拘役。

三、《长江保护法》水利部门有那些职责？

（一）水资源管理

国务院水行政主管部门统筹长江流域水资源合理配置、统一调度和高效利用，组织实施取用水总量控制和消耗强度控制管理制度。

（二）河湖保护

国务院水行政主管部门加强长江流域河道、湖泊保护工作。长江流域县级以上地方人民政府负责划定河道、湖泊管理范围，并向社会公告，实行严格的河湖保护，禁止非法侵占河湖水域。

（三）采砂管理

(1) 国家建立长江流域河道采砂规划和许可制度。长江流域河道采砂应当依法取得国务院水行政主管部门有关流域管理机构或者县级以上地方人民政府水行政主管部门的许可。

(2) 国务院水行政主管部门有关流域管理机构和长江流域县级以上地方人民政府依法划定禁止采砂区和禁止采砂期，严格控制采砂区域、采砂总量和采砂区域内的采砂船舶数量。禁止在长江流域禁止采砂区和禁止采砂期从事采砂活动。

(3) 国务院水行政主管部门会同国务院有关部门组织长江流域有关地方人民政府及其有关部门开展长江流域河道非法采砂联合执法工作。

(四) 水量分配与调度

(1) 国务院水行政主管部门有关流域管理机构商长江流域省级人民政府依法制定跨省河流水量分配方案，报国务院或者国务院授权的部门批准后实施。

(2) 制定长江流域跨省河流水量分配方案应当征求国务院有关部门的意见。长江流域省级人民政府水行政主管部门制定本行政区域的长江流域水量分配方案，报本级人民政府批准后实施。

(3) 国务院水行政主管部门有关流域管理机构或者长江流域县级以上地方人民政府水行政主管部门依据批准的水量分配方案，编制年度水量分配方案和调度计划，明确相关河段和控制断面流量水量、水位管控要求。

(五) 生态流量管控

(1) 国家加强长江流域生态用水保障。国务院水行政主管部门会同国务院有关部门提出长江干流、重要支流和重要湖泊控制断面的生态流量管控指标。其他河湖生态流量管控指标由长江流域县级以上地方人民政府水行政主管部门会同本级人民政府有关部门确定。

(2) 国务院水行政主管部门有关流域管理机构应当将生态水量纳入年度水量调度计划，保证河湖基本生态用水需求，保障枯水期和鱼类产卵期生态流量、重要湖泊的水量和水位，保障长江河口咸淡水平衡。

(3) 长江干流、重要支流和重要湖泊上游的水利水电、航运枢纽等工程应当将生态用水调度纳入日常运行调度规程，建立常规生态调度机制，保证河湖生态流量；其下泄流量不符合生态流量泄放要求的，由县级以上人民政府水行政主管部门提出整改措施并监督实施。

(六) 饮用水水源地保护

(1) 国家加强长江流域饮用水水源地保护。国务院水行政主管部门会同国务院有关部门制定长江流域饮用水水源地名录。长江流域省级人民政府水行政主管部门会同本级人民政府有关部门制定本行政区域的其他饮用水水源地名录。

(2) 长江流域省级人民政府组织划定饮用水水源保护区，加强饮用水水源保护，保障饮用水安全。

(七) 用水和水资源论证管理

国务院水行政主管部门会同国务院有关部门确定长江流域农业、工业用水效率目标，加强用水计量和监测设施建设；完善规划和建设项目水资源论证制度；加强对高耗水行业、重点用水单位的用水定额管理，严格控制高耗水项目建设。

(八) 河湖水系连通

国务院水行政主管部门会同国务院有关部门制定并组织实施长江干流和重要支流的河湖水系连通修复方案，长江流域省级人民政府制定并组织实施本行政区域的长江流域河湖水系连通修复方案，逐步改善长江流域河湖连通状况，恢复河湖生态流量，维护河湖水系生态功能。

(九) 长江河口生态环境修复

国务院水行政主管部门会同国务院有关部门和长江河口所在地人民政府按照陆海统筹、河海联动的要求，制定实施长江河口生态环境修复和其他保护措施方案，加强对水、沙、盐、潮滩、生物种群的综合监测，采取有效措施防止海水入侵和倒灌，维护长江河口良好生态功能。

第二节 黄河保护法

一、《黄河保护法》是一部什么样的法律?

为了加强黄河流域生态环境保护，保障黄河安澜，推进水资源节约集约利用，推动高质量发展，保护传承弘扬黄河文化，实现人与自然和谐共生、中华民族永续发展，制定黄河保护法。这部法律的制定实施，为在法治轨道上推进黄河流域生态保护和高质量发展提供有力保障。

十三届全国人大常委会第三十七次会议30日表决通过《中华人民共和国黄河保护法》(以下简称《黄河保护法》)。这部法律2023年4月1日起施行。

《黄河保护法》包括总则、规划与管控、生态保护与修复、水资源节约集约利用、水沙调控与防洪安全、污染防治、促进高质量发展、黄河文化保护传承弘扬、保障与监督、法律责任和附则11章，共122条。

(一) 黄河流域的基础性、综合性和统领性的专门法律

为了解决黄河流域面临的水资源紧缺、生态脆弱、洪水威胁、水土流失、泥沙淤积、局部地区生态退化、高质量发展不充分、民生发展不足等突出问题，我国先后出台了《黄河流域生态保护和高质量发展规划纲要》《中共中央国务院关于深入打好污染防治攻坚战的意见》等政策文件，提出了将黄河流域生态保护和高质量发展上升为国家战略的时代要求。

1. 确立坚持原则

《黄河保护法》第三条明确规定，黄河流域生态保护和高质量发展，坚持中国共产党的领导，落实重在保护、要在治理的要求，贯彻生态优先、绿色发展，量水而行、节水为重，因地制宜、分类施策，统筹谋划、协同推进的原则。将“坚持中国共产党的领导”确认为根本原则，确保了黄河流域法治建设始终沿着正确的政治方向迈进；将“重在保护、要在治理”确定为黄河流域各地区经济发展必须共同遵守的法律制度。

2. 扩大适用范围

《黄河保护法》适用范围不是自然流域79.5万平方千米的概念，而是根据黄河流域生态保护和高质量发展需要，扩大了适用范围，体现了黄河流域的资源、生态、社会、文化属性，超越传统流域“水系空间”，而且按照行政区域进行管理，涵盖黄河干流、支流和湖泊集水区域所涉及的9省72市439个县级行政区域共132万平方千米。同时，针对用水还扩充到流域外供水区的相关县级行政区域，包括甘肃、内蒙古、山西、河南、山东的其他黄河供水区的县级行政区。

《黄河保护法》作为黄河流域的基础性、综合性和统领性的专门法律，能够结合黄河流域的特殊问题制定具有针对性的规定，在生态保护与修复、水资源节约集约利用、水沙调控与防洪安全、污染防治等方面建立黄河流域生态环境保护规范，为黄河流域生态环境保护提供全方位的法律保障。

（二）明确多项制度创新和举措的法律

《黄河保护法》在顶层设计方面下了很大功夫，有重大创新。针对黄河保护治理中面临的部门分割、地区分割等问题，坚持系统观念，加强规划、政策和重大事项的统筹协调，在法律层面有效增强黄河保护治理的系统性、整体性、协同性，按照中央统筹、省负总责、市县落实的要求通过法律规定了体制机制，有效推进黄河上中下游、左右岸、干支流、部门间推进共同保护、协同治理。

（1）健全管理体制。《黄河保护法》第 4 条规定，国家建立黄河流域生态保护和高质量发展统筹协调机制，审议重大政策、重大规划、重大项目等，协调跨地区跨部门重大事项，督促检查相关重要工作的落实情况；第 5 条规定，国务院有关部门按照职责分工，负责生态保护和高质量发展相关工作；第 6 条对地方各级政府职责按照省负总责、市县落实的要求作出了规定；第 5 条第二款规定了流域管理机构的相关职责，从而形成中央统筹协调、部门协同配合、属地抓好落实、各方衔接有力的管理体制。

（2）建立协同机制。《黄河保护法》第 6 条规定，黄河流域相关地方根据需要在地方性法规和地方政府规章制定、规划编制、监督执法等方面加强协作，协同推进黄河流域生态保护和高质量发展，并要求建立省际河湖长联席会议制度。同时，《黄河保护法》在第 105 条规定建立执法协调机制，对跨行政区域、生态敏感区域以及重大违法案件，依法开展联合执法，推进行政执法机关与司法机关协同配合。

（3）完善规划体系。《黄河保护法》第二十条规定了国家建立以国家发展规划为统领，以空间规划为基础，以专项规划、区域规划为支撑的黄河流域规划体系，发挥规划对推进黄河流域生态保护和高质量发展的引领、指导和约束作用，使“1＋N＋X”规划体系法治化，并对各规划之间的关系作出规定。特别是规定了规划水资源论证制度，第二十四条专门规定国民经济和社会发展规划、国土空间总体规划的编制以及重大产业政策的制定，应当与黄河流域水资源条件和防洪要求相适应，并进行科学论证。黄河流域工业、农业、畜牧业、林草业、能源、交通运输、旅游、自然资源开发等专项规划和开发区、新区规划等，涉及水资源开发利用的，应当进行规划水资源论证。未经论证或者经论证不符合水资源强制性约束控制指标的，规划审批机关不得批准该规划。

《黄河保护法》树立“量水而行、节水为重”的基本原则，坚持以水定城、以水定地、以水定人、以水定产的思路，实行水资源刚性约束制度、强制性用水定额管理制度、高耗水产业准入负面清单和淘汰类高耗水产业目录制度、取水许可限批制度等，不仅对用水总量、用水效率等予以明确要求，而且坚决抑制不合理用水需求，大力发展节水产业和技术。

《黄河保护法》也规定了一系列禁止性措施便于实践操作，如禁止在黄河干支流岸线管控范围内新建、扩建化工园区和化工项目；禁止在黄河流域水土流失严重、生态脆弱区域开展可能造成水土流失的生产建设活动；禁止侵占刁口河等黄河备用入海流路；禁止在

黄河流域开放水域养殖、投放外来物种和其他非本地物种种质资源等。

（三）调整重点突出的法律

水少沙多、水沙关系不协调是黄河复杂难治的症结所在，黄河治理的根本在于水沙兼治。水沙调节、水土保持和水源涵养是黄河保护治理的重要内容，只有统筹做好这些工作才能推进黄河流域生态保护修复、保障黄河的长治久安和高质量发展。为此，《黄河保护法》从三个方面予以体现。

（1）关于水沙调控和防洪安全，采取了黄河流域组织建设水沙调控和防洪减灾工程体系，完善以骨干水库等重大水利工程为主的水沙调控体系，编制水沙调控方案，确定重点水库水沙调控运用指标、方式和时间，编制黄河防御洪水预案和防凌调度方案，实行采砂规划和许可制度等措施，旨在从源头发挥联合调水调沙作用，提升洪涝灾害防御和应对能力。

（2）关于生态保护特别是水土流失防治，规定实施重大生态修复工程，开展规模化防沙治沙；比《中华人民共和国水土保持法》规定了更加严格的陡坡地禁止开垦范围；推进黄土高原塬面治理保护、多沙粗沙区治理、整沟治理等，减少中游来沙；强化淤地坝建设管理，减少下游河道淤积。

（3）对黄河流域水资源实行节约集约利用，规定了国家对黄河水量实行统一配置和调度；实施取用水总量控制制度；在黄河流域取用水资源，应当依法取得许可；实行强制性用水定额管理制度，严格限制黄河流域高耗水项目建设、严格执行高耗水工业和服务业强制性用水定额，超过强制性用水定额的，应当限期实施节水技术改造等内容，通过节水增水、防沙减沙，提升水源涵养和水生态系统质量，解决水资源短缺和生态脆弱等问题，从而改善水少沙多的现象。

（四）充分贯彻了习近平生态文明思想和习近平法治思想的法律

《黄河保护法》贯彻了习近平关于治水的重要论述，充分融汇了习近平生态文明思想和习近平法治思想所要求的“整体系统观”。

一方面，根据水资源兼具生态保护和资源利用的双重价值，树立了节约、保护、开发、利用水资源和防治水害等多重目标，相应规定了生态保护与修复、水资源节约集约利用、水沙调控与防洪安全、污染防治等内容。运用防治结合的思路，坚持一体化推进黄河流域系统修复和综合治理工作。

另一方面，兼顾生态保护和高质量发展两个重要领域。《黄河保护法》第三章至第六章围绕加强黄河流域生态环境保护、推进水资源节约集约利用的立法目的展开。该法将促进高质量发展看作更高层次的目标，符合习近平总书记关于深入推动黄河流域生态保护和高质量发展的战略部署，是将中央关于坚定不移走生态优先、绿色发展的现代化道路的要求转化为法律规范的成功实践。

二、《黄河保护法》八大亮点

《黄河保护法》把握黄河流域特点，紧紧抓住黄河保护主要矛盾问题，充分总结黄河保护工作经验，为在法治轨道上推进黄河流域生态保护和高质量发展提供了有力保障，是继《长江保护法》后有一部，全面推进国家“江河战略”法治化的标志性立法。具体来说，有以下八大的亮点：

（一）推进生态保护和高质量发展

（1）明确原则。《黄河保护法》在第3条就开宗明义，明确黄河流域生态保护和高质量发展要坚持中国共产党的领导，落实重在保护、要在治理的要求，加强污染防治，贯彻生态优先、绿色发展，量水而行、节水为重，因地制宜、分类施策，统筹谋划、协同推进的原则。

（2）统筹规划。《黄河保护法》在第二章专门一章共9条，来规定规划的统筹措施，明确国家建立以国家发展规划为统领，以空间规划为基础，以专项规划、区域规划为支撑的黄河流域规划体系，发挥规划对推进黄河流域生态保护和高质量发展的引领、指导和约束作用。

（3）分区管控。《黄河保护法》第26条要求，黄河流域省级人民政府根据本行政区域的生态环境和资源利用状况，按照生态保护红线、环境质量底线、资源利用上线的要求，制定生态环境分区管控方案和生态环境准入清单，报国务院生态环境主管部门备案后实施。

（4）明确红线。《黄河保护法》第26条要求，禁止在黄河干支流岸线管控范围内新建、扩建化工园区和化工项目，禁止在黄河干流岸线和重要支流岸线的管控范围内新建、改建、扩建尾矿库（以提升安全水平、生态环境保护水平为目的的改建除外）。同时明确，干支流目录、岸线管控范围由水利部、自然资源部、生态环境部按照职责分工，会同黄河流域省级人民政府确定并公布。

（5）明确举措。《黄河保护法》在第七章专门一章共9条，来规定促进高质量发展的具体措施，具体包括严格控制黄河流域上中游地区新建各类开发区，强化生态环境、水资源等约束和城镇开发边界管控，推进节水型城市、海绵城市建设，统筹城乡基础设施建设和产业发展，推进农村产业融合发展，鼓励使用绿色低碳能源，建设生态宜居美丽乡村等。

（二）建立流域统筹协调机制

“不谋全局者，不足谋一域。”黄河流域全长5464公里，呈“几”字形流经青海、四川、甘肃、宁夏、内蒙古、山西、陕西、河南、山东等9省区，行经130万平方公里，是我国重要的生态安全屏障，也是人口活动和经济发展的重要区域，在国家发展大局和社会主义现代化建设全局中具有举足轻重的战略地位。

黄河保护需要流域上下“一盘棋”的共治共理，是一个全流域的系统工程。《黄河保护法》在第一章总则中明确建立“黄河流域统筹协调机制”，促进黄河流域实现龙头龙身龙尾统筹协调发展，成为造福人民的幸福河。

（1）明确流域协调机制的职责。《黄河保护法》第4条，明确国家建立黄河流域统筹协调机制，全面指导、统筹协调黄河流域生态保护和高质量发展工作，审议黄河流域重大政策、重大规划、重大项目等，协调跨地区跨部门重大事项，督促检查相关重要工作的落实情况。

（2）明确流域协调机制的分工。《黄河保护法》第5条明确水利部黄河水利委员会及其所属管理机构，依法行使流域水行政监管职责，为黄河流域统筹协调机制相关工作提供

支撑保障；生态环境部黄河流域生态环境监管机构依法开展流域生态环境监管相关工作。同时，在第6条第4款明确要求黄河流域建立省际河湖长联席会议制度，各级河湖长负责河道、湖泊管理和保护相关工作。

（3）建立流域信息共享机制。《黄河保护法》第15条要求，黄河流域统筹协调机制要统筹协调国务院有关部门和黄河流域省级政府，建立健全黄河流域信息共享系统，组织建立智慧黄河信息共享平台，共享黄河流域生态环境、自然资源、水土保持、防洪安全以及管理执法等信息，提高科学化水平。

（4）建立地方协作机制。《黄河保护法》第6条要求黄河流域相关地方根据需要，在地方性法规和地方政府规章制定、规划编制、监督执法等方面加强协作，协同推进黄河流域生态保护和高质量发展。并在第105条要求建立执法协调机制，对跨行政区域、生态敏感区域以及重大违法案件，依法开展联合执法。

（5）建立专家咨询委员会。《黄河保护法》第14条中要求黄河流域统筹协调机制设立专家咨询委员会，对黄河流域重大政策、重大规划、重大项目和重大科技问题等提供专业咨询。

（二）强化政府监管责任

《黄河保护法》是对政府责任要求最多的法律之一，共有84条有关政府责任的规定，占法律条文总数的68.8%，这是吸收《长江保护法》的经验，《长江保护法》共有62条有关政府责任的规定，占法律条文总数的65%。

保护黄河，离不开流域沿岸各级地方政府的总指挥、总调度和运筹帷幄。实践也证明，加强政府环境责任，推动地方党政主要领导发挥示范带动作用，真正重视生态环境保护工作、承担起应尽的职责，对于改善一个区域的生态环境，具有极其重要的作用。

因此，《黄河保护法》通过加强政府责任，来理清部门履职边界，理顺中央和地方、部门与部门、流域与区域、区域与区域之间的关系，解决谁都可以管、谁都不愿管以及部门间监管方法、尺度和标准不一致等问题。

（1）系统明确政府责任。《黄河保护法》通过对黄河流域的规划布局、高质量发展战略、水资源节约集约利用和刚性约束制度、水沙调控与防洪安全保障、污染防治、生态修复、资金投入、生态保护补偿等方方面面的政府责任，进行全面系统性的制度设计，为黄河流域生态保护和高质量发展提供了稳固有力的制度保障。

（2）考核地方政府制度。《黄河保护法》第103条规定：国家实行黄河流域生态保护和高质量发展责任制和考核评价制度；上级人民政府应当对下级人民政府水资源、水土保持强制性约束控制指标落实情况等生态保护和高质量发展目标完成情况进行考核。

（3）约谈地方政府制度。《黄河保护法》第106条规定：国务院有关部门和黄河流域省级人民政府对黄河保护不力、问题突出、群众反映集中的地区，可以约谈该地区县级以上地方人民政府及其有关部门主要负责人，要求其采取措施及时整改。约谈和整改情况应当向社会公布。

（4）政府向人大报告制度。《黄河保护法》第107条规定：国务院定期向全国人大常委会报告黄河流域生态保护和高质量发展工作情况；黄河流域县级以上地方政府定期向本级人大或者其常委会报告本级政府黄河流域生态保护和高质量发展工作情况。

（四）完善污染防治措施

（1）水污染物总量控制。《黄河保护法》第75条规定：生态环境部根据水环境质量改善目标和水污染防治要求，确定黄河流域各省级行政区域重点水污染物排放总量控制指标。对于黄河流域水环境质量不达标的水功能区，省级生态环境主管部门要实施更加严格的水污染物排放总量削减措施，限期实现水环境质量达标。

（2）排污口监管和整治。《黄河保护法》第76条规定：在黄河流域河道、湖泊新设、改设或者扩大排污口，要报经有管辖权的生态环境主管部门或者黄河流域生态环境监督管理机构批准。黄河流域水环境质量不达标的水功能区，除城乡污水集中处理设施等重要民生工程的排污口外，要严格控制新设、改设或者扩大排污口。

（3）农业面源污染防治。《黄河保护法》第81条规定：黄河流域县级以上地方政府及其有关部门要加强农药、化肥等农业投入品使用总量控制、使用指导和技术服务，推广病虫害绿色防控等先进适用技术，实施灌区农田退水循环利用，加强对农业污染源的监测预警；黄河流域农业生产经营者应当科学合理使用农药、化肥、兽药等农业投入品，科学处理、处置农业投入品包装废弃物、农用薄膜等农业废弃物，综合利用农作物秸秆，加强畜禽、水产养殖污染防治。

（4）地下水污染防治。《黄河保护法》第77条规定：黄河流域县级以上地方政府要对沿河道、湖泊的垃圾填埋场、加油站、储油库、矿山、尾矿库、危险废物处置场、化工园区和化工项目等地下水重点污染源及周边地下水环境风险隐患，组织开展调查评估，并采取风险防范和整治措施。

《黄河保护法》第77条还规定：黄河流域设区市级生态环境主管部门要制定并发布地下水污染防治重点排污单位名录。地下水污染防治重点排污单位应当依法安装水污染物排放自动监测设备，与生态环境主管部门的监控设备联网，并保证监测设备正常运行。

《黄河保护法》第79条还规定：加强油气开采区等地下水污染防治监督管理。在黄河流域开发煤层气、致密气等非常规天然气的，要对其产生的压裂液、采出水进行处理处置，不得污染土壤和地下水。

（5）土壤和固废的污染防治。《黄河保护法》第79条要求黄河流域县级以上地方政府要加强黄河流域土壤生态环境保护，防止新增土壤污染，因地制宜分类推进土壤污染风险管控与修复；同时还要求加强固体废物污染环境防治，组织开展固体废物非法转移和倾倒的联防联控。

（五）加强水资源节约集约利用

黄河流域最大的矛盾是水资源短缺。上中游大部分地区位于400毫米等降水量线以西，气候干旱少雨，多年平均降水量446mm，仅为长江流域的40%。

黄河流域多年平均水资源总量647亿m^3，不到长江的7%，但是水资源开发利用率高达80%，远超40%的生态警戒线。

《黄河保护法》在第四章专门一章共15条，详细规定“加强水资源节约集约利用”的具体措施。

（1）水资源刚性约束制度。《黄河保护法》在总则第8条明确，国家在黄河流域实行水资源刚性约束制度，坚持以水定城、以水定地、以水定人、以水定产，优化国土空间开

发保护格局，促进人口和城市科学合理布局，构建与水资源承载能力相适应的现代产业体系。并要求黄河流域县级以上地方政府，按照国家有关规定，在本行政区域组织实施水资源刚性约束制度。

（2）水资源统一调度制度。《黄河保护法》第47条明确国家对黄河流域水资源实行统一调度，遵循总量控制、断面流量控制、分级管理、分级负责的原则，根据水情变化进行动态调整，并授权水利部组织黄河流域水资源统一调度的实施和监督管理。

（3）地下水取水总量控制制度。第48条要求水利部会同自然资源部制定黄河流域省级行政区域地下水取水总量控制指标。并要求省级水利部门会同本级有关部门，根据本行政区域地下水取水总量控制指标，制定设区的市、县级行政区域地下水取水总量控制指标和地下水水位控制指标，经省级政府批准后，报水利部或者黄河流域管理机构备案。

（4）取水许可制度。第50条明确在黄河流域取用水资源，要依法取得取水许可。在黄河干流取水，以及跨省重要支流指定河段限额以上取水，由黄河流域管理机构负责审批取水申请，审批时应当研究取水口所在地的省级人民政府水行政主管部门的意见；其他取水由黄河流域县级以上地方人民政府水行政主管部门负责审批取水申请。并明确规定，指定河段和限额标准由水利部确定公布、适时调整。

（5）强制性用水定额管理制度。《黄河保护法》第52条明确国家在黄河流域实行强制性用水定额管理制度。水利部、国务院标准化主管部门会同国家发改委组织制定黄河流域高耗水工业和服务业强制性用水定额。制定强制性用水定额应当征求国务院有关部门、黄河流域省级政府、企业事业单位和社会公众等方面的意见，并依照《标准化法》的有关规定执行。

（六）加强水沙调控和防洪安全

黄河流域最大的威胁是洪水。黄河是全世界泥沙含量最高、治理难度最大、水害严重的河流之一，历史上曾"三年两决口、百年一改道"，洪涝灾害波及范围北达天津、南抵江淮。

黄河的特点是"善淤、善决、善徙"，水沙关系不协调，下游泥沙淤积、河道摆动、"地上悬河"等老问题尚未彻底解决，下游滩区仍有近百万人受洪水威胁，气候变化和极端天气引发超标准洪水的风险依然存在。

为确保黄河岁岁安澜，《黄河保护法》在第五章专门一章共12条，详细规定加强水沙调控与防洪安全的具体措施。

（1）水沙统一调度制度。《黄河保护法》第62条明确了，国家实行黄河流域水沙统一调度制度，同时授权黄河流域管理机构组织实施黄河干支流水库群统一调度，编制水沙调控方案，确定重点水库水沙调控运用指标、运用方式、调控起止时间，下达调度指令；黄河流域县级以上地方政府、水库主管部门和管理单位要执行黄河流域管理机构的调度指令。第62条还要求水沙调控要采取措施尽量减少对水生生物及其栖息地的影响。

（2）建立水沙调控体系。《黄河保护法》第61条规定了，完善以骨干水库等重大水工程为主的水沙调控体系，采取联合调水调沙、泥沙综合处理利用等措施，提高拦沙输沙能力，纳入水沙调控体系的工程名录明确由水利部制定。

（3）编制黄河防御洪水方案。《黄河保护法》第63条要求水利部组织编制黄河防御洪水方案，经国家防汛抗旱指挥机构审核后，报国务院批准。黄河流域管理机构要会同黄河流域省级政府根据批准的黄河防御洪水方案，编制黄河干流和重要支流、重要水工程的洪水调度方案，报水利部批准并抄送国家防汛抗旱指挥机构和应急管理部，按照职责组织实施。还要求黄河流域县级以上地方政府，组织编制和实施黄河其他支流、水工程的洪水调度方案，并报上一级政府防汛抗旱指挥机构和有关主管部门备案。

(4) 制定年度防凌调度方案。《黄河保护法》第64条要求黄河流域管理机构制定年度防凌调度方案，报水利部备案，按照职责组织实施。黄河流域有防凌任务的县级以上地方政府要把防御凌汛纳入本行政区域的防洪规划。

(5) 制定黄河滩区名录。《黄河保护法》第66条要求黄河流域管理机构会同黄河流域省级政府依据黄河流域防洪规划，制定黄河滩区名录，报水利部批准；并要求黄河流域省级政府要有序安排滩区居民迁建，严格控制向滩区迁入常住人口，实施滩区综合提升治理工程。黄河滩区土地利用、基础设施建设和生态保护与修复应当满足河道行洪需要，发挥滩区滞洪、沉沙功能。

（七）保护传承弘扬黄河文化

黄河流域的文化根基非常深厚，孕育了河湟文化、关中文化、河洛文化、齐鲁文化等特色鲜明的地域文化，历史文化遗产星罗棋布。

中华文明上下五千年，在长达3000多年的时间里，黄河流域一直是全国政治、经济和文化中心，以黄河流域为代表的我国古代发展水平长期领先于世界。

九曲黄河奔流入海，以百折不挠的磅礴气势塑造了中华民族自强不息的伟大品格，成为民族精神的重要象征。

为保护传承弘扬黄河文化，《黄河保护法》在第八章专门一章共9条，通过法律制度来保护黄河流域的历史文化遗产。

(1) 编制文化保护传承弘扬规划。《黄河保护法》第91条规定：文化和旅游部会同国务院有关部门编制并实施黄河文化保护传承弘扬规划，加强统筹协调，推动黄河文化体系建设。还要求黄河流域县级以上地方政府及其文化和旅游等主管部门加强黄河文化保护传承弘扬，提供优质公共文化服务，丰富城乡居民精神文化生活。

(2) 加强文化遗产保护。《黄河保护法》第94条明确国家加强黄河流域历史文化名城名镇名村、历史文化街区、文物、历史建筑、传统村落、少数民族特色村寨和古河道、古堤防、古灌溉工程等水文化遗产，农耕文化遗产、地名文化遗产以及非物质文化遗产等的保护，并要求住房和城乡建设部、文化和旅游部、国家文物局和黄河流域县级以上地方政府有关部门按照职责分工和分级保护、分类实施的原则，加强监督管理。还要求加强黄河流域保护。

(3) 加强革命纪念意义文物和遗迹的保护。第95条明确国家加强黄河流域具有革命纪念意义的文物和遗迹保护，建设革命传统教育、爱国主义教育基地，传承弘扬黄河红色文化。

(4) 建设黄河国家文化公园。第96条明确国家建设黄河国家文化公园，统筹利用文化遗产地以及博物馆、纪念馆、展览馆、教育基地、水工程等资源，综合运用信息化手段，系统展示黄河文化；并要求国家发改委、文化和旅游部组织开展黄河国家文化公园

建设。

(5) 推动黄河文化产业发展。第98条要求黄河流域县级以上地方政府要以保护传承弘扬黄河文化为重点，推动文化产业发展，促进文化产业与农业、水利、制造业、交通运输业、服务业等深度融合；还要求文化和旅游部会同国务院有关部门统筹黄河文化、流域水景观和水工程等资源，建设黄河文化旅游带。

(八) 实施最严格法律责任

1. 典型的双罚制，最高可罚500万

对于在黄河干支流岸线管控范围内新建、扩建化工园区或者化工项目，或者在黄河干流岸线或者重要支流岸线的管控范围内新建、改建、扩建尾矿库，或者违反生态环境准入清单规定进行生产建设活动的，只要有以上三种中的任何一种违法行为，《黄河保护法》第109条授权由地方政府生态环境、自然资源等主管部门按照职责分工，责令停止违法行为，限期拆除或者恢复原状，处50万—500万元的罚款，同时对直接负责的主管人员和其他直接责任人员处5万—10万元的罚款，这是典型的双罚制。

对于逾期不拆除或者不恢复原状的，强制拆除或者代为恢复原状，所需费用由违法者承担；情节严重的，报经有批准权的人民政府批准，责令关闭。

2. 损害赔偿责任严

《黄河保护法》第119条要求，在黄河流域破坏自然资源和生态、污染环境、妨碍防洪安全、破坏文化遗产等造成他人损害的，侵权人应当依法承担侵权责任。违反本法规定，造成黄河流域生态环境损害的，国家规定的机关或者法律规定的组织有权请求侵权人承担修复责任、赔偿损失和相关费用。

根据《中华人民共和国水法》《中华人民共和国民法典》《中华人民共和国环境保护法》《中华人民共和国水污染防治法》等有关法律法规规定，因污染环境和破坏生态对他人造成了损害，承担损害赔偿的侵权责任。例如，《中华人民共和国环境保护法》《中华人民共和国民事诉讼法》授权环保社会组织，《中华人民共和国行政诉讼法》授权检察机关，可以对污染环境、破坏生态，损害社会公共利益的行为，向人民法院提起环境公益诉讼，让污染者作出污染损害赔偿，用于修复被其污染的生态环境。

例如：2016年2月，向腾格里沙漠排污的8家企业，被环保社会组织向法院提起公益诉讼，2017年8月28日，法院判决这8家企业承担5.69亿元用于修复和预防土壤污染，并承担环境损失公益金600万元。

3. 新增刑事责任多

2021年3月1日起施行的《中华人民共和国刑法修正案（十一）》，新增了四项与《黄河保护有关的刑事责任》，非常严厉。

(1) 刑法第338条新增“在饮用水水源保护区、自然保护地核心保护区等依法确定的重点保护区域排放、倾倒、处置有放射性的废物、含传染病病原体的废物、有毒物质，情节特别严重的”“向国家确定的重要江河、湖泊水域排放、倾倒、处置有放射性的废物、含传染病病原体的废物、有毒物质，情节特别严重的”，判处三年到七年的有期徒刑或者拘役。

(2) 刑法第341条新增“违反野生动物保护管理法规，以食用为目的非法猎捕、收购、运输、出售第一款规定以外的在野外环境自然生长繁殖的陆生野生动物，情节严重的”，判处五年到十年的有期徒刑。

（3）刑法第342条新增“违反自然保护地管理法规，在国家公园、国家级自然保护区进行开垦、开发活动或者修建建筑物，造成严重后果或者有其他恶劣情节的”，判处五年以下有期徒刑或者拘役。

（4）刑法第344条新增“违反国家规定，非法引进、释放或者丢弃外来入侵物种，情节严重的”，判处三年以下有期徒刑或者拘役。

第六章 水资源管理

第一节 水资源管理概述

水是生命的源泉，是人类生活和生产不可缺少的基本物质，是人类社会生存和发展不可缺少、不可替代的自然资源。当今世界面临的人口、粮食、能源和环境四大问题，都与水密切相关。水资源已经成为整个国民经济的命脉，必须加强对水资源的管理。

一、水资源管理的含义

水资源管理是指水资源开发和利用的组织、协调、监督和调度（见《中国大百科全书》）。"组织"是指运用行政、法律、经济、技术和教育等手段，组织各种社会力量开发和利用水资源和防治水害；"协调"是指协调社会经济发展与水资源开发和利用之间的关系，处理各地区、各部门之间的用水矛盾；"监督"是指监督、限制不合理的开发水资源和危害水源的行为；"调度"是指制定供水系统和水库工程优化调度方案，科学地分配水量。

二、水资源管理的目标、依据

（1）水资源管理的目的。水资源管理的目的，在于有效地增加更多、更好的社会效益和经济效益，维护良好的环境效益。现代水资源管理的最终目标是以最少的水资源量，创造最大的经济效益和社会效益，建立最佳的水环境。

（2）水资源管理的依据。水法律、法规、规章以及其他规范性文件是水资源管理的法律依据，它是调整水资源的管理、保护、开发、利用、防治水害过程中所发生的各种社会关系的依据。

三、水资源管理的主要内容

国家对水资源进行的所有权管理有三种管理形态，即动态管理、权属管理和监督管理。

（1）动态管理。水资源的动态管理是指国家运用水文测验、水文调查、水文地质勘察等科学方法和手段，对地表水、地下水进行调查、统计、分析和评价，从而掌握水资源的储量、质量和分布位置，为开发利用水资源和防治水害活动提供宏观调控的依据，以保证水资源处于良性循环状态。

（2）权属管理。水资源的权属管理是指以水资源属于国家所有为依据，水行政主管部门作为水资源的产权代表，运用法律、行政、经济等手段，对水资源行使占有、调配、收益、处分的权力。如制定开发利用规划、水中长期供求计划、水量分配方案以及实施取水许可制度和征收水资源费等均属于权属管理的范畴。权属管理的目的在于优化水资源配置，发挥水资源的整体效益，促进我国国民经济和社会的发展。

(3) 监督管理。水资源的监督管理是指水行政主管部门作为水资源所有权的代表者，通过监测、调查、评价、水平衡测试等手段，监督各部门开发和利用水资源的活动，以保证这些活动的合法、合理以及水资源管理措施的正确执行。

从上述三个方面的管理活动不难看出，水资源管理是涉及自然和社会的一项综合性管理。因此，需要采取多种方法相互配合，才能达到其要实现保障社会安定、促进经济发展、改善自然环境的三大基本目标。一个国家水资源权属管理的执行状况，它的深度和广度以及实际效果，标志着这个国家的水资源管理水平。

第二节　水资源权属及管理体制

一、水资源的所有权和使用权

（一）水资源的所有权的特征

(1) 水资源所有权的相对性。水是流动的，处于不间断的循环之中，所以人类对水资源的占有也是相对的，其使用、收益、处分均具有不完整性、不稳定性。水的循环性和不确定性，决定了水资源所有权的相对性。

(2) 水资源使用权的共享性。法律上的物权一般具有排他性，即一旦把某物确定给某人使用时，其他人就不能再使用。然而，水则不同，上游用过的水下游还可以利用，左右岸可以同时使用，发电过后灌溉依然能用等。水资源的流动性和多功能性，决定了水资源使用权的共享性。

(3) 水资源所有权的永续性。水资源与其他一些资源不同，如矿藏开采到一定程度就要报废，附着于矿藏的所有权自然消灭。土地资源尽管不会灭失，但不能再生。而水资源属循环再生资源，不会因为开发和利用而枯竭（前提是合理开发），可以永续利用，因而水资源的所有权是永固的。水资源的再生性，决定了水资源所有权的永续性。

（二）水资源所有权和使用权的规定

水的所有权问题是《中华人民共和国水法》的核心问题。它是制定有关水事法律规范的立足点和出发点。《民法通则》规定：所有权包括占有、使用、收益和处分的权利。因此，法律对于所有权的规定，制约着其他各种权利和义务关系。关于水资源的所有权和使用权的，修改后的《中华人民共和国水法》做了明确的规定。

(1) 水资源属于国家所有。水资源的所有权由国务院代表国家行使。

(2) 农村集体经济组织的水塘和由农村集体经济组织修建管理的水库中的水，归各该农村集体经济组织使用。

(3) 国家鼓励单位和个人依法开发、利用水资源，并保护其合法权益。开发、利用水资源的单位和个人有依法保护水资源的义务。

水资源属于国家所有的规定，确定了国家对水资源的管理不仅具有一般的行政职能，

而且具有所有权主体的地位。它是国家对水资源统一配置、实施取水许可制度、征收水资源费等水管理制度的基础，其实际意义体现在国家对水资源有支配权和管理权。《中华人民共和国宪法》第九条明确规定水流属于国家所有。《中华人民共和国水法》依据《中华人民共和国宪法》的这一规定，在第十二条也明确了水资源属于国家所有这一规定。《中华人民共和国宪法》中的“水流”与《中华人民共和国水法》中“水资源”是同义词。这里所说的同义，是指二者的外延相同，也就是所指的客体相同，都是指江河、湖泊、冰山、积雪等地表水和地下水。

西方的传统水法，在一定范围内确认水的私有。但是，由于水资源的开发、利用和保护日益成为关系国计民生和国家利益的大事，水的私有已明显不适应社会发展的客观要求。因此，近些年来，国外现代水法的发展趋势，是越来越多的国家用法律来规定水资源的国家所有，或者是社会公有。这不仅体现在社会主义国家，一些资本主义国家也是这样。

二、水资源管理体制

水资源管理体制是国家管理水资源的组织体系和权限划分的基本制度，是合理开发、利用、节约和保护水资源和防治水害，实现水资源可利用的组织保障。改革水管理的体制，加强水资源的统一管理，从水资源分割管理的体制向“一龙管水、多龙治水”的体制转变，是新形势下实现水资源可持续的迫切要求，也是修改后的《中华人民共和国水法》的重要特点。

（一）原水资源管理体制的弊端

长期以来，我国对水资源的统一管理不重视，部门、地区各自为政。水利、水电、航运、渔业、供水、灌溉、排水等开发、利用和防治水害工作相互脱节，水资源城市与农村、地表水与地下水、水量和水质分割管理，产生了一系列问题。原《中华人民共和国水法》规定的“水资源实行统一管理与分级、分部门管理相结合的体制”内含不明确，容易引起歧义，不利于推进水资源的统一管理；对流域管理缺乏法律规定，没有明确流域管理机构的职责和权限，使流域统一管理十分困难。因此，条块分割、多头管理，即“多龙管水”的问题依然存在。

从多年的实践来看，水资源分割管理的弊端主要表现在：不利于江河防洪的统一规划、统一调度、统一指挥；不利于水资源的统一调度，统筹解决缺水问题；不利于解决城市缺水问题；不利于水资源的综合效益发挥；不利于统筹解决水污染问题。由于水的流动性，目前我国跨地界的水污染问题日益突出，水污染的防治必须上下游统一行动、统一治理，才能取得成效，所以人们说“下治上不治等于白治”。

（二）水资源管理体制的规定

修改后的《中华人民共和国水法》从水资源的自身特性和我国的政治体制出发，按照资源管理与开发、利用、管理分开的原则，建立流域管理与区域管理相结合、统一管理与分级管理相结合的水资源管理体制，对水资源的管理体制作了以下规定。

(1) 国家对水资源实行流域管理与行政区域管理相结合的制度。国务院水行政主管部门负责全国水资源的统一管理和监督工作。

（2）国务院水行政主管部门在国家确定的重要江河、湖泊设立的流域管理机构（以下简称为流域管理机构），在所管辖的范围内行使法律、行政法规规定的和国务院水行政主管部门授予的水资源管理和监督职责。

（3）县级以上地方人民政府水行政主管部门按照规定的权限，负责本行政区域内水资源的统一管理和监督工作。

（4）国务院有关部门按照职责分工，负责水资源开发、利用、节约和保护的有关工作。

（5）县级以上地方人民政府有关部门按照职责分工，负责本行政区域内水资源开发、利用、节约和保护的有关工作。

《中华人民共和国水法》的上述关于水资源管理体制的规定体现了以下三个方面内容。

（1）水资源必须统一管理，不能部门分割管理。按照资源管理与开发、利用、节约和保护管理分开的原则，各级政府水行政主管部门代表国家负责水资源统一管理和监督工作。政府的其他有关部门按照职责分工，负责开发、利用、节约和保护的有关工作，但不负责资源管理。在水资源的权属管理和规划、调配、立法等重要的水事活动统一管理的前提下，发挥各部门在开发利用水资源中的作用，各部门开发、利用、节约和保护水资源制定的各项专业规划必须服从流域或区域的综合规划，即“一龙管水、多龙治水”。

（2）水资源的统一管理是对地表水、地下水，城市与农村，水量与水质实行整体性的综合管理。水资源管理的核心是水资源的权属管理。当前水资源权属管理主要是对水资源实行统一规划、统一配置、统一调度、统一发放取水许可证、统一实施水资源有偿使用制度、统一管理水量水质。

（3）水资源的权属管理按照流域管理与行政区域管理相结合、统一管理与分级管理相结合的原则实行。水资源的所有权由国务院代表国家行使。国家统一制定全国水资源战略规划，以流域为单元对水资源实行统一规划、统一配置、统一监督管理。经国家批准的流域规划是流域内水事活动的基本依据，地方政府在中央的统一规划和监督管理下，对其权限内的水资源的所有权实行统一管理，地方制定的区域规划必须服从所在流域的流域规划。

第三节　取水许可制度

一、取水许可制度的含义和层次

（一）取水许可制度的含义

取水许可制度就是利用取水工程或者设施直接从地下或者江河、湖泊取水的用水单位和个人（除法定不需要申请领取取水许可证），必须向审批取水申请的机关提出取水申请，经审查批准，获得取水许可证或者其他形式的批准文件后方可取水的制度。

为了加强水资源管理、节约用水，促进水资源的合理开发与利用，全面实施取水许可制度，统一取水许可申请审批程序，根据《中华人民共和国水法》，2006 年 1 月 24 日国务院第 123 次常务会议通过，2006 年 2 月 21 日国务院令第 460 号公布。2017 年 3 月 1 日国

务院令第676号修改《取水许可和水资源费征收管理条例》，该条例七章，五十八条，自公布之日起施行，我国取水许可制度有了更加严格的法规。

这是国家对水资源实施统一管理的一项重要制度，是调控水资源供求关系的基本手段，是水管理的核心制度。这是由于水资源是属于国有的公共资源，所以任何人都不能将其随意据为己有。如果要取用水，必须得到政府的许可。

俄国、法国、菲律宾、日本、南非、西班牙等国的“取水许可制度”或“用水授权制度”在性质上都类似于我国的取水许可制度。

（二）取水许可制度的层次

取水许可制度是水管理的一项基本制度。从水资源的管理到用水管理，从水的宏观管理到水的微观管理可分为四个层次。

（1）解决水的社会总供给与社会总需求的关系。

（2）做好径流调蓄计划和水量分配方案。

（3）实施取水许可制度，它处于宏观管理和微观管理之间的中间管理层次。

（4）实行计划用水，厉行节约用水。

实施取水许可制度，可以将有限的水资源宏观调度和分配方案落实到各个取水单位。通过取水许可制度国家可以将全社会的取水、用水切实地控制起来，成为实行合理用水、计划用水和节约用水的纲，纲举目张。通过取水许可证的发放，合理调整各地区、各部门和各单位的用水权益，使用水单位的合法权益得到法律的充分保障。因此，取水许可制度是水管理的核心。

（三）取水许可制度实施的范围

根据《中华人民共和国水法》和《取水许可和水资源费征收管理条例》规定，国家对直接从江河、湖泊或者地下取用水资源的单位和个人，应当按照国家取水许可制度和水资源有偿使用制度的规定，向水行政主管部门或者流域管理机构申请领取取水许可证，并缴纳水资源费，取得取水权。但是，有下列情形不需要申请领取取水许可证。

（1）农村集体经济组织及其成员使用本集体经济组织的水塘、水库中的水的。

（2）家庭生活和零星散养、圈养畜禽饮用等少量取水的。

（3）为保障矿井等地下工程施工安全和生产安全必须进行临时应急取（排）水的。

（4）为消除对公共安全或者公共利益的危害临时应急取水的。

（5）为农业抗旱和维护生态与环境必须临时应急取水的。

因此，凡利用水工程或者机械设施直接从地下或者江河、湖泊取水的一切单位和个人，除依法不须或免于申请取水许可证的情况外，都应当申请取水许可证，并依照规定取水。

（四）取水许可权组织实施和监督管理

（1）县级以上人民政府水行政主管部门按照分级管理权限，负责取水许可制度的组织实施和监督管理。

（2）国务院水行政主管部门在国家确定的重要江河、湖泊设立的流域管理机构（以下简称流域管理机构），依照本条例规定和国务院水行政主管部门授权，负责所管辖范围内取水许可制度的组织实施和监督管理。

（五）取水许可权原则

（1）实施取水许可必须符合水资源综合规划、流域综合规划、水中长期供求规划和水功能区划，遵守依照《中华人民共和国水法》规定批准的水量分配方案原则。

（2）实施取水许可应当坚持地表水与地下水统筹考虑，开源与节流相结合、节流优先的原则，实行总量控制与定额管理相结合的原则。

（3）取水许可和水资源费征收管理制度的实施应当遵循公开、公平、公正、高效和便民的原则。

（六）取水许可权先后顺序

（1）取水许可应当首先满足城乡居民生活用水，并兼顾农业、工业、生态与环境用水以及航运等需要。

（2）省（自治区、直辖市）人民政府可以依照本条例规定的职责权限，在同一流域或者区域内，根据实际情况对前款各项用水规定具体的先后顺序。

二、取水的申请和受理

（一）取水许可申请

（1）为使建设项目在可行性分析研究阶段充分考虑水源条件，避免由于水源不落实，决策失误造成损失，《取水许可和水资源费征收管理条例》规定，取水许可实行申请制度，即申请取水的单位或者个人（以下简称申请人），应当向具有审批权限的审批机关提出申请。申请利用多种水源，且各种水源的取水许可审批机关不同的，应当向其中最高一级审批机关提出申请。

（2）申请取水应当提交下列材料。

1）申请书。

2）与第三者利害关系的相关说明。

3）属于备案项目的，提供有关备案材料。

4）国务院水行政主管部门规定的其他材料。

建设项目需要取水的，申请人还应当提交由具备建设项目水资源论证资质的单位编制的建设项目水资源论证报告书。论证报告书应当包括取水水源、用水合理性以及对生态与环境的影响等内容。

（3）申请书应当包括下列事项。

1）申请人的名称（姓名）、地址。

2）申请理由。

3）取水的起始时间及期限。

4）取水目的、取水量、年内各月的用水量等。

5）水源及取水地点。

6）取水方式、计量方式和节水措施。

7）退水地点和退水中所含主要污染物以及污水处理措施。

8）国务院水行政主管部门规定的其他事项。

（二）取水许可受理

县级以上地方人民政府水行政主管部门或者流域管理机构，应当自收到取水申请之日

起5个工作日内对申请材料进行审查，并根据下列不同情形分别作出处理。

（1）申请材料齐全、符合法定形式、属于本机关受理范围的，予以受理。

（2）提交的材料不完备或者申请书内容填注不明的，通知申请人补正。

（3）不属于本机关受理范围的，告知申请人向有受理权限的机关提出申请。

三、取水许可的审查和决定

（一）取水许可实行分级审批

（1）下列取水由流域管理机构审批。

1）长江、黄河、淮河、海河、滦河、珠江、松花江、辽河、金沙江、汉江的干流和太湖以及其他跨省（自治区、直辖市）河流、湖泊的指定河段限额以上的取水。

2）国际跨界河流的指定河段和国际边界河流限额以上的取水。

3）省际边界河流、湖泊限额以上的取水。

4）跨省（自治区、直辖市）行政区域的取水。

5）由国务院或者国务院投资主管部门审批、核准的大型建设项目的取水。

6）流域管理机构直接管理的河道（河段）、湖泊内的取水。

前款所称的指定河段和限额以及流域管理机构直接管理的河道（河段）、湖泊，由国务院水行政主管部门规定。

（2）其他取水由县级以上地方人民政府水行政主管部门按照省（自治区、直辖市）人民政府规定的审批权限审批。

（二）取水许可总量控制和取水量的依据

（1）批准的水量分配方案或者签订的协议是确定流域与行政区域取水许可总量控制的依据。

1）跨省（自治区、直辖市）的江河、湖泊，尚未制定水量分配方案或者尚未签订协议的，有关省（自治区、直辖市）的取水许可总量控制指标，由流域管理机构根据流域水资源条件，依据水资源综合规划、流域综合规划和水中长期供求规划，结合各省（自治区、直辖市）取水现状及供需情况，商有关省（自治区、直辖市）人民政府水行政主管部门提出，报国务院水行政主管部门批准。

2）设区的市、县（市）行政区域的取水许可总量控制指标，由省（自治区、直辖市）人民政府水行政主管部门依据本省（自治区、直辖市）取水许可总量控制指标，结合各地取水现状及供需情况制定，并报流域管理机构备案。

（2）按照行业用水定额核定的用水量是取水量审批的主要依据。省（自治区、直辖市）人民政府水行政主管部门和质量监督检验管理部门对本行政区域行业用水定额的制定负责指导并组织实施。

尚未制定本行政区域行业用水定额的，可以参照国务院有关行业主管部门制定的行业用水定额执行。

（三）取水许可的审查

（1）审批机关受理取水申请后，应当对取水申请材料进行全面审查，并综合考虑取水可能对水资源的节约保护和经济社会发展带来的影响，决定是否批准取水申请。审批机关认为取水涉及社会公共利益需要听证的，应当向社会公告，并举行听证会。

(2) 审批机关应当自受理取水申请之日起45个工作日内决定批准或者不批准（不包括举行听证和征求有关部门意见所需的时间）。决定批准的，应当同时签发取水申请批准文件。

(3) 对取用城市规划区地下水的取水申请，审批机关应当征求城市建设主管部门的意见，城市建设主管部门应当自收到征求意见材料之日起5个工作日内提出意见并转送取水审批机关。

(四) 取水许可的批准

1. 审批机关不予批准的情形

有下列情形之一的，审批机关不予批准，并在作出不批准的决定时，书面告知申请人不批准的理由和依据。

(1) 在地下水禁采区取用地下水的。

(2) 在取水许可总量已经达到取水许可控制总量的地区增加取水量的。

(3) 可能对水功能区水域使用功能造成重大损害的。

(4) 取水、退水布局不合理的。

(5) 城市公共供水管网能够满足用水需要时，建设项目自备取水设施取用地下水的。

(6) 可能对第三者或者社会公共利益产生重大损害的。

(7) 属于备案项目，未报送备案的。

(8) 法律、行政法规规定的其他情形。

审批的取水量不得超过取水工程或者设施设计的取水量。

2. 取水工程或者设施的兴建

(1) 取水申请经审批机关批准，申请人方可兴建取水工程或者设施。

(2) 取水申请批准后3年内，取水工程或者设施未开工建设，或者需由国家审批、核准的建设项目未取得国家审批、核准的，取水申请批准文件自行失效。

(3) 建设项目中取水事项有较大变更的，建设单位应当重新进行建设项目水资源论证，并重新申请取水。

3. 取水许可证发放

(1) 取水工程或者设施竣工后，申请人应当按照国务院水行政主管部门的规定，向取水审批机关报送取水工程或者设施试运行情况等相关材料；经验收合格的，由审批机关核发取水许可证。

(2) 直接利用已有的取水工程或者设施取水的，经审批机关审查合格，发给取水许可证。

(3) 审批机关应当将发放取水许可证的情况及时通知取水口所在地县级人民政府水行政主管部门，并定期对取水许可证的发放情况予以公告。

(4) 取水许可证由国务院水行政主管部门统一制作，审批机关核发取水许可证只能收取工本费。

4. 取水许可证内容

取水许可证应当包括下列内容。

（1）取水单位或者个人的名称（姓名）。

（2）取水期限。

（3）取水量和取水用途。

（4）水源类型。

（5）取水、退水地点及退水方式、退水量。

5. 取水许可证期限

（1）取水许可证有效期限一般为5年，最长不超过10年。有效期届满，需要延续的，取水单位或者个人应当在有效期届满45日前向原审批机关提出申请，原审批机关应当在有效期届满前，作出是否延续的决定。

（2）取水单位或者个人要求变更取水许可证载明的事项的，应当依照本条例的规定向原审批机关申请，经原审批机关批准，办理有关变更手续。

（3）依法获得取水权的单位或者个人，通过调整产品和产业结构、改革工艺、节水等措施节约水资源的，在取水许可的有效期和取水限额内，经原审批机关批准，可以依法有偿转让其节约的水资源，并到原审批机关办理取水权变更手续。具体办法由国务院水行政主管部门制定。

四、取水许可的调整、变更、吊销

（一）取水许可的限制与调整

有下列情形之一的，审批机关可以对取水单位或者个人的年度取水量予以限制。

（1）因自然原因，水资源不能满足本地区正常供水的。

（2）取水、退水对水功能区水域使用功能、生态与环境造成严重影响的。

（3）地下水严重超采或者因地下水开采引起地面沉降等地质灾害的。

（4）出现需要限制取水量的其他特殊情况的。

发生重大旱情时，审批机关可以对取水单位或者个人的取水量予以紧急限制。

取水单位或者个人因特殊原因需要调整年度取水计划的，应当经原审批机关同意。

（二）取水许可的变更

取水单位依法取得的取水权是一种相对的权益，是可以变更的。只要符合《取水许可和水资源费征收管理条例》规定的，可以变更。

（1）取水单位或者个人要求变更取水许可证载明的事项的，应当依照本条例的规定向原审批机关申请，经原审批机关批准，办理有关变更手续。

（2）依法获得取水权的单位或者个人，通过调整产品和产业结构、改革工艺、节水等措施节约水资源的，在取水许可的有效期和取水限额内，经原审批机关批准，可以依法有偿转让其节约的水资源，并到原审批机关办理取水权变更手续。具体办法由国务院水行政主管部门制定。

（3）建设项目中取水事项有较大变更的，建设单位应当重新进行建设项目水资源论证，并重新申请取水。

（三）取水许可的吊销

（1）拒不执行审批机关作出的取水量限制决定，或者未经批准擅自转让取水权的，责令停止违法行为，限期改正，处2万元以上10万元以下罚款；逾期拒不改正或者情节严重的，吊销取水许可证。

(2) 有下列行为之一的，责令停止违法行为，限期改正，处5000元以上2万元以下罚款；情节严重的，吊销取水许可证。

1）不按照规定报送年度取水情况的。

2）拒绝接受监督检查或者弄虚作假的。

3）退水水质达不到规定要求的。

(3) 未安装计量设施的，责令限期安装，并按照日最大取水能力计算的取水量和水资源费征收标准计征水资源费，处5000元以上2万元以下罚款；情节严重的，吊销取水许可证。

计量设施不合格或者运行不正常的，责令限期更换或者修复；逾期不更换或者不修复的，按照日最大取水能力计算的取水量和水资源费征收标准计征水资源费，可以处1万元以下罚款；情节严重的，吊销取水许可证。

五、取水许可监督管理

(一) 监督检查部门

取水许可监督管理是指水行政主管部门或流域管理部门对持证人履行取水权利和义务的情况进行检查。

(二) 监督检查措施

县级以上人民政府水行政主管部门或者流域管理机构在进行监督检查时，有权采取下列措施。

(1) 要求被检查单位或者个人提供有关文件、证照、资料。

(2) 要求被检查单位或者个人就执行本条例的有关问题作出说明。

(3) 进入被检查单位或者个人的生产场所进行调查。

(4) 责令被检查单位或者个人停止违反本条例的行为，履行法定义务。

监督检查人员在进行监督检查时，应当出示合法、有效的行政执法证件。有关单位和个人对监督检查工作应当给予配合，不得拒绝或者阻碍监督检查人员依法执行公务。

连续停止取水满2年的，由原审批机关注销取水许可证。由于不可抗力或者进行重大技术改造等原因造成停止取水满2年的，经原审批机关同意，可以保留取水许可证。

第四节 水资源有偿使用制度

一、水资源有偿使用制度的含义及使用形式

(一) 水资源有偿使用制度的含义

水资源有偿使用制度，按照国内外许多专家的广义解释，实际是指国家为保障水资源可持续利用采取强制手段使开发、利用水资源的单位和个人支付一定费用的一整套管理措施。国家对水资源具有所有者与管理者的双重身份，有权决定水资源有偿使用的实现

形式。

（二）水资源有偿使用形式

目前，从广义上理解，我国的水资源有偿使用的实现形式主要是以下几个方面。

（1）征收水资源费，也就是“资源水价”。

（2）缴纳水利工程供水（包括自来水厂）水费，也就是“工程水价”。

（3）向用水户征收保护水资源方面的费用也就是“环境水价”。该项收费为《中华人民共和国水污染防治法》规定缴纳的排污费和超标排污费。

（4）征收居民生活污水处理费，当前主要是向城市居民征收。

（5）征收生态补偿费，国家强制性要求对生态资源（含保护水资源）、环境开发、利用而必须补偿、维护生态平衡所需的费用。生态保护补偿是指采取财政转移支付或市场交易等方式，对生态保护者因履行生态保护责任所增加的支出和付出的成本，予以适当补偿的激励性制度安排。

我国首部以生态保护补偿命名并作为立法追求的法律文件——《生态保护补偿条例》正加快加快制定的步伐。把生态保护补偿各项工作纳入法制化轨道，是保护和改善生态环境，促进区域协调发展的重要支撑，是建设美丽中国、推动生态文明建设实现新进步的制度保障。

二、征收水资源费制度

（一）水资源费含义

水资源费是指直接在城市中取用地下水或者依据地方性法规直接从江河、湖泊、地下取水的单位和个人，向水行政主管部门缴纳的费用。它是由水资源的稀缺性和水资源的国家所有权所决定的。开征水资源费的主要宗旨，是利用经济杠杆厉行节约用水，遏制用水浪费的现象，加强水资源的管理和保护。

《中华人民共和国水法》规定：对城市中直接从地下取用水的单位，征收水资源费；其他直接从地下或江河、湖泊取水的，可以由省（自治区、直辖市）人民政府决定征收水资源费。

《取水许可和水资源费征收管理条例》规定：取水单位或者个人应当缴纳水资源费。取水单位或者个人应当按照经批准的年度取水计划取水。超计划或者超定额取水的，对超计划或者超定额部分累进收取水资源费。

县级以上人民政府水行政主管部门、财政部门和价格主管部门依照本条例规定和管理权限，负责水资源费的征收、管理和监督。

（二）水资源费征收标准

1. 制定水资源费征收标准应遵循的原则

（1）促进水资源的合理开发、利用、节约和保护。

（2）与当地水资源条件和经济社会发展水平相适应。

（3）统筹地表水和地下水的合理开发、利用，防止地下水过量开采。

（4）充分考虑不同产业和行业的差别。

2. 农业生产取水的水资源费征收标准

农业生产取水的水资源费征收标准应当根据当地水资源条件、农村经济发展状况和促进农业节约用水需要制定。农业生产取水的水资源费征收标准应当低于其他用水的水资源费征收标准，粮食作物的水资源费征收标准应当低于经济作物的水资源费征收标准。农业生产取水的水资源费征收的步骤和范围由省（自治区、直辖市）人民政府规定。

各级地方人民政府应当采取措施，提高农业用水效率，发展节水型农业。

（三）水资源费征收机关

（1）水资源费由取水审批机关负责征收；其中，流域管理机构审批的，水资源费由取水口所在地省（自治区、直辖市）人民政府水行政主管部门代为征收。

（2）水资源费缴纳数额根据取水口所在地水资源费征收标准和实际取水量确定。

（3）水力发电用水和火力发电贯流式冷却用水可以根据取水口所在地水资源费征收标准和实际发电量确定缴纳数额。

（四）水资源费缴纳

（1）取水审批机关确定水资源费缴纳数额后，应当向取水单位或者个人送达水资源费缴纳通知单，取水单位或者个人应当自收到缴纳通知单之日起7日内办理缴纳手续。

（2）直接从江河、湖泊或者地下取用水资源从事农业生产的，对超过省（自治区、直辖市）规定的农业生产用水限额部分的水资源，由取水单位或者个人根据取水口所在地水资源费征收标准和实际取水量缴纳水资源费；符合规定的农业生产用水限额的取水，不缴纳水资源费。取用供水工程的水从事农业生产的，由用水单位或者个人按照实际用水量向供水工程单位缴纳水费，由供水工程单位统一缴纳水资源费；水资源费计入供水成本。

（3）为了公共利益需要，按照国家批准的跨行政区域水量分配方案实施的临时应急调水，由调入区域的取用水的单位或者个人，根据所在地水资源费征收标准和实际取水量缴纳水资源费。

（4）取水单位或者个人因特殊困难不能按期缴纳水资源费的，可以自收到水资源费缴纳通知单之日起7日内向发出缴纳通知单的水行政主管部门申请缓缴；发出缴纳通知单的水行政主管部门应当自收到缓缴申请之日起5个工作日内作出书面决定并通知申请人；期满未作决定的，视为同意。水资源费的缓缴期限最长不得超过90日。

（五）水资源费使用与监督

（1）征收的水资源费应当按照国务院财政部门的规定分别解缴中央和地方国库。因筹集水利工程基金，国务院对水资源费的提取、解缴另有规定的，从其规定。

（2）征收的水资源费应当全额纳入财政预算，由财政部门按照批准的部门财政预算统筹安排，主要用于水资源的节约、保护和管理，也可以用于水资源的合理开发。

（3）任何单位和个人不得截留、侵占或者挪用水资源费。

（4）审计机关应当加强对水资源费使用和管理的审计监督。

三、征收水费制度

为健全水利工程供水价格形成机制，规范水利工程供水价格管理，保护和合理利用水资源，促进节约用水，保障水利事业的健康发展，根据《中华人民共和国价格法》《中华人民共和国水法》，2003年7月3日国家发展和改革委员会、水利部联合发布《水利工程

水价格管理办法》，于2004年1月1日起施行。该办法规定，凡水利工程都应实行有偿供水。工业、农业和其他一切水户，都应按规定向水利工程管理单位缴纳水费。凡是我国境内的水利工程供水价格管理均适用该办法。根据国家发展改革委、财政部、水利部下发的《关于水资源费征收标准有关问题的通知》（发改价格〔2013〕29号）精神，严格水资源有偿使用。

（一）水费的定价

水利工程供水价格采取统一政策、分级管理方式，区分不同情况实行政府指导价或政府定价。政府鼓励发展的民办民营水利工程供水价格，实行政府指导价；其他水利工程供水价格实行政府定价。

水费由供水生产成本、费用、利润和税金构成：供水生产成本是指正常供水生产过程中发生的直接工资、直接材料费、其他直接支出以及固定资产折旧费、修理费、水资源费等制造费用。供水生产费用是指为组织和管理供水生产经营而发生的合理销售费用、管理费用和财务费用。利润是指供水经营者从事正常供水生产经营获得的合理收益，按净资产利润率核定。税金是指供水经营者按国家税法规定应该缴纳，并可计入水价的税金。水费标准应在核算供水成本的基础上，根据国家经济和当地水资源状况，对农业用水、工业用水、城镇生活用水、水力发电用水以及其他用水分别核定。供水成本包括工程的运行管理费、大修理费和折旧费以及其他按规定应计入成本的费用。

（二）水价核定原则

水利工程供水价格按照补偿成本、合理收益、优质优价、公平负担的原则制定，并根据供水成本、费用及市场供求的变化情况适时调整。

（三）水价管理权限

（1）中央直属和跨省（自治区、直辖市）水利工程的供水价格，由国务院价格主管部门协商水行政主管部门审批。

（2）地方水利工程供水价格的管理权限和申报审批程序，由各省（自治区、直辖市）人民政府价格主管部门会同水行政主管部门规定。

（3）列入价格听证目录的水利工程供水价格，在制定或调整价格时应实行价格听证，充分听取有关方面的意见。

四、水费与水资源费的区别

水资源费是体现国家对水资源实行权属管理的行政性收费；水费是体现商品交换关系的经营性收费，两者性质不同。它们的主要区别在于以下几点。

（1）收费的主体不同。前者是各级水行政主管部门；后者是供水工程管理单位。

（2）交费的义务主体不同。前者是取用城市地下水或者依据地方性法规直接从地下、江河、湖泊取水的单位和个人；后者是一切使用供水工程供应水的单位。

（3）两者的用途不同。前者用于水资源的调查、评价、监测、管理和保护；后者用于供水工程运行管理、大修理和更新改造以及应当缴纳的水资源费。

（4）两者对于拒缴费用的处理途径不同。前者可以依法对义务人作出行政处罚或向当地人民法院申请强制执行；后者可以向人民法院提起民事诉讼。

第五节 最严格的水资源管理制度

一、最严格的水资源管理制度概况

（一）最严格的水资源管理制度出台

自党的十八大以来，以习近平总书记为核心的党中央高度重视水资源问题，明确提出“节水优先、空间均衡、系统治理、两手发力”的水治理新思路，将实行最严格水资源管理制度作为生态文明建设的重要内容，推动水资源管理工作取得新的明显成效。

2011年中央1号文件和中央水利工作会议明确要求实行最严格水资源管理制度，把严格水资源管理作为加快转变经济发展方式的重要举措。2012年1月国务院专门发布了《关于实行最严格水资源管理制度的意见》（以下简称《意见》），对实行最严格水资源管理制度进行了总体部署和具体安排。

为贯彻落实好中央水利工作会议和《中共中央 国务院关于加快水利改革发展的决定》（中发〔2011〕1号）的要求，国务院出台了《关于实行最严格水资源管理制度的意见》（国发〔2012〕3号），此后，我国实行最严格水资源管理制度。2013年1月2日，国务院办公厅发布了《实行最严格水资源管理制度考核办法》（以下简称《考核办法》），实行最严格水资源管理制度重在落实，建立责任与考核制度，是确保最严格水资源管理制度主要目标和各项任务措施落到实处的关键。作为最严格水资源管理制度的重要配套政策性文件，《考核办法》明确了实行最严格水资源管理制度的责任主体与考核对象，明确了各省区水资源管理控制目标，明确了考核内容、考核方式、考核程序、奖惩措施等，标志着我国最严格水资源管理责任与考核制度的正式确立。《考核办法》的实施，是最严格水资源管理制度落实到位的关键措施和根本保障，必将有力促进发展方式转变，实现水资源可持续利用，保障经济社会又好又快发展。

（二）最严格的水资源管理制度总体要求

1. 指导思想

深入贯彻落实科学发展观，以水资源配置、节约和保护为重点，强化用水需求和用水过程管理，通过健全制度、落实责任、提高能力、强化监管，严格控制用水总量，全面提高用水效率，严格控制入河湖排污总量，加快节水型社会建设，促进水资源可持续利用和经济发展方式转变，推动经济社会发展与水资源水环境承载能力相协调，保障经济社会长期平稳较快发展。

2. 基本原则

（1）坚持以人为本，着力解决人民群众最关心、最直接、最现实的水资源问题，保障饮水安全、供水安全和生态安全；坚持人水和谐，尊重自然规律和经济社会发展规律，处理好水资源开发与保护关系，以水定需、量水而行、因水制宜。

（2）坚持统筹兼顾，协调好生活、生产和生态用水，协调好上下游、左右岸、干支流、地表水和地下水关系。

（3）坚持改革创新，完善水资源管理体制和机制，改进管理方式和方法；坚持因地制

宜，实行分类指导，注重制度实施的可行性和有效性。

3. 最严格的水资源管理制度主要目标（三条红线）

第一条红线：确立水资源开发、利用控制红线。到2030年全国用水总量控制在7000亿m^3以内；为实现上述目标，到2015年，全国用水总量力争控制在6350亿m^3以内；到2020年，全国用水总量力争控制在6700亿m^3以内。

第二条红线：确立用水效率控制红线。到2030年用水效率达到或接近世界先进水平，万元工业增加值用水量（以2000年不变价计，下同）降低到40m^3以下，农田灌溉水有效利用系数提高到0.6以上；为实现上述目标，万元工业增加值用水量比2010年下降30%以上，万元工业增加值用水量降低到65m^3以下，农田灌溉水有效利用系数提高到0.53以上。

第三条红线：确立水功能区限制纳污红线。到2030年主要污染物入河湖总量控制在水功能区纳污能力范围之内，水功能区水质达标率提高到95%以上。为实现上述目标，重要江河湖泊水功能区水质达标率提高到60%以上。重要江河湖泊水功能区水质达标率提高到80%以上，城镇供水水源地水质全面达标。

二、加强水资源开发和利用控制红线管理、严格实行用水总量控制

（一）严格规划管理和水资源论证

开发和利用水资源，应当符合主体功能区的要求，按照流域和区域统一制定规划，充分发挥水资源的多种功能和综合效益。建设水工程，必须符合流域综合规划和防洪规划，由有关水行政主管部门或流域管理机构按照管理权限进行审查并签署意见。加强相关规划和项目建设布局水资源论证工作，国民经济和社会发展规划以及城市总体规划的编制、重大建设项目的布局，应当与当地水资源条件和防洪要求相适应。严格执行建设项目水资源论证制度，对未依法完成水资源论证工作的建设项目，审批机关不予批准，建设单位不得擅自开工建设和投产使用，对违反规定的一律责令停止。

（二）严格控制流域和区域取用水总量

加快制定主要江河流域水量分配方案，建立覆盖流域和省、市、县三级行政区域的取用水总量控制指标体系，实施流域和区域取用水总量控制。各省（自治区、直辖市）要按照江河流域水量分配方案或取用水总量控制指标，制订年度用水计划，依法对本行政区域内的年度用水实行总量管理。建立健全水权制度，积极培育水市场，鼓励开展水权交易，运用市场机制合理配置水资源。

（三）严格实施取水许可

严格规范取水许可审批管理，对取用水总量已达到或超过控制指标的地区，暂停审批建设项目新增取水；对取用水总量接近控制指标的地区，限制审批建设项目新增取水。对不符合国家产业政策或列入国家产业结构调整指导目录中淘汰类的，产品不符合行业用水定额标准的，在城市公共供水管网能够满足用水需要却通过自备取水设施取用地下水的，以及地下水已严重超采的地区取用地下水的建设项目取水申请，审批机关不予批准。

（四）严格水资源有偿使用

合理调整水资源费征收标准，扩大征收范围，严格水资源费征收、使用和管理。各省

（自治区、直辖市）要抓紧完善水资源费征收、使用和管理的规章制度，严格按照规定的征收范围、对象、标准和程序征收，确保应收尽收，任何单位和个人不得擅自减免、缓征或停征水资源费。水资源费主要用于水资源节约、保护和管理，严格依法查处挤占挪用水资源费的行为。

（五）严格地下水管理和保护

加强地下水动态监测，实行地下水取用水总量控制和水位控制。各省（自治区、直辖市）人民政府要尽快核定并公布地下水禁采和限采范围。在地下水超采区，禁止农业、工业建设项目和服务业新增取用地下水，并逐步削减超采量，实现地下水采补平衡。深层承压地下水原则上只能作为应急和战略储备水源。依法规范机井建设审批管理，限期关闭在城市公共供水管网覆盖范围内的自备水井。抓紧编制并实施全国地下水利用与保护规划以及南水北调东中线受水区、地面沉降区、海水入侵区地下水压采方案，逐步削减开采量。

（六）强化水资源统一调度

流域管理机构和县级以上地方人民政府水行政主管部门要依法制定和完善水资源调度方案、应急调度预案和调度计划，对水资源实行统一调度。区域水资源调度应当服从流域水资源统一调度，水力发电、供水、航运等调度应当服从流域水资源统一调度。水资源调度方案、应急调度预案和调度计划一经批准，有关地方人民政府和部门等必须服从。

三、加强用水效率控制红线管理、全面推进节水型社会建设

（一）全面加强节约用水管理

各级人民政府要切实履行推进节水型社会建设的责任，把节约用水贯穿于经济社会发展和群众生活生产全过程，建立健全有利于节约用水的体制和机制。稳步推进水价改革。各项引水、调水、取水、供用水工程建设必须首先考虑节水要求。水资源短缺、生态脆弱地区要严格控制城市规模过度扩张，限制高耗水工业项目建设和高耗水服务业发展，遏制农业粗放用水。

（二）强化用水定额管理

加快制定高耗水工业和服务业用水定额国家标准。各省（自治区、直辖市）人民政府要根据用水效率控制红线确定的目标，及时组织修订本行政区域内各行业用水定额。对纳入取水许可管理的单位和其他用水大户实行计划用水管理，建立用水单位重点监控名录，强化用水监控管理。新建、扩建和改建建设项目应制订节水措施方案，保证节水设施与主体工程同时设计、同时施工、同时投产（即“三同时”制度），对违反“三同时”制度的，由县级以上地方人民政府有关部门或流域管理机构责令停止取用水并限期整改。

（三）加快推进节水技术改造

制定节水强制性标准，逐步实行用水产品、用水效率标识管理，禁止生产和销售不符合节水强制性标准的产品。加大农业节水力度，完善和落实节水灌溉的产业支持、技术服务、财政补贴等政策措施，大力发展管道输水、喷灌、微灌等高效节水灌溉。加大工业节水技术改造，建设工业节水示范工程。充分考虑不同工业行业和工业企业的用水状况和节水潜力，合理确定节水目标。有关部门要抓紧制定并公布落后的、耗水量高的用水工艺、设备和产品淘汰名录。加大城市生活节水工作力度，开展节水示范工作，逐步淘汰公共建

筑中不符合节水标准的用水设备及产品，大力推广使用生活节水器具，着力降低供水管网漏损率。鼓励并积极发展污水处理回用、雨水和微咸水开发利用、海水淡化和直接利用等非常规水源开发和利用。加快城市污水处理回用管网建设，逐步提高城市污水处理回用比例。非常规水源开发和利用纳入水资源统一配置。

四、加强水功能区限制纳污红线管理，严格控制入河湖排污总量

（一）严格水功能区监督管理

完善水功能区监督管理制度，建立水功能区水质达标评价体系，加强水功能区动态监测和科学管理。水功能区布局要服从和服务于所在区域的主体功能定位，符合主体功能区的发展方向和开发原则。从严核定水域纳污容量，严格控制入河湖排污总量。各级人民政府要把限制排污总量作为水污染防治和污染减排工作的重要依据。切实加强水污染防控，加强工业污染源控制，加大主要污染物减排力度，提高城市污水处理率，改善重点流域水环境质量，防治江、河、湖、库富营养化。流域管理机构要加强重要江、河、湖泊的省界水质水量监测。严格入河湖排污口监督管理，对排污量超出水功能区限排总量的地区，限制审批新增取水和入河湖排污口。

（二）加强饮用水水源保护

各省（自治区、直辖市）人民政府要依法划定饮用水水源保护区，开展重要饮用水水源地安全保障达标建设。禁止在饮用水水源保护区内设置排污口，对已设置的，由县级以上地方人民政府责令限期拆除。县级以上地方人民政府要完善饮用水水源地核准和安全评估制度，公布重要饮用水水源地名录。加快实施全国城市饮用水水源地安全保障规划和农村饮水安全工程规划。加强水土流失治理，防治面源污染，禁止破坏水源涵养林。强化饮用水水源应急管理，完善饮用水水源地突发事件应急预案，建立备用水源。

（三）推进水生态系统保护与修复

开发利用水资源应维持河流合理流量和湖泊、水库以及地下水的合理水位，充分考虑基本生态用水需求，维护河湖健康生态。编制全国水生态系统保护与修复规划，加强重要生态保护区、水源涵养区、江河源头区和湿地的保护，开展内源污染整治，推进生态脆弱河流和地区水生态修复。研究建立生态用水及河流生态评价指标体系，定期组织开展全国重要河湖健康评估，建立健全水生态补偿机制。

五、落实“三条红线”目标的保障措施

（一）建立水资源管理责任和考核制度

要将水资源开发、利用、节约和保护的主要指标纳入地方经济社会发展综合评价体系，县级以上地方人民政府主要负责人对本行政区域水资源管理和保护工作负总责。国务院对各省（自治区、直辖市）的主要指标落实情况进行考核，水利部会同有关部门具体组织实施，考核结果交由干部主管部门，作为地方人民政府相关领导干部和相关企业负责人综合考核评价的重要依据。具体考核办法由水利部会同有关部门制订，报国务院批准后实施。有关部门要加强沟通协调，水行政主管部门负责实施水资源的统一监督管理，发展改革委、财政部、自然资源部、生态环境部、住房城乡建设部、国家监察委员会、法制部等

部门按照职责分工，各司其职，密切配合，形成合力，共同做好最严格水资源管理制度的实施工作。

（二）健全水资源监控体系

抓紧制定水资源监测、用水计量与统计等管理办法，健全相关技术标准体系。加强省界等重要控制断面、水功能区和地下水的水质水量监测能力建设。流域管理机构对省界水量的监测核定数据作为考核有关省（自治区、直辖市）用水总量的依据之一，对省界水质的监测核定数据作为考核有关省（自治区、直辖市）重点流域水污染防治专项规划实施情况的依据之一。加强取水、排水、入河湖排污口计量监控设施建设，加快建设国家水资源管理系统，逐步建立中央、流域和地方水资源监控管理平台，加快应急机动监测能力建设，全面提高监控、预警和管理能力。及时发布水资源公报等信息。

（三）完善水资源管理体制

进一步完善流域管理与行政区域管理相结合的水资源管理体制，切实加强流域水资源的统一规划、统一管理和统一调度。强化城乡水资源统一管理，对城乡供水、水资源综合利用、水环境治理和防洪排涝等实行统筹规划、协调实施，促进水资源优化配置。

（四）完善水资源管理投入机制

各级人民政府要拓宽投资渠道，建立长效、稳定的水资源管理投入机制，保障水资源节约、保护和管理工作经费，对水资源管理系统建设、节水技术推广与应用、地下水超采区治理、水生态系统保护与修复等给予重点支持。中央财政加大对水资源节约、保护和管理的支持力度。

（五）健全政策法规和社会监督机制

抓紧完善水资源配置、节约、保护和管理等方面的政策法规体系。广泛深入开展基本水情宣传教育，强化社会舆论监督，进一步增强全社会水忧患意识和水资源节约保护意识，形成节约用水、合理用水的良好风尚。大力推进水资源管理科学决策和民主决策，完善公众参与机制，采取多种方式听取各方面意见，进一步提高决策透明度。对在水资源节约、保护和管理中取得显著成绩的单位和个人给予表彰奖励。

六、实行最严格水资源管理制度考核办法

为推进实行最严格水资源管理制度，确保实现水资源开发、利用和节约、保护的主要目标，根据《中华人民共和国水法》《中共中央国务院关于加快水利改革发展的决定》《国务院关于实行最严格水资源管理制度的意见》（国发〔2012〕3号）等有关规定。2012年，国务院办公厅发布了《实行最严格水资源管理制度考核办法》（以下简称《考核办法》），对实行最严格水资源制度作出全面的部署和具体安排，即通过确立“三条红线”（水资源开发利用控制红线、用水效率控制红线和水功能区限制纳污红线）建立“四项制度”（实施用水总量控制制度；用水效率控制制度第三项：水功能区限制纳污制度；资源管理责任和考核制度），规范约束和引导用水行为，守住水资源的“底线”，实现水资源的合理开发、高效利用和有效保护。一个地方用水控制总量是根据这个地方的水资源可利用量来确定的，对于用水总量已经超过这个地区的可利用量，就要对这个地区采取限批的方式，暂停审批建设项目的新增用水。

（一）考核的对象和内容

1. 考核的对象

《考核办法》明确各省（自治区、直辖市）人民政府是实行最严格水资源管理制度的责任主体，政府主要负责人对本行政区域水资源管理和保护工作负总责；国务院对各省（自治区、直辖市）落实最严格水资源管理制度情况进行考核，水利部会同有关部门成立考核工作组具体实施。

2. 考核内容

（1）各省（自治区、直辖市）最严格水资源管理制度目标完成情况。《考核办法》附件1～附件3详细列出了各省（自治区、直辖市）用水总量、用水效率、重要江河湖泊水功能区水质达标率控制目标。

（2）各省（自治区、直辖市）最严格水资源管理制度建设和措施落实情况，包括用水总量控制、用水效率控制、水功能区限制纳污、水资源管理责任和考核等制度建设及相应措施落实情况。

（二）考核方式和程序

（1）按照《考核办法》规定，考核工作与国民经济和社会发展5年规划相对应，每5年为一个考核期，采用年度考核和期末考核相结合的方式进行。年度考核是对各省（自治区、直辖市）人民政府上年度目标完成、制度建设和措施落实情况进行考核；期末考核是对各省（自治区、直辖市）人民政府5年考核期末目标完成、制度建设和措施落实情况进行全面考核。考核采用评分法，并划定为优秀、良好、合格、不合格4个等级。

（2）《考核办法》对考核程序进行了明确规定，对各个时间节点、工作方式提出了明确要求：各省区人民政府要按照《考核办法》明确的本行政区域考核期水资源管理控制目标，合理确定年度目标和工作计划，在考核期起始年3月底前报送水利部备案、抄送考核工作组其他成员单位；在每年3月底前将本地区上年度或上一考核期的自查报告上报国务院，同时抄送水利部等考核工作组成员单位；考核工作组对自查报告进行核查，对各省（自治区、直辖市）进行重点抽查和现场检查，划定考核等级，形成年度或期末考核报告；水利部在每年6月底前将年度或期末考核报告上报国务院，经国务院审定后向社会公告。

（三）考核结果的运用与奖惩措施

《考核办法》明确了考核结果的运用与奖惩措施，主要包括以下四个方面。

（1）将考核结果与领导干部考评紧密挂钩。年度和期末考核结果经国务院审定后，交由干部主管部门，作为对各省（自治区、直辖市）人民政府主要负责人和领导班子综合考核评价的重要依据。

（2）对期末考核结果为优秀的省（自治区、直辖市）人民政府，国务院予以通报表扬，有关部门在相关项目安排上优先予以考虑；对在水资源节约、保护和管理中取得显著成绩的单位和个人，按照国家有关规定给予表彰奖励。

（3）对年度或期末考核结果不合格的省（自治区、直辖市），该省（自治区、直辖市）人民政府要在考核结果公告后一个月内，向国务院作出书面报告，提出限期整改措施，同时抄送水利部等考核工作组成员单位。整改期间，暂停该地区建设项目新增取水和入河排污口审批，暂停该地区新增主要水污染物排放建设项目环评审批。

（4）对整改不到位的，由监察机关依法依纪追究该地区有关责任人员的责任。

第六节　建设项目水资源论证管理办法

为促进水资源合理配置和可持续利用，保障建设项目的合理用水要求，《中华人民共和国水法》规定："重大建设项目的布局，应当与当地的水资源条件和防洪要求相适应，并进行科学论证""在水资源不足的地区，应当对城市规模和建设耗水量大的工业、农业和服务业项目加以限制"。水利部和国家发展计划委员会根据《取水许可制度实施办法》和《水利产业政策》，已经发布了《建设项目水资源论证管理办法》，对论证工作作出具体的规定。该办法由正文和附件两部分组成，于 2002 年 5 月 1 日起施行，2015 年 12 月 16 日水利部第 47 号令修改。主要内容如下。

一、总体的要求

（1）对于直接从江河、湖泊或地下取水并需申请取水许可证的新建、改建、扩建的建设项目（以下简称建设项目），建设项目业主单位（以下简称业主单位）应当按照本办法的规定进行建设项目水资源论证，编制建设项目水资源论证报告书。

（2）建设项目利用水资源，必须遵循合理开发、节约使用、有效保护的原则；符合江河流域或区域的综合规划及水资源保护规划等专项规划；遵守经批准的水量分配方案或协议。

（3）县级以上人民政府水行政主管部门负责建设项目水资源论证工作的组织实施和监督管理。

（4）业主单位应当按照建设项目水资源论证报告书编制基本要求，自行或者委托有关单位对其建设项目进行水资源论证。

二、建设项目水资源论证应遵循的原则

建设项目利用水资源，应遵循以下原则。

（1）遵循合理开发、节约使用、有效保护的原则。

（2）符合江河流域或区域的综合规划及水资源保护规划等专项规划的原则。

（3）遵守经批准的水量分配方案或协议的原则。

三、建设项目水资源论证报告书的主要内容

（1）建设项目概况。

（2）取水水源论证。

（3）用水合理性论证。

（4）退（排）水情况及其对水环境影响分析。

（5）对其他用水户权益的影响分析。

（6）其他事项。

四、主管部门及职权的划分

（一）主管部门

（1）县级以上人民政府水行政主管部门是建设项目水资源论证工作的主管部门，负责该工作的组织实施和监督管理。

（2）从事建设项目水资源论证工作的单位，必须取得相应的建设项目水资源论证资质，并在资质等级许可的范围内开展工作。建设项目水资源论证资质管理办法由水利部另行制定。

（二）主管部门职权的划分

（1）水利部或流域管理机构负责对以下建设项目水资源论证报告书进行审查。

1）水利部授权流域管理机构审批取水许可（预）申请的建设项目。

2）兴建大型地下水集中供水水源地（日取水量5万t以上）的建设项目。

（2）其他建设项目水资源论证报告书的分级审查权限，由省（自治区、直辖市）人民政府水政主管部门确定。

建设项目水资源论证报告书编制基本要求见本节“七、建设项目水资源论证报告书编制基本要求”的内容。

五、违章责任

（1）从事建设项目水资源论证工作的单位，在建设项目水资源论证工作中弄虚作假的，由水行政主管部门取消其建设项目水资源论证资质，并处违法所得3倍以下，最高不超过3万元的罚款。

（2）从事建设项目水资源论证报告书审查的工作人员滥用职权，玩忽职守，造成重大损失的，依法给予行政处分；构成犯罪的，依法追究刑事责任。

六、其他规定

（1）建设项目取水量较少且对周边影响较小的，可不编制建设项目水资源论证报告书。具体要求由省（自治区、直辖市）人民政府水行政主管部门规定。

（2）《建设项目水资源论证管理办法》由水利部负责解释。

七、建设项目水资源论证报告书编制基本要求

下面是对建设项目水资源论证报告书编制的基本要求。由于建设项目规模不等，取水水源类型不同，水资源论证的内容也有区别。承担建设项目水资源论证报告书编制的单位，可根据项目及取水水源类型，选择其中相应内容开展论证工作。

（一）总论

（1）编制论证报告书的目的。

（2）编制依据。

（3）项目选址情况，有关部门审查意见。

（4）项目建议书中提出的取水水源与取水地点。

（5）论证委托书或合同，委托单位与承担单位。

（二）建设项目概况

（1）建设项目名称、项目性质。

（2）建设地点、占地面积和土地利用情况。

（3）建设规模及分期实施意见，职工人数与生活区建设。

（4）主要产品及用水工艺。

（5）建设项目用水保证率及水位、水量、水质、水温等要求，取水地点，水源类型，取水口设置情况。

（6）建设项目废污水浓度、排放方式、排放总量、排污口设置情况。

（三）建设项目所在流域或区域水资源开发、利用现状

（1）水文及水文地质条件，地表水、地下水及水资源总量时空分布特征，地表水、地下水水质概述。

（2）现状供水工程系统，现状供用水情况及开发、利用程度。

（3）水资源开发、利用中存在的主要问题。

（四）建设项目取水水源论证

1. 地表水源论证

（1）地表水源论证必须依据实测水文资料系列。

（2）依据水文资料系列，分析不同保证率的来水量、可供水量及取水可靠程度。

（3）分析不同时段取水对周边水资源状况及其他取水户的影响。

（4）论证地表水源取水口的设置是否合理。

2. 地下水源论证

（1）地下水源论证必须在区域水资源评价和水文地质详查的基础上进行。

（2）中型以上的地下水源地论证必须进行水文地质勘察工作。

（3）分析区域水文地质条件，含水层特征，地下水补给、径流、排泄条件，分析地下水资源量、可开采量及取水的可靠性。

（4）分析取水量及取水层位对周边水资源状况、环境地质的影响。

（5）论证取水井布设是否合理以及可能受到的影响。

（五）建设项目用水量合理性分析

（1）建设项目用水过程及水平衡分析。

（2）产品用水定额、生活区生活用水定额及用水水平分析。

（3）节水措施与节水潜力分析。

（六）建设项目退水情况及其对水环境影响分析

（1）退水系统及其组成概况。

（2）污染物排放浓度、总量及达标情况。

（3）污染物排放时间变化情况。

（4）对附近河段环境的影响。

（5）论证排污口设置是否合理。

（七）建设项目开发和利用水资源对水资源状况及其他取水户的影响分析

（1）建设项目开发和利用水资源对区域水资源状况的影响。

（2）建设项目开发和利用水资源对其他用水户的影响。

（八）水资源保护措施

根据水资源保护规划提出水资源量、质保护措施。

（九）影响其他用水户权益的补偿方案

（1）周边地区及有关单位对建设项目取水和退水的意见。

（2）对其他用水户影响的补偿方案。

（十）水资源论证结论

（1）建设项目取水的合理性。

（2）取水水源量、质的可靠性及允许取水量意见。

（3）退水情况及水资源保护措施。

第七章 河道管理法规

第一节 中华人民共和国河道管理条例

一、河道管理条例的概述

（一）立法宗旨

我国是一个河流众多的国家，流域面积在 1000km^2 以上的河流就有 5800 余条，其总长约 42 万 km。河流两岸有优越的水土资源，我国祖先的生存、发展无不依托河流之利，从而使河流两岸成为人口稠密、经济文化发达的地方，但是河流的洪涝灾害同样也给我们造成了严重的灾难。兴河之利、防河之害历来都是关系到国家全局的大事。为了加强河道管理，保障防洪安全，发挥江河、湖泊的综合效益，国务院于 1988 年 6 月 10 日发布中华人民共和国国务院令（第 3 号），根据 2011 年 1 月 8 日《国务院关于废止和修改部分行政法规的决定》（第一次修正）、2017 年 3 月 1 日《国务院关于修改和废止部分行政法规的决定》（第二次修正）、根据 2017 年 10 月 7 日《国务院关于修改部分行政法规的决定》（第三次修订），根据 2018 年 3 月 19 日《国务院关于修改和废止部分行政法规的决定》（第四次修订），发布《中华人民共和国河道管理条例》（以下简称《河道管理条例》），共七章五十一条，本条例自发布之日起施行。

（二）适用范围

《河道管理条例》适用于中华人民共和国领域内的河道（包括湖泊、人工水道、行洪区、蓄洪区、滞洪区）。

河道内的航道，同时适用于《中华人民共和国航道管理条例》。

河道从狭义上讲是天然形成的，供江河、湖泊天然水流流通的信道与载体。实际上，通常所说的河道是指广义而言的河道，即河道是一个天然的大系统，河道与水流的上下游、左右岸、干支流和其他附近物体为一体，不可分割，河道某一部分发生变化，都有可能引起河道范围内一系列的连锁反应。

有堤防的河道，其管理范围为两岸堤防之间的水域、河洲、滩地（包括可耕地）、行洪区，两岸堤防及护堤地。无堤防的河道，其管理范围根据历史最高洪水位或设计洪水位确定。

河道的具体管理范围，由县级以上人民政府负责确定。

（三）遵循原则

（1）按照水系进行统一管理与分级管理相结合的原则。河道是一个天然的大系统，河道与上下游、左右岸、干支流及其附着物，水利设施与工程构成江河、湖泊的一个整体，

对河道进行统一管理既是借鉴国外先进的管理经验，也是在认识、尊重客观规律的基础上对自然的一种能动的反应。对河道进行统一的管理不仅意味着行使管理职权的主体是统一的，而且更重要的是要将河道作为一个统一的管理对象实施管理。

（2）全面规划、统筹兼顾、综合利用、服从防洪总体安排。河道本意是天然水流的信道与载体。由于水资源具有多功能性，并与河道本身及其附着物共同作用，其复杂性不言而喻。要对河道实施有效的管理，就应当对河道进行全面规划，统筹兼顾河道与水资源、附着物等的每一种功能，并在防洪总体安排下，取得最大的经济和社会环境效益。

（3）维护河道义务的社会性。我国是一个多暴雨洪水的国家，历史上水患灾害十分严重，因此，除了加强防洪工作管理之外，就是加强对水流河道与载体的管理与保护，以确保和提高行洪、输水的功能，尤其是在我国黄河中下游的黄淮平原以及长江中下游荆江地区，河道保护工作非同小可。因此，必须动员全社会共同维护河道，同《中华人民共和国水法》《中华人民共和国防洪法》的规定类似，《河道管理条例》也规定：一切单位和个人都有保护河道堤防安全和参加防汛抢险的义务。

（四）管理体制

《河道管理条例》第四条、第五条规定了我国河道的管理体制，即由水行政主体统一管理、分级管理和授权管理相结合的管理体制。

（1）统一管理。统一管理，首先是指行使河道管理职权的组织是水行政主体，即国家和地方的水行政主管机构以及重要江河、湖泊的流域管理机构，而不是别的组织；其次，是指对河道实行统一管理的内容是指将河道本身与河道的上下游、左右岸、干支流及其附着物等统一纳入河道的大系统中进行统一管理。

（2）分级管理。分级管理是由我国的政治体制所决定的。国务院水行政主管部门是全国河道的主管机关。各省（自治区、直辖市）的水行政主管部门是该行区域的河道主管机关。

（3）授权管理。长江、黄河、淮河、海河、珠江、松花江、辽河等大江大河的主要河段，跨省（自治区、直辖市）之间的边界河道以及国境边界河道，由国家授权的江河流域管理机构实施管理。

二、河道整治与建设

（一）总体要求

河道的整治与建设，应当服从流域区域的综合规划，在组织实施时按照国家规定的防洪标准、通航标准和其他有关技术要求进行，以维护堤防安全，保持河势稳定和行洪、输水与航运通畅。

（二）建设有关规定

（1）在河道管理范围内建设各类工程与设施，建设单位应当向有关的河道主管部门办理审查同意书后，才能按照基本建设程序办理相应的建设审批手续。

（2）河道内的建筑物和设施应当符合相应的法律规定，具体如下。

1）修建桥梁、码头和其他设施，必须按照国家规定的防洪标准所确定的河宽进行，不得缩窄行洪通道。

2）桥梁和栈桥的梁底必须高于设计洪水位，并按照防洪和航运的要求，留有一定的超高。设计洪水位由河道主管机关根据防洪规划确定。

3）跨江河的管道、线路的净空高度必须符合防洪和航运的要求。

（3）堤防上修建建筑物及设施。

1）堤防上已修建的涵闸、泵站和埋设的穿堤管道、缆线等建筑物及设施，河道主管机关应当定期检查，对不符合工程安全要求的，限期改建。

2）在堤防上新建前款所指建筑物及设施，应当服从河道主管机关的安全管理。

3）确需利用堤顶或者戗台兼作公路的，须经县级以上地方人民政府河道主管机关批准。堤身和堤顶公路的管理和维护办法，由河道主管机关商交通部门制定。

（4）河道滩地保护。城镇建设和发展不得占用河道滩地。城镇规划的临河界限，由河道主管机关会同城镇规划等有关部门确定。沿河城镇在编制和审查城镇规划时，应当事先征求河道主管机关的意见。

（5）河道岸线的利用和建设。

1）河道岸线的利用和建设，应当服从河道整治规划和航道整治规划。计划部门在审批利用河道岸线的建设项目时，应事先征求河道主管机关的意见。

2）河道岸线的界限，由河道主管机关会同交通等有关部门报县级以上地方人民政府划定。

（三）整治有关规定

1. 航道整治与河道整治关系规定

（1）交通部门进行航道整治，应当符合防洪安全要求，并事先征求河道主管机关对有关设计和计划的意见。

（2）水利部门进行河道整治，涉及航道的，应当兼顾航运的需要，并事先征求交通部门对有关设计和计划的意见。

（3）在国家规定可以流放竹木的河流和重要的渔业水域进行河道、航道整治，建设单位应当兼顾竹木水运和渔业发展的需要，并事先将有关设计和计划送同级林业、渔业主管部门征求意见。

2. 河道整治土地问题

（1）河道清淤和加固堤防取土以及按照防洪规划进行河道整治需要占用的土地，由当地人民政府调剂解决。

（2）因修建水库、整治河道所增加的可利用土地，属于国家所有，可以由县级以上人民政府用于移民安置和河道整治工程。

3. 其他

省（自治区、直辖市）以河道为边界的，在河道两岸外侧各10km之内以及跨省（自治区、直辖市）的河道，未经有关各方达成协议或者国务院水行政主管部门批准，禁止单方面修建排水、阻水、引水、蓄水工程以及河道整治工程。

三、河道保护

（一）河道保护的含义

河道的保护是通过对河道管理范围内影响河势稳定和河道防洪、输水等功能的各种行

为实施管理，防止人类活动对河道功能及堤防、护岸等工程的破坏，使河道各方面功能得到充分、合理的利用和有效保护。河道的安全和正常运用关系到河道附近地区的人民生命财产安全和经济发展，重要河道的安全和正常运用，甚至关系到整个国民经济的正常发展和社会安定。但在现实生活中，由于围湖造田、围垦河流、河道设障及损毁堤防等，致使河道防洪标准降低，调洪能力减弱，并由此加重了洪涝灾害的损失。因此，加强河道防护不仅具有重要的现实意义，而且就保护水资源、维护生态环境、防治水害、造福子孙后代来说，也具有深远的历史意义。

（二）我国在河道保护方面出现的新问题

随着经济的发展、人口的增加、生态环境的恶化，我国在河道的防护方面出现了很多新问题，具体如下。

（1）乱砍滥伐森林，滥垦荒地，使水土流失加剧，造成河道、湖泊淤积，使河道行洪断面减小。

（2）在城乡建设和经济建设中，一些地方与水争地，向河道倾倒大量垃圾、废渣等固体物，淤塞河道，侵占河道建设各种建筑物，围垦河流、湖泊等，造成河流泄洪不畅，调蓄洪水能力下降。

（3）乱采滥挖河道砂石，影响河势稳定，危及堤防和工程安全。

（4）在河道内种植高秆阻水和作物。设置阻水渔网，影响行洪等。

（三）我国法律、法规对河道保护的具体规定

《中华人民共和国水法》《中华人民共和国防洪法》及《河道管理条例》对河道防护作了具体的规定，其核心内容是在河道内从事建设和生产的各项活动都必须符合防洪规划的要求，不得影响河势稳定、危害堤防安全、妨碍行洪和输水。

河道防护主要有以下几方面规定。

（1）在河道管理范围内，水域和土地的利用应当符合江河行洪、输水和航运的要求；滩地的利用，应当由河道主管机关会同土地管理等有关部门制定规划，报县级以上地方人民政府批准后实施。

（2）禁止损毁堤防、护岸、闸坝等水工程建筑物和防汛设施、水文监测和测量设施、河岸地质监测设施以及通信照明等设施。

在防汛抢险期间，无关人员和车辆不得上堤。因降雨、雪等造成堤顶泥泞期间，禁止车辆通行，但防汛抢险车辆除外。

（3）禁止非管理人员操作河道上的涵闸闸门，禁止任何组织和个人干扰河道管理单位的正常工作。

（4）在河道管理范围内禁止活动。

1）在河道管理范围内，禁止修建围堤、阻水渠道、阻水道路；种植高秆农作物、芦苇、杞柳、荻柴和树木（堤防防护林除外）；设置拦河渔具；弃置矿渣、石渣、煤灰、泥土、垃圾等。

2）在堤防和护堤地，禁止建房、放牧、开渠、打井、挖窖、葬坟、晒粮、存放物料、开采地下资源、进行考古发掘以及开展集市贸易活动。

3）在河道管理范围内，禁止堆放、倾倒、掩埋、排放污染水体的物体。禁止在河道内清洗装储过油类或者有毒污染物的车辆、容器。

（5）在河道管理范围内经批准可以从事的活动。在河道管理范围内进行下列活动，必须报经河道主管机关批准；涉及其他部门的，由河道主管机关会同有关部门批准。

1）采砂、取土、淘金、弃置砂石或者淤泥。

2）爆破、钻探、挖筑鱼塘。

3）在河道滩地存放物料、修建厂房或者其他建筑设施。

4）在河道滩地开采地下资源及进行考古发掘。

（6）堤防安全保护区。根据堤防的重要程度、堤基土质条件等，河道主管机关报经县级以上人民政府批准，可以在河道管理范围的相连地域划定堤防安全保护区。在堤防安全保护区内，禁止进行打井、钻探、爆破、挖筑鱼塘、采石、取土等危害堤防安全的活动。

（7）围湖造田、围垦河流规定。

1）禁止围湖造田。已经围垦的，应当按照国家规定的防洪标准进行治理，逐步退田还湖。湖泊的开发、利用规划必须经河道主管机关审查同意。

2）禁止围垦河流，确需围垦的，必须经过科学论证，并经省级以上人民政府批准。

（8）护堤护岸林木保护。护堤护岸林木，由河道管理单位组织营造和管理，其他任何单位和个人不得侵占、砍伐或者破坏。河道管理单位对护堤护岸林木进行抚育和更新性质的采伐及用于防汛抢险的采伐，根据国家有关规定免交育林基金。

（9）限制航速的河段规定。在为保证堤岸安全需要限制航速的河段，河道主管机关应当会同交通部门设立限制航速的标志，通行的船舶不得超速行驶。

在汛期，船舶的行驶和停靠必须遵守防汛指挥部的规定。

（10）其他相关保护规定。

1）禁止在江河、湖泊、水库、运河、渠道内弃置、堆放阻碍行洪的物体和种植阻碍行洪的林木及高秆作物。禁止在河道管理范围内建设妨碍行洪的建筑物、构筑物以及从事影响河势稳定、危害河岸堤防安全和其他妨碍河道行洪的活动。在河道、湖泊管理范围内建设各类建筑物和构筑物必须符合防洪规划。修建桥梁、码头和其他设施，必须按照国家规定的防洪标准所确定的河宽进行，不得缩窄行洪信道；桥梁和栈桥的梁底必须高于设计洪水位，并按照防洪和航运的要求，留有一定的超高；跨越河道的管道、线路的净空高度必须符合防洪和航运的要求等。

2）国家实行河道采砂许可制度。河道管理范围内的砂石资源，是河床的天然组成部分。无序地、掠夺性地开采将会影响河势的稳定，危及堤防，阻碍航道，诱发水上交通事故。但是若能有序地采挖，既可以起到疏浚河道的作用，又可以为建筑市场提供优质的砂石原料。因此，《中华人民共和国水法》和《河道管理条例》都对河道采砂活动作出了较为严格的规定，实行河道采砂许可制度。河道采砂许可制度实施办法，由国务院规定。在河道管理范围内采砂，影响河势稳定或者危及堤防安全的，有关县级以上人民政府水行政主管部门应当划定禁采区和规定禁采期。

3）江河的故道、旧堤、原有工程设施等，不得擅自填堵、占用或者拆毁。

4）山区河道有山体滑坡、崩岸、泥石流等自然灾害的河段，河道主管机关应当会同地质、交通等部门加强监测。在上述河段，禁止从事开山采石、采矿、开荒等危及山体稳

定的活动。

5）在河道中流放竹木，不得影响行洪、航运和水工程安全，并服从当地河道主管机关的安全管理。在汛期，河道主管机关有权对河道上的竹木和其他漂流物进行紧急处置。

6）在河道管理范围内，禁止堆放、倾倒、掩埋、排放污染水体的物体。禁止在河道内清洗装储过油类或者有毒污染物的车辆、容器。

河道主管机关应当开展河道水质监测工作，协同环境保护部门对水污染防治实施监督管理。

7）在河道中流放竹木，不得影响行洪、航运和水工程安全，并服从当地河道主管机关的安全管理。

向河道、湖泊排污的排污口的设置和扩大，排污单位在向环境保护部门申报之前，应当征得河道主管机关的同意。

四、河道清障

（一）河道清障概述

河道清障工作属于河道保护管理工作的一个重要内容。目前，任意侵占河床、河滩、向河道倾倒固体废弃物、围垦行洪滩地、种植阻水林与高秆作物等违法行为屡见不鲜，严重影响了河道正常的行洪、输水功能，并造成严重的洪涝灾害损失。为了强化河道清障工作，《河道管理条例》作出了以下规定。

（1）河道清障工作实行地方人民政府行政首长负责制。河道清障工作是一项非常复杂的工作。在这项工作中，眼前利益与长远利益、全局利益之间的矛盾十分突出。对于如此复杂、敏感且棘手的社会问题，必须由当地地方人民政府的行政首长亲自负责。为此，《河道管理条例》第七条明确规定："河道清障工作实行地方人民政府行政首长负责制"，体现了在河道清障工作中强化地方人民政府责任的原则，在《中华人民共和国防洪法》中，此规定再次得到确认。

（2）河道清障责任归属原则和费用负担原则。根据《河道管理条例》第三十六条的规定，河道清障的责任归属原则是"谁设障，谁清除"。同时还规定："由设障者承担全部清除费用"。此内容明确了承担清除河道水障碍物的责任主要是设置阻水障碍物的行为人，包括公民、法人和其他组织。这是行为人承担水事责任的一种方式。

（3）河道清障工作的分工协作。《河道管理条例》在第三十六条、第三十七条对河道清障工作的协作分工作出了专门的规定，体现了防汛指挥部和地方各级人民政府在河道清障工作中起着重要的作用。

（二）河道设障的行为

河道中的障碍，即阻水物，包括自然的阻水物和人为的阻水物两种。自然阻水物指自然生长、形成的，如自然堆积的沙丘、自然生长的植物等障碍物；人为阻水物指为了某种需要而人为形成的，如阻水工程，常见的有建筑物、树木、高秆作物、垃圾、废渣、尾矿矿渣、杂物及其他设施等。

根据《河道管理条例》有关条文的规定，构成河道设障的行为包括以下内容。

（1）在河道管理范围内弃置、堆放阻碍行洪物体，种植阻碍行洪的林木或者高秆植物，修建围堤、丁坝、阻水渠道、道路。

（2）在堤岸护堤地修建房、存放物料和倾倒垃圾。

（3）未经批准或者不按照规定在河道管理范围内弃置砂石、灰渣或淤泥。

（4）未经批准或者不按照国家规定的防洪标准、堤防安全标准，整治河道或者修建水工建筑物和其他设施。

（5）未经批准在河道滩地存放物料、修建厂房或者其他建筑设施。

（6）尚未经科学论证和省级以上人民政府批准，围垦湖泊、河流。

（7）在行洪区、蓄洪区、滞洪区兴建建筑物不符合防洪安全标准。

（8）其他设障行为。

（三）河道清障的具体内容

我国河道堤防的防洪标准普遍偏低，河道的行洪能力本来就不高。但多年来，一些地方、单位和个人由于缺乏法制观念和水患意识，纷纷与河争地，建设各种壅水、阻水建筑物，而且往往是旧障未清，新障又生，从而大大降低了河道的泄洪能力。究其原因，除了客观因素外，各级领导主观认识上不够重视，过分强调客观困难和管理不善，工作力度低也是重要原因。因此，客观现实已经给河道清障提出了十分迫切的要求，必须强化法律手段，明确责任，依法进行。河道清障是水行政主管部门或政府防汛指挥机构依法清除河道；湖泊管理范围内人为设置的违章壅水、阻水建筑物、构筑物的行政强制措施，是保障河道行洪能力的重要手段，也是对实际存在的违法设障现象所采取的一种补救措施。《中华人民共和国防洪法》等法规对河道清障规定的具体内容包括以下几项。

（1）对于一般阻碍行洪的障碍物的设障者，按照水行政主管部门提出的清障计划和实施方案，由防汛指挥机构责令其在规定的限期内清除阻水障碍物。

（2）壅水、阻水严重的桥梁、码头和其他跨河工程设施，根据防洪标准，有关水行政主管部门可以报请县级以上人民政府，按照国务院规定的权限责令建设单位在规定期限内改建或拆除。

（3）一切清障费用由设障者或者阻水设施的建设单位承担。

（4）对于设障者或阻水设施的建设单位逾期不清除时水行政主管部门或防汛指挥机构有权组织强制清除，并在汛期影响防洪安全时有权作出紧急处置决定，所有费用由设障者承担。

（5）河道清障事关防洪安全，涉及面广，是一项政策性很强、非常复杂的工作，必须充分依靠地方政府，实行地方人民政府行政首长负责制。

五、经费与罚则

（一）经费

（1）河道堤防的防汛岁修费。按照分级管理原则，分由中央财政和地方财政负担，列入中央与地方财政预算。

（2）河道工程建设维修管理费。河道主管机关可以向受益的工商企业等单位和农户收取，其标准应当根据工程修建和维护管理费用确定。

（3）采砂、取土和淘金管理费。在河道管理范围内采砂、取土和淘金，必须按照批准

的范围和作业方式进行，并向河道主管机关缴纳管理费。

(4) 水工程设施造成损坏维修费。任何单位和个人，凡是对堤防、护岸和其他水工程设施造成损坏的，由责任者负责修复或承担维修费用。

(二) 罚则

违反《河道管理条例》的罚则规定在该条例第六章，共五条。内容包括依法追究其行政责任、民事责任和刑事责任的行为及其处罚。同时还规定了可以通过行政复议或诉讼手段解决纠纷。

(1) 违反本条例规定，有下列行为之一的，县级以上地方人民政府河道主管机关除责令其纠正违法行为、采取补救措施外，可以并处警告、罚款、没收非法所得；对有关责任人员，由其所在单位或者上级主管机关给予行政处分；构成犯罪的，依法追究刑事责任。

1) 在河道管理范围内弃置、堆放阻碍行洪物体的；种植阻碍行洪的林木或者高秆植物的；修建围堤、阻水渠道、阻水道路的。

2) 在堤防、护堤地建房、放牧、开渠、打井、挖窖、葬坟、晒粮、存放物料、开采地下资源、进行考古发掘以及开展集市贸易活动的。

3) 未经批准或者不按照国家规定的防洪标准、工程安全标准整治河道或者修建水工程建筑物和其他设施的。

4) 未经批准或者不按照河道主管机关的规定在河道管理范围内采砂、取土、淘金、弃置砂石或者淤泥、爆破、钻探、挖筑鱼塘的。

5) 未经批准在河道滩地存放物料、修建厂房或者其他建筑设施，以及开采地下资源或者进行考古发掘的。

6) 违反本条例第二十七条的规定，围垦湖泊、河流的。

7) 擅自砍伐护堤护岸林木的。

8) 汛期违反防汛指挥部的规定或者指令的。

(2) 违反本条例规定，有下列行为之一的，县级以上地方人民政府河道主管机关除责令其纠正违法行为、赔偿损失、采取补救措施外，可以并处警告、罚款；应当给予治安管理处罚的，按照《中华人民共和国治安管理处罚法》的规定处罚；构成犯罪的，依法追究刑事责任。

1) 损毁堤防、护岸、闸坝、水工程建筑物，损毁防汛设施、水文监测和测量设施、河岸地质监测设施以及通信照明等设施的。

2) 在堤防安全保护区内进行打井、钻探、爆破、挖筑鱼塘、采石、取土等危害堤防安全活动的。

3) 非管理人员操作河道上的涵闸闸门或者干扰河道管理单位正常工作的。

当事人对行政处罚决定不服的，可以在接到处罚通知之日起 15 日内，向作出处罚决定的机关的上一级机关申请复议，对复议决定不服的，可以在接到复议决定之日起 15 日内，向人民法院起诉。当事人也可以在接到处罚通知之日起 15 日内，直接向人民法院起诉。当事人逾期不申请复议或者不向人民法院起诉又不履行处罚决定的，由作出处罚决定的机关申请人民法院强制执行。对治安管理处罚不服的，按照《中华人民共和国治安管理处罚法》的规定办理。

(3) 对违反本条例规定，造成国家、集体、个人经济损失的，受害方可以请求县级以上河道主管机关处理。受害方也可以直接向人民法院起诉。

当事人对河道主管机关的处理决定不服的，可以在接到通知之日起，15日内向人民法院起诉。

(4) 河道主管机关的工作人员以及河道监理人员玩忽职守、滥用职权、徇私舞弊的，由其所在单位或者上级主管机关给予行政处分；对公共财产、国家和人民利益造成重大损失的，依法追究刑事责任。

第二节　广东省河道管理条例

一、河道管理条例概述

(一) 立法宗旨

为了加强河道管理，维护河势稳定，保障防洪安全，改善河道生态环境，发挥河道综合功能，根据《中华人民共和国水法》《中华人民共和国防洪法》《中华人民共和国河道管理条例》等法律法规，结合本省实际，制定《广东省河道管理条例》(简称《条例》)，该条例由广东省第十三届人民代表大会常务委员会第十五次会议于2019年11月29日通过，共七章，四十七条，本条例自2020年1月1日起施行。原《广东省河道堤防管理条例》同时废止。

(二) 适用范围

(1) 本条例适用于广东省行政区域内河道的规划、保护、治理和利用及其管理活动。

(2) 本条例所称河道，包括河流、湖泊、水库库区、人工水道、行洪区和蓄滞洪区。

(3) 蓄滞洪区的管理依照《中华人民共和国防洪法》等法律法规规定执行。

(4) 广东省河道划分为省主要河道、市主要河道、县主要河道和其他河道。

1) 广东省行政区域内的东江、西江、北江、韩江、鉴江的干流和珠江三角洲、韩江三角洲主干河道以及珠江、韩江和鉴江河口为省主要河道。省主要河道名录的确定和调整，由省人民政府水行政主管部门拟定，报省人民政府批准后公布。

2) 市、县主要河道名录的确定和调整分别由市、县级人民政府水行政主管部门拟定，经本级人民政府批准后公布，并报上一级人民政府水行政主管部门备案。

(三) 应遵循的原则

(1) 河道管理应当遵循自然规律，坚持全面规划、保护优先、系统治理、综合利用的原则。

(2) 河道管理按照水系实行流域管理与行政区域管理相结合的管理体制。

(四) 管理体制

(1) 县级以上人民政府水行政主管部门是本行政区域内的河道主管部门。

(2) 县级以上人民政府自然资源、生态环境、农业农村、交通运输等主管部门以及海事管理机构按照各自职责，做好河道管理的有关工作。

(3) 广东省建立区域与流域相结合的省、市、县、镇、村五级河长湖长体系，镇级以上设立总河长及各河流、湖泊的河长湖长。

(4) 县级以上人民政府应当设置河长制办公室，乡镇人民政府、街道办事处根据实际需要明确负责河长制工作的机构。

(5) 村民委员会、居民委员会根据实际需要设立村级河长湖长，履行河道管理的有关职责。

(五) 管理责任

1. 河长制湖长制工作责任人

(1) 各级总河长是本行政区域内落实河长制湖长制工作的第一责任人，负责河长制湖长制工作的组织领导、决策部署、考核监督，协调解决河长制湖长制工作任务落实中的重大问题。

(2) 省、市、县、镇级河长湖长负责组织领导本行政区域内相应河流、湖泊的河长制湖长制工作，协调和督促本级有关部门和单位以及下级河长湖长履行河道管理职责，包括水资源保护、水安全保障、水污染防治、水环境治理、水生态修复、水域岸线管理等。

(3) 村级河长湖长负责组织制定村规民约、居民公约等，引导村民、居民自觉维护河道整洁。

2. 河长制湖长制工作机制

(1) 河长制办公室负责河长制湖长制工作的组织实施，组织、协调、监督、指导相关部门和下级河长制工作机构落实河长制湖长制工作任务，建立完善协同推进和信息共享工作机制。

(2) 省人民政府水行政主管部门负责省主要河道的基础调查，组织编制河道管理有关规划，实施河道管理范围内工程建设方案行政许可。河道沿线的市、县级人民政府水行政主管部门负责对该行政区域内的省主要河道实施日常检查监督，依法实施河道管理范围内有关活动的行政许可，查处违法行为。

二、河道规划

(一) 河道管理基础信息完善要求

县级以上人民政府水行政主管部门应当按照河道管理权限，每五年至少组织开展一次主要河道水域及其岸线地形测量等调查工作，完善河道管理基础信息。

(二) 河道管理专业规划编制

(1) 河道管理应当编制河道整治规划、河道岸线规划等专业规划，作为河道保护、治理和利用的依据。专业规划应当服从江河流域综合规划、区域综合规划、防洪规划，与国土空间规划、环境保护规划相协调，兼顾各地区、各行业的需要。

(2) 河道岸线规划应当明确外缘边界线、堤顶控制线、临水控制线和保护区、保留区、控制利用区。本条例所称岸线，是指临水控制线和外缘边界线之间的带状区域。本条例所称临水控制线，是指为稳定河势、保障河道行洪安全和维护河道生态环境的基本要求，在河岸的临水一侧顺水流方向或者湖泊沿岸周边临水一侧划定的管理控制线。本条例所称外缘边界线，是指为保护和管理岸线资源而划定的岸线外边界线。

(3) 编制航运、水力发电、水产养殖、城市开发等有关规划，应当遵循河道自然规律，满足行洪安全和堤防安全技术要求，并按河道管理权限征求水行政主管部门的意见。

(4) 河道管理的专业规划由县级以上人民政府水行政主管部门组织编制，征求同级人民政府其他有关部门意见，并公开征求社会公众意见，经本级人民政府批准后公布，报上一级人民政府水行政主管部门备案。

经批准的河道专业规划需要调整的，应当按照原编制程序批准、公布和备案。

三、河道保护

(一) 河道保护范围

(1) 有堤防的河道，其管理范围为两岸堤防之间的水域、沙洲、滩地、行洪区以及堤防和护堤地；无堤防的河道，其管理范围为两岸历史最高洪水位或者设计洪水位之间的水域、沙洲、滩地和行洪区。设计洪水位应当根据河道防洪规划或者国家防洪标准拟定。

(2) 有堤防的江心洲，堤防、护堤地及堤防迎水侧以外滩地属于河道管理范围；无堤防的江心洲，历史最高洪水位所淹没范围属于河道管理范围。

(3) 水库库区管理范围为水库坝址上游坝顶高程线或者土地征收征用线以下的土地和水域。

(4) 县级以上人民政府水行政主管部门会同同级人民政府有关部门拟定河道的管理范围，报本级人民政府批准后公布。需要调整河道管理范围的，应当经原批准机关批准后公布。

(二) 河道岸线的管理

(1) 河道岸线实行分区管理。分为：保护区、保留区和控制利用区。

1) 保护区禁止建设与防洪、河势控制、水资源综合利用及改善生态无关的项目。

2) 保留区在规划期内应当维持现状，国家与省级重点基础设施及生态建设项目除外。

3) 控制利用区应当控制对岸线和水资源有较大影响的活动，可以适度开发利用。

(2) 河道管理范围界桩埋设及管理。

1) 县级以上人民政府水行政主管部门应当根据公布的河道管理范围埋设界桩，并设立河道管理范围标示牌。

2) 按照河道名录设立河长湖长公示牌，公开河长制湖长制工作的有关信息。

3) 任何单位和个人不得擅自移动、损毁界桩、标示牌和公示牌；标示牌、公示牌的式样由省人民政府水行政主管部门统一制定。

(3) 限制性规定。在河道管理范围内进行下列活动，应当报经有审批权的市、县级人民政府水行政主管部门批准，并按照水行政主管部门批准的范围和作业方式实施；涉及其他部门的，由水行政主管部门会同有关部门批准：

1) 采砂、取土、淘金、弃置砂石或者淤泥。

2) 爆破、钻探、挖筑鱼塘。

3) 临时堆放物品或者建设临时设施。①在河道管理范围内建设临时设施或者临时堆放物品的，临时占用的期限不得超过两年，确需继续占用的，应当在有效期届满三十日前向原批准机关提出延续申请，延续时间不得超过一年；②临时使用河道的单位或者个人，必须服从有关防汛指挥机构的防洪防汛调度指挥和监督，临时占用期满，建设单位或者实际占用人应当拆除临时设施，清除弃置和堆放的物品，恢复河道原状。

4) 在河道滩地开采地下资源及进行考古发掘。

因防洪吹填加固堤防、清淤、疏浚、整治河道和航道等采砂的，应当按照前款规定办理相关手续。农村村民因自建房屋需要采挖河砂的，依照《广东省河道采砂管理条例》的规定执行。

（4）禁止性规定。

1）禁止违法占用河道临水控制线之间的行洪通道。因建设需要占用的，应当按照本条例规定报水行政主管部门批准。

2）禁止围垦河道。确需围垦的，应当经过科学论证，经水行政主管部门确认不妨碍行洪、输水后，报省级以上人民政府批准。

3）城市建设不得擅自填堵、缩减原有河道沟汊、湖塘洼淀，不得擅自设置水闸、覆盖河道。确有需要的，应当经县级以上人民政府批准。

4）在河道管理范围内，禁止下列活动：①建设房屋等妨碍行洪的建筑物、构筑物；②修建围堤、阻水渠道、阻水道路；③在行洪河道内种植阻碍行洪的林木和高秆作物；④设置拦河渔具；⑤弃置、堆放矿渣、石渣、煤灰、泥土、垃圾和其他阻碍行洪或者污染水体的物体；⑥从事影响河势稳定、危害河岸堤防安全和妨碍河道行洪的活动；⑦法律、法规规定的其他禁止行为。

在堤防和护堤地，禁止建房、放牧、开渠、打井、挖窖、葬坟、晒粮、存放与防汛抢险无关的物料、开采地下资源、进行考古发掘以及开展集市贸易活动。

5）护堤护岸林木，由河道管理单位组织营造和管理，其他任何单位和个人不得侵占、砍伐或者破坏。

（5）清障原则。

1）对河道范围内阻碍行洪的障碍物，按照谁设障、谁清除的原则，由水行政主管部门提出清障计划和实施方案，由防汛指挥机构责令限期清除；逾期不清除的，由防汛指挥机构依法组织强行清除，所需费用由设障者承担。

2）在紧急防汛期，省防汛指挥机构有权对壅水、阻水严重的桥梁、引道、码头和其他跨河工程设施作出紧急处置。

（6）利用堤顶、戗台兼做公路或者市政道路规定。

1）利用堤顶、戗台兼做公路或者市政道路的，建设单位应当进行专题论证，征求有管辖权的水行政主管部门意见，并采取安全防护措施，保障堤防安全和防汛安全。

2）利用堤顶、戗台兼做公路或者市政道路的，交通运输等有关部门应当根据水行政主管部门的意见和堤防安全的需要，设立明显的安全警示标志，采取车辆限载、限速、限宽、限高等措施，落实养护主体和经费；路面出现损坏的，应当及时修复，其修复方案应当事先征求堤防管理单位意见。因堤防维护需要采取限制通行等措施的，交通运输等有关部门应当配合。

（7）其他规定。

1）对历史上长期居住在行洪河道内的居民，当地人民政府应当有计划地组织外迁，妥善安置。居住在危房的居民，应当优先安置。不得开发河道管理范围内的沙洲；已经开发的，不得扩大规模，并按照有关规划进行整治。

2）县级以上人民政府应当采取措施，保护具有重要历史文化价值的河道水域及水陂、堤防、闸坝等水利工程建筑物、构筑物和文化遗址，符合文物保护条件的，应当列入文物保护范围。

3）县级以上人民政府应当建立河道日常保洁、养护等管理机制，明确责任单位。河道日常保洁、养护等管理经费应当列入财政预算。鼓励采用政府购买服务等方式，实行河道日常管理社会化。

4）各级人民政府应当建立河长湖长巡查制度。各级河长湖长应当定期巡查河湖，及时发现问题并组织处理。鼓励志愿者或者其他组织参与河湖巡查工作。

四、河道治理和利用

（1）河道治理和利用应当符合有关区划、规划、防洪标准、通航标准和其他有关技术要求，确保堤防安全，维护河势稳定，保障行洪和航运畅通，改善河流生态环境。

河道治理应当尊重河流自然属性，维护河流自然形态，在保障防洪安全前提下优先采用生态工程治理措施。

（2）在河道管理范围内建设跨河、穿河、穿堤、临河的桥梁、码头、道路、渡口、管道、缆线、取水、排水、公共休闲、景观等工程设施，应当符合防洪标准以及有关技术要求，不得影响河势稳定、危害堤防安全。其工程建设方案应当按照河道管理权限，报县级以上人民政府水行政主管部门审查同意；未经审查同意，不得开工建设。

（3）涉河建设项目需要占用河道管理范围内土地，跨越河道空间或者穿越河床的，建设单位应当经有关水行政主管部门对该工程设施建设的位置和界限核准后，方可开工建设；进行施工时，应当按照水行政主管部门核准的位置和界限进行。涉河建设项目涉及航道和航道保护范围的，应当事先征求交通运输主管部门意见。

（4）在鱼、虾、蟹洄游通道建设拦河建筑物，对渔业资源有严重影响的，建设单位应当建造洄游设施或者采取其他补救措施。

（5）在两岸临水控制线之间的区域内整治河道、航道以及兴建桥梁、码头等建设项目，应当符合河道行洪所需要的河宽，选用的建筑结构应当减少对行洪的影响。

（6）涉河建设项目占用或者影响水利设施的，建设单位应当负责修复、加固或者修建等效替代工程，恢复原有水利工程设施的功能。因工程建设确需迁建、改建、拆除原有水利设施的，建设单位应当承担所需费用并补偿损失。

（7）建设单位或者个人应当自收到县级以上人民政府水行政主管部门同意河道管理范围内工程建设方案的批准文件之日起三年内开工建设；逾期未开工建设且需要延续批准文件有效期限的，应当在有效期届满三十日前向原批准机关提出申请。

五、监督检查

（一）河道监督检查

（1）县级以上人民政府水行政主管部门应当建立河道监督检查制度。县级以上人民政府水行政主管部门及其监督检查人员履行本条例规定的监督检查职责时，有权采取下列措施：

1）要求被检查对象提供有关文件、证照、资料。

2）要求被检查对象就执行本条例的有关问题作出说明。

3）进入被检查对象的生产场所进行调查。

4）责令被检查对象停止违反本条例的行为，履行法定义务。

5）法律法规规定的其他监督检查措施。

监督检查人员在履行监督检查职责时，应当向被检查对象出示执法证件，不得妨碍被检查对象合法的生产经营活动。

（2）有关单位和个人应当配合水行政主管部门及其监督检查人员的监督检查工作，不得拒绝或者阻碍监督检查人员依法执行公务。

（3）县级以上人民政府水行政主管部门发现涉河建设项目或者其他有关活动违反本条例规定的，应当向建设项目的行政主管部门通报有关情况；发现国家机关、国有企业、事业单位或者国家工作人员违反本条例规定且拒不接受监督检查或者拒不改正的，可以向监察机关通报有关情况。

（4）涉河建设项目的行政主管部门对建设项目进行监督检查时，应当同时检查经批准的河道管理范围工程建设方案的落实情况，发现问题应当责令建设单位进行整改或者采取补救措施，并及时通报同级水行政主管部门。

（二）河长制湖长制考核制度

（1）建立河长制湖长制考核制度，县级及以上河长湖长负责组织对相应河湖下一级河长湖长进行考核。

（2）建立河长制湖长制工作激励问责机制，河长湖长和相关责任单位履行职责成效明显的，应当给予表彰；对履行职责不力的河长湖长及相关责任人，应当予以问责。

六、法律责任

（1）各级人民政府、有关部门及其工作人员未依照本条例规定履行职责，玩忽职守、滥用职权、徇私舞弊的，依法给予处分；构成犯罪的，依法追究刑事责任。

（2）违反本条例第十七条第二款规定，擅自移动、损毁河道管理范围界桩、标示牌、公示牌的，由县级以上人民政府水行政主管部门责令改正，可以处一万元以下罚款。

（3）违反本条例第十八条第一款第四项规定，在河道管理范围内设置拦河渔具的，由县级以上人民政府水行政主管部门责令停止违法行为，排除阻碍或者采取其他补救措施，可以处五万元以下的罚款。

（4）违反本条例第二十条规定，擅自填堵、缩减原有河道沟汊、湖塘洼淀，设置水闸、覆盖河道的，由县级以上人民政府水行政主管部门责令限期改正或者采取其他补救措施，并处一万元以上十万元以下罚款。

第三节　广东省河道采砂管理条例

一、广东省河道采砂管理条例概述

（一）立法宗旨

为了加强河道采砂管理，保障防洪、供水、水工程和航运安全，保护生态环境，根据

《中华人民共和国水法》《中华人民共和国防洪法》《中华人民共和国航道法》《中华人民共和国内河交通安全管理条例》等法律法规，结合本省实际，制定本条例。该条例共六章，五十二条，2005年1月19日广东省第十届人民代表大会常务委员会第十六次会议通过，根据2012年7月26日广东省第十一届人民代表大会常务委员会第三十五次会议《关于修改〈广东省河道采砂管理条例〉的决定》修正，2019年3月28日广东省第十三届人民代表大会常务委员会第十一次会议修订。根据2023年11月23日广东省第十四届人民代表大会常务委员会第六次会议《关于修改〈广东省河道采砂管理条例〉等六项地方性法规的决定》第二次修正。

（二）适用范围

在广东省行政区域的河道采砂、河道管理范围内河砂运输及其管理活动，适用本条例。属于《中华人民共和国长江保护法》调整范围的，从其规定。

（三）河砂所有权及开采原则

（1）河砂所有权。河砂属于国家所有，任何组织和个人不得非法采砂经营。

（2）开采原则。河道采砂应当实行总量控制、计划开采，严格监管、确保安全的原则。

（四）管理体制

（1）各级人民政府应当加强对河道采砂管理工作的领导和协调，将河道采砂管理纳入河长制工作内容，建立河道采砂管理的督察、通报、考核、问责制度，完善河道采砂管理协调机制。

（2）县级以上人民政府水行政主管部门负责河道采砂的管理和监督工作。

1）县级以上人民政府公安机关负责查处河道采砂及其管理活动中的治安管理违法犯罪行为，查处运砂车辆超载等违法行为。

2）县级以上人民政府自然资源主管部门负责查处河道采砂涉及的违反土地管理法律法规的行为。

3）县级以上人民政府交通运输主管部门负责查处损害航道通航条件的采砂行为以及运砂车辆违法超限等行为。

4）海事管理机构负责河道通航水域内采砂船舶的航行、停泊和作业的监督管理，依法查处未持有合格的船舶检验证书、船舶登记证书、船员证书或者必要的航行资料从事采砂、运砂作业等违法行为。

5）县级以上人民政府其他有关部门按照各自职责履行河道采砂相关监督管理职责。

（3）村民委员会、居民委员会应当协助做好本村、居所在河段的采砂管理工作。

（五）其他规定

（1）国家工作人员不得参与河道采砂经营活动，不得纵容、包庇河道采砂、运砂违法行为。

（2）县级以上人民政府水行政主管部门应当设置群众举报和投诉非法采砂、运砂行为的电话、电子邮箱等，对举报和投诉事项应当及时处理并对举报人、投诉人的相关信息予以保密；对查证属实的，可以对举报人和投诉人给予相应奖励。

（3）鼓励机制砂等河砂替代品的研发、推广和利用。

(4) 本条例下列用语的含义是：

1) 河道采砂是指在河道（含水库库区、湖泊）管理范围内采挖砂、石、土等的行为。

2) 采砂作业工具是指采砂船舶、挖掘机械、吊杆机械、分离机械及其他相关机械和工具。

3) 采砂船舶是指具有采砂功能的各类排水或者非排水的船、艇、筏以及其他水上移动装置。

二、采砂计划与许可

(一) 可采区与禁采区的划定

(1) 县级以上人民政府水行政主管部门应当按照分级管理权限，会同自然资源、生态环境、交通运输、农业农村等相关主管部门和海事管理机构，根据河道来砂量、水情、河势等情况，依法划定年度河砂可采区，可采区以外的河段为禁采区。

(2) 严禁在水工程、桥梁、码头、航道设施、水下管线（隧道)、取水口、各类保护区等管理和保护范围内划定河砂可采区。

(3) 县级以上人民政府水行政主管部门应当于每年十月公告下年度河砂可采区和禁采区。

(4) 河砂可采区内因防洪、河势改变、水工程或者航运设施出现险情、水生态环境遭到严重破坏以及有重大水上活动等情形不宜采砂的，有关部门应当及时通报县级以上人民政府水行政主管部门，县级以上人民政府水行政主管部门可以划定临时禁采区或者规定禁采期。规定禁采期、划定或者解除临时禁采区的，应当及时公告。

(二) 年度采砂计划的编制

(1) 县级以上人民政府水行政主管部门应当按照分级管理权限，根据划定的河砂可采区，编制年度采砂计划。

(2) 年度采砂计划应当包括采砂范围（含具体地点、关键坐标、最低控制开采高程等)、可采砂量，作业工具类型、功率及其数量等。

(三) 河道采砂实行许可制度

(1) 河道采砂实行许可制度。河道采砂由地级以上市、县级人民政府水行政主管部门分级许可并颁发许可证。

(2) 河道采砂许可证的期限。河道采砂许可证有效期不得超过一年。河道采砂许可证式样由省人民政府水行政主管部门制定，内容包括采砂人名称、采砂范围、采砂量、作业方式、采砂期限、卸砂点、采砂作业工具名称及其功率和数量等。

(3) 免予办理河道采砂许可证情况：

1) 农村村民因自建房屋，需要采挖总量 $50m^3$ 以下河砂的，可以免予办理河道采砂许可证，但只可在本村所在河段采挖，且本条例第十条、第十一条规定禁采的河段除外。村民不得使用采砂船舶等大型作业工具采砂，所采挖的河砂不得销售。

2) 因防洪吹填加固堤防、清淤、疏浚、整治河道和航道等采砂的，不需要办理河道采砂许可证，但应当按照有关河道管理的法律法规的规定办理相关手续，在依法批准的方案规定的平面控制和高程控制范围内进行作业，所采河砂应当按照依法批准的方案进行处置。

(4) 地级以上市人民政府水行政主管部门作出许可决定情形（本条例十四条)。以下河道采砂由河道所在地的地级以上市人民政府水行政主管部门编制年度采砂计划，报省人民政府水行政主管部门批准后，由地级以上市人民政府水行政主管部门作出许可决定：

1）东江从龙川枫树坝起，经河源、惠州至东莞石龙头的干流河道。

2）西江从广西交界起，经云浮、肇庆至三水思贤滘的干流河道。

3）北江从韶关武江、浈江交汇处起，经清远、三水思贤滘至紫洞的干流河道。

4）珠江三角洲河道从东莞石龙头起，经东江北干流、南支流至珠江虎门大桥止的干流河道；从三水思贤滘西滘口起，经西江干流、西海水道、磨刀门水道至磨刀门珠海大桥止的干流河道；从三水思贤滘起，经顺德水道、沙湾水道至珠江虎门大桥止的干流河道。

5）韩江从梅州三河坝起，经潮州、东溪、西溪至汕头北港村、东海岸大道外砂桥的干流河道。

6）鉴江从信宜文昌水陂起，经高州、化州、吴川至沙角旋的干流河道。

（5）河道采砂许可招标。河道采砂许可由有许可权的水行政主管部门通过招标等公平竞争的方式作出决定。县级以上人民政府应当采取有效措施促进砂石市场公平竞争，防止形成价格垄断。有许可权的水行政主管部门应当根据年度采砂计划编制招标文件并组织招标，或者委托下级水行政主管部门组织招标。河砂开采权招标及其合同约定的采砂作业期限不得超过一年。

（6）河道采砂投标人应当具备条件：

1）有经营河砂业务的营业执照。

2）有符合规定的采砂作业方式和作业工具。

3）无非法采砂记录。

4）用船舶采砂的，船舶检验证书、船舶国籍证书齐全。

（7）河道采砂投标余中标。

1）投标。河道采砂投标人应当按照招标文件的要求编制并提交投标文件。

2）中标、许可。有许可权的水行政主管部门或者受委托的下级水行政主管部门应当依法确定中标人，按照招标投标法律法规的规定与中标人订立河砂开采权出让合同，由有许可权的水行政主管部门根据河砂开采权出让合同等依法颁发河道采砂许可证。

3）河砂开采权出让合同。应当包括采砂范围、采砂期限、采砂控制总量、作业方式、河砂开采权出让费用，作业工具类型、功率及其数量等内容。中标人应当在取得河道采砂许可证及依法办理交通运输、海事等部门的有关手续后方可作业。

4）河道采砂许可证使用：①河道采砂许可证有效期届满或者累计采砂达到河道采砂许可证规定控制总量的，河道采砂人应当立即停止采砂，发证机关应当注销其河道采砂许可证；②因不可抗力而中止采砂的，采砂人可以在河道采砂许可证有效期届满三十日前或者不可抗力因素消除后十日内，向原河道采砂许可机关提出采砂期限变更申请；③原河道采砂许可机关应当向社会公示变更理由和期限，公示时间不少于七个工作日；④变更采砂期限应当由原河道采砂许可机关负责人集体讨论决定，变更后延长的采砂期限不得超过因不可抗力而中止采砂的期限。河道采砂许可证规定的其他事项不得变更。

5）河道采砂开采权出让收入分配。河道采砂开采权出让收入按照效益共享、责任共担原则主要用于河道采砂管理、河道生态环境治理、河道建设维护及管理，优先保障乡镇

人民政府、街道办事处和村民委员会、居民委员会参与河道采砂管理的经费。河道采砂开采权出让收入使用管理办法由地级以上市、县级人民政府财政部门会同同级水行政主管部门拟订并报本级人民政府批准。

三、采砂作业和采砂船舶的监督管理

（一）采砂许可证公示牌

（1）颁发河道采砂许可证的水行政主管部门应当在河道采砂现场附近明显的位置竖立公示牌，标明河道采砂许可证号、采砂范围、采砂作业工具名称、采砂控制总量、采砂期限、采砂人姓名或者名称及监督举报电话等。

（2）河道采砂现场公示牌的式样由省人民政府水行政主管部门统一制定。

（二）采砂许可证使用监督管理

（1）河道采砂人应当服从有关部门的监督管理，并遵守下列规定。

1）按照河道采砂许可证的规定和河砂开采权出让合同的约定采砂。

2）不得在禁采区、临时禁采区、禁采期从事采砂作业。

3）每日19时至次日7时不得从事采砂作业。

4）不得损坏水工程、河岸、航道，破坏水生态环境。

5）不得伪造、变造河道采砂许可证，或者以买卖、出租、出借等方式非法转让河道采砂许可证。

6）不得妨碍水上交通安全。

7）不得为超载运砂提供便利。

8）法律法规规定的其他事项。

（2）监理单位监督管理。

1）水行政主管部门可以委托具备水利工程建设监理相应资质的监理单位对河道采砂活动实施监督管理。监理费用达到招标数额标准的，水行政主管部门应当通过招标等公平竞争方式确定监理单位，并与监理单位订立监理合同。

2）监理单位应当配备智能化设备，采用信息化技术，对河道采砂作业进行实时监控，并按照监理合同的约定，对采砂人的采砂范围、作业工具、开采时间、采砂数量等活动实施监督管理。监理单位的信息化监控数据应当与执法单位共享。

3）监理单位及其监理人员不得与采砂人、运砂人串通，弄虚作假，不得损害国家利益或者社会公共利益。

（三）开采河砂的运输

（1）禁止装运非法开采的河砂。在河道管理范围内运输河砂应当持有河砂合法来源证明。

（2）在河道管理范围内运输依法开采的河砂的，水行政主管部门应当在采砂现场及时核发河砂合法来源证明，并不得收取费用。

（3）河砂合法来源证明由省人民政府水行政主管部门统一式样，包括河砂来源地、运输工具名称、装运时间、河砂数量、卸砂点和有效期限等内容。省人民政府水行政主管部门应当统一建设电子信息管理平台，实现河砂合法来源证明信息互联互通。

(4) 运砂人在河道管理范围内运输河砂的应当服从有关部门的监督管理，并遵守下列规定：

1) 持有的河砂合法来源证明应当在其载明的有效期限内单次使用，不得重复使用。

2) 不得伪造、变造河砂合法来源证明，或者以买卖、出租、出借等方式非法转让河砂合法来源证明。

3) 运载河砂数量应当符合河砂合法来源证明记载数量。

4) 不得妨碍水上交通安全。

5) 法律法规规定的其他事项。

(四) 堆砂场规划

(1) 县级以上人民政府水行政主管部门应当按照省有关规定，组织编制河道管理范围内堆砂场规划，报同级人民政府批准。堆砂场规划应当与年度采砂计划采砂量、当地河砂需求量等相协调。

(2) 在河道管理范围内设置堆砂场，应当按照有关法律法规的规定报经有管辖权的县级以上人民政府水行政主管部门批准。堆砂场经营者不得接纳非法砂源进入堆砂场，不得为超载运砂提供便利，并采取有效措施降低作业噪声和减少扬尘，避免造成环境污染。

(五) 作业船舶停靠

(1) 依法实施采砂、防洪吹填加固堤防、清淤、疏浚、整治河道和航道等作业任务的船舶应当在其作业区内停泊或者在县级以上人民政府指定的停泊区内停泊。

(2) 无合法作业任务的采砂船舶应当在县级以上人民政府指定的停泊区内停泊，因特殊作业和安全管理需要不能在指定的停泊区内停泊的，可以在海事管理机构公布的锚地、停泊区或者其自有码头停泊。

(3) 无正当理由，采砂船舶不得擅自离开作业区或者指定的停泊区。

(4) 按本条例（第十四条）规定的，即由地级以上市人民政府水行政主管部门作出许可决定河道应当设置停泊区。省人民政府水行政主管部门应当会同同级公安、生态环境、交通运输、农业农村等有关主管部门和海事管理机构组织编制停泊区设置规划，经省人民政府批准后公告。

(5) 本条例第十四条规定以外的河道，地级以上市、县级人民政府可以根据实际需要，设置停泊区。停泊区的建设和管理办法由省人民政府另行制定。

(六) 加强用现代化技术对河道采砂监管

(1) 各级人民政府可以运用卫星、无人机、移动互联网、监控视频等现代化技术，加强河道采砂监管。

(2) 省人民政府水行政主管部门负责建设采砂船舶监控系统，并为采砂船舶配置采砂专用监控设备。

(3) 地级以上市、县级人民政府水行政主管部门负责组织安装和管理采砂专用监控设备。安装监控设备不得收取费用。

(4) 采砂人、采砂船舶所有人或者经营人应当配合安装采砂专用监控设备，不得损毁、拆除，不得妨碍其正常运行。

四、监督检查

（1）县级以上人民政府应当将整治非法采砂作为河长制工作的职责，组织水行政、公安、自然资源、生态环境、交通运输、农业农村等主管部门和海事管理机构开展联合执法，维护采砂管理秩序。

（2）县级以上人民政府水行政、公安、自然资源、生态环境、交通运输、农业农村等主管部门和海事管理机构应当建立采砂、运砂管理的执法协作机制，建立完善联席会议制度、违法线索移送制度，加强执法信息共享。

（3）联合执法。

1）县级以上人民政府交通运输主管部门、海事管理机构在执法过程中，发现无河道采砂许可证采砂、在禁采期或者禁止采砂作业的时段采砂、无河砂合法来源证明运输河砂等行为的，应当及时向当地水行政主管部门通报。

2）县级以上人民政府水行政主管部门、海事管理机构在执法过程中，发现在航道和航道保护范围内采砂，损害航道通航条件等行为的，应当及时向当地交通运输主管部门通报。

3）县级以上人民政府水行政、交通运输主管部门在执法过程中，发现未持有合格的船舶检验证书、船舶登记证书、船员证书或者必要的航行资料从事采砂、运砂作业等行为的，应当及时向有管辖权的海事管理机构通报。

4）向其他单位通报相关事项的，应当同时移交有关线索或者证据材料，并提供必要的执法协助。接到情况通报的单位，应当及时派出执法人员前往现场，依法对通报的事项进行调查处理。

（4）对违法行为查处与公开。

河道所在地的地级以上市、县级人民政府水行政主管部门应当加强对河道采砂、运砂活动及采砂作业工具的监督管理，依法查处非法采砂、运砂、停泊等行为，对违法行为进行记录并将处理结果予以公开。

上级人民政府水行政主管部门可以对本行政区域内河道采砂、运砂、停泊等违法行为直接进行查处。

以河道为行政区界线的，河道交界线的任何一方人民政府水行政主管部门有权查处交界范围内的非法采砂、运砂、停泊行为。有关各方对管辖权有争议的，移送共同的上一级人民政府水行政主管部门处理。

水行政主管部门依法查处案件，发现违法行为涉嫌犯罪的，应当依法移送公安机关。

（5）监督检查职权。

县级以上人民政府水行政主管部门及其监督检查人员履行本条例规定的监督检查职责时，有权采取下列措施：

1）要求被检查对象提供有关文件、证照、资料。

2）要求被检查对象就执行本条例的有关问题作出说明。

3）进入被检查对象的生产场所进行调查。

4）责令被检查对象停止违反本条例的行为，履行法定义务。

5）法律法规规定的其他监督检查措施。

被监督检查人义务。有关单位或者个人应当配合监督检查工作，不得拒绝或者阻碍监督检查人员依法执行职务。

加强防洪吹填加固堤防、清淤、疏浚、整治河道和航道等活动的监管：

（1）县级以上人民政府有关行政主管部门应当加强防洪吹填加固堤防、清淤、疏浚、整治河道和航道等活动的监督管理，检查其作业是否超过经批准的方案规定的平面控制和高程控制范围、所采河砂是否按照经批准的方案要求进行处置，发现问题及时处理，并通报同级水行政主管部门。

（2）县级以上人民政府水行政主管部门发现防洪吹填加固堤防、清淤、疏浚、整治河道和航道等活动在经批准的方案规定的平面控制和高程控制范围外进行采砂作业或者所采河砂未按照经批准的方案进行处置的，应当及时处理，并通报同级有关行政主管部门。

五、法律责任

（1）主管人员和其他直接责任人员的法律责任。

违反本条例规定，有下列行为之一的，对负有责任的主管人员和其他直接责任人员依法给予处分；构成犯罪的，依法追究刑事责任：

1）国家工作人员参与河道采砂经营活动或者纵容、包庇河道采砂、运砂违法行为的。

2）不按规定作出许可和颁发河道采砂许可证、核发河砂合法来源证明等相关证件的。

3）不按规定使用河道采砂开采权出让收入的。

4）对非法采砂、运砂、停泊等行为不按规定给予行政处罚的。

5）其他不履行监督管理职责或者滥用职权、徇私舞弊、玩忽职守的。

（2）无证采砂法律责任。

1）违反本条例规定，无河道采砂许可证采砂的，由县级以上人民政府水行政主管部门责令停止违法行为，扣押非法采砂作业工具，没收违法所得，并处五万元以上五十万元以下罚款。

2）无河道采砂许可证采砂，且有下列情形之一的，由县级以上人民政府水行政主管部门责令停止违法行为，没收违法所得，并处五十万元以上一百万元以下罚款，可以没收非法采砂作业工具；危害防洪安全、损坏工程设施、损害水生态环境、破坏矿产资源，构成犯罪的，依法追究刑事责任：①在可采区非法采砂两次以上的；②在禁采区、临时禁采区采砂的；③在禁采期、禁止采砂作业的时段采砂的；④无正当理由擅自离开停泊区并实施非法采砂的。

（3）不按照河道采砂许可证规定采砂或者在禁采期、禁止采砂作业的时段采砂的法律责任。

1）不按照河道采砂许可证规定采砂或者在禁采期、禁止采砂作业的时段采砂的，由县级以上人民政府水行政主管部门责令停止违法行为，扣押非法采砂作业工具，没收违法所得，并处五万元以上二十万元以下罚款；情节严重的，并处二十万元以上五十万元以下罚款，并吊销河道采砂许可证；构成犯罪的，依法追究刑事责任。

2）违反本条例第二十三条规定，防洪吹填加固堤防、清淤、疏浚、整治河道和航道等活动在经批准的方案规定的工程平面控制和高程控制范围外进行采砂作业，或者所采河

砂不按照经批准的方案进行处置的，依照前款规定处理。

3）违反本条例第二十五条第五项规定，变造河道采砂许可证，或者以买卖、出租、出借等方式非法转让河道采砂许可证的，由县级以上人民政府水行政主管部门吊销河道采砂许可证，没收违法所得，并处三万元以上三十万元以下罚款；构成犯罪的，依法追究刑事责任。

（4）弄虚作假，损害国家利益或者社会公共利益的法律责任。

违反本条例第二十六条第三款规定，监理单位及其监理人员与采砂人、运砂人串通，弄虚作假，损害国家利益或者社会公共利益的，由县级以上人民政府水行政主管部门责令改正，对监理单位处以一万元以上十万元以下罚款，对监理人员处以一千元以上一万元以下罚款；构成犯罪的，依法追究刑事责任。

（5）违法运输河砂法律责任。

在河道管理范围内运输河砂有下列行为之一的，由县级以上人民政府水行政主管部门扣押违法运输工具，没收违法运输的河砂或者责令其卸到指定水域，并处五千元以上五万元以下罚款：①违反本条例规定，无河砂合法来源证明运输河砂的；②违反本条例规定，使用超过有效次数或者有效期限的河砂合法来源证明的；③违反本条例规定，伪造、变造河砂合法来源证明，或者以买卖、出租、出借等方式非法转让河砂合法来源证明的；④违反本条例第二十八条第三项规定，运载数量明显不符合河砂合法来源证明记载数量的。

（6）采砂船舶停靠违法法律责任。

违反本条例规定，采砂船舶未在作业区或者指定的停泊区停泊、无正当理由擅自离开作业区或者指定的停泊区的，由县级以上人民政府水行政主管部门责令限期到达作业区或者指定的停泊区；逾期不到达的，扣押违法停泊船舶，处以一万元以上五万元以下的罚款。

（7）拒绝配合安装采砂专用监控设备或毁坏监控设备法律责任。

违反本条例规定，采砂人、采砂船舶所有人或者经营人拒绝配合安装采砂专用监控设备，或者损毁、拆除设备，妨碍设备正常运行的，由县级以上人民政府水行政主管部门责令停止违法行为，限期改正；逾期不改正的，处以一万元以上五万元以下罚款。损毁专用监控设备的，应当承担赔偿责任。

（8）阻碍监督检查人员依法执行职务的法律责任。

违反本条例规定，拒绝或者阻碍监督检查人员依法执行职务的，由县级以上人民政府水行政主管部门责令停止违法行为，处以五千元以上二万元以下罚款；构成违反治安管理行为的，由公安机关依照《中华人民共和国治安管理处罚法》给予处罚。

（9）扣押非法采砂作业工具、船舶处理。

1）县级以上人民政府水行政主管部门对于依照本条例规定扣押的非法采砂作业工具、违法运输工具和违法停泊的采砂船舶，河道采砂人、运输人、采砂船舶所有人或者经营人在规定的时间内接受处理的，应当依法予以退还；逾期不接受处理，经催告仍不缴纳罚款的，可将扣押的非法采砂作业工具、违法运输工具和违法停泊的采砂船舶依法予以拍卖、变卖后抵缴罚款。

2）对依法扣押但难以查明当事人的非法采砂作业工具、违法运输工具和违法停泊的采砂船舶，县级以上人民政府水行政主管部门应当发布公告，通知当事人自公告之日起六十日内接受处理；当事人在公告后六个月内不接受处理的，水行政主管部门可依法拍卖、变卖，变价款扣除保管、处理物品等必要支出费用后上缴同级财政。

第四节 广东省河口滩涂管理条例

一、河口滩涂管理条例概述

（一）立法宗旨

为加强河口滩涂管理，保障河道行洪纳潮，维护人民生命财产安全，保护和合理开发、利用河口滩涂资源，促进经济可持续发展，根据《中华人民共和国水法》《中华人民共和国防洪法》及有关法律、法规，结合广东省实际，广东省第九届人大常委会于2001年1月17日制定《广东省河口滩涂管理条例》，该条例共5章35条，于同年3月1日施行，2012年1月9日广东省第十一届人民代表大会常务委员会进行了修订。据2019年9月25日广东省第十三届人民代表大会常务委员会第十四次会议《关于修改〈广东省食品安全条例〉等十项地方性法规的决定》第二次修正。

（二）适用范围

广东省行政区域内河道入海河口滩涂（以下简称“河口滩涂”）的开发、利用、整治和管理，适用于本条例。河口滩涂开发和利用是指从事河口滩涂的促淤、圈围、围垦等活动。

（三）河口滩涂所有权

广东省行政区域内的河口滩涂，属国家所有；法律另有规定的从其规定。未经批准，任何单位和个人不得占用。

（四）河口滩涂的管理体制和管理范围

（1）县级以上人民政府水行政主管部门对本行政区域内的河口滩涂实行统一管理，负责实施本条例。

（2）国土资源、海洋与渔业、交通、规划、建设、环保、民政、林业等行政管理部门依照各自职责，协同实施本条例。

（3）珠江、韩江、榕江、漠阳江、鉴江、九州江的河口以及跨地级以上市的河口是本省的主要河口。主要河口滩涂由省水行政主管部门管理；其他河口滩涂按分级管理原则，由有管辖权的市、县水行政主管部门管理。

（4）珠江河口的具体范围按水利部发布的《珠江河口管理办法》的规定划定。

（5）其他主要河口的具体范围由省水利、海洋与渔业等行政管理部门组织划分，报省人民政府审批确定；其他河口的具体范围由有管辖权的市、县水利以及海洋与渔业等行政管理部门组织划分，报同级人民政府审批确定，并报省水行政主管部门备案。

二、河口滩涂的开发和利用

（一）开发和利用规划

（1）各级人民政府应当按照各自权限制定河口滩涂开发和利用规划。河口滩涂开发和

利用规划应当在综合调查和评价的基础上，根据当地自然、经济、技术等条件，按照国民经济和社会发展的需要编制。河口滩涂开发和利用规划应当符合流域综合规划，并与土地利用总体规划、海域开发和利用总体规划、城市总体规划和航道整治规划相协调。

（2）广东省主要河口滩涂的开发和利用规划，由省水行政主管部门会同省国土资源、海洋与渔业、交通、规划、建设、环保、民政、林业等部门和有关市、县人民政府编制，报省人民政府批准。其中珠江河口滩涂的开发和利用规划在报省人民政府批准前，应当由水利部珠江水利委员会审查并出具书面意见。

（3）其他河口滩涂的开发和利用规划，由有管辖权的市、县水行政主管部门会同有关部门编制，报同级人民政府批准，并报上一级水行政主管部门备案。

（4）经批准的河口滩涂开发和利用规划，是河口滩涂开发和利用及整治的基本依据。规划的调整、补充和修改，须经原批准机关批准。

（二）开发和利用河口滩涂的条件

（1）符合河口滩涂开发和利用规划。

（2）河口滩涂高程已较稳定，处于淤涨扩宽状态。

（3）符合河道行洪纳潮，生态环境、渔业资源保护，航道、河势稳定，防汛工程设施安全的要求。

（三）开发和利用河口滩涂的制度

（1）可行性研究报告制度。开发和利用河口滩涂，应当向有管辖权的水行政主管部门提出申请，并提交可行性研究报告等文件、资料。可行性研究报告包括以下主要内容。

1）经有审批权的环保部门审查同意的河口滩涂开发和利用项目环境影响评价报告。

2）河口滩涂开发和利用项目所涉及的防洪措施。

3）河口滩涂开发和利用项目对河口变化、行洪纳潮、堤防安全、河口水质的影响以及拟采取的措施。

4）开发和利用河口滩涂的用途、范围和开发期限。

（2）防洪规划同意书制度。

1）开发和利用河口滩涂，实行防洪规划同意书制度。开发和利用主要河口滩涂的，由河口所在地地级以上市水行政主管部门初审后，报省水行政主管部门审查并出具防洪规划同意书。开发和利用珠江河口滩涂按规定需由水利部珠江水利委员会出具防洪规划同意书的，应当经省水行政主管部门审查同意。

2）开发和利用其他河口滩涂的，由有管辖权的市、县水行政主管部门审查后出具防洪规划同意书，报上一级水行政主管部门备案。

（四）开发和利用河口滩涂的程序

（1）在主要河口促淤、圈围、围垦滩涂，符合防洪规划的，由省水行政主管部门征求河口所在地地级以上市人民政府的意见后，会同省海洋与渔业、国土资源、交通等部门组织专家论证，报省人民政府审批。经批准后方可依照国家规定的基本建设程序办理有关手续。

（2）在其他河口促淤、圈围、围垦滩涂，符合防洪规划的，由有管辖权的市、县水行政主管部门会同海洋与渔业、国土资源、交通等部门组织专家论证后，报同级人民政府审批。经批准后方可依照国家规定的基本建设程序办理有关手续。

(3) 在河口从事其他开发和利用滩涂的活动和建设，应当经有管辖权的水行政主管部门会同有关部门审查同意。

(4) 河口滩涂开发和利用工程竣工后，开发、利用的单位或个人应当向原审查的水行政主管部门报送有关竣工资料，报请水行政主管部门会同有关部门进行验收。工程不符合设计标准或规定要求的，开发、利用单位或个人必须返工重建并承担费用。未经验收或经验收不合格的工程，不得投入使用。

三、河口滩涂整治和管理

(一) 河口滩涂年度整治计划及资金的筹集

(1) 各级水行政主管部门应当按分级管理权限，根据河口整治规划的要求，结合河道行洪纳潮需要，提出河口的年度整治计划，报同级人民政府批准后实施。

(2) 各级人民政府应当根据河口年度整治计划，多渠道、多层次筹集资金，用于河口的整治。

(二) 河口滩涂建设规定

(1) 经批准开发和利用河口滩涂的项目，自批准之日起两年内未能开工建设，又未经原批准机关同意延期的，应当重新办理审批手续后方可开工。

(2) 水行政主管部门应当对河口滩涂开发和利用项目施工情况进行检查，被检查单位和个人应当如实提供有关情况。对未按批准的位置和界限进行施工的，水行政主管部门应当责令其限期改正。

(3) 经批准开发和利用河口滩涂的单位和个人，不得擅自改变河口滩涂用途、范围。确需改变的，应当经原批准机关批准。

(4) 河口滩涂开发和利用的检查、监督等日常管理工作，由河口滩涂所在地水行政主管部门负责。

四、违法行为及法律责任

(一) 违法开发和利用河口滩涂的

(1) 违反《河口滩涂管理条例》第十二条、第十三条、第十八条规定，未经批准或未重新办理审批手续而进行开发和利用活动的，由水行政主管部门责令停止违法行为，限期恢复原状或采取其他补救措施，可以处1万元以上5万元以下罚款；对负有直接责任的主管人员和其他直接责任人员依法追究责任。对既不恢复原状也不采取其他补救措施的，所需费用由违法者承担。

(2) 违反《河口滩涂管理条例》第十四条第二款规定的，责令其停止使用，可以处1万元以上5万元以下罚款；造成重大安全事故，构成犯罪的，依法追究刑事责任。

(二) 未按批准的位置和界限施工又不改正，或擅自改变开发利用项目的用途、范围的违反《河口滩涂管理条例》第十八条、第十九条规定，未按批准的位置和界限施工又不改正，或擅自改变开发利用项目的用途、范围的，可以处1万元以上10万元以下罚款；影响行洪纳潮但尚可采取补救措施的，责令采取补救措施；严重影响行洪纳潮的，责令限

期拆除，逾期不拆除的，强行拆除，所需费用由开发利用单位或个人承担。

（三）其他规定

（1）违反《河口滩涂管理条例》第二十一条、第二十二条、第二十三条、第二十四条规定的，由自然资源、渔业、交通、林业行政管理部门依照有关法律法规的规定处罚。

（2）阻碍、威胁水行政主管部门和有关行政管理部门的工作人员依法履行职务，应当给予治安管理处罚的，依照治安管理处罚法的规定处罚；构成犯罪的，依法追究刑事责任。

（3）水行政主管部门和有关行政管理部门工作人员滥用职权、玩忽职守、徇私舞弊的，由所在部门给予行政处分；构成犯罪的，依法追究刑事责任。

第八章 水利工程管理法规

第一节 广东省水利工程管理条例

一、水利工程管理概述

(一) 立法宗旨

为加强水利工程的管理，保障水利工程的安全与正常运行，充分发挥水利工程的功能和效益，根据《中华人民共和国水法》《中华人民共和国水土保持法》《中华人民共和国防洪法》等有关法律、法规，结合实际，广东省第九届人民代表大会常务委员会在1999年11月27日通过了《广东省水利工程管理条例》（以下简称《水利工程管理条例》），该条例共5章37条，先后经过2014年、2018年、2019年、2020年四次修订（于2000年11月27日实施。

(二) 适用范围

广东省省行政区域内下列水利工程的管理、保护和利用适用于《水利工程管理条例》。

（1）防洪、防潮、排涝工程。

（2）蓄水、引水、供水、提水和农业灌溉工程。

（3）防渍、治碱工程。

（4）水利水电工程。

（5）水土保持工程。

（6）水文勘测、“三防”（防汛、防风、防旱）通信工程。

（7）其他水资源保护、利用和防治水害的工程。

(三) 管理原则和管理体制

（1）县级以上水行政主管部门负责本行政区域内水利工程的统一管理工作和本条例的组织实施。建设、交通、电力等部门，依照各自职责，管理有关的水利工程。土地管理、地震、公安等有关部门，协同做好水利工程管理工作。

（2）各级人民政府应当加强对水利工程管理的领导，按照分级管理的原则，理顺管理体制，明确责、权、利关系，保障水利工程的安全及正常运行。

二、水利工程管理

(一) 水利工程项目建设

（1）兴建水利工程项目应当严格按照建设程序，履行规定的审批手续，实行项目法人责任制、招标投标制和建设监理制。新建、扩建和改建水利工程，其勘测、设计、施工、

监理应当由具有相应资质的单位承担，按照分级管理的原则，接受水行政主管部门对工程质量的监督。

（2）将水利工程发包给不具备相应资质单位的，其签订的承包、发包合同无效，并责令工程发包人限期重新组织招标和投标。

（3）水利工程勘测、设计、施工、监理单位的资质按照国家的有关规定认定。

（4）未经验收合格的水利工程不得交付使用。

（二）水利工程项目管理

（1）大、中型和重要的小型水利工程，由县级以上水行政主管部门分级管理；跨市、县（区）、乡（镇）的水利工程，由其共同的上一级水行政主管部门管理，也可以委托主要受益市、县（区）水行政主管部门或乡（镇）人民政府管理；未具体划分规模等级的水利工程，由其所在地的水行政主管部门管理；其他小型水利工程由乡（镇）人民政府管理。

变更水利工程的管理权，应当按照原隶属关系报经上一级水行政主管部门批准。

（2）大、中型和重要的小型水利工程，应当设置专门管理单位，未设置专门管理单位的小型水利工程必须有专人管理。同一水利工程必须设置统一的专门管理单位。水利工程管理单位具体负责水利工程的运行管理、维护和开发、利用。

小（1）型水库以乡（镇）水利管理单位管理为主，小（2）型水库以村委会管理为主。

（3）防洪排涝、农业灌排、水土保持、水资源保护等以社会效益为主、公益性较强的水利工程，其维护运行管理费的差额部分按财政体制由各级财政核实后予以安排。供水、水力发电、水库养殖、水上旅游及水利综合经营等以经济效益为主，兼有一定社会效益的水利工程，要实行企业化管理，其维护运行管理费由其营业收入支付。

国有水利工程的项目性质分类，由水行政主管部门会同有关部门划定。

（4）水利工程管理单位应当建立健全管理制度，严格按照有关规程规范运行管理，接受水行政主管部门的监督，服从政府防汛指挥机构的防洪、抗旱调度，确保水利工程的安全和正常运行。当水利工程的发电、供水与防洪发生矛盾时，应当服从防洪。

（5）通过租赁、拍卖、承包、股份合作等形式依法取得水利工程经营权的单位和个人，未经水行政主管部门批准，不得改变工程原设计的主要功能。

（三）水费的收取

（1）由水利工程提供生产、生活和其他用水服务的单位和个人，应当向水利工程管理单位缴纳水费。供水价格由县级以上物价行政主管部门会同水行政主管部门按照国家产业政策的规定制定和调整。

（2）水行政主管部门对所属水利工程管理单位的水费可根据国家规定适当调剂余缺，主要用于所属水利工程的更新改造和水费管理工作。

（3）未达设计标准的水利工程，应当进行达标加固，更新改造；虽达设计标准，但运行时间长，设施残旧，存在险情隐患的水利工程，应当限期加固除险，更新改造。所需资金按照分级负责的原则多渠道筹集。

（四）水利工程报废规定

经安全鉴定和充分技术经济论证确属危险，严重影响原有功能效益或者因功能改变，

确需报废的水利工程，由所辖的水行政主管部门审核后报上一级水行政主管部门审批，其中中型以上的水利工程应当报经同级人民政府批准。

三、水利工程保护

（一）水利工程的管理范围

1. 水利工程管理范围的划定

县级以上人民政府应当按照下列标准划定国家所有的水利工程管理范围。

（1）水库。工程区：挡水、泄水、引水建筑物及电站厂房的占地范围及其周边，大型及重要中型水库50～100m，主、副坝下游坝脚线外200～300m；中型水库30～50m，主、副坝下游坝脚线外100～200m。库区：水库坝址上游坝顶高程线或土地征用线以下的土地和水域。

（2）堤防。工程区：主要建筑物占地范围及其周边：西江、北江、东江、韩江干流的堤防和捍卫重要城镇或5万亩以上农田的其他江海堤防，从内、外坡堤脚算起每侧30～50m；捍卫1万～5万亩农田的堤防，从内、外坡堤脚算起每侧20～30m。

（3）水闸。工程区：水闸工程各组成部分（包括上游引水渠、闸室、下游消能防冲工程和两岸连接建筑物等）的覆盖范围以及水闸上下游、两侧的宽度，大型水闸上下游宽度300～1000m，两侧宽度50～200m；中型水闸上下游50～300m，两侧宽度30～50m。

（4）灌区。主要建筑物占地范围及周边：大型工程50～100m，中型工程30～50m；渠道：左右外边坡脚线之间用地范围。

（5）生产、生活区（包括生产及管理用房、职工住宅及其他文化、福利设施等）。按照不少于房屋建筑面积的3倍计算。

（6）其他水利工程的管理范围，由县或乡镇人民政府参照上述标准划定。

2. 水利工程管理范围的土地使用权

（1）县级以上人民政府应当按照下列标准在水利工程管理范围边界外延划定水利工程保护范围：水库、堤防、水闸和灌区的工程区、生产区的主体建筑物不少于200m，其他附属建筑物不少于50m；库区水库坝址上游坝顶高程线或者土地征用线以上至第一道分水岭脊之间的土地；大型渠道15～20m，中型渠道10～15m，小型渠道5～10m。

其他水利工程的保护范围，由县或乡镇人民政府参照上述标准划定。

（2）县级以上人民政府对已依法征收或已划拨的水利工程管理范围内的土地，应当依法办理确权发证手续。已划定管理范围并已办理确权发证手续的，不再变更；尚未确权发证的，应当按照第15条规定的标准依法办理征收或划拨土地手续。

任何单位和个人不得侵占水利工程管理范围内的土地和水域。国家建设需要征用管理范围内的土地，应当征得有管辖权的水行政主管部门同意。

（3）水利工程保护范围内的土地，其权属不变，但必须按本条例的规定限制使用。

水利工程管理单位应当在水利工程管理范围和保护范围的边界埋设永久界桩，任何单位和个人不得移动和破坏所设界桩。

3. 水利工程项目开工审批

在水利工程管理范围和保护范围内新建、扩建和改建的各类建设项目，在建设项目开

工前，其工程建设方案应当经水行政主管部门审查同意。在通航水域的，应当征得交通行政主管部门同意。需要占用土地的，在水行政主管部门对该工程设施的位置和界限审查批准后，建设单位方可依法办理开工手续；工程施工应当接受水行政主管部门的检查监督，竣工验收应当有水行政主管部门参加。

水利工程管理范围禁止性规定在水利工程管理范围内禁止下列行为：

（1）兴建影响水利工程安全与正常运行的建筑物和其他设施。

（2）围库造地。

（3）爆破、打井、采石、取土、挖矿、葬坟以及在输水渠道或管道上决口、阻水、挖洞等危害水利工程安全的活动。

（4）倾倒土、石、矿渣、垃圾等废弃物。

（5）在江河、水库水域内炸鱼、毒鱼、电鱼和排放污染物。

（6）损毁、破坏水利工程设施及其附属设施和设备。

（7）在坝顶、堤顶、闸坝交通桥行驶履带拖拉机、硬轮车及超重车辆，在没有路面的坝顶、堤顶雨后行驶机动车辆。

（8）在堤坝、渠道上垦殖、铲草、破坏或砍伐防护林。

（9）其他有碍水利工程安全运行的行为。

二、水利工程的保护其他规定

（1）在水利工程保护范围内，不得从事危及水利工程安全及污染水质的爆破、打井、采石、取土、陡坡开荒、伐木、开矿、堆放或排放污染物等活动。

（2）因建设需要迁移水利设施或造成水利设施损坏的，建设单位应当采取补救措施或按重置价赔偿；影响水利工程运行管理的，应当承担相应的管理维修费用。

（3）占用国家所有的农业灌溉水源、灌排工程设施，或者人为造成农业灌溉水量减少和灌排工程报废或者失去部分功能的，必须经水行政主管部门批准，并负责兴建等效替代工程，或者按照兴建等效替代工程的投资总额缴纳开发补偿费，专项用于农业灌溉水源、灌排工程开发项目和灌排技术设备改造。具体办法由省人民政府制定。

（4）已经围库造地的，应当按照国家规定的防洪标准进行治理，有计划地退地还库。

（5）在水利工程管理范围内从事生产经营活动的，必须经地级以上市或者县级人民政府水行政主管部门同意，并与水利工程管理单位签订协议。

（6）在以供水为主的水利工程的管理范围和保护范围内不得建设污染水体的生产经营项目。已经兴建的，必须采取补救措施，防治水质污染。

四、违法行为及法律责任

（1）违反《水利工程管理条例》第5条的规定将水利工程发包给不具备相应资质等级的勘察、设计、施工单位或者委托给不具有相应资质等级的工程监理单位的，以及不具备相应资质的单位从事水利工程勘测、设计、施工、监理的，由建设行政主管部门或者其他有关部门依法予以处罚。

（2）违反《水利工程管理条例》第6条的规定，将未经验收合格的水利工程投入使用的，责令改正，处工程合同价款2%以上%4以下的罚款；造成损失的，依法承担赔偿责任。

因建设工程不合格或有缺陷而造成人身或财产损害的，原建设单位应当承担赔偿责任。

(3) 违反《水利工程管理条例》第20条的规定，移动和破坏水利工程管理单位埋设的永久界桩的，责令其停止违法行为，恢复原状或者赔偿损失。

(4) 违反《水利工程管理条例》第21条、第22条第一、二项、第27条、第28条的规定，未经水行政主管部门批准或者同意，擅自在水利工程管理范围和保护范围内修建工程设施、从事生产经营活动或者兴建可能污染水库水体的生产经营设施的，责令其停止违法行为，限期拆除违法建筑物或者工程设施，可处1万元以上10万元以下的罚款。

(5) 违反《水利工程管理条例》第22条第三至九项、第23条规定的，责令其停止违法行为，赔偿损失，采取补救措施，对造成严重危害后果的，可处5万元以下的罚款。涉及其他法律、法规规定的，由有关行政主管部门依法处罚。

(6)《水利工程管理条例》规定的行政处罚，除特别规定外，由县级以上水行政主管部门实施；构成违反治安管理行为的，由公安机关依照《中华人民共和国治安管理处罚法》给予处罚；构成犯罪的，依法追究刑事责任。

(7) 水行政主管部门及水利工程管理单位的工作人员玩忽职守、滥用职权、徇私舞弊的，依法给予处分；构成犯罪的，依法追究刑事责任。

第二节 水库大坝安全管理条例

一、水库大坝安全管理条例概述

(一) 立法宗旨

为了加强水库大坝安全管理，保障人民生命财产和社会主义建设的安全，根据《中华人民共和国水法》，国务院于1991年3月22日发布了《水库大坝安全管理条例》，根据2010年12第一次修正；2018年3月19日第二次修正，本条例共六章三十四条。水利部在2003年7月2日颁布了《水库大坝安全鉴定办法》，该办法于当年8月1日生效，2003年8月1日国务院进行了修订，共二十三条。

(二) 适用范围

(1) 本条例适用于我国境内坝高15m以上或者库容100万m^3以上的水库大坝（以下简称“大坝”）。本条例所称大坝包括永久性挡水建筑物以及与其配合运用的泄洪、输水、发电和过船建筑物。

(2) 坝高15m以下10m以上或库容100万m^3以下10万m^3以上，对重要城镇、交通干线、重要军事设施、工矿区安全有潜在危险的大坝，其安全管理参照本条例执行。

(三) 管理体制

(1) 国务院水行政主管部门会同国务院有关主管部门对全国的大坝安全实施监督。县级以上地方人民政府水行政主管部门会同有关主管部门对本行政区域内的大坝安全实施

监督。

（2）各级水利、能源、建设、交通、农业等有关部门，是其所管辖大坝的主管部门。

（3）各级人民政府及其大坝主管部门对其所管辖大坝的安全实行行政领导负责制。

二、大坝的建设

（一）大坝建设方针

《水库大坝安全管理条例》在总则第五条规定：大坝的建设应当贯彻“安全第一”的方针。这是因为，在防治水旱灾害、开发利用水资源和水能资源中，大坝建设是一项十分重要的工程措施。目前，我国已建成的大坝数量居世界首位，在筑坝技术的许多领域也有较高的水平。

大坝建设在防洪、灌溉、供水、发电等方面发挥了重要的作用。在未来相当长的时间内，我国水库大坝建设任务依然非常繁重，大坝建设关系人民生命财产的安全，千年大计、质量第一。必须科学论证，精心设计，精心施工，确保万无一失。同时，要十分重视对生态环境的影响，做到人与自然和谐共处。也就是说，大坝的建设过程中，要牢固树立“安全第一”的观念，以保障人民生命财产的安全。

（二）大坝建设的具体规定

（1）兴建大坝必须符合由国务院水行政主管部门会同有关大坝主管部门制定的大坝安全技术标准。

（2）兴建大坝必须进行工程设计（包括工程原则、通信、动力、照明、交通、消防等管理设施的设计）。

（3）大坝的设计、施工必须由具有相应资格证书的单位承担。

（4）大坝施工单位必须按照施工承包合同规定的设计文件、图纸要求和有关技术标准进行施工。建设单位和设计单位应当派驻代表，对施工质量进行监督检查，质量不符合设计要求的，必须返工或者采取补救措施。

（5）兴建大坝时，建设单位应当按照批准的设计，提请县级以上人民政府按照国家规定划定管理和保护范围，树立标志。已建大坝尚未划定管理和保护范围的，大坝主管部门应当根据安全管理的需要，提请县级以上人民政府划定。

（6）大坝开工后，大坝主管部门应当组建大坝管理单位，由其按照工程基本建设验收规程参与质量检查以及大坝分部、分项验收和蓄水验收工作。大坝竣工后，建设单位应当申请大坝主管部门组织验收。

三、大坝管理规范

（一）大坝管理

《水库大坝安全管理条例》规定，大坝的管理也应当贯彻“安全第一”的方针，并应做到以下几个方面。

（1）大坝及设施受国家保护，任何单位和个人不得侵占、毁坏。大坝管理单位应加强大坝的安全保卫工作。

（2）禁止在大坝管理和保护范围内进行爆破、打井、采石、采矿、挖砂、取土、修坟等危害大坝安全的活动。

（3）非大坝管理人员不得操作大坝的泄洪闸门、输水闸门以及其他设施，大坝管理人员操作时应当遵守有关的规章制度。禁止任何单位和个人干扰大坝的正常管理工作。

（4）禁止在大坝的集水区域内乱伐林木、陡坡开荒等导致水库淤积的活动。禁止在库区内围垦和进行采石、取土等危及山体的活动。

（5）大坝坝顶确需兼作公路的，须经科学论证和县级以上地方人民政府大坝主管部门批准，并采取相应的安全维护措施。

（6）禁止在坝体修建码头、渠道、堆放杂物、晾晒粮草。在大坝管理和保护范围内修建码头、鱼塘的，须经大坝主管部门批准，并与坝脚和泄水、输水建筑物保持一定距离，不得影响大坝安全、工程管理和抢险工作。

（7）大坝主管部门应当配备具有相应业务水平的大坝安全管理人员。大坝管理单位应当建立健全安全管理规章制度。

（8）大坝管理单位必须按照有关技术标准，对大坝进行安全监测和检查；对监测资料应当及时整理分析，随时掌握大坝运行状况。发现异常现象和不安全因素时，大坝管理单位应当立即报告大坝主管部门，及时采取措施。

（9）大坝管理单位必须做好大坝的养护修理工作，保证大坝和闸门启闭设备完好。

（二）大坝安全运行

（1）大坝的运行必须在保证安全的前提下，发挥综合效益。大坝管理单位应当根据批准的计划和大坝主管部门的指令进行水库的调度运用。

（2）在汛期，综合利用的水库，其调度运用必须服从防汛指挥机构的统一指挥；以发电为主的水库，其汛限水位以上的防洪库容及其洪水调度运用，必须服从防汛指挥机构的统一指挥。

（3）任何单位和个人不得非法干预水库的调度运用。

（4）大坝主管部门对其所管辖的大坝应当按期注册登记，建立技术档案。大坝注册登记办法由国务院水行政主管部门会同有关主管部门制定。

（5）大坝管理单位和有关部门应当做好防汛抢险物料的准备和气象水情预报，并保证水情传递、报警以及大坝管理单位与大坝主管部门、上级防汛指挥机构之间联系通畅。

（6）大坝出现险情征兆时，大坝管理单位应当立即报告大坝主管部门和上级防汛指挥机构，并采取抢救措施；有垮坝危险时，应当采取一切措施向预计的垮坝淹没地区发出警报，做好转移工作。

四、险坝处理

（一）除险加固等措施或者废弃重建险坝

（1）对尚未达到设计洪水标准、抗震设防标准或者有严重质量缺陷的险坝，大坝主管部门应当组织有关单位进行分类，采取除险加固等措施或者废弃重建。

（2）在险坝加固前，大坝管理单位应当制定保坝应急措施；经论证必须改变原设计运行方式的，应当报请大坝主管部门审批。

（二）加固计划制度和限期消除危险

（1）大坝主管部门应当对其所管辖的需要加固的险坝制订加固计划，限期消除危险；

有关人民政府应当优先安排所需资金和物料。

（2）险坝加固必须由具有相应设计资格证书的单位作出加固设计，经审批后组织实施。险坝加固竣工后，由大坝主管部门组织验收。

（三）险坝应急方案制定

大坝主管部门应当组织有关单位，对险坝可能出现的垮坝方式、淹没范围作出预估，并制定应急方案，报防汛指挥机构批准。

五、罚则

（1）违反本条例规定，有下列行为之一的，由大坝主管部门责令其停止违法行为，赔偿损失，采取补救措施，可以并处罚款；应当给予治安管理处罚的，由公安机关依照《中华人民共和国治安管理处罚法》的规定处罚；构成犯罪的，依法追究刑事责任。

1）毁坏大坝或者其观测、通信、动力、照明、交通、消防等管理设施的。

2）在大坝管理和保护范围内进行爆破、打井、采石、采矿、取土、挖砂、修坟等危害大坝安全活动的：

3）擅自操作大坝的泄洪闸门、输水闸门以及其他设施，破坏大坝正常运行的。

4）在库区内围垦的。

5）在坝体修建码头、渠道或者堆放杂物、晾晒粮草的。

6）擅自在大坝管理和保护范围内修建码头、鱼塘的。

（2）由于勘测设计失误、施工质量低劣、调度运用不当以及滥用职权、玩忽职守导致大坝事故的，由其所在单位或者上级主管机关对责任人员给予行政处分；构成犯罪的，依法追究刑事责任。

（3）应承担的法律责任。

1）民事责任，如责令停止违法行为，赔偿损失，采取补救措施等。

2）行政责任，如行政处分、罚款、拘留等。

3）刑事责任，盗窃或者抢夺大坝工程设施、器材的，依照刑法规定追究刑事责任。

违反本条例，构成犯罪的，依法追究刑事责任。

第三节　水库大坝安全鉴定办法

一、水库大坝安全鉴定办法概述

（一）规章颁布的目的

为加强水库大坝（以下简称大坝）安全管理，规范大坝安全鉴定工作，保障大坝安全运行，根据《中华人民共和国水法》《中华人民共和国防洪法》和《水库大坝安全管理条例》的有关规定，水利部于2003年7月2日制定了《水库大坝安全鉴定办法》，该办法共4章23条，自2003年8月1日起施行。

（二）规章的适用范围

《水库大坝安全鉴定办法》适用于坝高15m以上或库容100万m^3以上水库的大坝。

坝高小于15m或库容在10万～100万m^3之间的小型水库的大坝可参照执行。本办法适用于水利部门及农村集体经济组织管辖的大坝。其他部门管辖的大坝可参照执行。本办法所称大坝包括永久性挡水建筑物，以及与其配合运用的泄洪、输水和过船等建筑物。

（三）大坝安全鉴定工作的监督管理

（1）国务院水行政主管部门对全国的大坝安全鉴定工作实施监督管理。水利部大坝安全管理中心对全国的大坝安全鉴定工作进行技术指导。

（2）县级以上地方人民政府水行政主管部门对本行政区域内所辖的大坝安全鉴定工作实施监督管理。

（3）县级以上地方人民政府水行政主管部门和流域机构（简称“鉴定审定部门”）按本条第四、五款规定的分级管理原则对大坝安全鉴定意见进行审定。

（4）省级水行政主管部门审定大型水库和影响县城安全或坝高50m以上中型水库的大坝安全鉴定意见；市（地）级水行政主管部门审定其他中型水库和影响县城安全或坝高30m以上小型水库的大坝安全鉴定意见；县级水行政主管部门审定其他小型水库的大坝安全鉴定意见。

（5）流域机构审定其直属水库的大坝安全鉴定意见；水利部审定部直属水库的大坝安全鉴定意见。

（6）农村集体经济组织所属的大坝安全鉴定由所在乡镇人民政府负责组织（以下简称鉴定组织单位）。水库管理单位协助鉴定组织单位做好安全鉴定的有关工作。

（四）大坝安全鉴定的期限

大坝实行定期安全鉴定制度，大坝主管部门（单位）负责组织所管辖大坝的安全鉴定工作。首次安全鉴定应在竣工验收后5年内进行，以后应每隔6～10年进行一次。运行中遭遇特大洪水、强烈地震、工程发生重大事故或出现影响安全的异常现象后，应组织专门的安全鉴定。

（五）大坝安全状况分类

大坝安全状况的分类标准如下。

一类坝：实际抗御洪水标准达到《防洪标准》（GB 50201—94）规定，大坝工作状态正常；工程无重大质量问题，能按设计正常运行的大坝。

二类坝：实际抗御洪水标准不低于部颁水利枢纽工程除险加固近期非常运用洪水标准，但达不到《防洪标准》（GB 50201—94）规定；大坝工作状态基本正常，在一定控制运用条件下能安全运行的大坝。

三类坝：实际抗御洪水标准低于部颁水利枢纽工程除险加固近期非常运用洪水标准，或者工程存在较严重安全隐患，不能按设计正常运行的大坝。

二、安全鉴定的基本程序及组织

（一）大坝安全鉴定基本程序

大坝安全鉴定包括大坝安全评价、大坝安全鉴定技术审查和大坝安全鉴定意见审定三个基本程序。

(1) 大坝安全评价报告书的提出。鉴定组织单位负责委托符合本规定资质的大坝安全评价单位（以下简称“鉴定承担单位”）对大坝安全状况进行分析评价，并提出大坝安全评价报告和大坝安全鉴定报告书。

(2) 大坝安全评价报告书的审查、通过。由鉴定审定部门或委托有关单位组织并主持召开大坝安全鉴定会，组织专家审查大坝安全评价报告，通过大坝安全鉴定报告书。

(3) 大坝安全鉴定意见审定。鉴定审定部门审定并印发大坝安全鉴定报告书。

(二) 鉴定组织单位的职责

(1) 按本办法的要求，定期组织大坝安全鉴定工作。

(2) 制订大坝安全鉴定工作计划，并组织实施。

(3) 委托鉴定承担单位进行大坝安全评价工作。

(4) 组织现场安全检查。

(5) 向鉴定承担单位提供必要的基础资料。

(6) 筹措大坝安全鉴定经费。

(7) 其他相关职责。

(三) 鉴定承担单位的职责

(1) 参加现场安全检查，并负责编制现场安全检查报告。

(2) 收集有关资料，并根据需要开展地质勘探、工程质量检测、鉴定试验等工作。

(3) 按有关技术标准对大坝安全状况进行评价，并提出大坝安全评价报告。

(4) 按鉴定审定部门的审查意见，补充相关工作，修改大坝安全评价报告。

(5) 起草大坝安全鉴定报告书。

(6) 其他相关职责。

(四) 鉴定审定部门的职责

(1) 成立大坝安全鉴定委员会（小组）。

(2) 组织召开大坝安全鉴定会。

(3) 审查大坝安全评价报告。

(4) 审定并印发大坝安全鉴定报告书。

(5) 其他相关职责。

(五) 大坝安全评价的资质规定

(1) 大型水库和影响县城安全或坝高 50m 以上中型水库的大坝安全评价，由具有水利水电勘测设计甲级资质的单位或者水利部公布的有关科研单位和大专院校承担。

(2) 其他中型水库和影响县城安全或坝高 30m 以上小型水库的大坝安全评价由具有水利水电勘测设计乙级以上（含乙级）资质的单位承担；其他小型水库的大坝安全评价由具有水利水电勘测设计丙级以上（含丙级）资质的单位承担。上述水库的大坝安全评价也可以由省级水行政主管部门公布的有关科研单位和大专院校承担。

(3) 鉴定承担单位实行动态管理，对业绩表现差、成果质量不能满足要求的鉴定承担单位应当取消其承担大坝安全评价的资格。

(六) 大坝安全鉴定委员会（小组）

大坝安全鉴定委员会（小组）应由大坝主管部门的代表、水库法人单位的代表和从事水利水电专业技术工作的专家组成，并符合下列要求。

(1) 大型水库和影响县城安全或坝高50m以上中型水库的大坝安全鉴定委员会（小组）由9名以上专家组成，其中具有高级技术职称的人数不得少于6名；其他中型水库和影响县城安全或坝高30m以上小型水库的大坝安全鉴定委员会（小组）由7名以上专家组成，其中具有高级技术职称的人数不得少于3名；其他小型水库的大坝安全鉴定委员会（小组）由5名以上专家组成，其中具有高级技术职称的人数不得少于2名。

(2) 大坝主管部门所在行政区域以外的专家人数不得少于大坝安全鉴定委员会（小组）组成人员的1/3。

(3) 大坝原设计、施工、监理、设备制造等单位的在职人员以及从事过本工程设计、施工、监理、设备制造的人员总数不得超过大坝安全鉴定委员会（小组）组成人员的1/3。

(4) 大坝安全鉴定委员会（小组）应根据需要由水文、地质、水工、机电、金属结构和管理等相关专业的专家组成。

(5) 大坝安全鉴定委员会（小组）组成人员应当遵循客观、公正、科学的原则履行职责。

三、大坝安全鉴定工作内容

(1) 现场安全检查的内容。现场安全检查包括查阅工程勘察设计、施工与运行资料，对大坝外观状况、结构安全情况、运行管理条件等进行全面检查和评估，并提出大坝安全评价工作的重点和建议，编制大坝现场安全检查报告。

(2) 大坝安全检查的内容。大坝安全评价包括工程质量评价、大坝运行管理评价、防洪标准复核、大坝结构安全、稳定评价、渗流安全评价、抗震安全复核、金属结构安全评价和大坝安全综合评价等。大坝安全评价过程中，应根据需要补充地质勘探与土工试验，补充混凝土与金属结构检测，对重要工程隐患进行探测等。

(3) 鉴定审定部门审查的任务。鉴定审定部门应当将审定的大坝安全鉴定报告书及时印发鉴定组织单位。

省级水行政主管部门应当及时将本行政区域内大中型水库及影响县城安全或坝高30m以上小型水库的大坝安全鉴定报告书报送相关流域机构和水利部大坝安全管理中心备案，并于每年2月底前将上年度本行政区域内小型水库的大坝安全鉴定结果汇总后报送相关流域机构和水利部大坝安全管理中心备案。

(4) 鉴定组织单位的工作。鉴定组织单位应当根据大坝安全鉴定结果，采取相应的调度管理措施，加强大坝安全管理。

对鉴定为三类坝、二类坝的水库，鉴定组织单位应当对可能出现的溃坝方式和对下游可能造成的损失进行评估，并采取除险加固、降等或报废等措施予以处理。在处理措施未落实或未完成之前，应制定保坝应急措施，并限制运用。

(5) 大坝变更注册登记。经安全鉴定，大坝安全类别改变的，必须自接到大坝安全鉴定报告书之日起3个月内向大坝注册登记机构申请变更注册登记。

(6) 档案保管。鉴定组织单位应当按照档案管理的有关规定及时对大坝安全评价报告和大坝安全鉴定报告书进行归档，并妥善保管。

四、其他规定

（1）费用的开支。大坝安全鉴定工作所需费用，由鉴定组织单位负责筹措，也可在基本建设前期费、工程岁修等费用中列支。

（2）违规责任。违反本办法规定，不按要求进行大坝安全鉴定，由县级以上人民政府水行政主管部门责令其限期改正；对大坝安全鉴定工作监管不力，由上一级人民政府水行政主管部门责令其限期改正；造成严重后果的，对负有责任的主管人员和其他直接责任人依法给予行政处分，对触犯刑律的，依法追究刑事责任。

第九章　水行政执法

第一节　水行政执法概述

一、水行政法律

（一）行政法律关系

1. 行政法律关系概念

行政法律关系就是指为行政法调整和规定的、具有行政法权利和义务内容的行政关系。国家行政机关在行使行政职责的过程中，必然要对内、对外发生各种关系，这些关系范围广、内容复杂，但都可通称为行政关系，行政关系经行政法确认，具有行政法上的权利和义务的，就是行政法律关系。

2. 行政法律关系法律特征

行政法律关系主要是指行政主体与行政相应人之间的权利和义务关系，它与其他关系相比较，具有以下法律特征。

（1）在行政法律关系双方当事人中，必有一方是行政主体。

（2）行政法律关系当事人的权利和义务由行政法律规范预先规定。

（3）行政法律关系当事人的法律地位是不平等的。

（4）行政法律关系引起的争议，在解决方式及程序上有其特殊性。通常情况下由行政机关依照行政程序解决，只有在法律规定的情况下，才能向法院提起行政诉讼，依照司法程序解决。

（5）在多数情况下，行政法所规定的权利和义务是交叉重叠的。

（二）水行政法律关系

1. 水行政法律关系的概念

水行政法律关系是指受水法规范调整的、具有水事法律上权利和义务内容的社会关系。水事关系是一种最常见而又极为复杂的社会关系。这种水事社会关系被水法规所调整，且形成法律意义上权利和义务关系的，即称为水行政法律关系。

根据行政法治原则和水事法律原则的要求，大多数的水事关系，如取水许可、河道内建设项目的同意、防洪工程项目的同意等，由于水事管理内容而引起的水事关系应当上升为水事法律关系；而那些如水行政建议、水行政咨询，则不宜上升为水事法律关系。可以从以下几个方面理解水行政法律关系。

（1）受水事法律规范调整的社会关系是水事关系中的水行政关系。水行政关系是水行政主体在代表国家行使水管理职权过程中，对内、对外所形成的社会关系。这种社会关系

经水事法律规范调整，从而形成水行政法律关系。

（2）水行政法律关系是由水事法律规范调整而形成的。不同的社会关系经过不同的法律部门调整从而形成不同的法律关系，如经民事法律调整的民事关系形成民事法律关系、经刑事法律调整的刑事关系形成刑事法律关系。同样，水行政法律关系是对经由水事法律规范调整的社会关系的概括，当然有别于其他法律部门调整的其他社会关系。

（3）水行政法律关系具有水事法律上的权利和义务内容。任何法律关系都是以权利和义务为内容的，水行政法律关系也不例外，只不过水事法律关系上的权利和义务关系是由水行政职权、水行政管理引起的，具有非对等性。

2. 水行政法律关系的构成要素

水行政法律关系由水行政法律关系主体、内容和客体三大要素构成。

（1）主体。水行政法律关系主体，也称为水行政法律关系当事人，是指享有水事法律规范所规定的权利、履行水事法律规范所规定义务的公民、法人或者其他组织，包括水行政主体和水行政相对方。

水行政主体是代表国家享有并行使水管理职权的组织，包括各级人民政府中的水行政主管部门、国家在重要江河流域与湖泊设立的流域管理机构以及法律、法规授权的其他组织，是水行政法律关系中最主要的主体，常常在特定的水行政法律关系中占据主导地位，起着主导作用。

水行政相对方同样是水事法律规范中权利的享有者、义务的承担者，是水行政法律关系中不可缺少的另一方当事人。传统的行政法理论认为，行政相对方是行政职权作用的对象，属于行政客体，而享有行政权力的行政主体或者法律、法规授权的组织才是唯一的行政法律关系的主体。该观点仅仅强调了行政相对方在行政法律关系中的义务，否定了行政相对方在行政法律关系中的权利。随着现代法治的健全和行政内涵的丰富与完善，赋予了行政相对方在行政法律关系中与行政主体同样的法律关系主体资格和法律地位。

（2）内容。水行政法律关系的内容是指水行政法律关系主体在水行政法律关系中所享有的权利和应当履行的义务。这种权利和义务是由水事法律规范所确认并加以保护的权利和义务，而且大多是与水行政管理职权紧密联系的，离开了水行政管理职权，当然也就无所谓水事法律上的权利和义务。

1）权利。水行政法律关系主体的权利是指由水事法律规范所赋予的，要求水行政主体在具体的水行政法律关系中为一定行为的权利或者要求相对方为一定行为或不为一定行为的权利，如《中华人民共和国防洪法》第十七条所确立的规划同意书制度，该制度赋予了水行政主体审查相对方的行为是否符合防洪规划要求并做出是否同意的权利，同样赋予了相对方请求水行政主体审查批准申请报告的权利。

2）义务。水行政法律关系主体的义务是指由水事法律规范所规定的、要求水行政法律关系主体在具体的水行政法律关系中必须为一定的行为或不为一定的行为，如前所述的规划同意书制度，在该制度中，水行政主体必须审查相对方提交的申请报告是否符合防洪规划内容，是一项法定的义务，而相对方同样必须按照《中华人民共和国防洪法》的规定向水行政主体报送其申请报告，以供水行政主体审查。

3）权利和义务关系。由于水行政主体存在着级别差异，其享有的水事法律规范的权利、应当履行的义务也各异，具体体现在不同的水行政行为中。但这种差异并不能改变水行政主体与相对方之间是一种平等的权利和义务关系。即水行政主体在享有的权利的同时，也应当履行义务；相对方在履行的水事法律规范上的义务的同时，也应当享有权利。应当改变传统观念，即认为“水行政主体与相对方之间是一种权力与服从的关系”。水行政主体在行使水管理职权、做出水行政行为时一定要正确、合法，不但要符合水事法律规范的实体规定，而且要按照水事法律的程序规定行使水管理职权，不能滥用职权或超越职权，这是依法治国、依法行政所要求的。

（3）客体。水行政法律关系的客体是水行政法律关系当事人权利、义务所指向的对象。水行政法律关系的客体范围十分广泛，但归纳起来不外乎三类，即物、行为和精神财富。

1）物。在水行政法律关系中作为权利和义务对象的物，是指表现为自然物的水流、河道和水工程等。作为水行政法律关系客体的物，必须能够为人类支配、利用和影响。

2）行为。作为水行政法律关系客体的行为是指在水行政法律关系中水行政法律关系主体有目的、有意识的活动，如征收与缴纳水资源费，保护与破坏水利工程、设施，包括作为的行为和不作为的行为。作为的行为又称为积极的行为，是指水事法律、法规要求水行政法律关系主体必须从事的一定行为；不作为的行为又称为消极的行为，是指水事法律规范要求水行政法律关系主体不能从事或者不得从事的一定行为。

3）精神财富。精神财富主要是指表现为一定形式的智力成果，如水资源管理学术著作、水利行业的专利与发明等。

3. 水行政法律关系的特征

水法是部门行政法，水行政法律关系具有行政法律关系的一般特征，但是也有别于其他部门法律关系的特征。水行政法律关系涉及各行各业、千家万户，无论是公民、企事业单位、农村集体经济组织、社会团体还是国家机关都可能成为水行政法律关系的主体。一项重要的水事活动，如防洪、防涝、水资源的分配和径流调节、大中型水利水电工程建设、江河整治、涉河重点建设项目的审批等活动，往往涉及方方面面的利益。因此，水行政法律关系的主体既具有广泛性，又具有区域性和群体性。水行政法律关系的参加人，往往是一级政府或者是一级政府的主管部门。这就是水行政法律关系有别于其他法律的显著特征。正确理解这些特征，有助于正确把握水行政法律关系的本质。

（1）水行政法律关系的主体必须有一方是水行政主体。水行政职权的存在是水行政关系得以发生的必要前提、基础，没有水行政职权的存在，水行政关系就无从产生，水行政法律关系当然也就不可能形成。按照我国水事法律规范的规定，行使水行政职权的组织有两类：一类是各级人民政府中的水行政主管部门，如各省（自治区、直辖市）的水利厅（局）；另一类是国家在重要江河、湖泊设立的流域管理机构，如长江水利委员会、黄河水利委员会。因此，在水行政法律关系中，必定有一方为水行政主体，即为水行政主管部门或流域管理机构。

（2）水行政法律关系具有不对等性。水行政法律关系的不对等性是指水行政法律关系

主体双方所享有的权利、所承担的义务具有不对等性。水行政法律关系的不对等性是水行政主体在水行政关系上不对等性的重要体现。无论是行政实体法律关系还是行政程序法律关系，包括行政复议法律关系，都具有不对等性。但是，这种不对等性并不意味着水行政主体及其工作人员享有超越法律的特权。

水行政主体在行使水管理职权过程中同样要遵守法律规定，并承担相应的法律义务，不能滥用或超越职权；否则就应当承担相应的法律责任，但是这种不对等性仅限于水行政主体在行使职权过程中所产生的水行政法律关系中。

(3) 水行政法律关系当事人权利和义务具有不可选择性。在水行政法律关系中，当事人的权利和义务都是由水事法律规范事先加以规定的，当事人是不能约定彼此在水管理过程中的权利和义务，也不能自由选择彼此的权利和义务，而只能是根据水事法律规范的规定享有权利、履行义务。这是行政法部门所特有的内容，也是行政法部门区别于其他法律部门的重要内容之一。例如，在取水许可制度中，相对方只能向法定的有关水行政主体提出取水许可申请，而水行政主体同样也只能按照取水许可法律规范所规定的取水许可条件予以审查，然后决定是否批准赋予相对方取水权限。

(4) 水行政法律关系权利和义务的一致性。水行政主体的权利与义务是一致的，水行政主体在享有权利的同时，也要履行义务，水行政法律关系权利与义务是密不可分的。这是由于在水行政法律关系中，水行政主体本身身份具有双重性，即在代表国家实施水管理职权时，体现为权利主体；对国家而言则是在履行其法定职责，体现为义务主体。

对于水行政相对方而言，其权利与义务也是一致的。水行政相对方在享有权利的同时，也要履行义务。如在取水许可制度中，相对方在行使其取水权利时只能按照经过批准的取水口、取水方式、取水量和排水地点等内容行使其权利。在这里，取水是其享有的权利，而按照经过批准的取水口、取水方式、取水量等内容执行则是其应有的义务。

水行政法律关系上权利与义务的一致性决定了水行政主体和相对方的权利和义务不能转化，也不能放弃。

4. 水行政法律关系的产生、变更与消灭

水行政法律关系的产生、变更与消灭是以水事法律规范的规定和相应的法律事实的出现为根据的。

(1) 水行政法律关系的产生。水行政法律关系的产生是指水行政法律关系的主体、客体和权利与义务关系的实际形成。

(2) 水行政法律关系的变更。水行政法律关系的变更是指水行政法律关系的主体、客体和权利与义务关系发生了一些变化。

(3) 水行政法律关系的消灭。水行政法律关系的消灭是指水行政法律关系的主体双方充分行使水事法律规范所赋予的权利，履行水事法律规范所规定的义务，或者是由于某种事实的发生致使水行政法律关系主体无法行使水事法律规范所赋予的权利和履行水事法律规范所规定的义务。法律事实由行为和事件构成。事件是不以人的意志为转移的自然界的客观现象，如洪涝灾害、风暴潮、泥石流。事件的发生和人们的行为都有可能导致水行政法律关系的产生、变更、消灭，如由洪涝灾害而引起的防洪管理、在河道管理范围内采砂而引起的采砂管理。二者所不同的是，事件没有合法与非法之分，然而人们的行为却有合法与非法的区别。当然，无论是合法的行为还是非法的行为，都有可能导致水行政法律关系的产生、变更、消灭，但是二者的法律后果则是大相径庭。以行为人在河道管理范围内采砂为例，如果是经过河道主管部门即相应的水行政主体的批准而从事采砂的，则产生河道管理与监督法律关系；反之，不但产生河道管理与监督法律关系，而且产生水行政处罚法律关系。

二、行政执法的概述

（一）行政执法的概念和特征

1. 行政执法的概念

行政执法是指行政机关或法律、法规授权的其他组织，依据法律、法规、规章和其他规范性文件的规定，依照法定程序实施行政法律规范，以达到维护公共利益和服务社会的目的，对特定人或特定事予以处置的具体行政行为。

2. 行政执法的特征

（1）主动性。行政执法是行政行为的一种，它是国家行政机关依法实施行政管理，为了实现国家行政管理职能的一种活动，必须依职权积极自觉地采取行动，主动而不是被动地进行行政执法，具有主动性。也就是常说的要“主动作为”；否则，就可能失职或是玩忽职守。

（2）广泛性。行政执法是执行法律、法规和规章的活动，也是行政立法的延续，是行政管理过程中不可缺少的环节，国家行政管理所涉及的内容非常广泛，因而也就决定了行政执法内容的广泛性。

（3）针对性。行政执法是对特定事和具体人所采取的行政行为。行政执法行为没有普遍的约束力，不是针对一般人和一般事的，而是针对特定人和特定事。

（4）强制性。行政执法是法定的行政机关实施、适用行政法律规范的行为、是贯彻、执行国家意志的手段，因而它必然具有国家意志的拘束力和法律规范的执行力。在行政执法过程中，如果行政管理相对人违反行政法律规范或不履行行政法律规范中所规定的义务时，就会受到行政处罚或行政强制执行，以达到维护公共利益和社会秩序的目的。

（二）行政执法主体

1. 行政执法主体的含义

行政执法的主体是指行政执法活动的承担者，即行政执法的实施机关。行政执法活动是行使国家行政权的活动，这就要求承担行政执法活动的机关或组织，必须是法定的具有公共行政管理职能，也就是要具备相应的条件或资格并经国家有关机关的合法许可。

2. 行政执法人员

行政执法人员是国家行政机关依法录用或委托并赋予其相应行政执法权的工作人员。行政执法人员必须隶属于某一特定的国家行政机关，有权在法定权限范围内从事行政执法活动，其执法后果由其所在的行政机关承担。

（三）行政执法“三项制度”

为贯彻落实《国务院办公厅关于全面推行行政执法公示制度执法全过程记录制度重大执法决定法制审核制度的指导意见》（国办发〔2018〕118号）精神，全面推行行政执法公示制度、执法全过程记录制度、重大执法决定法制审核制度（简称“三项制度”），作出了具体部署、提出了明确要求。聚焦行政执法的源头、过程、结果等关键环节，全面推行“三项制度”，对促进严格规范公正文明执法具有基础性、整体性、突破性作用，对切实保障人民群众合法权益，维护政府公信力，营造更加公开透明、规范有序、公平高效的法治环境具有重要意义。

1. 基本原则

坚持依法规范、坚持执法为民、坚持务实高效、坚持改革创新和坚持统筹协调。

2. 工作目标

“三项制度”在各级行政执法机关全面推行，行政处罚、行政强制、行政检查、行政征收征用、行政许可等行为得到有效规范，行政执法公示制度机制不断健全，做到执法行为过程信息全程记载、执法全过程可回溯管理、重大执法决定法制审核全覆盖，全面实现执法信息公开透明、执法全过程留痕、执法决定合法有效，行政执法能力和水平整体大幅提升，行政执法行为被纠错率明显下降，行政执法的社会满意度显著提高。

3. “三项制度”具体内容

国务院办公厅（国办发〔2018〕118号）和广东省人民政府关于全面推行行政执法公示制度执法全过程记录制度重大执法决定法制审核制度的实施方案（粤府〔2019〕36号），详细规定了“三项制度”具体内容及实施步骤。

（1）全面推行行政执法公示制度。

行政执法公示是保障行政相对人和社会公众知情权、参与权、表达权、监督权的重要措施。行政执法机关要按照“谁执法谁公示”的原则，明确公示内容的采集、传递、审核、发布职责，规范信息公示内容的标准、格式。建立统一的执法信息公示平台，及时通过政府网站及政务新媒体、办事大厅公示栏、服务窗口等平台向社会公开行政执法基本信息、结果信息。涉及国家秘密、商业秘密、个人隐私等不宜公开的信息，依法确需公开的，要做适当处理后公开。发现公开的行政执法信息不准确的，要及时予以更正。

1）落实执法公示责任。行政执法主体应按照“谁执法、谁公示”以及“谁执法、谁录入、谁负责”的原则，建立健全行政执法公示信息的内部审核和管理制度，明确公示内容的采集、传递、审核、发布职责，及时准确完整地记录并公开执法信息。依法确需公开，但涉及国家秘密、商业秘密、个人隐私的，要做脱密脱敏处理后再公开。（各级行政执法单位）

2）强化事前公开。行政执法事前环节应公开主体信息、职责信息、依据信息、程序信息、清单信息和监督信息。其中，清单信息包括权力和责任清单、随机抽查事项清单、行政执法全过程音像记录清单、重大执法决定法制审核清单等。（各级行政执法单位）

3）规范事中公示。行政执法事中环节应主动公示下列信息：①身份信息。行政执法人员现场实施行政处罚、行政强制、行政检查、行政征收征用等执法活动时，应全程佩带行政执法证件；在监督检查、调查取证、采取强制措施和强制执行、送达执法文书等环节主动出示执法证件；②执法窗口岗位信息。设置岗位信息公示牌，明示工作人员岗位职责、申请材料示范文本、办理进度查询、咨询服务、投诉举报等信息；③当事人权利义务信息。（各级行政执法单位、政务服务统筹管理机构）

4）加强事后公开。行政执法事后环节应公开下列信息：①行政执法结果。行政许可、行政处罚的执法结果信息应在决定作出之日起7个工作日内公开，其他执法信息在20个工作日内公开。法律、行政法规另有规定的除外；②每年1月31日前公开上年度行政执法数据和相关行政复议、行政诉讼等数据，并形成分析报告报本级人民政府和上级行政主管部门。年度数据公开样式由省司法厅统一制定。各级行政执法主体应于2019年年底前，建立健全执法决定信息公开发布、撤销和更新机制，及时对已发生变化的信息进行调整更新。（省司法厅、各级行政执法单位）

5）规范公示方式。从2019年5月1日起，全省行政执法事前、事后信息统一在省行政执法信息公示平台公开。各级行政执法主体除按照国家和省的要求及时在统一平台上线公布执法信息外，也可以同时在本级政府确定的其他平台或本单位门户网站上公开。行政执法主体应通过在对外办事窗口设置公示栏、电子显示屏或者摆放宣传册、公示卡等形式公示相关执法信息。省行政执法信息公示平台要对接省政务服务网、“双随机、一公开”监管系统、信用中国（广东）系统以及各行政执法主体政府信息公开栏目，做到行政执法事项目录等基础信息数据同源、数据标准一致。（省司法厅、省市场监管局、省政务服务数据管理局、各级行政执法单位）

（2）全面推行执法全过程记录制度。

1）落实执法全过程记录责任。行政执法主体及其执法人员实施行政执法，应通过文字记录、音像记录等方式，对行政执法的启动、调查取证、审核决定、送达执行等环节进行全过程记录并归档，实现全过程留痕和可回溯管理。（各级行政执法单位）

2）完善文字记录。在全国统一的行政执法文书基本格式标准出台前，由省司法厅牵头制定全省统一的行政执法文书基本格式。各有关部门可以结合本部门执法实际完善有关文书格式。（省司法厅、各级行政执法单位）

3）规范音像记录。行政执法主体对现场执法、调查取证、举行听证、留置送达和公告送达等容易引发争议的行政执法过程，应进行音像记录。对其他执法环节，文字记录能够全面有效记录执法行为的，可以不进行音像记录。对查封扣押财产、强制拆除等直接涉及人身自由、生命健康、重大财产权益的现场执法活动和执法办案场所，要进行全过程音像记录。行政执法主体应制定行政执法全过程音像记录清单，并向社会公开。各级行政执法主体要建立健全执法音像记录管理制度。行政执法人员原则上应在24小时内将记录信息储存至指定的平台或存储器。按照工作必需、厉行节约、性能适度、安全稳定、适量够用的原则，配备音像记录设备、建设询问室和听证室等音像记录场所。

4）规范执法用语。音像记录过程中，行政执法人员应对现场执法活动的时间、地点、执法人员、执法行为和音像记录的摄录重点等进行语音说明，并告知当事人及其他现场有关人员正在进行音像记录。

5）规范行政执法档案管理。完善执法案卷管理制度，建立健全适应“互联网＋”形势下，行政执法全过程数据化的工作机制，积极探索成本低、效果好、易保存、防删改的

信息化记录储存方式，逐步实现行政执法档案存量数字化和增量电子化管理。

6）发挥记录作用。建立健全执法全过程记录信息收集、保存、管理、使用等工作制度，加强数据统计分析，充分发挥全过程记录信息在案卷评查、执法监督、评议考核、舆情应对、行政决策和健全社会信用体系等工作中的作用。

（3）全面推行执法决定法制审核制度。

1）落实法制审核主体责任。行政执法主体作出重大行政执法决定前，应进行法制审核。未经法制审核或者审核不通过的，不得作出决定。各级人民政府的重大行政执法决定法制审核工作，由本级司法行政部门负责。各级行政执法部门、法律法规授权组织的重大行政执法决定法制审核工作，由其负责法制工作的机构负责。重大行政执法决定需报请以本级人民政府名义作出的，承办部门应先进行法制审核。两个以上行政执法主体以共同名义作出重大行政执法决定的，由各自法制审核机构依照本单位职能分别进行法制审核。法制审核机构原则上不得由具体承担行政执法工作的机构承担。

2）明确审核范围。凡涉及重大公共利益，社会关注度高，可能造成重大社会影响或引发社会风险，直接关系行政相对人或者第三人重大权益，经过听证程序作出行政执法决定，以及案件情况疑难复杂、涉及多个法律关系的，都要按规定进行法制审核。各级行政执法主体要结合本单位实际，制定重大行政执法决定法制审核目录清单。上级行政执法主体要对下一级行政执法主体重大执法决定法制审核目录清单编制工作加强指导，明确重大执法决定事项的标准。

3）规范审核程序。重大行政执法事项调查取证完毕，行政执法承办部门研究提出处理意见后，应在提请行政执法主体负责人作出决定之前，提交法制审核。重大行政执法决定主体为各级人民政府的，承办部门还应附上其法制审核机构的审核意见。法制审核机构收到送审材料后，应在5个工作日内审核完毕；案情复杂的，经分管领导批准可以延长3个工作日。

4）明确审核内容。重大行政执法决定的审核内容主要包括：执法主体资格及行政执法人员资格，认定的事实、证据，法律依据及行政裁量权的行使，执法程序，法律、法规、规章规定的其他内容。法制审核机构对拟作出的重大行政执法决定进行审核后，按以下规定作出审核意见：认为权限合法、事实清楚、证据确凿、适用依据准确、程序合法的，提出审核通过的意见；超越权限或者事实认定不清、证据不足，适用依据错误、违反法定程序、执法决定明显不当、法律文书不规范的，提出具体审核建议退回承办机构。承办部门应对法制审核机构提出的存在问题的审核意见进行研究，作出相应处理后再次报送法制审核。

5）明确审核责任。完善省重大行政执法决定法制审核制度，确定法制审核流程，明确送审材料报送要求和审核方式、时限、责任。建立健全法制审核机构与行政执法承办机构对审核意见不一致时的协调机制。

6）配强法制审核人员。各级行政执法主体按照原则上不少于本单位执法人员总数5%的要求，配齐、配强法制审核人员（不足1人的，按1人配备）。利用全省统一的行政执法信息公示平台，建立全省法制审核人员信息库，加强对法制审核人员的定期培训和监督考核。积极探索建立健全本系统法律顾问、公职律师统筹调用机制，解决基层存在的法制审核专业人员数量不足、分布不均等问题。

（四）行政执法依据

1. 行政法律

法律在我国是指由国家最高权力机关制定和颁布的规范性文件，行政法律是其中的一部分，是法律中调整国家行政管理活动的规范性文件的总和。行政法律以国家行政管理活动中所产生的行政关系为主要调整对象，是行政机关依法行政的重要依据。

2. 行政法规

行政法规特指由最高国家行政机关——国务院领导和管理各项行政工作，根据宪法和法律，依照法定程序制定的政治、经济、教育、科技、文化、外事等各类法规的总和。按照行政法规制定程序暂行条例的规定，行政法规的规范名称为“条例”“规定”和“办法”3种。对某一方面的行政工作做比较全面、系统的规定，称为“条例”；对某一方面的行政工作做部分的规定，称为“规定”；对某一项行政工作做比较具体的规定，称为“办法”。行政法规是行政法最主要的表现形式。

3. 地方性法规

地方性法规是地方权力机关根据本行政区域的具体情况和实际需要，在不同宪法、法律、行政法规相抵触的前提下，按规定程序制定的法规的总称。地方性法规名称多为“条例”“实施办法”“办法实施细则”等。所有的地方性法规发布后，都应报全国人民代表大会常务委员会和国务院备案。

4. 行政规章

行政规章包括部门规章和地方人民政府规章两种。

（1）部门规章。部门规章是指国务院各部门根据法律和国务院的行政法规、决定、命令，在本部门的权限内，按照规定程序所制定的规定、办法、实施细则、规则等规范性文件的总称。

（2）地方人民政府规章。地方人民政府规章是指地方人民政府，根据法律、行政法规和地方性法规，制定的本行政区域内行政管理工作的规定、办法、实施细则、规则等规范性文件的总称。所有的规章都应报国务院备案，地方人民政府规章还应报本级人大常委会备案。

5. 其他规范性文件

法规、规章之外的其他规范性文件，是指地方人民政府以及政府所属工作部门，依照法律、法规、规章和上级规范性文件，并按法定权限和规定程序制定的，在本地区、本部门具有普遍约束力的规定、办法、实施细则等。

（五）行政执法程序

行政执法程序是指行政执法行为实现的方式、步骤和过程。行政执法程序具有普遍的拘束力，行政执法人员必须严格按照程序规定去实施相关的行为；否则，会导致程序违法。行政执法程序从不同的角度划分，可以分为以下几种。

（1）从执法过程上可分为受理、立案、取证、审查、执行、监督检查和复议应诉等程序。

（2）从执法手段上可分为行政监督、行政奖励、行政许可、行政处罚、行政强制执行

等程序。

(3) 从执法部门上可分为水行政执法、公安执法、工商执法、环保执法、税务执法、土地管理执法、卫生执法等程序。

此外，行政执法程序还有一般程序和简易程序、内部程序和外部程序之分。

三、水行政执法

(一) 水行政执法的概念和特征

1. 水行政执法的概念

水行政执法是指各级水行政主管部门、法律、法规授权组织、受委托的组织等，依法实施水行政处罚、水行政强制等的具体行政行为。

2. 水行政执法的特征

水行政执法与其他行政执法相比，具有以下特征。

(1) 水行政执法是围绕调整社会水事关系而实施的行政执法，其行政主体为各级水行政主管部门，这一特征区别于其他的行政执法。

(2) 水行政执法处水行政主管部门依照水法规对水行政管理相对人实施的具体行政行为，对特定人具有特定的拘束力而无普遍适用性，这一特征区别于水行政立法或抽象水行政行为。

(3) 水行政执法的主体，又称为水行政执法机关，是水行政执法活动的承担者，包括但不限于依法实施水行政处罚、水行政强制、水行政征收等具体行政行为的各级水行政主管部门、法律、法规授权的组织及受委托的组织等。

(4) 水行政执法具有广泛性和复杂性，执法对象包括社会上一切从事水事活动的公民、法人和其他组织。

(5) 水行政执法具有相关联性，在执法内容和活动范围上，与环保、林业、土地、城建、公路、铁路、航运、地矿等行政执法密切联系。

水行政执法必须符合主体合法、权限合法、内容合法、执法程序合法和形式合法等要件；否则，会导致效力瑕疵水行政执法行为被撤销。

(二) 基层水行政执法主体

水行政执法主体又称为水行政执法机关，是水行政执法活动的承担者，包括但不限于依法实施水行政处罚、水行政强制、水行政征收等具体行政行为的各级水行政主管部门、法律、法规授权的组织及受委托的组织等。

水行政执法主体，必须具备下列条件。

(1) 县级以上人民政府的水行政主管部门机关。

(2) 法律、法规明确授权的组织。

(3) 县级以上人民政府依法授权的部门及受委托的组织。

(三) 基层水行政执法人员

水行政执法人员应当具备下列条件。

(1) 属于所在水行政执法机构的在编在职人员。

(2) 熟悉相关法律、法规、规章和行政执法业务。

（3）具有良好的品行。

（4）具有正常履行职责的身体条件。

（5）具有符合职位要求的文化程度。

（6）熟悉相关法律、法规、规章和行政执法业务，经综合法律知识和专业知识考试合格。

（四）基层水行政执法当事人

（1）当事人。公民、法人或其他组织可以作为水行政执法的当事人。法人由其法定代表人参加水行政执法程序，其他组织由负责人参加水行政执法程序。

（2）其他组织。规定的“其他组织”是指合法成立、有一定的组织机构和财产，但又不具备法人资格的组织。

（3）共同违法人。《水行政处罚实施办法》第六条第二款规定，两个以上当事人共同实施违法行为的，应当根据各自的违法情节，分别给予水行政处罚。

（4）挂靠经营人。当事人以挂靠经营形式实施水事违法行为的，挂靠人和被挂靠人均为水行政执法行为相对人。

（5）法人分支机构当事人。经依法设立，并领取营业执照的法人分支机构，可以成为行政执法行为相对人。

（6）雇佣关系人。雇佣关系下，水行政执法对象应为雇主；但雇员明知是水事违法行为而实施的，则与雇主为共同违法行为人，此时，雇主和雇员均为水行政执法行为相对人。

（7）租赁关系人。承租人承租租赁物实施水事违法行为的，承租人为水行政执法行为相对人。

（五）基层水行政执法原则

水行政执法的基本原则，是指水行政主体在水行政执法过程中必须遵守的，贯穿于水行政执法全过程中，对水行政执法行为具有普遍指导意义的根本性准则。

水行政执法的基本原则包括两个层面的内容，即行政法上的合法原则、合理原则、公正为本兼顾效率原则、公开与参与原则以及水利行业特殊性要求的系列原则。

水行政执法的基本原则是指反映水法的特殊性，贯穿于水行政活动的主体、行为和对水事活动监督等各环节之中、指导水法的制定和实施等活动的基本准则、水行政执法不仅要坚持依法行政等行政法治的基本原则，还要集中体现水资源管理的基本思想和精神。

1. 水资源国家所有原则

水资源的所有权（即水权），是水法的核心，对水资源所有权的确认，是水事立法和执法的前提和基础。

2. 开发、利用与保护相结合的原则

开发、利用水资源，应当坚持兴利与除害相结合，兼顾上下游、左右岸和有关地区之间的利益，充分发挥水资源的综合效益。

3. 保护水资源，维护生态平衡的原则

数据反映，1983 年，中国还有大约 5 万条河流。2013 年，根据中国的第一次全国水

利普查，其中的2.8万条河流不见了。可见水问题相当严重，保护水资源、维护生态平衡迫在眉睫。2016年12月，中共中央办公厅、国务院办公厅印发了《关于全面推行河长制的意见》，就是要加强水资源保护，全面落实最严格水资源管理制度，严守“三条红线”和加强执法监管，严厉打击涉河湖违法行为等。

4. 实行计划用水、厉行节约用水的原则

国家厉行节约用水，大力推行节约用水措施，推广节约用水新技术、新工艺，发展节水型工业、农业和服务业，建立节水型社会。各级人民政府应当采取措施，加强对节约用水的管理，建立节约用水技术开发推广体系，培育和发展节约用水产业。单位和个人有节约用水的义务。

5. 取水许可制度和有偿使用原则

国家对水资源依法实行取水许可制度和有偿使用制度。但是，农村集体经济组织及其成员使用本集体经济组织的水塘、水库中的水除外。国务院水行政主管部门负责全国取水许可制度和水资源有偿使用制度的组织实施。

6. 统一管理和监督管理相结合原则

这个原则是水资源国家所有原则的要求和体现，水资源的国家所有权必然要求国家对水资源实行统一管理和监督，以最大限度地保护好水资源。国家对水资源实行流域管理与行政区域管理相结合原则。

（六）水行政执法的法律依据

1988年《中华人民共和国水法》颁布实施，标志着我国开发和利用水资源、保护管理水资源和防治水害开始走上法治的轨道。各级水行政主管部门以《中华人民共和国水法》宣传为先导，以水法规体系、水管理体系和水行政执法体系建设为重点，加强水利法制建设，全面推进水的立法工作。目前，已相继出台了《中华人民共和国水法》《中华人民共和国水污染防治法》《中华人民共和国水土保持法》《中华人民共和国防洪法》《中华人民共和国长江保护法》5部水法律，水行政法规23件，水利部颁布水行政规章60件，水法规性文件500多件，初步形成了与《中华人民共和国水法》配套的水法规体系，基本做到了各项水事活动有法可依。

1. 宪法

宪法是国家根本大法，是其他一切法律的立法依据。宪法是国家的根本大法，在我国法律体系中具有最高法律效力。宪法关于水资源管理主体和管理内容的规定，是制定水事法律、法规的原则和基础。水行政执法，不能违背宪法精神，并且水事法律、法规和规章的制定还必须符合宪法精神，不得与其相抵触。

2. 法律

（1）水事基本法律。在水事法律体系中，除宪法外，《中华人民共和国水法》在水事法律体系中占核心地位是制定其他水事法律规范的立法和执法依据。

（2）水事特别法律。水事特别法律是针对水管理活动中特定的水管理行为、保护对象所引起的水行政关系而制定的专门法律，主要是指《中华人民共和国水土保持法》《中华人民共和国防洪法》《中华人民共和国水污染防治法》三部法律。

（3）其他基本法律。是指其他基本法律中有关水资源管理的规定。

3. 水行政法规

水行政法规是由国务院根据宪法和法律，在其职权范围内制定、发布的有关国家最高行政管理活动的规范性文件，效力低于宪法和法律。在这里主要是指水行政法规。它是国务院根据宪法和法律制定的有关水行政管理的规范性文件的总称。目前已经颁布实施的水行政法规主要有《河道管理条例》《水库大坝安全管理条例》《水污染防治法实施细则》《取水许可制度实施办法》《防汛条例》等。

4. 地方性水法规

地方性水法规是由各省（自治区、直辖市）人民代表大会和它的常务委员会制定或批准的规范性法律文件。它要报全国人大常委会备案，不能同宪法、法律相抵触，它只限于本地区使用。这里主要是指地方性水事法规，它是指省（自治区、直辖市）人民代表大会及其常务委员会颁布的水资源管理规范性文件，也包括省会城市和较大地市、全国人大常委会授权的经济特区的人大常委会通过，省人大常委会批准的规范性文件，如《广东省河道采砂管理条例》《广东省河道管理条例》。

5. 民族自治地方的自治条例和单行条例

民族自治地方的自治条例和单行条例，是由民族自治地方的人民代表大会制定或批准的规范性文件。自治区的自治条例和单行条例报全国人大常委会批准后生效。自治州、自治县的自治条例和单行条例，报省或者自治区人大常委会批准后生效。自治条例和单行条例在其制定机关的管辖范围内有效。民族自治地方根据水资源管理法律而制定的条例的内容必须符合宪法、法律的基本原则。同时也不能与国务院制定的关于民族区域自治的行政法规相抵触，还应当履行必要的备案程序与手续。

6. 部委水规章和地方政府水规章

(1) 部委水规章。部委水规章是国务院各部、委根据法律和行政法规的规定，在各自权限范围内发布的贯彻落实法律和行政法规的规范性文件。部委水行政规章以国务院水行政主管部门即水利部制定的最为普遍，数量也最多，也有其他部委制定的少量的水事规章以及水利部和其他部委联合制定的水事规章。例如，水利部制定的《水闸工程管理通则》《水库工程管理通则》《水利水电工程管理条例》等规章，其他部委如国家环保局制定的《中华人民共和国水污染防治实施细则》，水利部和其他部委联合制定的水事规章，如《河道采砂收费管理办法》（水利部、财政部、国家物价局）、河道管理范围内建设项目管理的有关规定（水利部、国家计委）等。

(2) 地方政府水规章。地方政府水规章是指省（自治区、直辖市）人民政府，省（自治区）人民政府所在地的市和国务院批准的较大的市以及经济特区市的人民政府制定的水行政规章。

(七) 基层水行政执法内容

1. 水行政普查登记

水行政普查登记是指水行政执法机关及其工作机构，就其法律、法规赋予的职责、职权，对执法环境和行政管理相对人进行普遍调查和全面登记的行为。这样，在确定行政管理相对人合法权益的同时，也树立了自身的执法主体地位，明确建立起水行政法律主体之间的权利和义务关系，这是一项水行政执法的基础工作。比如，水土保持行政执

法，在其管辖范围内，坡度大于5°的土地山林面积有多大？权属及其管理人是谁？容易造成水土流失，影响水土保持的矿山企业单位及其已有水土流失危害面积的情况如何？这些问题搞不清楚，水土保持执法无从谈起。同样，河道行政执法中河道砂石开采情况，水工程行政执法中的工程管理、保护范围和用水户情况，以及防汛行政执法中的抗洪抢险组织和易发洪水的险区情况等，都需要进行登记调查清楚，为水行政执法工作深入开展打好基础。

不过，水行政普查登记工作，目前尚缺乏具体配套的法规文件，使这项工作的开展还没有统一的程序和标准要求。

2. 水行政审批

水行政审批是指县级以上水行政机关，按照法律、法规、规章规定和开发、利用水资源总体规划以及防洪方案标准，对在管辖范围内兴建水工程和与水有关的工程项目以及其他水事活动进行审查批准的行政管理行为。这项工作是水行政机关代表国家行使行政管理部门权力的体现。例如，未经水行政主管部门批准，不得在河床、河滩内修建建筑物；在行洪、排涝河道和航道范围内开采砂石、砂金，必须报经河道主管部门批准；禁止围垦河流，确需围垦的，必须经过科学论证，并经省级以上人民政府批准。这些都说明各级水行政机关必须认真做好这项工作，才能使管辖区域内的各项水事活动真正走上社会主义法制的轨道。

3. 水行政许可

水行政许可是指县级以上水行政机关，根据法律、法规和规章的规定，在其管理职权范围内准予相对人从事某方面水事活动的一种行政管理制度。比如，现在普遍实行取水许可制度和河道采砂许可制度，并且有的省和地方在水土保持行政执法中还提出了水土保持动工许可制度等。

水行政许可是水行政机关的一种行政法律行为，以发许可证的形式实现，申请、变更、中止都必须经过法定的程序。在申请人如果认为符合许可条件而水行政机关不予许可时，还可以提起行政诉讼。因此，各级水行政机关应当认真依法实施这项制度，以便经得起司法部门的法律监督。

4. 水行政收费

水行政收费是指县级以上水行政机关和法律、法规授权的执法机构，根据法律、法规和规章的规定，在赋予相对人某种权利或行为能力的同时，可以使相对人具有某种非惩戒性地缴纳费用义务的行政行为。例如，使用供水工程供应的水，应当按照规定向供水单位缴纳水费；其他直接从地下或者江河湖泊取水的，可以由省（自治区、直辖市）人民政府决定征收水资源费；在河道管理范围内采砂、取土、淘金，必须按照经批准的范围和作业方式进行，并向河道主管机关缴纳管理费；企事业单位在建设和生产过程中必须采取水土保持措施，对造成的水土流失负责治理，本单位无力治理的，由水行政主管部门治理，治理费用由造成水土流失的企事业单位负担等。这些都是法律规范规定的内容。

水行政收费，虽然其中包含有的是纯行政性收费，有的是经营性收费，有的是补偿性收费，但是都属于执法收费。它是水行政机关对社会水事关系进行宏观控制和保证国家水利事业良性循环的重要措施。它规定相对人只要享受一种权利，就必须相应承担一种义务。因此，它与国家征税不同，没有减、免、缓权限的规定。水行政收费是水行政执法的一种体现，不收就意味着不执行国家法律、法规的规定，少收就等于“执法不严”。

5. 水行政监督

水行政监督是指水行政机关依法对相对人的执法或遵守法律、法规和规章的情况所进行的检查监督活动。例如，县级以上地方人民政府水行政主管部门会同有关主管部对本行政区域内的大坝安全实施监督；在汛期，河道、水库、闸坝、水运设施等水工程管理单位及其主管部门在执行汛期调度运用计划时，必须服从有管辖权的人民政府防汛指挥部的统一调度指挥或者监督；县级以上地方人民政府水行政主管部门的水土保持监督人员，有权对本地区的水土流失及其防治情况进行现场检查；水行政主管部门或者其他主管部门以及水工程管理单位的工作人员玩忽职守、滥用职权、徇私舞弊的，由其所在单位或者上级主管机关给予行政处分等。这些都是规定水行政监督活动的法律规范。

水执法巡查是一种非常有效的监督。执法巡查实行分级负责制，县级以上水行政主管部门负责同级人民政府管辖范围内的水资源、湖泊、河道、水域、水工程、水土保持生态环境、防汛抗旱和水文监测设施的巡查，市级以上水行政主管部门同时负责对下级水行政主管部门的巡查进行抽查。水利工程管理单位的水政监察队伍负责其管理工程范围内的巡查。执法巡查的主要事项包括：水法律、法规规定的在河道管理范围内的水事活动；开发、利用、节约和保护水资源的活动；水土保持活动以及在水利工程管理范围和保护范围内的活动等。

6. 水事违法行为的查处

查处水事违法行为是指水行政主管部门对在实施检查监督、群众举报和上级其他部门移送案件发现的违反本法规的违法行为，必须依法立案进行查处。这是水行政执法的关键内容，它体现了水行政执法的国家强制力。水行政执法的内容不仅是查处水事违法行为，它同其他内容是相辅相成的。其他内容是为了建立良好的水事管理秩序的目的，此项内容是由国家强制力做保证。没有此项内容，其他内容执行不好；没有其他内容，此项内容便失去意义。例如，对未经批准随意取水、截水、阻水、排水的和在河库、滩地修建筑物的；对未经批准随意在河道堆放物料或弃置矿渣、垃圾的；对未经许可随意在河道内采砂、取土、淘金的。水行政执法机关都要根据事实情节给予责任人行政处罚，应给予治安管理处罚的，移送公安机关；构成犯罪的，依法追究刑事责任。只有通过法律手段对各种水事违法行为进行查处，强制约束水行政管理相对人必须按水法规定的正常管理秩序从事水事活动，才能实现水行政执法的最终目的。

（八）基层水行政执法的手段

水行政执法的手段主要有水政监察、水行政处罚、移送公安司法机关处理、水行政强制措施和水行政强制执行五种。

1. 水政监察

（1）水政监察队伍的主要职责。水政监察就是水行政主管部门通过水政监察人员按照规定的授权范围，依法直接实施行政执法权的活动。根据《水政监察工作章程》规定，水

政监察队伍的主要职责有以下内容。

1）宣传贯彻水法律、法规。

2）依法保护水、水域、水工程和其他有关设施，维护正常的水事秩序。

3）依法对水事活动进行监督检查，对违反水法规的行为依法做出行政裁定、行政处罚或者采取其他行政措施。

4）配合司法机关查处水事治安、刑事案件。

5）进行现场检查、取证（包括物证、书证、视听材料等）。

6）询问当事人和有关证人，做出笔录。

7）要求被调查的单位和个人提供有关情况和材料。

8）依法制止不法行为，并采取防止造成损害的处置措施。

9）对违法行为和侵权行为依法做出行政裁定、行政处罚或者采取其他行政措施。

2. 水行政处罚

水行政处罚是县级以上地方人民政府水行政主管部门对违反水法规行为的责任人给予的一种行政制裁。水行政处罚的种类主要包括警告、罚款、吊销许可证、没收非法所得以及法律、法规规定的其他水行政处罚等。

3. 移送公安司法机关处理

查处水事违法行为时，相对人违反水法规同时，也违反治安管理处罚规定，水行政机关将移送公安机关处理。如果相对人违反本法规的行为，经过调查发现已构成犯罪，将及时移送司法机关依法追究刑事责任。

4. 水行政强制措施

水行政强制措施是指水行政机关（包括法律、法规授权的其他组织）依据法定的职权，采取强制手段限制特定的相对人行使某项权利而必须履行某项义务的处置行为。其特点如下。

（1）暂时性，即只要相对人依法履行某项义务，则立刻停止强制措施。

（2）强制性，即具有单方面性或强迫性。

5. 水行政强制执行

水行政强制执行是指水行政管理相对人逾期不履行水行政法律、法规、规章上规定的义务，包括水行政机关做出的行政处罚决定，由有关机关或水行政主管部门依法强迫相对人履行而采用强制手段的活动。

（九）基层水行政执法的种类

水行政执法就其内部执法职责分工，可分为水土保持、水资源、河道、水工程及防汛、水文行政执法等五大类。

1. 水土保持行政执法

水土保持行政执法的任务主要是在水行政机关统一领导下，具体贯彻执行《中华人民共和国水土保持法》《中华人民共和国水法》以及其他法律、法规、规章的有关规范规定。通过必要的执法活动，预防水土流失，对已造成水土流失危害的面积进行有效治理，制止工矿企业单位和个人盲目开垦和破坏地貌、植被，依法规范相对人的行为，做好水土保持工作。

2. 水资源行政执法

水资源行政执法的任务是具体贯彻执行《中华人民共和国水法》的实体性法律规范规定的内容及其配套法规规章和有关法律规范规定。在依法进行考察、勘探、调查、评价水资源储量，编制地区、流域综合规划和长期供水计划的基础上，通过必要的执法手段，实行计划用水、厉行节约用水，制止乱采滥用和浪费水资源，调整用水相邻关系，实现开发、利用水资源和防治水害，应当贯彻《中华人民共和国水法》中规定的“全面规划、统筹兼顾、综合利用、讲求效益，发挥水资源的多种功能”的基本原则。

3. 河道行政执法

河道行政执法的任务是具体贯彻执行《中华人民共和国水法》第三章和《河道管理条例》以及配套法规、规章和有关的法律规范规定。通过必要的执法手段，管理河道，根据河道流域总体规划和防洪标准对过河交叉工程和水源开发、利用及防洪工程依法实施审批制度；保护河道自然资源和护岸林木及堤防工程，制止非法开采河道砂石、土料和打击盗窃破坏护岸林木及石料的活动；为有计划地疏通河道，对申请开采砂石的，实施审批许可制度，制止在河道弃置、堆放物料和随意修建筑物；对于造成行洪障碍在限期内不清除的，经批准以同级政府防汛指挥部的名义可采取强制清除措施。

4. 水工程及防汛行政执法

水工程及防汛行政执法的任务，是具体贯彻执行《中华人民共和国水法》第三章、第五章和配套法规《水库大坝安全管理条例》《防汛条例》以及其他与法规、规章有关的法律规范规定。通过必要的执法手段保护和维持各种类型的水工程正常有效地运行，制定和实施防御洪水方案，组织和指挥人民群众抗洪抢险，尽力避免和减少洪水灾害的损失。

水工程行政执法，国务院法规授权水工程管理单位可以实施；水工程和防汛行政执法队伍，均属于水行政执法机关的水政监察组织。水政监察员持证对管辖范围内的水工程和防汛抗洪进行执法，保护水工程，制止在水工程管理和保护范围内进行爆破、打井、采石、取土等危害水工程安全的活动；制止破坏水工程的行为；实施防汛抗洪工作监督检查；对违法的相对人进行处罚和处理；对拒绝缴纳工程水费的相对人实施限制供水和停止供水的强制措施；对造成行洪障碍在限期内拒绝清除的，实施强行清除的措施等。

5. 水文行政执法

水文行政执法的任务是具体执行《中华人民共和国水法》有关规定的实体性法律规范内容，以及保证洪水汛情监测和传递工作的正常进行。

第二节 水行政监督

一、水行政监督概述

(一) 水行政监督的含义与特征

1. 水行政监督的含义

水行政监督是指水行政主体依法对水行政相对方遵守水事法律、法规、规章和执行水

事管理决定、命令等水政策情况所进行的检查、了解、监督的一种具体水行政行为。在水行政监督过程中，水行政检查是一种比较重要的监督手段与方式。

2. 水行政监督的特征

(1) 进行水行政监督的主体只能是水行政主体，即各级人民政府中的水行政主管部门和国家在重要江河、湖泊设立的各流域管理机构，而不是别的行政主体。

(2) 水行政监督的对象是作为水行政相对方的公民、法人和其他组织。

(3) 水行政监督的内容是对水行政相对方遵守水事法律、法规、规章和执行水事管理决定、命令等水政策的具体情况。

(4) 水行政监督从性质上而言是一种依职权而为的、单方的具体水行政行为，是一种独立的法律行为，其目的是防止和及时纠正水行政相对方的水事违法行为，以确保水事法律、法规、规章规定和水事管理决定、命令等水政策的内容得以贯彻、落实。

(二) 水行政监督的分类

根据不同的分类标准可以将水行政监督进行以下分类。

(1) 以水行政监督的对象是否特定为标准，可分为水行政例行监督和水行政专门监督。水行政例行监督是制度化、规范化的水行政监督，其对象是不特定的水管理相对方，它具有巡查、普查的作用，而水行政专门监督则是针对特定的相对方或者特定的事项所进行的监督。

(2) 以实施水行政监督的时间界限作为划分标准，可分为事前水行政监督、事中水行政监督和事后水行政监督。这 3 种不同时间期限的水行政监督有着各自不同的特点与作用。事前水行政监督是对水行政相对方某一水事行为或者活动在完成之前进行监督，目的在于防患于未然，防止水事违法行为的发生；事中水行政监督是对水行政相对方正在实施的某一水事行为或者活动所进行的监督，目的在于及时发现问题，纠正违法行为，保障水事管理内容的实现；事后水行政监督则是对水行政相对方已经完成的某一水事行为或者活动进行监督，目的在于对已经发生的问题及时进行补救，制止违法行为继续危害社会。

(3) 根据水行政监督的不同内容可分为防汛抗洪方面的监督、河道管理方面的监督、水资源开发和利用与保护方面的监督、水土保持方面的监督等。

(三) 水行政监督的主要方法

水行政监督的方法又称为水行政监督的手段或方式。由于水行政监督的内容很多，范围广泛，因此，水行政主体在水行政监督中，主要使用以下监督方式。

(1) 检查。检查是一种最常用的监督方法。检查也有很多形式，如综合检查与专题检查、全面检查与抽样检查等。如在实施取水许可制度管理过程中，对取水者是否按照水行政主体核发的取水许可证书所载明的取水条件、取水口、取水方式、取水量、退水地点、退水方式以及节水情况等内容，只有通过水行政主体的检查才能掌握其真实情况。其他的水事管理内容中的检查同样如此。

(2) 调阅审查。调阅审查是一种常见的书面监督方式，是指水行政主体在水事管理活动中，为了了解水行政相对方的有关情况，或者已经发现水行政相对方存在着某种水事违法行为或活动时，为查明、证实相关的事实情况、问题，而对水行政相对方的有关证件、

文件、记录和资料等进行审查，如在河道管理中，水行政主体应当对跨河、临河、穿堤等建设项目的施工方式对堤防的安全影响、对防洪度汛工作的影响等情况进行审查。这些情况只有在调阅水行政相对方的相关资料后才能够了解其真实情况，当然这种方式也有一定的局限性，必须辅以其他的监督方式。

(3) 登记与审核。登记是指水行政相对方应水行政主体的要求就其某一项具体的水事行为、活动向水行政主体申报、说明，并由水行政主体记录在册的行为，如取水登记、排污登记等。审核是指对已经登记在册的水事行为、活动进行的一种监督方式，如对取水申请人取水资料的审核、水利工程建设项目资料的审核等。

(4) 统计。水行政主体以统计资料方式了解水事管理内容的实施情况。通过对统计资料的分析，掌握情况，发现问题，以便于水行政主体采取相应的补救措施，保障水事管理内容与目标的实现，如水利部黄河水利委员会对黄河流域破坏、盗窃堤防与防汛抗洪设施、水文测验设备与设施情况的统计，其目的在于分析这种水事违法行为的发展趋势并确定相应的应对措施。

(5) 实地调查。实地调查是指水行政主体对水行政相对方所实施的某一具体水事行为、活动的场所进行实地查看，了解相应的行为现场情况，以确定相应行为人的责任，如水政监察人员对水事违法行为人破坏水利工程设施的情况进行实地查看，目的在于确认其违法行为的性质与程度、行为后果及其社会危害性等。

(6) 及时强制。及时强制是指在紧急情况下水行政主体所采取的一种特殊监督形式，如在防汛抗洪过程中，防汛指挥机构对阻水障碍物所采取的强行清障措施，又如在紧急防汛期间，公安、交通部门依照有关防汛指挥机构的指示所实施的交通、水面管制措施。

(四) 水行政监督的内容

由于水事管理活动的复杂性，因此，水行政监督的内容十分广泛，结合水事管理实践，水行政主体的水政监督有以下内容。

1. 在水资源开发和利用与保护方面的监督

水行政主体在水资源开发和利用与保护方面的水行政监督内容归纳起来主要有以下几项。

(1) 对取水情况的监督。所有从江河、湖泊或者从地下取水的取水者是否取得水行政主体的许可；取得许可的，是否按照取水许可证书载明的取水条件、取水方式、取水量、退水地点等内容实施取水。

(2) 对用水情况的监督。地区之间、各用水部门之间的用水情况，是否遵守有关的分水协议和规定。

(3) 对城乡节水执行情况的监督。是否采取有关的节水措施，以及所取得的节水成就等。

(4) 对排放污染物的监督。凡向江河、湖泊、水库、渠道等水体排放污染物的是否经过申报和取得批准，所排放的污染物是否超过标准，是否按照规定采取相应的污水处理措施等。

2. 在河道管理方面的监督

河道是江河输水、行洪的基本通道。影响河道输水、行洪安全与堤防完整的因素有自

然因素和人为因素。为了维护河道堤防安全和输水、行洪安全，必须加强对河道的监督、管理，水行政主体应当采取经常性巡查与重点检查相结合的制度。通过不同的检查方式，及时发现、纠正水事违法行为，采取相应补救措施，并依法对当事人作出其应承担的水事法律责任，如对检查过程中发现有破坏、损毁堤防、侵占护堤地，未经许可擅自在河道管理范围内采砂、取土或者修建永久性建筑物，尤其是各类阻水工程，水行政主体应当按照《中华人民共和国水法》《中华人民共和国防洪法》和《河道管理条例》等水事法律规范的规定予以处理。而对于湖泊的监督管理，重点应放在禁止围垦、禁止未经批准封堵排水通道。

3. *在防汛抗洪方面的监督*

在防汛抗洪方面，水行政主体进行监督的最主要表现形式是防汛例行检查。防汛例行检查一般分为汛前检查和汛后检查。汛前检查的重点内容如下。

(1) 防汛指挥机构和工作机构是否依法组建。

(2) 各级人民政府防汛工作行政首长负责制是否落实。

(3) 防汛专业队伍与群众性防汛组织是否依法组成。

(4) 防御洪水方案规定的各项措施是否有充足的准备，特别是行洪、分洪、蓄洪、滞洪区的准备情况。

(5) 堤防和有关水利工程是否做好度汛准备，水工程控制运用计划能否顺利实施，行洪障碍是否清除。

(6) 有关防汛抗洪的资金、通信、物料和设施是否完备。

此外，对于水事纠纷频发地区，相关的协议内容的执行情况也应当作为检查重点。汛后检查应当根据汛期发生的问题确定检查重点。

4. *在水土保持方面的水行政监督*

在水土保持方面，水行政主体的水行政监督内容主要有以下几项。

(1) 监督有关农村、工矿企业贯彻执行《中华人民共和国水土保持法》和有关水土保持的法规、规章和政策的情况，实行综合治理、防治并重、治管结合。

(2) 制止盲目开垦和陡坡开荒、边治理边破坏的情形。

(3) 督促、监督破坏地貌与植被的组织和个人采取工程措施和植物措施予以恢复、补救。

(4) 监督有关部门组织水土保持方案与措施的实施情况。

5. *在水利工程与设施的管理与监督*

(1) 保持水利工程与设施不受破坏，依法制止和打击违法行为、活动。

(2) 维护水利工程与设施的所有权人、使用权人的合法权益不受非法侵犯。

(3) 依法划定水利工程与设施的管理和保护范围并公告。

(五) 水行政监督作用

水行政监督作为水行政主体的一种管理手段，对于促进水行政主体依法行政、依法管理水资源都有着重要的作用。水事法律、法规、规章制定后，是否得到了全面的贯彻执行，水行政相对方是否遵守法律、法规、规章，是否执行水行政主体的决定、命令等，只有通过监督来查证与反馈。如果缺少监督这一环节，正常的水事工作秩序就无从谈起，相应地，水资源开发和利用与保护的目标就无法实现。在建立、完善社会主义市场经济体制的今日，水不仅仅是作为一种自然资源，而且作为一种特殊的生产要素与生活要素，在国民经济和社会发展中有着重要的基础地位与作用，因此，强调水行政主体在水资源开发和利用与保护过程中的监督作用更具有现实意义。具体来说有以下作用。

（1）水行政监督可以及时反馈水事法律、法规、规章实施所产生的社会效果，为水事法律、法规、规章的制定、修改、废止提供实践依据。水事法律、法规、规章制定后，能否达到预期的社会效果，执行起来存在着哪些困难与阻力，是否具有可操作性，存在哪些欠缺内容等，只有通过水行政主体的监督检查活动才能直接地反映出来，从而为今后水事法律、法规、规章的修改与完善提供实践依据，如水行政主体对《中华人民共和国水法》实施以来的情况反映与总结，为《中华人民共和国水法》的完善提供充分的实践依据。

（2）水行政监督可以预防和及时纠正相对方的水事违法行为。水行政主体实施水行政监督活动，对相对方而言是一种外在的约束，可以预防其实施违反水事法律规范的行为，督促其执行水行政主体的决定、命令，同时通过监督活动，水行政主体能够及时了解、掌握相对方的履行情况，及时发现问题，纠正相对方的违法行为。

（3）水行政监督是实现水事法律、规范所规定内容的一个重要环节。水行政监督作为一种管理手段，通过对相对方执行、遵守水事法律规范的情况进行监督，从而保障水事法律规范所规定的内容能够得到切实有效的贯彻实施。

二、水政监察工作章程

（一）水政监察工作章程概述

1. 规章颁布的目的

《水政监察工作章程》的颁布，目的是为贯彻《中华人民共和国水法》《中华人民共和国水土保持法》《中华人民共和国防洪法》等法律、法规，加强水行政执法队伍建设和管理，强化水行政执法。该章程共26条，于2000年5月生效，2004年10月21日水利部令第20号对其进行了修改。

2. 水政监察的概念

水政监察是指水行政执法机关依据水法规的规定对公民、法人或者其他组织遵守、执行水法规的情况进行监督检查，对违反水法规的行为依法实施行政处罚，采取其他行政措施等行政执法活动。

3. 水政执法机关任务

《水政监察工作章程》规定，水政执法机关的基本任务如下。

（1）在水行政立法方面，牵头组织拟定水行政法规、规章或规范性文件，负责在立法方面与有关部门的联系、协商和协调。

（2）在水行政执法方面，代表水行政主管部门查处水事违法案件，实施行政处罚，监督检查各部门各单位的水法规遵守情况，负责与司法、公安部门在执法中的联系，对水政监察组织的执法行为进行督导。

（3）在水行政司法方面，归口管理水事违法案件的行政复议，协同调处水事纠纷，参

与水行政诉讼。

(4) 在水行政保障方面，综合管理水法规的宣传和普及，对下级水政机构工作人员、水政监察员进行培训与普及，进行水行政政策和对策研究等。

4. 水政执法机关管辖

《水政监察工作章程》规定，水政执法机关管辖分为3个层次。

(1) 水利部组织、指导全国的水政监察工作。

(2) 水利部所属的流域管理机构负责法律、法规、规章授权范围内的水政监察工作。

(3) 县级以上地方人民政府水行政主管部门按照管理权限负责本行政区域内的水政监察工作。

5. 水政执法依据

《水政监察工作章程》规定，水政执法依据有以下几个。

(1) 水政监察以法律、行政法规、地方性法规和规章为依据。

(2) 县级以上地方人民政府根据法律、行政法规、地方性法规和规章制定、发布的规范性文件，也作为水政监察的依据。

(二) 水政监察队伍的设置

《水政监察工作章程》对水政监察队伍的设置作了以下规定。

(1) 省（自治区、直辖市）人民政府水行政主管部门设置水政监察总队。

(2) 市（地、州、盟）人民政府水行政主管部门设置水政监察支队。

(3) 县（市、区、旗）人民政府水行政主管部门设置水政监察大队。

(4) 水利部所属的流域管理机构根据实际情况设置水政监察总队、水政监察支队、水政监察大队。

(5) 根据有关法律、法规的要求和实际工作需要，省（自治区、直辖市）、市（地、州、盟）、县（市、区、旗）水政监察队伍内部按照水土保持生态环境监督、水资源管理、河道监理等自行确定设置相应的内部机构（支队、大队、中队）。

(6) 地方各级水政监察队伍由同级人民政府水行政主管部门报同级编制主管部门批准成立。

(7) 水利部所属的长江、黄河、淮河、海河、珠江、松辽水利委员会和太湖流域管理局等流域管理机构（以下简称"流域机构"）水政监察队伍由水利部批准成立；流域机构所属的管理单位水政监察队伍由流域机构批准成立。

(8) 省（自治区、直辖市）、市（地、州、盟）、县（市、区、旗）水行政主管部门根据执法工作需要，可在其所属的水利工程管理单位设置派驻的水政监察队伍。

(三) 水政监察队伍的主要职责

《水政监察工作章程》规定了水政监察队伍的主要职责，具体如下。

(1) 宣传贯彻《中华人民共和国水法》《中华人民共和国水土保持法》《中华人民共和国防洪法》等水法律、法规。

(2) 保护水资源、水域、水工程、水土保持生态环境、防汛抗旱和水文监测等有关设施。

(3) 对水事活动进行监督检查，维护正常的水事秩序。对公民、法人或其他组织违反水法规的行为实施行政处罚或者采取其他行政措施。

(4) 配合和协助公安和司法部门查处水事治安和刑事案件。

(5) 对下级水政监察队伍进行指导和监督。

(6) 受水行政执法机关委托，办理行政许可和征收行政事业性收费等有关事宜。

(四) 水政监察人员

执法监督检查和查处违法案件是要求比较高的工作，执法人员代表水行政主管部门进行检查和处理，要具有比较高的法律知识、法制观念，比较好的处理问题能力、政策水平和良好的作风。

1. 必备条件

水政监察人员是实施水政监察的执法人员。《水政监察工作章程》规定了水政监察人员必须具备下列条件。

(1) 通过水法律、法规和相关的法律知识的考核。

(2) 有一定水利专业知识。

(3) 遵纪守法、忠于职守、秉公执法、清正廉洁。

(4) 具有高中以上文化水平，其中水政监察总队、支队、大队的负责人必须具有大专以上文化水平。

2. 考核与任免

(1) 水政监察人员上岗前应按规定经过资格培训，并考核合格。水政监察人员上岗前的资格培训和考核工作由流域机构或者省（自治区、直辖市）水行政主管部门统一负责。

(2) 水政监察人员由同级水行政执法机关任免。地方水政监察队伍主要负责人的任免需征得上一级水行政执法机关法制工作机构的审核同意。

(3) 水政监察人员实行任期制，任期为3年。

水政监察人员任期届满，经考核合格可以继续连任。考核不合格或因故调离工作，任期自动终止，由任免机关免除任命，收回执法证件和标志。

3. 职权

水政监察人员在执行公务时，可依法行使下列职权。

(1) 进行现场检查、勘测和取证等。

(2) 要求被调查的公民、法人或其他组织提供有关情况和材料。

(3) 询问当事人和有关证人，作出笔录、录音或录像等。

(4) 责令有违反水法规行为的单位或个人停止违反水法规的行为，必要时可采取防止造成损害的紧急处理措施。

(5) 对违反水法规的行为依法实施行政处罚或者采取其他行政措施。

水政监察人员执行公务时，应当持有并按规定出示水政监察证件。水政监察证件的制作和管理由水利部规定。

(五) 水政监察制度

1. 管理制度

(1) 水政监察队伍实行执法责任制和评议考核制。

(2) 水政监察队伍应当建立和完善执法责任分解制度、水政监察巡查制度、错案责任

追究制度、执法统计制度、执法责任追究制度以及水行政执法案件的登记、立案、审批、审核及目标管理等水政监察工作制度。

2. 考核制度

(1) 每年年底水行政执法机关的法制工作机构和上一级水政监察队伍负责对水政监察队伍执法责任制的执行情况进行考核。

(2) 水行政执法机关对在水政监察工作中体现出显著成绩的水政监察队伍和水政监察人员，应当给予表彰或奖励。

3. 装备规定

(1) 水行政执法机关应当为水政监察队伍配备必要的交通、通信、勘察、音像等专用执法装备，改善办公条件，给予水政监察人员与执法任务相适应的执法津贴，投人身伤害保险等。

(2) 水政监察工作的装备标准由水利部另行规定。

4. 经费使用

各级水行政执法机关应当保证水政监察经费。水政监察经费从水利事业费中核拨，不足部分在依法征收的行政事业性规费中列支，并应严格贯彻执行中央关于"收支两条线"的规定。

(六) 其他规定

(1) 水政监察人员每年应当接受法律知识培训。

(2) 水政监察人员应当忠于职守、遵纪守法，不得徇私舞弊。对有违法、违纪、失职、渎职行为的水政监察人员，由水行政执法机关视其情节轻重，给予批评教育或行政处分；构成犯罪的，由有关部门依法追究刑事责任。

第三节 水行政许可

一、水行政许可的概念和项目设定

(一) 水行政许可的概念

水行政许可是水行政许可实施机关根据公民、法人或其他组织的申请，经依法审查，通过颁发许可证、资格证、同意书等形式，准许其从事某种特定水事活动的一种具体水行政行为。具有以下法律特征。

(1) 水行政许可是一种依申请而为的具体水行政行为。水行政许可必须以水行政相对方针对特定事项，向行政主体提出申请为前提。这与水行政主体依职权主动赋予水行政相对方一定权利、给予一定义务的行为明显不同。没有水行政相对方的申请，水行政主体不得主动实施水行政许可。无申请则无许可。

(2) 水行政许可的内容是国家一般禁止的活动。水行政许可以一般禁止为前提，以个别解禁为内容。即在国家一般禁止的前提下，对符合特定条件的水行政相对方解除禁止，使其享有特定的资格或权利，能够实施某项特定的行为，如围垦河道、占用防洪规划保留区土地等。

因此，水行政许可必须具备一定的形式要件：

一方面，有助于对已经取得某种特定的法律资格、法律权利的组织、公民个人与未取得某种特定的法律资格、法律权利的组织、公民个人相区别。

另一方面，有助于水行政主体和社会对已经取得某种特定的法律资格、法律权利的组织、公民个人的水事行为、活动的监督，促进管理。水行政许可的形式要件就是许可证、资格证、同意书等。

（3）水行政许可是水行政主体赋予水行政相对方从事某种特定水事活动、实施某种特定水事行为的一种法律资格、法律权利的行为。水行政许可是针对特定的人、特定的事作出的具有授益性的一种具体行政行为。只针对被许可人在许可范围内有效，转让他人或超越许可范围都是无效的。例如，在江河、湖泊新建、改建或者扩大排污口；取水许可等。

（4）水行政许可是一种外部行政行为。上级水行政主管部门对下级水行政主管部门，以及水行政主管部门对其直接管理的事业单位的人事、财务、外事等事项的审批，不属于水行政许可。

（5）水行政许可是一种要式行政行为。行政许可必须遵循一定的法定形式，即应当是明示的书面许可，应当有正规的文书、印章等予以认可和证明。实践中最常见的行政许可形式就是许可证、资格证、同意书等。

（二）水行政许可的项目设定

1. 设定水行政许可的法律依据

设定水行政许可的法律依据有《中华人民共和国水法》《中华人民共和国防洪法》《河道管理条例》《水库大坝全管理条例》《防汛条例》《取水许可和水资源费征收管理条例》《河道管理范围内设项目管理的有关规定》《取水许可监督管理办法》《河道采砂收费管理办法》《人排污口监督管理办法》和《水行政许可实施办法》等法律、法规。

2. 水行政许可设定项目

常见水行政许可设定的项目（种类和内容）主要有以下几个。

（1）河道围垦审核（省级）。

执法依据：《中华人民共和国防洪法》第二十三条，确需围垦的，应当进行科学论证，经水行政主管部门确认不妨碍行洪、输水后，报省级以上人民政府批准。

（2）大型水库注册登记。

执法依据：《水库大坝安全管理条例》第二十三条，大坝主管部门对其所管辖的大坝应当按期注册登记，建立技术档案。

（3）水利工程质量检测单位资格认定。

执法依据：《国务院对确需保留的行政审批项目设立行政许可的决定》。

（4）建设项目水资源论证机构资质认定。

执法依据：《国务院对确需保留的行政审批项目设立行政许可的决定》。

（5）取水许可。

执法依据如下。

1）《中华人民共和国水法》第七条，国家对水资源依法实行取水许可制度和有偿使用制度。第四十八条，“直接从江河、湖泊或者地下取用水资源的单位和个人，应当按照国

家取水许可制度和水资源有偿使用制度的规定，向水行政主管部门或者流域管理机构申请领取取水许可证”。

2）《取水许可和水资源费征收管理条例》第三条，“县级以上人民政府水行政主管部门按照分级管理权限，负责取水许可制度的组织实施和监督管理。”

（6）非防洪建设项目洪水影响评价报告书审批。

执法依据：《中华人民共和国防洪法》第三十三条，在洪泛区、蓄滞洪区内建设非防洪建设项目，应当就洪水对建设项目可能产生的影响和建设项目对防洪可能产生的影响作出评价，编制洪水影响评价报告，提出防御措施。洪水影响评价报告未经有关水行政主管部门审查批准的，建设单位不得开工建设。

（7）占用防洪规划保留区土地审核。

执法依据：《中华人民共和国防洪法》第十六条，“防洪规划确定的河道整治计划用地和规划建设的堤防用地范围内的土地，经土地管理部门和水行政主管部门会同有关地区核定，报经县级以上人民政府按照国务院规定的权限批准后，可以划定为规划保留地。”

（8）河道管理范围内修建项目审批。

执法依据：①《中华人民共和国水法》第三十八条第一款，在河道管理范围内建设桥梁、码头和其他拦河、跨河、临河建筑物、构筑物，铺设跨河管道、电缆，应当符合国家规定的防洪标准和其他有关的技术要求，工程建设方案应当依照防洪法的有关规定报经有关水行政主管部门审查同意；②《中华人民共和国防洪法》第二十七条，“建设跨河、穿河、穿堤、临河的桥梁、码头、道路、渡口、管道、缆线、取水、排水等工程设施，应当符合防洪标准、岸线规划、航运要求和其他技术要求，不得危害堤防安全、影响河势稳定、妨碍行洪畅通；其工程建设方案未经有关水行政主管部门根据前述防洪要求审查同意的，建设单位不得开工建设”；③《河道管理条例》第十一条，修建开发水利、防治水害、整治河道的各类工程和跨河、穿河、穿堤、临河的桥梁、码头、道路、渡口、管道、缆线等建筑物及设施，建设单位必须按照河道管理权限，将工程建设方案报送河道主管机关审查同意。未经河道主管机关审查同意的，建设单位不得开工建设；建设项目经批准后，建设单位应当将施工安排告知河道主管机关。

（9）河道采砂许可。

执法依据如下。

1）《中华人民共和国水法》第三十九条，“国家实行河道采砂许可制度。”

2）《河道管理条例》第二十五条，“在河道管理范围内进行下列活动，必须报经河道主管机关批准涉及其他部门的，由河道主管机关会同有关部门批准：（一）采砂、取土，淘金、弃置砂石或者淤泥。”

（10）水土保持方案审批。

执法依据：《中华人民共和国水土保持法》第二十五条第一款，“在山区、丘陵区、风沙区以及水土保持规划确定的容易发生水土流失的其他区域开办可能造成水土流失的生产建设项目，生产建设单位应当编制水土保持方案，报县级以上人民政府水行政主管部门审批，并按照经批准的水土保持方案，采取水土流失预防和治理措施。没有能力编制水土保持方案的，应当委托具备相应技术条件的机构编制。”

（11）在江河、湖泊新建、一改建或者扩大排污口的审核。

执法依据：《中华人民共和国水法》第三十四条，“禁止在饮用水水源保护区内设置排污口。在江河、湖泊新建、改建或者扩大排污口，应当经过有管辖权的水行政主管部门或者流域管理机构同意，由环境保护行政主管部门负责对该建设项目的环境影响报告书进行审批。”

（12）水工程防洪规划同意书的审批。

执法依据：《中华人民共和国防洪法》第十七条，“在江河、湖泊上建设防洪工程和其他水工程、水电站等，应当符合防洪规划的要求；水库应当按照防洪规划的要求留足防洪库容。前款规定的防洪工程和其他水工程、水电站的可行性研究报告按照国家规定的基本建设程序报请批准时，应当附具有关水行政主管部门签署的符合防洪规划要求规划同意书。”

（13）开发建设项目水土保持方案验收。

执法依据：《中华人民共和国水土保持法》第二十七条，“依法应当编制水土保持方案的生产建设项目中的水土保持设施，应当与主体工程同时设计、同时施工、同时投产使用，生产建设项目竣工验收，应当验收水土保持设施，水土保持设施未经验收或者验收不合格的，生产建设项目不得投产使用。”

（14）江河故道利用审批。

执法依据：《河道管理条例》第二十九条，“江河的故道、旧堤、原有工程设施等，非经河道主管机关批准，不得填堵、占用或者拆毁。”

（15）河道整治工程建设方案。

执法依据：《河道管理条例》第十一条，修建开发水利、防治水害、整治河道的各类工程和跨河、穿河、穿堤、临河的桥梁、码头、道路、渡口、管道、缆线等建筑物及设施，建设单位必须按照河道管理权限，将工程建设方案报送河道主管机关审查同意后，方可按照基本建设程序履行审批手续。

（16）大中型水库整险加固设计审批和竣工验收。

执法依据：《水库大坝安全管理条例》第二十七条第二款，“险坝加固必须由具有相应设计资格证书的单位作出加固设计，经审批后组织实施。险坝加固竣工后，由大坝主管部门组织验收。”

（17）险坝加固运行方式改变审批。

执法依据：《水库大坝安全管理条例》第二十六条第二款，在险坝加固前，大坝管理单位应当制定保坝应急措施，经论证必须改变原设计运行方式的，应当报请大坝主管部门审批。

（18）改变江河河势自然控制点的审批。

执法依据：《防汛条例》第三十四条第二款，“未经有管辖权的人民政府或者授权的部门批准，任何单位和个人不得改变江河河势的自然控制点。”

（19）扩占河道岸线的审批。

执法依据：《河道管理条例》第十七条第一款，“河道岸线的利用和建设，应当服从河道整治规划和航道整治规划。计划部门在审批利用河道岸线的建设项目时，应当事先征求

河道主管机关的意见。”

（20）水库管理范围内建设活动审批。

执法依据：《水库大坝安全管理条例》第十七条，“禁止在坝体修建码头、渠道、堆放杂物、晾晒粮草，在大坝管理和保护范围内修建码头、鱼塘的，须经大坝主管部门批准。”

（21）水利工程调度运用计划审批。

执法依据：《防汛条例》第十四条，“水库电站、拦河闸坝等工程的管理部门，应当根据工程规划设计、经批准的防御洪水方案、洪水调度方案以及工程实际状况，在兴利服从防洪、保证安全的前提下，制定汛期调度运用计划，经上级主管部门审查批准后，报有管辖权的人民政府防汛指挥部备案，并接受其监督。”

（22）建设项目水资源论证报告书审批。

执法依据如下。

1）《建设项目水资源论证管理办法》第九条，“水利部或流域管理机构负责对以下建设项目水资源论证报告书进行审查：水利部授权流域管理机构审批取水许可（预）申请的建设项目；兴建大型地下水集中供水水源地（日取水量5万t以上）的建设项目。其他建设项目水资源论证报告书的分级审查权限，由省（自治区、直辖市）人民政府水行政主管部门确定。”

2）《国务院对确需保留的行政审批项目设立行政许可的决定》第一百六十八条，“建设项目水资源论证报告书由各级水行政主管部门审批。”

（23）占用农业灌溉水源、灌排工程设施审批。

执法依据如下。

1）《占用农业灌溉水源、灌排工程设施补偿办法》第六条，“任何单位或个人占用农业灌溉水源、灌排工程设施，必须事先向有管辖权或管理权的流域机构和水行政主管部门提出申请，并提交有关文件资料，经审查批准后，发给同意占用的文件，并报上一级水行政主管部门备案。”

2）《国务院对确需保留的行政审批项目设立行政许可的决定》第一百七十条，“占用农业灌溉水源、灌排工程设施由县级以上水行政主管部门审批。”

（24）水利基建项目初步设计文件审批。

执法依据如下。

1）《水利工程建设程序管理暂行规定》第六条，“初步设计由项目法人组织审查后，按国家现行规定权限向主管部门申报审批。”

2）《国务院对确需保留的行政审批项目设立行政许可的决定》第一百七十二条，“水利基建项目初步设计文件由县级以上水行政主管部门审批。”

（25）水利工程开工审批。

执法依据如下。

1）《水利工程建设程序管理暂行规定》第八条，“建设实施阶段是指主体工程的建设实施，项目法人按照批准的建设文件，组织工程建设，保证项目建设目标的实现；水利工程具备《水利工程建设项目管理规定（试行）》规定的开工条件后，主体工程方可开工建设。项目法人或者建设单位应当自工程开工之日起15个工作日内，将开工情况的书面报告报项目主管单位和上一级主管单位备案。”

2)《国务院对确需保留的行政审批项目设立行政许可的决定》第一百七十三条，“水利工程开工由县级以上水行政主管部门审批。”

二、水行政许可的实施

（一）水行政许可实施机关

水行政许可的实施机关是实施水行政许可行为的主体，包括法定水行政机关、受委托的行政机关、行使集中许可权的行政机关以及受理与办理行政许可的行政机关和法律授权的组织。

1. 法定水行政机关

法定水行政机关是指依法享有行政许可职权的行政机关在其法定职权范围内实施行政许可行为。

2. 受委托的行政机关

（1）受委托的行政机关是指水行政机关在其法定职权范围内，依照法律、法规、规章的规定，可以委托其他行政机关实施行政许可。

（2）受委托水行政机关在委托范围内，以委托水行政机关名义实施行政许可，不得再委托其他组织或者个人实施行政许可；委托水行政机关对受委托行政机关实施行政许可的行为应负责监督，并对该行为的后果承担法律责任。

（3）委托机关应当将受委托机关和受委托实施水行政许可的内容予以公告。

3. 行使集中许可权的行政机关

经国务院批准，省（自治区、直辖市）人民政府根据精简、统一、效能的原则，可以决定一个行政机关集中行使有关的行政许可权。

4. 受理与办理行政许可的行政机关

水行政许可需要行政机关内设的多个机构办理的，该行政机关应当确定一个机构统一受理行政许可申请，统一送达行政许可决定行政许可依法由地方人民政府两个以上部门分别实施的，本级人民政府可以确定一个部门受理行政许可申请并转告有关部门分别提出意见后统一办理，或者组织有关部门联合办理、集中办理。《水行政许可实施办法》第十四条规定，水行政许可需要水行政许可实施机关内设的多个机构办理的，应当确定一个机构统一受理水行政许可申请、统一送达水行政许可决定，或者设立专门的水行政许可办事机构，集中办理水行政许可事项。

5. 法律、法规授权的组织

具有管理公共事务职能的组织，可以在法律、法规授权范围内以自己的名义实施行政许可。其必须符合下列条件：第一，职权来源依据必须是法律、法规，即法律、法规授权行政许可权；第二，接受授权的组织必须是具有管理公共事务职能的组织。《水行政许可实施办法》第十二条规定，水行政许可由县级以上人民政府水行政主管部门在其法定职权范围内实施，国务院水行政主管部门在国家确定的重要江河、湖泊设立的流域管理机构以及其他法律、法规授权的组织，在法律、法规授权范围内，以自己的名义实施水行政许可，水行政许可实施机关的内设机构不得以自己的名义实施水行政许可。

（二）水行政许可实施程序

水行政许可实施程序是指水行政主体实施水行政许可时的步骤、方式、时间期限等内容，是行政许可法律制度的重要组成部分。水行政许可行为直接影响水行政相对方的权益，水行政主体对相对方的申请是否批准，关系到相对方能否取得某种特定权利、资格，能否从事某种特定的水事活动，实施某项特定的行为。因此，水行政许可程序一定要规范、完善。根据我国目前的水事管理法律、法规的规定，水行政许可的程序大致包括受理、审查和作出决定3个阶段。

1. 受理

受理是指水行政主体对申请人的许可申请进行形式审查后表示接受。申请人的许可申请是水行政主体实施水行政许可的前提。申请人的某项水行政许可要获得批准，首先要向水行政主体提交申请书，并附送相关的说明材料。申请人的申请书应载明以下内容。

（1）申请人的基本情况，为公民个人的，应载明姓名、住所和其他基本情况；为组织的，应载明该组织的名称、住址、法定代表人姓名等内容。

（2）申请的具体事项，如取水许可中，应载明取水目的与取水量、年内各月的用水量、保证率，水源及取水地、取水方式，节水措施，退水地点和退水中所含主要污染物的处理措施等。

（3）提出申请的理由和法律依据。

（4）应当具备的其他材料。这要根据具体的申请事项而定，不同的申请事项应具备的材料各不相同，如在取水许可申请中，申请人就要报送其取水许可涉及第三人合法的水事权益的妥善处理的书面材料。水行政主体在对申请人的水行政许可申请进行形式审查时，并不意味着申请人的该水行政许可申请已经被水行政主体受理。水行政主体对申请人的申请材料进行形式审查主要是审查其许可申请是否为书面形式，要求申请水行政许可的意思表示是否真实，申请人的自身条件是否叙述清楚，是否提供了相应的证明材料等。如果申请人的申请材料在形式上有一定的缺陷，如申请人在申请书中没有关于其已经具备某种水行政许可条件的明确陈述，或者说缺少对其已具备某种水行政许可条件的证明文件的，水行政主体应当退回申请人的申请，并告知其理由，只有在水行政主体对申请人的书面申请材料进行形式审查无误并表示接受后才完成受理。

2. 审查

水行政主体在受理申请人的水行政许可申请后，应当在水事法律、法规所规定的时间期限内对申请人的申请材料进行实质审查，以确定申请人是否具备取得某种相应水行政许可的法定条件。主要审查以下内容。

（1）审查申请人是否具备从事某项水行政许可的条件。如《水文水资源调查评价资质和建设项目水资源论证资质管理办法（试行）》就分别对申请甲、乙级两种不同资质所应具备的条件进行了规定。对甲级要求是本行业的骨干单位，能够按照水文水资源专业配套法规、规范、标准，独立承担和完成一个省（自治区、直辖市）和一个大江大河流域或更大范围内的水文勘测、水文情报预报和水资源调查评价工作任务；而对乙级则要求是本行业的主要单位，能够按照水文水资源专业配套法规、规范、标准，独立承担和完成一个地区、市和一个中等水系范围内的水文勘测、水文情报预报和水资源调查评价工作。

此外，还对甲、乙级不同资质的技术条件、人员素质和成果质量等均做了规定。

(2) 征询相关方面的意见。如在河道内建设项目的同意管理中，申请人在河道内的建设项目涉及第三人合法的水事权益的，水行政主体在审查时就应当征询第三人对该建设项目的意见。又如在取水许可管理中，申请人的取水申请涉及第三人合法的水事权益时，水行政主体同样要征询第三人的意见。

(3) 考核申请人。该环节主要是针对申请人为公民，而且是申请资格类许可的情形，如《水利工程建设监理工程师管理办法》对水利工程建设监理工程师资格的申请人应当具备的条件规定如下。

1) 获得中级技术职称后具有三年以上的水利工程建设实践经验。

2) 经过水利部认定的监理工程师培训单位培训并取得结业证书。

3) 应当通过由水利工程建设监理主管部门组织的资格考试，要从事水利工程建设监理业务的人员还必须加入一个水利工程建设监理单位并经注册。

(4) 核实申请内容，如果水行政主体对申请人的申请内容的真实性存在疑问，或者认为有必要核实申请书所载明的申请人能够从事某项特定水事活动的条件、能力、场所等内容，就可以进行实地调查，以核实其内容，如在取水许可管理中，对申请人提出的水源地、取水口、退水措施与节水措施、取水计量器具等都可以进行实地核实。

3. 作出决定

水行政主体通过对水行政许可申请人的申请书与相关材料进行审查后，认为申请人的申请符合某项特定的水行政许可的法定条件，就应当作出向申请人颁发该水行政许可证书、资格证书或同意书等有关的行政决定并及时颁发相应证书；若认为申请人的申请不符合某项特定的水行政许可的法定条件，则作出不予许可的决定，并向申请人说明理由，申请人对水行政主体的上述决定不服的，可以依法申请行政复议或直接提起行政诉讼。

若水行政主体在法定的行政许可期限内既未给予申请人以水行政许可的决定，也没有给予不予许可的决定，为维护其合法权益，申请人可以依法申请行政复议或直接提起行政诉讼，请求复议机关或人民法院责令水行政主体履行其法定职责。这种情形所引发的行政复议或行政诉讼即是水行政主体消极行政的结果。

三、水行政许可费用和监督检查

(一) 水行政许可费用

水行政许可费用实行“禁止收费原则和法定收费例外”的原则。

(1) 水行政机关实施行政许可和对行政许可事项进行监督检查，禁止收取任何费用。对于水行政机关提供的行政许可申请书格式文本，也不得收费。

(2) 申请人、利害关系人不承担水行政机关组织听证的费用。

(3) 水行政机关实施行政许可和对行政许可事项进行监督检查收取费用的，必须由法律、行政法规作特别规定，规章和地方性法规都无权规定。并且应当遵守以下规则：第一，按照公布的法定项目和标准收费；第二，所收取的费用必须全部上缴国库；第三，财政部门不得向水行政机关返还或者变相返还实施行政许可所收取的费用。根据《中华人民

共和国行政许可法》第七十五条，行政机关实施行政许可，擅自收费或者不按照法定项目和标准收费的，由其上级行政机关或者监察机关责令退还非法收取的费用，对直接负责的主管人员和其他直接责任人员依法给予行政处分。截留、挪用、私分或者变相私分实施行政许可依法收取的费用的，予以追缴，对直接负责的主管人员和其他直接责任人员依法给予行政处分；构成犯罪的，依法追究刑事责任。《水行政许可实施办法》第四十二条第三款规定，水行政许可实施机关实施水行政许可所需经费，应当列入本机关年度预算，实行预算管理。

（二）水行政许可监督检查

1. 对水行政许可机关的监督检查

对水行政许可机关的监督检查，是指上级水行政机关对下级水行政机关实施行政许可的监督检查，目的是及时纠正水行政许可实施中的行政违法行为。

2. 对被许可人的监督检查

对被许可人的监督检查，是指水行政许可机关实施准予许可行为之后，应当建立健全监督制度，通过核查反映被许可人从事水行政许可事项活动情况的有关材料，履行监督责任。对被许可人的监督检查有以下9个方面的主要内容。

（1）被许可人从事许可事项的活动是否符合准予许可时所确定的条件、标准、地点范围、期限、数量、方式等。

（2）被许可人是否存在影响防洪安全的行为。

（3）被许可人是否落实了准予许可时确定的补救措施及其他要求。

（4）被许可人是否落实了准予许可时确定的施工度汛方案，是否违反方案内容，或者另外采取了影响防洪安全的其他行为。

（5）被许可人是否缴纳了应当缴纳的有关行政事业性收费。

（6）被许可人是否落实了安全警示标志和公示内容。

（7）被许可人是否履行了规定义务和法定义务。

（8）被许可人是否有其他违反水法律、法规的行为。

（9）被许可人涉及取用水资源的建设项目是否在施工许可前办理了取水许可手续。

水行政机关依法对被许可人从事行政许可事项的活动进行监督检查时，应当将监督检查的情况和处理结果予以记录，由监督检查人员签字后归档。

水行政机关可以对被许可人生产经营场所依法进行实地检查。

水行政机关实施监督检查，不得妨碍被许可人正常的生产经营活动，不得索取或者收受被许可人的财物，不得谋取其他利益。

3. 水行政许可的撤销和注销

（1）水行政许可的撤销。由于主、客观因素的影响，已经作出的水行政许可决定存在违法的情形，作出行政许可决定的水行政机关或者上级水行政机关，根据利害关系人的请求或者依据职权，可以对行政许可予以撤销。

（2）水行政许可的注销。水行政许可的注销是指水行政机关基于特定情况的出现，依法消灭已颁发的行政许可的效力的行为。《中华人民共和国行政许可法》第七十条规定，行政机关应当依法办理有关行政许可的注销手续的情形。

1）行政许可有效期届满未延续的。

2）赋予公民特定资格的行政许可，该公民死亡或者丧失行为能力的。

3）法人或者其他组织依法终止的。

4）行政许可依法被撤销、撤回，或者行政许可证件依法被吊销的。

5）因不可抗力导致行政许可事项无法实施的。

6）法律、法规规定的应当注销行政许可的其他情形。

注销应当由作出行政许可的原水行政机关办理注销手续。

（3）“撤销”与“注销”的区别。

1）权利证书本身的合法性不同。

a.“撤销”多适用于权利证书本身就存在不符合法律规定的情形：或采用欺骗等其他非法手段取得，或因业务程序不当所取得。权利证书自始就不符合规定。

b.“注销”是指到期或不适应法律规定的情形出现而依法注销，其前提是证件权利人持有的证件是通过合法途径取得的。

2）法律效果不同。

a.“撤销”一般能起到确认权利证书违法的法律效果，是一种对无效行政核准行为的更正措施。权利证书被“撤销”后，因其本身的违法性而自始无效，达到否认“撤销”前权利合法性的效果。

b.“注销”只起到终结权利的效果，“注销”前一般是合法的，只是因为到期或者在权利持续中遇到了法律规定的“注销”的条件，并不否认“注销”前权利的合法性。

3）使用目的不同。“注销”多作为一种手续使用，有时可以起到对实际已经灭失的权利从程序上确认终结的作用。而“撤销”只能针对实际存在的权利行使。

第四节　水行政强制

一、行政强制概述

要了解水行政强制相关知识，首先要了解行政强制概念、种类及其应遵循的原则以及行政强制执行与民事强制执行的区别。

（一）行政强制概念、种类

1. 行政强制的概念

行政强制可以从以下两方面理解。

（1）行政机关出于维护社会秩序或保护公民人身健康、安全的需要，制止违法行为、危险状态或不利后果，或防止证据损毁、避免危害发生、控制危险扩大，根据公共利益的需要依法对相对方的人身或财产采取暂时性强制措施。

（2）行政机关和人民法院为了保障行政管理的顺利进行，通过依法强制拒不履行行政法义务的相对方履行义务或达到与履行义务相同状态的行政活动的总称，也称为行政强制。

2. 行政强制的种类

其包括行政强制措施和行政强制执行两类。

（1）行政强制措施。行政强制措施是指行政机关在行政管理过程中，为制止违法行为、防止证据损毁、避免危害发生、控制危险扩大等情形，依法对公民的人身自由实施暂时性限制，或者对公司法人或者其他组织的财物实施暂时性控制的行为。

《中华人民共和国行政强制法》根据行政强制措施的不同性质、特点，将行政强制措施分为以下五类。

1）限制公民人身自由。

2）查封场所、设施或者财物。

3）扣押财物。

4）冻结存款、汇款。

5）其他行政强制措施。

（2）行政强制执行。行政强制执行是指行政机关或者行政机关申请人民法院，对不履行行政决定的公民、法人或者其他组织，依法强制履行义务的行为。

（3）行政强制执行特点。

1）行政强制执行以公民、法人或其他组织不履行行政义务为前提。

2）行政强制执行的目的在于强迫公民、法人或其他组织履行行政义务，因此，强制执行应以行政义务为限，不能超过当事人所承担的行政义务范围。

3）行政强制执行的依据仅限于行政决定，不再以法律规定为直接依据。

4）行政强制执行的主体，我国现行行政强制执行的实施，实行以行政机关申请人民法院实施为主，由行政机关依法律、法规授权独立实施为辅的制度。

（二）行政强制应遵循的原则

（1）先动员后强制的原则。

（2）优先选择轻微方式的原则。

（三）行政强制执行与民事强制执行的区别

行政强制执行与民事强制执行作为强制执行，二者有许多共同之处，主要区别在于以下几点。

（1）从执行主体看，行政强制执行的主体在一般情况下为人民法院，但在法律、法规情况下，也可以是行政机关；而民事强制执行的主体只能是司法机关。

（2）从执行依据看，行政强制执行的依据是行政决定，即使在由司法机关强制执行的情况下，其执行依据也是行政决定；而民事强制执行的依据是已经生效的人民文书的判决、裁定或调解书，仲裁机关的裁决书、调解书，有执行力的公证债权等法律文书。

（3）从执行对象看，行政强制执行的对象比较广泛，可以是物，也可以是行为和人身；而民事强制的对象仅限于物。

（4）从执行结果看，行政强制执行不存在执行和解，只能强迫义务人履行义务；民事强制执行则可以执行和解。

二、水行政强制措施

（一）水行政强制概念和种类

1. 水行政强制的概念

水行政强制措施是指水行政机关在水行政管理过程中，为制止违法行为、防止证据损毁、避免危害发生、控制危险扩大等情形，依法对公民、法人或者其他组织的财物实施暂时性控制的行为。

2. 水行政强制的种类

水行政强制措施有先行登记保存、扣押财物及其他水行政强制措施。

现行有效的水行政法律、法规中，明确实施查封、扣押强制措施的规定并不多。

（1）采取查封、扣押的实施违法行为的工具及施工机械、设备等行政强制措施。法律依据为《中华人民共和国水土保持法》和《长江河道采砂管理条例》等。

（2）其他水行政强制措施包括水行政现场检查和一些限制行为的行政强制措施。法律依据为《中华人民共和国防洪法》《河道管理条例》《内河交通安全管理条例》《城市节约用水管理规定》和《黄河水量调度条例》等。

（二）水行政强制应遵循的原则

（1）依法行政原则。

（2）适当原则。

（3）说服教育和强制相结合的原则。

（4）保障原则。

（5）不得委托原则。

（6）不得谋私原则。

（三）水行政强制的实施程序

1. 实施水行政强制措施的一般程序

《中华人民共和国行政强制法》第十八条规定了实施行政强制措施的基本程序要求。除第十九条规定的事后报告批准程序外，不得降低程序要求。依照《中华人民共和国行政强制法》的规定，行政机关实施行政强制措施的一般程序如下。

（1）决定与实施分离。

（2）表明身份。

（3）通知当事人到场。

（4）告知和说明理由。

（5）听取当事人的陈述和申辩。

（6）制作现场笔录。

（7）法律、法规规定的其他程序。

2. 即时强制

（1）即时强制是指水行政机关在遇有重大灾害或事故，以及其他严重影响国家、社会、集体或者公民利益的紧急情况下，依照法定职权直接采取的强制措施。

《中华人民共和国行政强制法》第十九条专门规定，情况紧急，需要当场实施行政强制措施的，行政执法人员应当在24小时内向行政机关负责人报告，并补办批准手续。

行政机关负责人认为不应当采取行政强制措施的，应当立即解除。由于情况紧急来不及事先报批时，可在即时强制后补办手续；或在紧急情况消除后恢复原状。

（2）水行政即时强制多数是在情况紧急的状态下采取的，因而很难遵循一般的程序，但一般也要履行事先报批、出示执法证件、告知当事人权利、制作现场笔录、有关人员签

字盖章等基本程序。

例如，《中华人民共和国水污染防治法》第十七条明确规定，在生活饮用水源受到严重污染，威胁供水安全等紧急情况下，环境保护部门应当报请同级人民政府批准，采取强制性应急措施，包括责令有关企事业单位减少或者停止排放污染物。

三、水行政强制执行

（一）水行政强制执行的形式

常见的水行政强制执行的形式有代履行、执行罚以及排除妨碍、恢复原状。

1. 代履行

代履行是指当事人逾期不履行法定义务或者行政决定确定的义务时，行政机关或第三人代替当事人履行义务，并向当事人收取必要费用的执行方式。

能够适用代履行的义务必须是可以由他人代替履行的作为义务，如排除障碍、强制解除等。对不能代替履行的义务，如对限制人身自由的行政拘留以及缴纳罚款等金钱给付义务，不能实施代履行。

2. 执行罚

执行罚是指法定义务人逾期不履行其应当履行的义务时，行政机关或行政机关申请人民法院对义务人在一定期限内科以新的持续不断的金钱给付义务，以促使其履行义务的行政强制执行方式。

执行罚主要适用于当事人不履行不作为义务、不可由他人替代的义务，如金钱给付义务的强制执行，主要包括加处罚款或者滞纳金，划拨存款、汇款，拍卖或者依法处理查封、扣押的场所、设施或者财物。

3. 排除妨碍、恢复原状

排除妨碍、恢复原状是指水行政机关对不履行行为义务的当事人，强制其履行义务，排除因其自身违法行为对行政管理秩序造成的障碍，或者恢复到违法行为发生前的原状。排除妨碍、恢复原状属于直接强制，由水行政机关或者当事人自己排除妨碍、恢复原状。

现行不少水利法律、法规规定了这种强制执行方式。如《中华人民共和国防洪法》第四十二条、《中华人民共和国河道管理条例》第三十六条都做了规定。

（二）水行政强制执行的程序

1. 水行政机关启动强制执行程序的条件

水行政机关启动强制执行程序的条件，是指水行政机关依照《中华人民共和国行政强制法》的有关规定，对行政相对人实施强制执行程序所应达到的法定要求。水行政机关启动强制执行程序的条件主要包括以下 3 个方面。

（1）水行政机关依法作出行政决定，对行政相对人科以义务。

（2）行政相对人逾期不履行义务。

（3）法律授权水行政机关就该事项实施强制执行。

2. 催告程序

水行政机关强制执行程序中的催告，是指水行政机关在强制执行程序启动后，向根据行政决定负有未履行义务的行政相对人发出通知，催促行政相对人在一定期限内履行义务，并就不履行义务的后果作出警告。

根据《中华人民共和国行政强制法》第三十五条的规定，行政机关作出强制执行决定前，应当事先催告当事人履行义务。

3. 陈述和申辩程序

水行政机关强制执行程序中当事人的陈述和申辩，是指行政相对人、相关第三方向实施强制执行的水行政机关，就水行政机关强制执行行为以及其所依据的行政决定，提出主张、说明理由、提供证据的活动。

根据《中华人民共和国行政强制法》第三十六条的规定，当事人收到催告书后有权进行陈述和申辩。

4. 作出强制执行决定

水行政机关强制执行决定，是指在水行政机关强制执行程序中，在行政相对人经催告仍不履行义务的情况下，水行政机关依照行政强制法有关规定作出的采取强制手段、迫使行政相对人履行义务的行政决定。《中华人民共和国行政强制法》第三十七条对强制执行决定做了规定。

5. 中止执行

水行政机关强制执行程序中的中止执行，是指在水行政机关作出强制执行决定后，因发生某些特殊情况，水行政机关作出决定，将强制执行程序暂时停止，即暂缓采取强制执行决定规定的强制措施，待特殊情况消失后再继续进行强制执行程序。

6. 终结执行

水行政强制执行程序中的终结执行，是指在水行政机关作出强制执行决定后，因发生某些殊情况水行政机关作出决定，永久性地停止执行活动。《中华人民共和国行政强制法》第四十条对终结执行做了规定。

7. 执行回转

行政强制执行程序中的执行回转，是指水行政机关已经采取强制手段，部分或者实现行政相对人的义务后，所执行的行政决定被撤销、变更或者执行行为本身存在问题，为了纠正错误，水行政机关重新采取措施，尽可能恢复到执行前的状况。《中华人民共和国行政强制法》第四十一条对执行回转做了规定。

8. 执行和解

行政强制执行程序中的执行和解，是指在水行政机关强制执行过程中，水行政相对人达成执行协议，就行政相对人履行义务的时间、方式作出约定，水行政中止执行的，暂时听由行政相对人自行依约履行义务。

9. 水行政机关不应实施强制执行的时间和方式

水行政机关不应在夜间或者法定节假日实施行政强制执行，但是情况紧急的除外。水行政机关不得对居民生活采取停止供水、供电、供热、供燃气等方式迫使当事人履行相关行政决定。但是，如果行政决定为行政相对人设定的义务本身是停止供水、供电、供热、供燃气，行政机关依照法律供电实施强制执行的，不受该款供电的影响。

《中华人民共和国行政强制法》第四十三条对此做了规定。

10. 对违法的建筑物、构筑物、设施等的强制拆除

强制拆除违法的建筑物、构筑物、设施等，除了要严格执行行政强制执行的催告、听

取意见和申辩、作出强制拆除决定书、送达等一般程序，还要遵守《中华人民共和国行政强制法》第四十四条对行政机关强制拆除违法的建筑物、构筑物、设施等所作的规定。

四、水行政机关申请人民法院强制执行程序

(一) 概述

水行政机关申请人民法院强制执行，是当事人在法定期限内不申请行政复议或者提起行政诉讼，又不履行水行政决定的，没有行政强制执行权的水行政机关可以在法定期限内向人民法院提出强制执行的申请，由人民法院进行审查并作出是否执行的裁定，从而实现水行政决定所确定义务的制度。

(二) 种类

在我国，行政机关申请人民法院强制执行的案件包括以下两类。

(1) 行政诉讼案件判决或裁定的执行。即公民、法人或者其他组织拒绝履行人民法院生效的判决、裁定的，行政机关可以向人民法院申请强制执行。

(2) 公民、法人或者其他组织拒不履行行政机关作出的行政决定，在法定权限内又不申请行政复议或者提起行政诉讼的，行政机关可以依照法律规定申请人民法院强制执行。

(三) 审查、裁定、执行

对水行政机关申请的强制执行，尚需经过法院的审查，不仅要做形式审查，还要作实质性审查。对符合水行政机关申请的强制执行各项条件的，裁定同意申请人申请人民法院强制执行，案件随即进入“强制执行裁定的执行”。

第五节 水行政处罚

为了规范水行政处罚行为，保障和监督水行政主管部门实施水行政管理，保护公民、法人或者其他组织的合法权益，维护公共利益和社会秩序，依据《中华人民共和国行政处罚法》《中华人民共和国水法》《中华人民共和国水土保持法》《中华人民共和国防洪法》和《中华人民共和国电力法》等有关的法律、法规，水利部于1997年12月26日制定了《水行政处罚实施办法》。该办法共7章55条，自发布之日起施行。该法适用在中华人民共和国领域内违反水行政管理秩序的行为。2021年1月22日，第十三届全国人大常委会第二十五次会议，对《中华人民共和国行政处罚法》进行了修订，自2021年7月15日起施行。

一、水行政处罚的含义与特征

水行政处罚是指水行政处罚机关按照法定权限和程序对违反水事管理秩序、依法应当给予违法者水行政处罚的一种水行政行为，具有以下特征。

(1) 实施水行政处罚的主体是水行政处罚机关。根据《水行政处罚实施办法》，能够独立实施水行政处罚的主体有以下几个。

1) 县级以上人民政府水行政主管部门。

2) 法律、法规授权的流域管理机构。

3）地方性法规授权的水利管理单位。

4）地方人民政府设立的水土保持机构。

5）法律、法规授权的其他组织。

(2) 水行政处罚的对象是作为水行政相对方的公民、法人或其他组织。

(3) 水行政处罚的条件是水行政相对方违反水事法律规范的规定、破坏水事管理秩序而且依法应当给予水行政处罚。

(4) 水行政处罚的目的在于惩戒与教育水行政相对方。

二、水行政处罚的原则

水行政处罚原则是由《中华人民共和国行政处罚法》和《水行政处罚实施办法》规定的、对水行政处罚工作具有指导意义的准则，概括起来有以下几个方面。

(一) 处罚法定原则

这是依法行政在水行政处罚中的具体体现、要求，是指水行政处罚必须依法进行。处罚法定原则包含下述内容。

(1) 实施水行政处罚的主体必须是法定的执法主体，即为《水行政处罚实施办法》第九条所规定的机关。

(2) 水行政处罚的依据是法定的，即实施水行政处罚时，必须有法律、法规、规章的明确规定。

(3) 水行政处罚的程序合法。实施水行政处罚不但要求其实体内容合法，而且要求程序内容也合法，即同样遵循法定原则。

(二) 处罚与教育相结合的原则

水行政处罚不但是制裁水事违法行为的一种手段，而且也起着教育作用，是教育公民、法人或其他组织遵守法律、规范的一种有效途径。因此，实施水行政处罚的目的是通过制裁水行政相对方的水事违法行为，从而达到教育公民、法人或其他组织的目的；通过惩罚与教育相结合，使公民、法人或其他组织认识到自己违法行为的危害，从而树立起自觉守法的意识。对已经发生的水事违法行为，教育必须以惩罚为后盾，但不能以教育代替水行政处罚，惩罚与教育二者不能偏废。新修订《中华人民共和国行政处罚法》第六条规定，实施行政处罚，纠正违法行为，应当坚持处罚与教育相结合，教育公民、法人或其他组织自觉守法。《水行政处罚实施办法》第三条也有类似规定，体现了“行政处罚法”这一法律原则精神。此外，《水行政处罚实施办法》第四条规定了“警告”这一处罚形式，第五条以及新修订《中华人民共和国行政处罚法》第三十条、第三十二条、第三十三条、第三十四条对行为人从轻、减轻和处罚年龄等内容的规定，均是这一原则的体现。

(三) 公正、公开原则

公正就是公平、正直，无偏私。要求水行政主体在实施水行政处罚时，不但要合法，即在法律规范所规定的处罚种类、幅度范围内实施处罚行为，而且还应当公平、合理与适当。

公开就是处罚过程要公开，要求水行政主体在作出水行政处罚时应当向社会公开，将其置于社会的监督之下，以确保水行政相对方的合法权益。

坚持水行政处罚公正、公开原则，应当做到以下几个方面。

（1）实施行政处罚要依法进行。

（2）坚持“以事实为依据、以法律为准绳”实施水行政处罚。

（3）所实施的水行政处罚种类与幅度要与违法者的事实、行为性质、情节和社会危害性相一致。

（4）认真听取被处罚人的陈述与申辩，切实维护其合法权益。

（5）在实施水行政处罚时，不得违背国家和社会的公共利益。

为认真贯彻落实《中华人民共和国行政处罚法》的公正、公开原则，《水行政处罚实施办法》第五章规定了水行政主体及其执法人员应当遵守严格的处罚决定程序。

（四）过罚相当原则

过罚相当原则是指水行政主体对当事人进行处罚时，所作出的水行政处罚种类与处罚的幅度应当与当事人的违法事实、情节、行为性质和社会危害后果等内容一致，既不能重罚又不能轻罚，要避免畸轻畸重的不合理现象。《水行政处罚实施办法》第三条规定了相应的内容。要认真贯彻过罚相当的原则，就应当做到以下几点。

（1）全面了解、掌握违法当事人的基本情况，如是否成年、精神是否正常；正确认定违法事实、违法行为的性质，违法后当事人的认错态度等情况与材料。

（2）正确适用法律规范。根据当事人的违法行为性质与情节、社会危害后果，正确适用水事法律规范条文规定。

（3）正确行使自由裁量权。根据违法行为的性质、情节，在水事法律规范所规定的范围内给予相应的水行政处罚，并做到不显失公平。

过罚相当原则要求水行政主体及其执法人员在实施水行政处罚时应当做好各个环节的工作，真正做到处罚的公正与合理；否则就有悖于过罚相当原则。

三、水行政处罚的种类与适用

（一）水行政处罚的种类

根据《中华人民共和国行政处罚法》《水行政处罚实施办法》和其他水事法律规范的规定，水行政处罚有警告，罚款，吊销许可证，没收非法所得，法律、法规规定的其他水行政处罚等五类，其具体内容分别如下。

（1）警告。警告是指水行政主体对水事违法当事人实施的一种书面形式的谴责和告诫，从而使其认识到本身行为错误的一种水行政处罚。警告既具有教育性质又具有制裁性质，目的是向违法行为人发出警告，避免再犯。警告一般适用于违法情节轻微或未实际构成危害后果的水事违法行为。警告一般是当场作出，属于声誉罚。

（2）罚款。罚款是指水行政主体依法强制对违反水事管理秩序的公民、法人或其他组织在一定的期限内承担一定数量的金钱给付义务的一种水行政处罚。罚款属于财产罚，通过处罚使违法当事人在经济上受到损失，以警示其以后不得再发生违反水事管理秩序的行为。

（3）吊销许可证。吊销许可证是指水行政主体对违反水事管理秩序的当事人依法吊销其许可证，从而禁止或剥夺其从事某项水事活动的权利、资格的一种水行政处罚，如吊销取水许可证、采砂许可证。吊销许可证属于行为罚。

(4) 没收非法所得。没收非法所得是指水行政主体根据水事法律、规范的规定将违反水事管理秩序的当事人所取得的财产强制收归国家所有的一种水行政处罚，如对非法采砂牟利者，不但没收其采砂工具，而且没收其非法所得的财产。《水行政处罚实施办法》第八条规定了实施没收非法所得这一水行政处罚的原则与条件。没收非法所得属于财产罚。

(5) 法律、法规规定的其他水行政处罚。社会生活千变万化、复杂多变，在现实中可能发生许多新的情况，法律、法规也不可能完全包容，为了适应社会发展与变化的实际需要，《水行政处罚实施办法》规定了水行政主体可以实施其他水事法律规范所规定的其他水行政处罚形式。

(二) 行政处罚的适用

1. 应当依法从轻或者减轻的情况

(1) 年满14周岁不满18周岁的公民实施的。

(2) 主动消除或减轻违法行为危害后果的。

(3) 受他人胁迫有违法行为的。

(4) 配合水行政处罚机关查处违法行为有立功表现的。

(5) 其他依法从轻或者减轻水行政处罚的。

2. 免于处罚的情况

违法行为轻微并及时纠正，没有造成危害后果的，不予行政处罚。

3. 其他规定

(1) 对当事人的同一违法行为，不得给予两次以上罚款的水行政处罚。

(2) 两人以上当事人共同实施违法行为的，应当根据各自的违法情节，分别给予行政处罚。

(3) 违法行为在两年内未被发现，不再给予水行政处罚。法律另有规定的除外。

(4) 依照法律、法规设定的罚款实施水行政处罚的，罚款限额按法律、法规执行。

四、水行政处罚的实施机关和执法人员

(一) 水行政处罚的实施机关

1. 有权独立行使水行政处罚权的机关

(1) 县级以上人民政府水行政主管部门。

(2) 法律、法规授权的流域管理机构。

(3) 地方性法规授权的水利管理机构。

(4) 地方人民政府设立的水土保持机构。

(5) 法律、法规授权的其他组织。

2. 可接受委托并在委托权限内行使水行政处罚权的组织

(1) 依法成立的管理水利事务的事业组织。

(2) 具有熟悉有关法律、法规、规章和水利业务的工作人员。

(3) 对违法行为需要进行技术检查或技术鉴定的，应当有条件地组织进行相应的技术检查或技术鉴定。

(二)水行政执法人员

水政监察员是水行政处罚机关和受托组织实施水行政处罚的执法人员。

五、水行政处罚的管辖

水行政处罚的管辖是指对水事违法行为由哪一级水行政主体实施水行政处罚的一种法律制度。

《水行政处罚实施办法》第四章,共三条内容规定了水行政处罚的管辖问题。

(1)地域管辖。《水行政处罚实施办法》第十八条规定,水行政处罚由违法行为地的水行政主体管辖。地域管辖是法学中比较普遍的一种管辖方式。

(2)级别管辖。级别管辖是划分上下级水行政主体之间实施水行政处罚权限的内容,目的在于解决不同级别的水行政主体管辖不同层次的水事违法案件。《水行政处罚实施办法》第十八条规定了"县级以上人民政府水行政主管部门管辖"的级别管辖原则。

(3)协商管辖与指定管辖。《水行政处罚实施办法》第十八条规定了协商管辖与指定管辖的内容。它通常发生在两个以上的水行政主体对同一水事违法案件的管辖权发生争议,其解决方式通常为争议的水行政主体协商解决或由其共同的上一级水行政主体指定某一水行政主体管辖。

(4)水行政处罚管辖的特殊规定。由于水事管理工作内容复杂,以及实施水事违法行为的主体不同,加上违法者行为性质、社会后果等的不同,在遵循水行政处罚管辖的一般原则下,其他法律、法规对某一具体的水事违法行为的管辖作出特殊规定的,水行政主体就应当遵循这一特殊规定,按照其规定执行。

六、水行政处罚的决定

根据《中华人民共和国行政处罚法》《水行政处罚实施办法》的规定,水行政主体作出水行政处罚的决定有两种程序,即简易程序和一般程序。

(一)简易程序

水行政处罚的简易程序又称为当场处罚程序,是一种简单易行的处罚程序,它适用于以下情况的水事违法行为:一是对当事人处以警告类别的水行政处罚;二是对当事人处以小额罚款的水行政处罚,即对公民处以50元以下、对法人或者其他组织处以1000元以下的罚款。

水行政主体在实施上述水行政处罚时应当遵循以下程序。

(1)表明其身份,即向当事人出示水政监察证件。目的在于表明水行政主体及其执法人员是合法的执法主体。

(2)向当事人说明给予水行政处罚的理由。水政执法人员应当向当事人说明其违法事实、给予水行政处罚的理由及其法律依据。

(3)听取当事人的陈述和申辩。

(4)制作笔录,或拍照、录像,对当事人的违法行为的客观状态予以保留,以供水行政复议或行政诉讼之用。

(5)当场制作水行政处罚决定书。按照规定,水行政处罚决定书是由有关水行政主体统一制作的，有格式的且有编号的两联组成，并由水政执法人员当场填写。水行政处罚决定书应当载明以下内容。

1）被处罚人即当事人的姓名或名称。

2）水行政主体所认定的违法事实。

3）水行政处罚的种类、罚款的数额和依据。

4）水行政处罚的履行方式和期限。

5）告知申请水行政复议或提起行政诉讼的途径、时间期限和方式。

6）水政监察人员的签名或者盖章。

7）作出水行政处罚决定的日期、地点和水行政处罚机关的名称并加盖印章。凡当场制作的水行政处罚决定书应当当场交付被处罚人。

(6) 将水行政处罚决定书当场交当事人，并告知当事人可以依法申请行政复议或提起行政诉讼。

(7) 当事人在水行政（当场）处罚决定书送达回证上签收。

(8) 在5日内（在水上当场处罚，自抵岸之日起5日内）将水行政（当场）处罚决定书报所属水行政处罚机关备案。

(二) 一般程序

水行政处罚的一般程序又称为普通程序，是水行政处罚的一个基本程序，它适用于大多数的水事违法案件。水行政处罚的一般程序包括以下环节。

1. 立案

立案是开始水行政处罚一般程序的基础，并按照一定的形式予以表现出来。立案应当填写立案报告，并经本机关主管负责人审查批准后，即完成该水事案件法律意义上的立案程序。能够予以立案的水事违法案件必须符合下列条件。

(1) 具有违反水法规事实的。

(2) 依照法律、法规、规章的规定应当给予水行政处罚的。

(3) 属于立案的水行政处罚机关管辖的。

(4) 违法行为未超过追究时效的。

水行政处罚机关在立案的同时应当指定、落实办案人员。水行政处罚机关认为不符合立案条件的，应当制作不予立案的决定书并送达当事人。当事人对不予立案的决定不服的，可以依法申请行政复议或提起行政诉讼。

2. 调查取证

水行政处罚机关对水事案件立案后，应当本着公正、客观、全面的原则调查、收集能够证明本案事实真相的相关证据。《水行政处罚实施办法》对水行政处罚机关在调查取证时的人员、程序步骤有以下几项要求。

(1) 必须有两名以上的水政监察人员进行调查取证；调查人员与案件存在着利害关系的应当回避。

(2) 水政监察人员在调查取证时应当表明身份，向被调查人出示水政监察证件。

(3) 告知被调查人要调查的事项及其范围，并进行调查取证工作，包括询问当事人、证人以及进行现场勘验、检查等。

（4）制作调查取证笔录，并经被调查人核对无误后签名或者盖章。被调查人拒绝签名或者盖章的，应当有两名以上的水政监察人员在笔录上注明情况并签名。

此外，法律还赋予水行政处罚机关及其水政监察人员在必要的时候可以采取检查、抽样取证、封存等调查取证手段进行调查取证，以搜集证据、查明案件事实真相。

3. 听取申辩

水行政处罚机关在调查取证后作出水行政处罚前，应当告知当事人享有申辩和陈述的权利。当事人依法所作的申辩与陈述，水行政处罚机关应当充分听取并制作笔录，对当事人提出的事实及理由、证据应当进行复核；复核属实的应当予以采纳。当事人申辩与陈述的笔录应当作为作出水行政处罚决定的依据、内容，并认真整理后归档，以备将来行政复议或行政诉讼时作举证之用。

4. 作出水行政处罚决定

按照《水行政处罚实施办法》第三十条规定，水行政处罚机关经过调查取证、听取当事人陈述与申辩后，即可以根据以下不同情况作出不同的决定。

（1）经审查确认当事人的违法事实存在且清楚，证据确凿可靠，并且依法应当受到水行政处罚的，即可以根据当事人的违法情节轻重、社会后果与影响等情况作出水行政处罚的决定。

（2）经审查确认当事人确有违法行为，但是情节显著轻微，没有造成相应社会后果，依法不予水行政处罚的，即可以作出不予水行政处罚的决定。

（3）审查确认当事人的违法事实不存在或者所指控的违法事实不能成立的，则不得给予水行政处罚。

（4）经审查发现当事人的违法行为应当给予治安管理处罚的，或构成犯罪的，移送有关司法机关处理。

水行政处罚机关在作出水行政处罚决定时，依法应当制作水行政处罚决定书。决定书应载明以下内容：当事人的姓名或名称与地址；所认定的违法事实与认定违法事实的证据；给予水行政处罚的种类和法律依据；水行政处罚的履行期限与方式；不服水行政处罚决定而申请行政复议或提起行政诉讼的途径与时间期限；作出水行政处罚的机关名称、日期并加盖印章。水行政处罚决定书应当在宣告后当场交付当事人；当事人不在场的，应当在7日内按照我国《中华人民共和国民事诉讼法》所规定的方式送达当事人。

（三）听证程序

《水行政处罚实施办法》第三十四条规定，水行政处罚机关拟做出对公民处以超过1000元、对法人或者其他组织处以超过5万元罚款以及吊销许可证等水行政处罚之前，应当告知当事人享有要求举行听证的权利。当事人要求听证的，水行政处罚机关应当组织听证。听证程序是现代法治发展的要求，是公开原则的具体体现。根据《水行政处罚实施办法》第五章第三节的规定，水行政处罚的听证程序如下。

1. 听证的提出

水行政处罚机关作出对公民处以超过5000元、对法人或其他组织作出超过5万元以及吊销许可证等水行政处罚之前，应当向当事人送达听证告知书。当事人要求听证的，应当在水行政处罚机关送达的听证告知书回证上签署要求听证的意见，或者在收到听证告知书3日内以其他书面形式向水行政处罚机关提出听证要求，水行政处罚机关应当组织听证。当事人收到告知书，逾期（收到告知书超过3天）未提出听证要求的，视为放弃听证权利。听证的提出是水行政处罚机关举行听证的必要程序。水行政处罚机关举行听证，不得向当事人收取费用。

2. 听证前的准备

水行政处罚机关应当在听证7日前，通知当事人举行听证的时间、地点，并在听证的3日前将听证的内容、时间以及有关事项予以公告。

3. 听证参加人

听证参加人包括听证主持人、记录人、案件当事人及其委托代理人、案件调查人员、证人以及与案件处理结果有直接利害关系的第三人等。听证会由水行政处罚机关指定的、非本案调查取证的水政监察人员担任主持人和听证记录人，要求听证的当事人可以亲自参加听证，也可以委托1～2名代理人同时出席听证会。当事人无正当理由既不出席听证会又不委托代理人的或者当事人及其代理人在听证过程中无正当理由退场的，视为当事人放弃听证权利。除了涉及国家秘密、商业秘密或个人隐私外，听证会都应当公开举行。

4. 听证步骤

（1）听证主持人宣布听证事由和听证纪律。

（2）听证主持人核对调查人员和当事人身份，宣布听证组成人员，告知当事人在听证中的权利和义务。

（3）案件调查人提出当事人的违法事实、法律依据和水行政处罚建议。

（4）当事人进行陈述、申辩和质证。

（5）听证主持人就案件事实、证据和法律依据进行询问。

（6）案件调查人、当事人做最后陈述。

（7）听证主持人宣布听证结束。

在举行听证会的过程中，组织听证会的水行政处罚机关应当制作听证笔录。听证笔录应载明以下内容：①案由；②当事人及其委托代理人或法定代理人和调查人的姓名、名称；③听证主持人与记录人的姓名；④举行听证会的时间、地点和方式；⑤案件调查人提出的事实、证据、法律依据和水行政处罚建议，当事人的陈述与申辩和质证的内容以及其他需要载明的事项。听证笔录经听证参加人核对无误后签名盖章，并与有关材料一起入档归案，以备举证之用。听证笔录应按规定由有关人员签名或盖章。

5. 处罚意见

听证结束后，听证主持人应当依据听证情况向水行政处罚机关提出书面意见，包括案件的事实、证据、处罚依据和处罚建议。

水行政处罚机关依法作出给予水行政处罚或免于水行政处罚的决定。

七、水行政处罚的执行

水行政处罚决定依法作出后，随之而来的是水行政处罚内容的执行问题。水行政处罚在作出后，只有得到切实有效的执行，才能实现水事管理的目的，使正常的水事工作秩序

得到有效的维护。

水行政处罚决定一经作出即发生法律效力，当事人应当自觉履行决定书所载明的内容。在一般情况下，当事人要在决定书所规定的时间期限内有效履行其内容，如当事人按照规定期限履行水行政罚款确有困难的，可以向作出水行政罚款决定的水行政处罚机关申请延期或分期履行，在得到批准后即可以延期或分期履行。如果当事人在法定期限内既不履行水行政处罚决定书的内容，又没有依法申请行政复议或提起行政诉讼的，水行政处罚机关可以自行或申请人民法院强制执行。

八、行政处罚案件评价标准

（一）实施主体适当

（1）主体是否具备法定资格。

（2）实施主体在法定职权范围内实施行政处罚。

（二）违法事实清楚

（1）具有明确的违法主体、时间、地点、违法方式及状态或现实危害后果，并有相应的证据予以证明。

（2）体现违法事实的七要素，即何事、何时、何地、何情、何故、何物、何人。

（3）违法主体是公民的，记录姓名、性别、出生日期、住所地址、身份证号码，并附身份证复印件。

（4）违法主体是法人或其他组织的，记录法人或其他组织名称、法定代表人（或负责人）姓名、住所地址，并附营业执照或法人代码证等有效证件复印件。

（三）证据材料完备

（1）证据证明的目的明确，表述全面、充分、准确。

（2）证据符合证据规则，具有真实性、关联性和合法性。各种证据之间能相互印证，互为补充，不相矛盾。

（3）证据充分确凿，证明对象具有唯一性和排他性。

（四）适用法律正确

（1）对水事违法行为的种类和性质认定准确。

（2）实施主体、违法行为的定性及处罚的种类和幅度具有明确的法律依据。

（3）引用的法律依据准确、完整，具有法律名称、条、款、项、目等。

（五）办案程序合法

（1）行政执法人员的身份符合法定条件并持有省人民政府颁发的《行政执法证》或其他法定有效的执法证件。

（2）具有两名以上行政执法人员进行调查取证，主动向当事人出示《行政执法证》并告知当事人相应的权利和义务。

（3）在作出水行政处罚决定之前，告知当事人给予水行政处罚的事实、理由、依据和拟作出的水行政处罚决定的内容，并告知当事人依法享有的权利。对当事人的陈述和申辩进行认真核实。

（4）对公民处以5000元以上，对法人或其他组织处以5万元以上以及吊销许可证等水行政处罚之前，应告知当事人听证权，当事人要求听证的，依法举行听证。

（六）行政处罚恰当

（1）对水事违法行为的定性准确并有明确的法律依据。

（2）行政处罚的种类和幅度有明确的法律依据，符合“过罚相当”的原则。

（3）行政处罚决定书告知当事人复议权、诉讼权等行政救济权利和途径。

第六节　水行政执法风险点防范

一、水行政执法风险点表现形式

（一）违反水行政处罚程序要求

1. 主体违法

主体违法风险点表现在以下五个方面。

（1）实施行政处罚的机关或组织不具有法定行政处罚主体资格。

（2）实施行政处罚的行为不符合法定职责权限。

（3）依照法律、法规、规章规定受委托执法的组织没以委托机关名义实施行政处罚。

（4）承办行政处罚案件的人员不具备行政执法资格。

（5）被处罚对象主体不合格，不能依法独立行使权利和承担法律责任。

2. 违法事实认定不清

违法事实认定不清，风险点表现在以下四个方面。

（1）被查处的违法行为事实认定不清楚、证据不充分。

（2）对违法行为的定性不正确。

（3）当事人的行为不属于依法应当给予行政处罚的行为，没有充分的法律依据和事实证据。

（4）执法文书没有准确载明当事人的基本情况、法律事件或行为发生的时间、地点以及违法行为的事实、情节、性质和危害后果等内容。

3. 证据论证不足

（1）卷内证据不足以证明法律事件或行为的事实、性质、情节及后果。

（2）证据不够充分，证据之间不能相互印证，形成不了有效的证据链，提取证据不符合法定程序。

（3）案卷中没附有有关当事人的身份证明、营业执照、许可证等证据材料，没经当事人确认。

（4）行政处罚决定书及行政处罚事先告知书没有内容，说明，事理、情理、法理。

4. 欠缺法律依据或者使用法律错误

（1）做出行政处罚的依据不符合《中华人民共和国行政处罚法》及有关法律、法规、规章的要求。

（2）适用的法律依据不正确，不符合法律适用原则。

（3）执法文书中引用的法律、法规、规章名称没有使用全称，引用依据条、款、项内

容不够准确、完整。

5. 违反法定程序或超越法定权限

(1) 办理行政处罚案件，不符合立案（受理）、调查取证、审查、告知、决定、送达、执行等基本步骤和流程，执法程序不规范。

(2) 作出或者解除（撤销）立案、抽样取证、证据先行登记保存、行政强制措施、行政处罚、行政强制执行等决定没有填写相应的案件审批表，未办理审批手续，未制作相应的法律文书。

(3) 现场检查（勘验）、调查取证，没按规定由两名以上持合法有效行政执法证件的执法人员进行。

(4) 现场检查（勘验）、调查取证时执法人员没向当事人出示证件、表明身份，并在执法文书上有记载和确认。

(5) 所有与案件事实有关的证据材料，没有当事人签字。遇到有当事人拒绝签字的，执法人员没说明拒签的理由，有见证人的没让见证人签字。

（二）违法取水许可申请、受理、审查与决定、监督管理

1. 违法取水许可申请、受理、审查与决定

(1) 对符合法定条件的取水申请不予受理或者不在法定期限内批准的。

(2) 不在办公场所公示依法应当公示的材料的。

(3) 在受理、审查、决定行政许可过程中，未向申请人、利害关系人履行法定告知义务的。

(4) 申请人提交的申请材料不齐全、不符合法定形式，不一次告知申请人必须补正的全部内容的。

(5) 未依法说明不受理行政许可申请或者不予行政许可的理由的。

(6) 依法应当举行听证而不举行听证的。

(7) 对不符合法定条件的申请人准予行政许可或者超越法定职权作出准予行政许可决定的。

(8) 对符合法定条件的申请人不予行政许可或者不在法定期限内作出准予行政许可决定的。

(9) 对不符合法定条件的单位或者个人核发许可证、签署审查同意意见的。

(10) 违反审批权限签发取水申请批准文件或者发放取水许可证的。

(11) 不履行监督职责，或者发现违法行为不予查处，造成严重后果的。

(12) 不按照水量分配方案分配水量的。

(13) 其他滥用职权、玩忽职守、徇私舞弊的行为。

2. 对未取得取水申请批准文件的建设项目而擅自审批、核准

未按《取水许可和水资源费征收管理条例》第二十一条的规定执行，对未取得取水申请批准文件的建设项目擅自审批、核准。

3. 违反取水许可纪律

行政机关工作人员办理取水许可、水资源费征收、实施监督检查，违反取水许可纪律的，索取或者收受他人财物或者谋取其他利益，构成犯罪的，依法追究刑事责任；尚不构

成犯罪的，依法给予行政处分。

4. 违法实施取水许可

行政机关及其工作人员违法实施取水许可，违法实施取水许可行为对当事人利益造成现实损害，行政机关应当按规定承担国家赔偿责任。

（三）违反水资源费征收管理规定

水行政主管部门及其工作人员有截留、侵占、挪用水资源费的，要承担相应的法律责任。具体表现为以下几种形式。

（1）不按照规定征收水资源费的。

（2）不符合缓缴条件而批准缓缴水资源费的。

（3）侵占、截留、挪用水资源费的。

（4）不履行监督职责，或者发现违法行为不予查处，造成严重后果的。

（5）隐瞒应当上缴的财政收入，滞留、截留、挪用应当上缴的财政收入的。

（6）对违反规定征收水资源费、取水许可证照费的。

二、水行政执法风险点及防控措施

（一）水行政许可风险点及防控措施

1. 风险点环节

有受理和送达这两个方面。

2. 涉及对象

涉及受理机构负责人和承办人员。

3. 廉政风险点

（1）申请事项应当受理而拒绝受理或不受理。

（2）申请事项不属于本机关职权范围，而受理的。

（3）要求申请人必须按某种方式报送申请材料的。

（4）要求申请人提交与其申请的水行政许可事项无关的技术资料和其他材料。

（5）吃拿卡要或接受申请人宴请。

（6）故意、拖延不向当事人送达法律文书，或因重大过失、疏忽大意未向申请人送达。

4. 防控措施

（1）加强许可业务培训。

（2）完善相关许可制度和流程图。

（3）明确许可事项，提交材料清单。

（4）注重受理人员和执法人员廉政纪律教育。

（5）落实许可受理和送达责任主体、许可依据公示制度；实行许可受理和送达流程公示制度。

5. 责任主体

其包括水行政许可实施机关负责人、受理机构负责人和承办人员。

水行政许可风险点及防控措施见表 8-1。

表 8-1　　　　水行政许可风险点及防控措施

<table>
<tr><th>环节</th><th>涉及对象</th><th>廉政风险点及等级</th><th colspan="2">防　控　措　施</th><th>责任主体</th></tr>
<tr><td>受理</td><td>受理机构负责人
承办人员</td><td>(1) 申请事项应当受理而拒绝受理或不受理
(2) 申请事项不属于本机关职权范围而受理的
(3) 要求申请人必须按某种方式报送申请材料的
(4) 要求申请人提交与其申请的水行政许可事项无关的技术资料和其他材料
(5) 吃拿卡要或接受申请人宴请</td><td>(1) 加强许可业务培训
(2) 完善相关许可制度和流程图
(3) 明确许可事项提交材料清单
(4) 注重受理人员廉政纪律教育</td><td rowspan="2">落实许可受理和送达责任主体、许可依据公示制度；实行许可受理和送达流程公示制度</td><td>水行政许可实施机关负责人
受理机构负责人
承办人员</td></tr>
<tr><td>送达</td><td>受理机构负责人
承办人员</td><td>(1) 故意、拖延不向当事人送达法律文书，或因重大过失、疏忽大意未向申请人送达
(2) 吃拿卡要或接受申请人宴请</td><td>(1) 注重执法人员廉政纪律教育
(2) 完善相关许可制度和流程图</td><td>水行政许可实施机关负责人
受理机构负责人
承办人员</td></tr>
</table>

（二）水行政处罚风险点及防控措施

1. 风险环节

有发现违法行为、出示证件调查取证、告知听取陈述申辩、作出处罚决定、执行等 5 个环节。

2. 涉及对象

涉及执法人员。

3. 风险点

(1) 应当发现而未发现。

(2) 发现后，隐瞒不报。

(3) 执法人员少于两名。

(4) 未按法定程序取证。

(5) 没有履行告知程序。

(6) 告知后，未听取当事人陈述、申辩。

(7) 未对陈述、申辩进行复核。

(8) 擅自改变案件定性、水行政处罚种类、幅度。

(9) 滥用行政处罚自由裁量权，小案重罚或不予以处罚，处罚畸轻畸重。

(10) 违反规定当场收缴罚款。

(11) 未按规定上缴罚款。

4. 防控措施

(1) 严格落实两名以上执法人员参加执法办案的规定。

(2) 做好水行政执法检查记录。

(3) 不定期开展执法监督。

(4) 制定水行政处罚证据收集规则。

(5) 公示行政执法程序。

（6）强化执法业务培训。

（7）建立完善执法投诉制度。

（8）建立现场执法廉政情况抽查回访制度。

（9）细化自由裁量标准。

（10）对有违规的执法人员进行批评教育；造成严重后果的予以处理。

（11）落实执法主体、执法依据公示制度，推行执法过程全记录；推进权力清单、责任清单公示制度。设立行风监督员、举报箱。公布举报电话。

5. 责任主体

其包括执法机构负责人和执法人员。

水行政处罚风险点及防控措施见表 8－2。

表 8－2　　水行政处罚风险点及防控措施

<table>
<tr><th>环节</th><th>涉及对象</th><th>风险点及等级</th><th colspan="2">防控措施</th><th>责任主体</th></tr>
<tr><td>发现违法行为</td><td>执法人员</td><td>（1）应当发现而未发现
（2）发现后隐瞒不报
（3）执法人员少于两人</td><td>（1）严格落实两名以上执法人员参加执法办案的规定
（2）做好水行政执法检查记录
（3）不定期开展执法监督</td><td rowspan="5">落实执法主体、执法依据公示制度，推行执法过程全记录；推进权力清单、责任清单公示制度。
设立行风监督员、举报箱。公布举报电话</td><td>执法机构负责人
执法人员</td></tr>
<tr><td>出示证件调查取证</td><td>执法人员</td><td>未按法定程序取证</td><td>制定水行政处罚证据收集规则</td><td>执法机构负责人
执法人员</td></tr>
<tr><td>告知听取陈述、申辩</td><td>执法人员</td><td>（1）没有履行告知程序
（2）告知后，未听取当事人陈述、申辩
（3）未对陈述、申辩进行复核</td><td>（1）公示行政执法程序
（2）强化执法业务培训
（3）建立完善执法投诉制度</td><td>执法机构负责人
执法人员</td></tr>
<tr><td>作出处罚决定</td><td>执法人员</td><td>（1）擅自改变案件定性、水行政处罚种类、幅度
（2）滥用行政处罚自由裁量权，小案重罚或不予以处罚，处罚畸轻畸重</td><td>（1）建立现场执法廉政情况抽查回访制度
（2）细化自由裁量标准
（3）对有违规的执法人员进行批评教育；造成严重后果的，予以处理</td><td>水行政处罚实施机关负责人
执法机构负责人
执法人员</td></tr>
<tr><td>执行</td><td>执法人员</td><td>（1）违反规定当场收缴罚款
（2）未按规定上缴罚款</td><td>（1）建立现场执法廉政情况抽查回访制度
（2）对有违规的执法人员进行批评教育；造成严重后果的予以处理</td><td>执法机构负责人
执法人员</td></tr>
</table>

（三）水行政强制风险点及防控措施

1. 水行政强制执行措施风险点及防控措施

“水行政强制执行措施”在报告、批准、确定执法人员、当事人到场、告知、实施、解除等各环节上；有 14 个风险点，14 项具体措施；涉及的对象和责任主体为水行政强制执行实施机关负责人、执法机构负责人和执法人员，详见水行政强制执行措施风险点及防控措施（表 8－3）。

表 8-3　　水行政强制执行措施风险点及防控措施

环节	涉及对象	风险点及等级	防　控　措　施		责任主体
报告批准	水行政强制措施实施机关负责人 执法人员	（1）应采取强制措施的不采取强制措施 （2）未经批准，擅自采取强制措施 （3）接受宴请、收受礼品 （4）有吃、拿、卡、要行为	（1）加强廉政思想教育 （2）严格落实行政强制措施报批制度 （3）对有违规的执法人员进行批评教育；造成严重后果的，予以处理	落实执法主体、执法依据公示制度，推行执法过程全记录；推进权力清单、责任清单公示制度；建立完善执法投诉制度	水行政强制措施实施机关负责人 执法机构负责人 执法人员
确定执法人员	执法机构负责人 执法人员	（1）指定不具有执法资格人员实施 （2）执法人员少于两名 （3）应当回避而未回避	（1）严格落实执法人员资格和回避制度 （2）严格落实两名以上执法人员参加执法的规定		执法机构负责人 执法人员
当事人到场	执法人员	未通知当事人或见证人到场	加大社会监督力度		执法机构负责人 执法人员
告知	执法人员	（1）未依法告知当事人享有的权利、救济途径 （2）不听取当事人陈述和申辩	（1）公示行政强制措施程序 （2）强化业务培训		执法机构负责人 执法人员
实施	执法人员	（1）对与案件无关的财物采取强制措施 （2）违反法定程序采取强制措施 （3）应当回避而未回避	（1）严格执行行政强制措施实施程序 （2）强化执法业务培训 （3）严格落实执法回避制度		执法机构负责人 执法人员
解除	水行政强制措施实施机关负责人 执法机构负责人 执法人员	（1）违反规定私自解除强制措施 （2）违反规定不解除强制措施	（1）严格落实行政强制措施解除程序规定 （2）定期开展行政强制措施卷宗检查		水行政强制措施实施机关负责人 执法机构负责人 执法人员

2. 水行政强制执行风险点及防控措施

“水行政强制执行”在催告（公告）、作出、送达行政强制执行决定和执行三个环节上，有 12 个风险点，12 项具体措施；涉及的对象和责任主体为水行政强制执行实施机关负责人、执法机构负责人和执法人员。其风险点及防控措施见表 8-4。

三、水行政执法法律责任追究

1. 行政责任

根据《行政机关公务员处分条例》的规定，行政机关公务员的处分形式分为警告、记过、记大过、降级、撤职和开除 6 种。行政机关公务员在受处分期间不得晋升职务和级别，其中，受记过、记大过、降级、撤职处分的，不得晋升工资档次。

应当按照规定降低级别受开除处分的，自处分决定生效之日起，解除其与单位之间的人事关系，不再担任公务员职务。

表 8-4 水行政强制执行风险点及防控措施

<table>
<tr><th>环节</th><th>涉及对象</th><th>风险点及等级</th><th colspan="2">防控措施</th><th>责任主体</th></tr>
<tr><td>催告（公告）</td><td>水行政强制执行实施机关负责人
执法机构负责人
执法人员</td><td>（1）强制执行前未依法进行催告或者公告
（2）未告知当事人依法享有的陈述权和申辩权
（3）没有充分听取当事人的意见，对当事人提出的事实、理由和证据，没有进行记录、复核</td><td>（1）规范行政强制执行程序，严格落实行政强制执行程序规定
（2）强化业务培训</td><td rowspan="3">落实执法主体、执法依据公示制度；推行执法过程全记录；推进权力清单、责任清单公示制度；严格责任追究</td><td>水行政强制执行实施机关负责人
执法机构负责人
执法人员</td></tr>
<tr><td>作出、送达行政强制执行决定</td><td>水行政强制执行实施机关负责人
执法机构负责人
执法人员</td><td>（1）参加可能影响公正或依法拆除、清除决定的宴请或收受礼品
（2）有吃、拿、卡、要行为
（3）应当回避而未回避
（4）未告知当事人申请行政复议或提起行政诉讼的途径和期限</td><td>（1）加强廉政思想教育
（2）对有违规的执法人员进行批评教育；造成严重后果的予以处理
（3）严格落实执法回避制度
（4）规范行政强制执行程序，严格落实行政强制执行程序规定</td><td>水行政强制执行实施机关负责人
执法机构负责人
执法人员</td></tr>
<tr><td>执行</td><td>水行政强制执行实施机关负责人
执法机构负责人
执法人员</td><td>（1）应当强制执行不执行
（2）违反法定程序强制执行
（3）未按要求强制执行到位
（4）擅自扩大执行范围
（5）在法定节假日或夜间实施行政强制执行</td><td>（1）严格落实行政强制执行程序规定
（2）提高行政强制执行透明度，主动接受社会、媒体以及群众监督
（3）定期开展行政强制卷宗检查</td><td>水行政强制执行实施机关负责人
执法机构负责人
执法人员</td></tr>
</table>

如果水行政执法人员的执法行为有下列情形之一的，应当从重处分。

（1）在两人以上的共同违法违纪行为中起主要作用的。

（2）隐匿、伪造、销毁证据的。

（3）串供或者阻止他人揭发检举、提供证据材料的。

（4）包庇同案人员的。

（5）有其他法定的从重情节的。

2. 赔偿责任

这里讲的赔偿责任，是指行政赔偿，是国家对国家行政机关及其工作人员违法行使行政权力或者处理在他们的管理或监督之下的物体给相对人造成的损害所承担的赔偿责任。

（1）侵权行为主体。侵权行为主体应当是国家行政机关及其工作人员、法律、法规授权的组织或国家机关委托的组织和个人。

（2）职务行为违法。《中华人民共和国国家赔偿法》规定的国家机关及工作人员违法行使职权的行为是引起国家赔偿责任的根本条件。

（3）损害事实。损害事实是指由国家机关及其工作人员的行为使公民、法人或其他组

织的合法权益遭受损害。

（4）因果关系。因果关系是指可引起赔偿的损害必须为侵权行为主体的违法执行职务的行为所造成。行政赔偿的范围包括侵犯人身权的行为、侵犯财产权的行为、精神损害的赔偿。

3. 刑事责任

水行政执法过程中，违反相关水法律、法规，构成犯罪的，依法承担刑事责任。最有可能涉嫌以下犯罪，即贪污罪、受贿罪、滥用职权罪、玩忽职守罪、私分罚没财产罪、徇私舞弊不移交财产罪等。

第十章　水行政复议与水行政诉讼

第一节　水行政复议

一、水行政复议概述

（一）水行政复议的概念与特征

1. 水行政复议的概念

水行政复议是指水行政相对方对水行政主体所作出的具体水行政行为不服时，依法向水行政复议机构，通常为作出具体水行政行为的上一级水行政主体，申请复查并要求其作出新的水行政决定的一种法律制度。

2. 水行政复议的特征

（1）水行政复议是一种依申请而为的水行政行为。水行政复议是水行政复议机构对不服下一级水行政主体的具体水行政行为的相对方的申请而依法进行的一种水行政行为。水行政相对方不提出申请，水行政复议机构就不能主动复议。

（2）水行政复议主体的特定性。水行政复议的主体是水行政复议机构，通常是作出具体水行政行为的上一级水行政主体。水法律、法规、规章都有这样的规定，即当事人对水行政处罚决定不服的，可以在接到处罚通知之日起60日内，向作出处罚决定的机关的上一级机关申请复议，但是国家水行政主管部门作出的具体水行政行为，其复议机关仍然由设在其内部的复议机构组织复议。

（3）水行政复议内容的特定性。水行政复议必须针对原具体水行政行为的正确与否及时进行复查核实，根据案件情况作出维持、撤销或变更原具体水行政行为的复议决定，并在法定时间内答复复议申请人。

（4）水行政复议内容的专业性。在水资源开发和利用与保护过程中，其管理内容大多是具体的、专业化的科学技术问题，如《中华人民共和国防洪法》所确立的防洪影响评价制度。这些专业内容无疑增加了水行政复议工作的复杂性，要求水行政复议工作人员不但要熟悉、了解水法律、法规、规章和其他法律规范等法律知识，而且还要掌握一定的水利科学知识。

（5）水行政复议具有监督作用。水行政复议是水行政复议机构应申请人的申请而对原具体水行政行为予以审查的一种行为。水行政复议机构在依法履行复议职权时发现有违法或者不当情况时，依法予以变更、撤销。事实上，水行政复议机构的复议过程本身就是对作出原具体水行政行为的水行政主体实施监督的过程。这种监督是一种层级监督，即上级水行政主体对下级水行政主体实施的制度化、规范化的监督；这种监督是一种事后监督，

也就是说，只有以相对方不服某一具体水行政行为才能开始，同时这种监督也是一种间接监督。

（二）行政复议的原则

水行政复议是行政复议制度在我国水资源管理领域中的具体应用，当然应当遵循行政复议的一般原则。例如，复议机构独立行使复议职权原则，复议应当合法、及时、正确的原则，复议应当遵循便民原则和一级复议原则等，但是最主要的是应结合水资源管理实践，体现出对水作为自然资源加以管理的特点，即科学性、专业性，也就是说，在水行政复议过程中，要实事求是、尊重自然规律、尊重科学技术。

（三）水行政复议的作用与意义

水行政复议是我国行政复议制度在我国水资源管理领域的具体运用与体现，对促进、推动水行政主体及其工作人员依法行政、依法治水、依法管水都具有重要的作用和意义。

1. 有助于维护水行政相对方的合法权益

水资源在国民经济和社会发展中的作用不可小觑，而水行政主体及其工作人员则是具体行使水事管理职权的组织与人员，他们是否依法行使水事管理职权、是否依法行政至关重要。当水行政主体及其工作人员在行使水事管理职权过程中出现滥用职权、以权谋私等违法行为、失职行为时，就必然侵犯公民、法人或其他组织所享有的合法水事权益。在水事管理领域建立行政复议制度，是依法治国的基本要求，有助于水行政主体从内部加强对自己水事管理行为的监督与约束。同时，通过水行政复议机构的复议，能够及时、准确地纠正水行政主体及其工作人员错误的具体水行政行为，从而达到维护公民、法人或其他组织所享有的合法水事权益的目的。

2. 有助于及时纠正错误的水行政行为

行政复议制度不但是解决行政争议的一种手段，而且也是上级水行政主体对下级水行政主体的具体水行政行为进行监督的一种方式与活动，因此，通过水行政复议机构的复议活动监督，既可以起到对下级水行政主体违法或者不当的具体水行政行为进行纠正，也可以对下级水行政主体合法、适当的水行政行为予以保护和支持。

3. 有助于建立、健全行政监督体制

依我国宪法、法律规定，人民有权监督国家事务与社会事务的全部活动。水行政复议是行政复议制度在水事管理领域的具体运用，通过水行政机构的复议活动，即对下级水行政主体的水事管理行为与活动的合法性、适当性进行审查并作出决定，从而从法律制度上确立了水行政主体在水事管理过程中接受人民监督的体制，一方面扩大了人民监督水行政主体抑或说是所有国家机关依法行政、依法管理国家与社会事务的渠道，另一方面又减轻、缓解了人民法院受理行政诉讼案件的负担。

二、水行政复议

按照行政法治原理，公民、法人或其他组织认为水行政主体及其工作人员的具体水行政行为侵犯其合法权益的，就可以依法申请水行政复议。

（一）水行政复议的受案范围

根据水事法律、规范和《中华人民共和国行政复议法》的规定，水行政复议的受案范围有以下几个方面。

(1) 水行政处罚争议。水行政相对方对水行政主体在水行政执法过程中的罚款、吊销许可证、没收非法所得、责令赔偿损失或者采取补救措施等水行政处罚不服的，可以依法申请水行政复议。

(2) 水行政许可争议。水行政相对方认为其符合水事法律规范所规定的、申请某一许可证书或规划同意书的条件，而向水行政主体申请颁发许可证书、规划同意书，如申请颁发取水许可证、监理工程师资格证、河道内建设项目审查同意书等，但是相关的水行政主体拒绝颁发而且没有告知理由的，相对方可以依法申请水行政复议。

(3) 水行政强制争议。水行政相对方对水行政主体在水事监督与检查管理活动中所采取的实时强制措施不服的，如责令拆除阻水障碍物，可以依法申请水行政复议。

(4) 水行政不作为争议。在水事管理活动中，水行政相对方享有要求水行政主体履行水事管理职权，制止水事违法行为与活动，维护其合法的水事权益。如果水行政主体在相对方提出请求后拒绝履行其法定职责或者不予答复的，则相对方有权对水行政主体的这种不作为行为申请水行政复议。

(5) 其他可以申请水行政复议的水行政争议，是指按照水事法律、法规、规章的规定，在上述范围之外的其他可以申请水行政复议的情况。

(二) 不受理水行政复议的情况

按照上述法律、规范和《中华人民共和国行政复议法》的规定，下列事项是不能申请水行政复议的。

(1) 水行政相对方对水行政主体制定水事管理法规、规章，抽象水行政行为不服的，不能申请水行政复议。

(2) 水行政主体内部管理行为所引起的争议，如水行政主体对其工作人员的任免、奖惩、工资福利待遇等决定不服的，则不能申请水行政复议。

(3) 水行政相对方对水行政主体在水资源开发和利用与保护过程中所做的调解、裁决等，但是水行政主体对水资源所有权、使用权归属的调解、裁决除外。

三、水行政复议的机构和管辖

(一) 水行政复议的机构及其职责

水行政复议机构是指在有复议权的行政机关内部设立的，依法审理水行政复议案件的机构。它和水行政复议机关是两个不同的概念，行政复议机关是指依法享有行政复议权的行政机关，即作出具体水行政行为的行政机关的上一级机关（同级人民政府或上一级水行政主管部门）；水行政复议机构则是有水行政复议机关内设的审理水行政复议案件的机构，它从属于水行政复议机关具体办理水行政复议案件。

1. 水行政复议机构的类型

根据《中华人民共和国行政复议法》及水行政法律、法规的规定，水行政复议机关有两类：一类是同级人民政府；另一类是上一级水行政主管部门。水行政复议机构是指这二者的法制工作机构，其中前者为人民政府法制局，后者为水行政机构。

2. 水行政复议机构的职责

(1) 审查复议申请是否符合法定条件。

（2）向争议双方、有关单位及有关人员调查取证，查阅文件资料。

（3）组织审理复议案件。

（4）拟定复议决定。

（5）受复议机关法定代表人的委托出庭应诉。

（6）法律、法规规定的其他职责。

（二）水行政复议的管辖

根据水事法律、规范和《中华人民共和国行政复议法》的规定，水行政复议管辖包含以下内容。

1. 一般管辖

一般管辖是基于水事层级监督与管理而形成的。大多数不服具体水行政行为所引起的复议管辖都属于一般管辖。一般管辖主要解决的是不服县级以上地方各级人民政府水行政主管部门的具体水行政行为以及不服地方各级人民政府的具体水行政行为所引起的复议管辖。具体而言有以下情况。

（1）不服地方各级人民政府水行政主管部门的具体水行政行为的复议管辖。根据《中华人民共和国水法》以及其他水事法律、法规的规定，各级水行政主体代表本级人民政府在本行政区域内对水资源的开发和利用与保护行使统一的管理与监督职责，因此，大量的具体水行政行为都是由县级以上地方人民政府水行政主管部门来完成的，他们有权实施不同种类、不同形式的具体水行政行为，由此而引起的水行政争议理所当然地由相应的上一级水行政主体管辖。

（2）对国家水行政主管部门的具体水行政行为不服的复议管辖。国家水行政主管部门在行使水事管理职权过程中，也可以作出少量的具体水行政行为，如对重大建设项目而且需要跨越国家所确定的重要江河、湖泊的审查、批准行为。若不予批准的，建设单位的复议申请也只能由国家水行政主管部门受理并管辖。

（3）对地方各级人民政府的具体水行政行为不服的管辖。根据水事法律、法规的规定，地方各级人民政府也可以实施某些具体水行政行为，如在水土保持工作中，相关的地方人民政府所采取的某些水土保持措施，尤其是在探索、推广“四荒”地、“小流域治理”形式中所作出的管理与监督行为，而且他们的行为往往与当事人的其他合法权益交织在一起，由此而产生的复议案件应当由上一级人民政府管辖，但是对省级人民政府作出的具体水行政行为不服的案件只能由省级人民政府管辖。

（4）对在具体水行政行为中的协调管理部门的复议管辖。由于水资源具有多种功能的特性，因此，在水资源管理过程中，需要其他的管理部门给予相应的配合，如林业、国土、矿产、交通等，与水行政主管部门一道，在各自所属的管理职权范围内共同管理水资源，由此而引起的复议案件，也应由各自的上一级业务主管部门管辖，但是国务院所属的其他行业主管部门在协同水行政主管部门管理水资源的过程中所产生的复议案件则只能由各自受理并管辖。

2. 特殊管辖

在水资源管理过程中，由于水资源的多功能性以及水事管理实践中具体水行政行为的复杂性，还存在着一些复议案件不能按照一般管辖的原则来确定复议管辖机关的情况，即特殊管辖。特殊管辖的内容如下。

(1) 不服共同的具体水行政行为的复议管辖。根据《中华人民共和国水法》《中华人民共和国水土保持法》《中华人民共和国防洪法》等水事法律、法规的规定，存在着许多具体的水行政行为必须由两个或两个以上的行业主管部门共同作出，如《中华人民共和国水污染防治法》及其实施细则中对水污染防治管理与监督的规定，由水利、环保、卫生、地矿等行业主管部门共同对饮用水水源保护区实施管理与监督。如果发生水污染事件，上述行业主管部门共同采取减轻、消除水污染的措施，包括强制措施，由此而引起的复议案件应由共同的上级机关受理。同样，不服多个地方人民政府共同作出的具体水行政行为而引起的复议案件，由共同参与作出决定的人民政府共同的上一级政府管辖。

(2) 不服法定授权的组织的具体水行政行为的复议管辖。法定授权的组织是指根据《中华人民共和国水法》和其他水事法律、法规的规定，享有一定的水事管理职权的组织，如国家在长江、黄河、太湖等重要江河、湖泊所设立的流域管理机构。对这些法定授权组织的具体水行政行为的复议申请，水事法律、规范和《中华人民共和国行政复议法》对其复议管辖内容均没有作出规定，但是在实践中通常是参照地方人民政府水行政主管部门的层级管辖而实施的。因此，应当由直接管理该组织的上一级水行政主体管辖，并遵循层级管辖的原则。

(3) 不服经过上级批准的具体水行政行为的复议管辖。按照水事法律规范的规定，由许多具体水行政行为必须报经上级机关批准之后才能作出。对于这种报批行为和批准行为的性质、效力以及复议管辖等内容需要根据具体情况进行分析处理。根据实践，大致有以下两种情形：一种情况是被批准的具体水行政行为是以报批机关的名义对外作出，这种行为就应当视为报批机关的具体水行政行为，由此而引起的复议案件应当由最终批准的机关管辖；另一种情况是以批准机关的名义对外作出，则这种行为就应当视为批准机关的行为，由此而引起的复议案件应适用行政复议关于一般管辖的规定。

(4) 不服被撤销的水行政主体先前所作出的具体水行政行为的复议管辖。由于行政管理体制的改革，经常出现某一水行政主体被撤销的情况，根据规定，对于被撤销的水行政主体在其被撤销前作出的具体水行政行为的复议申请，应当由继续行使其职权的上级机关管辖。

3. 水行政复议案件的移送、指定和选择管辖

在水行政复议案件管辖中，仍然存在着复议案件的移送、指定和选择管辖情况。

(1) 移送管辖。它是指水行政复议机关对已经受理的水行政复议案件，经过审查后发现自己对该案件没有管辖权，而依法将其移送至有管辖权的水行政复议机关，而且受移送的水行政复议机关不得再次自行移送。这种情况在水资源管理活动中时有发生，尤其是在国家所确定的重要江河、湖泊管理活动中。

(2) 指定管辖。它是指两个或两个以上的水行政主体，或者是水行政主体与别的行业主管部门对某一水行政复议案件的管辖权发生争议，而且协商不成，由共同的上级指定某一水行政主体对该案件享有管辖权。它通常发生在同一政府所属的几个部门之间，对共同实施的具体水行政行为而引起的复议案件管辖权的彼此推诿或者互相争夺。

(3) 选择管辖。它是指某一水行政复议案件的申请人同时向两个或两个以上的享有管

辖权的水行政主体申请行政复议时，由最先收到复议申请书的管辖。

四、水行政复议的程序

（一）申请

水行政复议的申请是指相对人认为水行政主管部门作出的具体行政行为侵犯了其合法权益，以自己的名义在法定期间内，要求复议机关撤销或者变更具体行政行为，以保证自己的合法权益。

1. 申请复议的条件

（1）申请人认为水行政主管部门的具体行政行为，直接侵犯其合法权益的公民、法人或其他组织。

（2）有明确的被申请人（即作出具体行政行为的水行政主管部门）。

（3）有具体的复议请求和事实根据。

（4）属于水行政复议范围。

（5）属于受理复议申请的行政复议机关管辖。

2. 申请的时限

公民、法人或其他组织向有管辖权的行政复议机关申请复议，应当在知道具体行政行为之日起60日内提出，法律规定申请期限超过60日的除外。因不可抗力或其他正当理由，耽误法定申请期限的，申请期限自障碍消除之日起自动顺延，无需有管辖权的行政复议机关决定。这一规定有利于提高行政复议的工作效率，有利于保护公民、法人和其他组织的合法权益，有效地避免个别行政机关借期限问题限制管理相对人依法行使复议权利的情况。当然对于管理相对人是否属于因不可抗力或者其他正当理由耽误复议申请期限，行政复议机关在审查行政复议申请时还是可以一并审查的，对于确实超过法定期限又不符合延长条件的，复议机关有权决定不予受理。这里必须重申，虽然现行水法规大多都规定申请复议的期限为15日以内，但在实际执行过程中，应严格按照《中华人民共和国行政复议法》的规定，延长到60日。

3. 申请的方式

（1）书面申请。复议申请人采取书面申请的方式，由申请人提交书面的申请书。复议申请书的主要内容如下。

1）申请人的姓名、性别、年龄、职业、住址等（法人或其他组织的名称、地址、法定代表人的姓名）。

2）被申请人（作出具体行政行为的水行政主管部门）的名称。

3）申请复议的要求和理由。

4）提出复议申请的日期。

（2）口头申请。复议申请人采用口头申请方式的，由行政复议机关当场记录申请人的基本情况、行政复议请求以及申请行政复议的主要事实、理由和时间。

（二）受理

受理是指复议申请人提出复议申请后，经有管辖权的行政复议机关审查，认为符合申请条件的，决定立案审理的行为，它是承接申请与审理的重要环节。

1. 审查

有复议权的水行政主管部门收到复议申请以后，应从以下几个方面进行审查。

(1) 行政复议申请是否属于行政复议的受案范围。

(2) 复议申请是否在法定期限内提出，超过法定期限有无正当理由。

(3) 复议申请人的主体资格是否符合要求，即申请人是不是水行政主管部门的具体行政行为侵犯其合法权益的公民、法人或者其他组织。

(4) 复议申请书的内容是否完备。

(5) 行政复议申请是否属于本行政复议机关的管辖范围。

(6) 审查该复议申请是否在复议申请之前已向人民法院起诉，如果一旦提起行政诉讼，则表明其已放弃了行政复议这一救济程序。

2. 处理

复议机关在收到复议申请书之日起5日内，对复议申请分别作出处理：复议申请符合《中华人民共和国行政复议法》规定的，予以受理，决定受理的，不需要再作出书面的行政处理决定，可以直接进入行政复议审理阶段，通知被申请人参加行政复议；如果认为行政复议申请不符合法定要件，如超过法定期间且无正当理由，或者已经提起行政诉讼，或者不属于本行政复议机关管辖范围内，应当裁定不予受理，并书面告诉复议申请人不予受理的理由。

3. 通知

水行政复议机关在对行政复议申请进行审查的过程中，如果是由于行政复议申请书内容不完备的，或应提供的材料不足，而难以进行审查和判断的，应该将复议申请书返还申请人，说明有关情况及问题，要求行政复议申请人在限期内予以补正，然后再申请。

水行政复议机构应当自行政复议申请受理之日起7日内，将行政复议申请书副本或者行政复议申请笔录复印件发送被申请人；被申请人应当自收到申请书副本或者申请笔录复印件之日起10日内，提出书面答复，并提交当初作出具体行政行为的全部证据、依据和其他有关材料。受理日期是指行政复议机关负责法制工作的机构（在水利部门就是水政机构或水政水资源工作机构）收到复议申请之日。

(三) 审理

水行政主管部门对已受理的水行政复议案件，要及时指派专人认真审理。

1. 审理前的准备

(1) 确定复议人员。

(2) 更换或者追加复议参加人。

(3) 决定有关复议工作人员是否应予回避。

(4) 决定具体行政行为是否应该停止执行。

2. 审理内容

根据《中华人民共和国行政复议法》和我国行政复议活动实践，行政复议审理原则上采取书面审理的办法。书面审理是指复议机关在审理复议案件时，仅就案件的书面材料进行审理，作出复议决定的方式。

(1) 对具体行政行为引起的行政争议案件。被申请人对特定的公民、法人或者其他组

织所作出的具体行政行为应当合法、适当。根据合法性与适当性的要求，水行政复议机构应当对被申请人作出的原具体行政行为的下列几个方面进行审查。

1）权限审查。即水行政复议机构对执法主体的合法性进行审查。主要审查从被申请人是否具有作出该项具体行政行为的职权，是否超越法定权限范围；或者审查行政执法权是否具有法律、法规的授权，其委托权限是否超越其法定职权等方面。

2）事实审查。对案件事实宜从分析案情、审查证据和调查取证三个方面进行。

3）法律适用审查。即根据我国法律、法规、规章，审查被申请人作出具体行政行为时适用法律依据是否正确。

4）程序审查。即对被申请人作出具体行政行为时是否违反法定程序，及其形式的合法性进行全面审查。

5）适当性审查。复议机构对作出原具体行政行为的行政机关所行使的自由裁量权的适当性进行审查，这是行政复议与行政诉讼在审查权限上的主要区别。具体行政行为不适当的重要表现形式是滥用职权。

（2）对不作为行为引起的行政争议案件。根据《中华人民共和国行政复议法》规定，行政机关拒绝或拖延履行法定职责的案件，应重点从以下几个方面进行审查。

1）复议申请人提出申请的形式、日期。主要包括依法应当提出书面申请的，是否提出过书面申请；提出申请的材料是否符合法律规定的要求；是否通过法定程序提出；提出申请的时间等。

2）申请人提出申请的内容。主要包括申请的内容是否属于行政机关的法定职责；申请内容是否符合法定条件。

3）行政机关拒绝或拖延履行法定职责的事实。首先要查明行政机关应当履行法定职责的法定期限或指定期限，然后审查行政机关是否在这一期限内作出了具体行政行为，最后判断行政机关是否具有拒绝或拖延履行法定职责的行为。

行政复议原则上采取书面复议，并不排除在特殊情况下采取其他方式。对有些案情复杂，需要通过当事人之间的质证，方能搞清有关事实和证据的，则可以召集双方当事人、第三人、证人听取有关意见，对案件的有关争议进行质证和辩驳，以帮助复议机关正确认定事实。

3. 复议申请的撤回

复议申请的撤回是指申请人向复议机关申请复议后，在复议机关作出决定前，又向行政复议机关提出要求撤回复议申请，经行政复议机关审查同意，终结行政复议活动的制度。

根据《中华人民共和国行政复议法》的有关规定，申请人撤回复议申请必须具备四个条件。

（1）提出撤回申请的必须是申请人一方当事人，包括申请人特别授权的法定代理人和委托代理人，其他人均不能提出撤回申请要求。

（2）撤回申请必须是复议申请人自愿作出的行为，故不得强行要求申请人撤回申请，申请人有附加条件地撤回请求，也不能准许。

（3）申请撤回必须在复议决定作出之前提出。因为行政复议决定一旦作出，即标志着行政复议活动已完结。

（4）申请人撤回申请必须说明理由，以防止出现申请人迫于压力，违心地撤回行政复议的情况，切实保护申请人的合法权益。

在行政复议过程中，申请人经说明理由撤回行政复议申请的，行政复议活动终止。对终止审理的案件，行政复议机关应通过一定方式通知被申请人、第三人。

（四）决定

1. 复议决定书的内容

复议机关作出复议决定，应当制作复议决定书。行政复议决定书作为一种规范的法律文书，需要全面、准确地表达行政复议机关对被申请人作出具体行政行为的态度和结论，以及所采集的证据和基于的理由。行政复议决定书由以下几部分组成。

（1）首部。这一部分包括申请人的姓名、性别、年龄、职业、住址（法人或者其他组织的名称、地址、法定代表人的姓名、职务）。

（2）被申请人的名称、地址、法定代表人的姓名、职务。

（3）申请复议的主要请求和理由。主要说明申请人的意见；被申请人的答复意见或态度。这一部分主要是客观归纳各方的基本意见，可以进行原则概括。

（4）复议机关认定的事实、理由以及适用的法律、法规、规章和具有普遍约束力的决定、命令。这一部分是复议机关对案情的客观认定，必须特别注意对证据依据的反映。

（5）复议结论。这部分应明确阐述复议机关对复议申请提出的问题和具体行政行为是否成立和正确与否的具体意见。它是复议的最终结果。

（6）不服复议决定向人民法院起诉的期限，如果是终局的复议决定，则应写明当事人履行的期限。

（7）作出复议决定的年、月、日，并加盖行政复议机关的印章。

2. 复议决定的作出

水行政复议决定是指水行政复议机关对案件审理结束后所作的书面决定。根据《中华人民共和国行政复议法》的规定，复议决定应当自受理申请之日起60日内作出（除法律规定少于60日的除外）；情况复杂，不能在60日内作出行政复议决定的，须经行政复议机关负责人批准，适当延长，并告知申请人和被申请人，但延长期限最多不超过30日。

复议决定应根据不同情况，有维持、决定在一定期限履行、撤销、变更或确认违法并可责令被申请人重作、因无证据依法撤销等几种。

（1）维持被申请人的具体行政行为。维持是指保持原具体行政行为，使其继续存在下去。它是对被申请复议的具体行政行为的充分肯定。在具体行政行为符合以下五个条件时作出。

1）事实清楚，即具体行政行为所认定的事实在整体上是客观存在，没有疑义的。

2）证据确凿。

3）适用法律正确。

4）符合法定权限和程序。

5）内容适当，内容是指该行为所包含的权利和义务。

（2）决定被申请人在一定期限内履行法定职责。行政机关是国家对社会实行行政管理职能的重要组织，其职责权限主要由法律、法规予以规定，具体体现在该机关的日常工作中。如果该机关没有履行其应当履行的法定职责而被公民、法人或其他组织申请复议，复议机关就必须责令该机关在一定期限内履行自己的职责。

（3）撤销原具体行政行为。撤销是指取消已经发生的行政行为，表明被撤销的行为自撤销之日起不再存在。需要撤销的具体行政行为有以下几种。

1）事实不清，证据不足。

2）适用的法律、法规、规章和具有普遍约束力的决定、命令错误。

3）违反法定程序。

4）超越或者滥用职权。

5）具体行政行为明显不当。

6）被申请人未能依照《中华人民共和国行政复议法》规定，提出书面答复及提供作出原具体行政行为的证据、依据。

7）对具体行政行为所依据的不符合法律规定的文件，复议机关有权处理时，应作出撤销该抽象行政行为的决定。

（4）变更原具体行政行为。变更是复议机关处理复议申请时，对具体行政行为查清之后，按照事实和法律的要求，全部或者部分改变原具体行政行为。

（五）执行

复议决定一经送达即发生法律效力。被申请人不履行或者无正当理由拖延履行行政复议决定的，行政复议机关或者有关上级行政机关应当责令其限期履行。申请人逾期不起诉又不履行行政复议决定的，分别按以下处理。

（1）维持具体行政行为的复议决定，由作出具体行政行为的行政机关依法强制执行或者申请人民法院执行。

（2）变更具体行政行为的复议决定，由复议机关依法强制执行或者申请人民法院执行。

五、水利部水行政复议工作暂行规定

（一）规章颁布宗旨

为防止和纠正违法的或者不当的具体行政行为，保护公民、法人和其他组织的合法权益，保障和监督有关水行政主管部门、流域管理机构依法行使职权，根据《中华人民共和国行政复议法》及有关水法规的规定，制定本规定。

（二）规定适应范围

水利部及其所属的长江、黄河、海河、淮河、珠江、松辽水利委员会和太湖流域管理局等流域管理机构（以下简称“流域机构”）的行政复议工作，适用本规定。

（三）复议机构

（1）水利部负责行政复议工作的机构是政策法规司。流域机构负责行政复议工作的机构是负责法制工作的机构。

（2）水利部政策法规司、流域机构负责法制工作的机构（以下简称“复议工作机构”）负责办理有关的行政复议事项，履行行政复议受理、调查取证、审查、提出处理建议和行政应诉等职责；各司局和有关单位、流域机构各有关业务主管局（处、室）（以下统称“主管单位”）协同办理与本单位主管业务有关的行政复议的受理、举证、审查等工作。

（四）复议原则

行政复议工作应当遵循合法、公正、公开、及时、便民的原则。坚持有错必纠，保障水法规的正确实施。

（五）复议适应范围

（1）向水利部或者流域机构申请行政复议。

1）对水利部、流域机构、流域机构所属管理机构或者省（自治区、直辖市）水利（水电）厅（局）作出的行政处罚决定、行政强制措施决定不服的。

2）对水利部、流域机构或者省（自治区、直辖市）水利（水电）厅（局）作出的取水许可证、水利工程建设监理资质证、资格证、采砂许可证等证书变更、中止、撤销的决定不服的。

3）对水利部、流域机构或者省（自治区、直辖市）水利（水电）厅（局）作出的关于确认水流的使用权的决定不服的。

4）认为水利部、流域机构或者省（自治区、直辖市）水利（水电）厅（局）侵犯合法的经营自主权的。

5）认为水利部、流域机构或者省（自治区、直辖市）水利（水电）厅（局）违法集资或者违法要求履行其他义务的。

6）认为符合法定条件，申请水利部、流域机构或者省（自治区、直辖市）水利（水电）厅（局）颁发取水许可证、采砂许可证、水利工程建设监理资质证、水利工程建设监理资格证、施工企业资质证等证书，或者申请审查同意河道管理范围内建设项目、开发建设项目水土保持方案，水利部、流域机构或者省（自治区、直辖市）水利（水电）厅（局）没有依法办理的。

7）认为水利部、流域机构、流域机构所属管理机构或者省（自治区、直辖市）水利（水电）厅（局）的其他具体行政行为侵犯其合法权益的。

8）对水利部或者流域机构作出的具体行政行为不服的，向水利部申请行政复议。

（2）向省（自治区、直辖市）人民政府或水利部申请行政复议。对省（自治区、直辖市）水利（水电）厅（局）作出的具体行政行为不服的，可以向省（自治区、直辖市）人民政府申请行政复议，也可以向水利部申请行政复议。

（3）向流域机构申请行政复议。对流域机构所属管理机构作出的具体行政行为不服的，向流域机构申请行政复议。

（六）审查申请及复议申请

1. 审查申请及复议申请的提出

（1）审查申请的提出。对水利部、流域机构、流域机构所属管理机构或者省（自治区、直辖市）水利（水电）厅（局）作出具体行政行为所依据的水利部的规定（不含水利部颁布的规章）认为不合法的，公民、法人或者其他组织在申请行政复议时可以一并提出

对该规定的审查申请。

（2）复议申请的提出。申请人申请行政复议，可以书面申请，也可以口头申请；口头申请的，水利部或者流域机构应当当场填写行政复议口头申请书，记录申请人的基本情况、行政复议请求、申请行政复议的主要事实、申请理由、时间等。

2. 复议的受理与处理

（1）流域机构受理的行政复议申请中，申请人提出有关规定的审查要求的，流域机构应在受理行政复议申请之日起 7 日内通过直接送达、邮寄送达等方式将申请人对水利部规定的审查申请移送水利部，水利部应当在 60 日内依法处理。

（2）水利部受理的行政复议申请中，申请人提出前款要求的，水利部应当在 30 日内依法处理。处理期间，中止对具体行政行为的审查并应及时通知申请人、被申请人及第三人。

（3）行政复议申请自复议工作机构收到之日起即为受理；但水利部或者流域机构收到行政复议申请后，应当在 5 日内进行审查，对不符合《中华人民共和国行政复议法》规定的行政复议申请，决定不予受理；对符合《中华人民共和国行政复议法》规定，但不属于水利部或者流域机构受理的行政复议申请，告知申请人向有关行政复议机关提出。

3. 复议的审查与处理

（1）行政复议原则上采取书面审查的办法。复议工作机构认为有必要时，可以向有关组织和人员调查情况，听取申请人、被申请人和第三人的意见。

（2）对水利部作出的具体行政行为或者制定的规定申请行政复议的，政策法规司应当对具体行政行为或者规定进行审查。涉及有关司局主管业务的，政策法规司应当自行政复议申请受理之日起 7 日内，将行政复议申请书副本或口头申请书复印件发送有关司局，有关司局应当自收到行政复议申请书副本或口头申请书复印件之日起 10 日内，提交当初作出具体行政行为的证据、依据和其他有关材料，或者提交制定规定的依据和其他有关材料，并提出书面复议意见。

（3）对流域机构或者省（自治区、直辖市）水利（水电）厅（局）作出的具体行政行为申请行政复议的，政策法规司应当对被申请人作出的具体行政行为进行审查。涉及有关司局主管业务的，应会同有关司局共同进行审查。

（4）对流域机构所属管理机构作出的具体行政行为申请行政复议的，流域机构的复议工作机构应当对被申请人作出的具体行政行为进行审查。

（5）水利部政策法规司对被申请行政复议的具体行政行为审查后，应当提出书面意见，并报请主管副部长和部长审核同意，主管副部长或部长认为必要，可将行政复议审查意见提交部长办公会议审议，按照《中华人民共和国行政复议法》第二十八条、第三十一条的规定作出行政复议决定，由政策法规司制作行政复议决定书、加盖部印章后送达申请人。

（6）流域机构的复议工作机构对被申请行政复议的具体行政行为审查后，应当提出书面意见，并报请主管副主任（局长）和主任（局长）审核同意，主管副主任（局长）或主任（局长）认为必要，可将行政复议审查意见提交主任（局长）办公会议审议，按照《中华人民共和国行政复议法》第二十八条、第三十一条的规定作出行政复议决定，由复议工作机构制作行政复议决定书、加盖流域机构印章后送达申请人。

（七）其他有关规定

1. 行政诉讼的提出

（1）公民、法人或者其他组织对水利部作出的行政复议决定不服的，可以依照《中华人民共和国行政诉讼法》《中华人民共和国行政复议法》的规定向人民法院提起行政诉讼，也可以向国务院申请裁决。

（2）公民、法人或者其他组织对流域机构作出的行政复议决定不服的，可以依照《中华人民共和国行政诉讼法》《中华人民共和国行政复议法》的规定向人民法院提起行政诉讼。

2. 复议费用

（1）水利部或者流域机构受理行政复议申请，不得向申请人收取任何费用。

（2）水利部、流域机构应当保证行政复议工作经费，以确保行政复议工作按期、高效完成。

3. 复议系列文书的印制

复议申请登记表、复议申请书、受理复议通知书、不予受理决定书、复议答辩书、复议决定书、复议文书送达回证、准予撤回行政复议申请决定书等行政复议文书格式，由水利部统一制定。

第二节　水行政诉讼

一、水行政诉讼的概念、特征

（一）水行政诉讼的概念

水行政诉讼是公民、法人或其他组织认为水行政主体及其工作人员在行使水事管理职权的过程中所作出的具体水行政行为侵犯了其合法权益而依法向人民法院提起诉讼并由人民法院依法予以审理和裁决的活动的总称。

（二）水行政诉讼的特征

水行政诉讼具有以下法律特征。

（1）水行政诉讼是因为公民、法人或其他组织认为水行政主体及其工作人员的具体水行政行为侵犯其合法权益而引起的。

（2）水行政诉讼所要解决的是水行政争议案件，即水行政主体在实施水事管理职权行为时所作出的具体水行政行为与相对方发生争议。

（3）水行政诉讼的被告是相对固定的，即水行政主体。具体包括各级人民政府中的水行政主管部门，各流域管理机构，法律、法规规定的其他组织，以及各级人民政府中其他协同行使水事管理职权的主管部门。

（4）水行政诉讼是在人民法院的主持下进行的，并由其起主导作用，以解决双方之间的水行政争议。

（5）水行政诉讼是依请求而为的诉讼活动，没有水行政相对人的申请，人民法院是无

权主动对水行政主体的具体水行政行为予以审查的。

（6）水行政诉讼必须按照《中华人民共和国行政诉讼法》及其相关规定所规定的诉讼程序与方式进行。

（7）在水行政诉讼法律关系中，水行政主体与相对方的法律地位是平等的。

（8）在水行政诉讼期间，不停止水行政主体的具体水行政行为的执行，但是水行政主体认为需要停止执行的或人民法院裁决停止执行的除外。

二、水行政诉讼与水行政复议的关系

水行政复议与水行政诉讼都是国家机构为了解决水行政争议或纠纷的活动，二者共同构成解决水行政争议或纠纷的完整体系，都是在水事管理过程中作为被管理者的公民、法人或其他组织不服水行政主体的具体水行政行为而请求国家机关审理并裁决的活动，但是二者仍然存在着一定的差别，表现如下。

（1）受理的主体不同。水行政复议是由水行政主体受理。一般而言是实施具体水行政行为的上一级水行政主体受理，但是法律、法规规定由人民政府作出的具体水行政行为则由上一级人民政府受理，而水行政诉讼则是由专门行使国家审判权的人民法院受理。

（2）行为性质不同。水行政复议是水行政主体行使行政复议权的一种活动，在性质上仍然属于水行政行为的范畴，而水行政诉讼则是人民法院依法对水行政争议案件进行审理的一种活动，在性质上属于司法行为。

（3）所适用的程序不同。水行政复议所适用的是《中华人民共和国行政复议法》，是一种行政程序。该程序在满足和保障行政效率的前提下及时、方便、迅速地解决水行政争议案件，而水行政诉讼则适用的是《中华人民共和国行政诉讼法》和其他有关行政诉讼的法律规定，是一种司法程序，要求全面、严格与规范。

（4）所处的法律阶段不同。虽然法律、法规并没有规定行政复议是行政诉讼的前置阶段，但是行政复议与行政诉讼所处的法律阶段明显不同：行政复议是行政主体以行使行政管理职权的方式解决行政争议的阶段，而行政诉讼则是人民法院行使审判权解决行政争议的阶段，即当事人如果选择了水行政复议，且对水行政复议机关的复议结果仍然不满意的话，还可以向人民法院提起水行政诉讼，而当事人如果直接选择向人民法院提起水行政诉讼的话，则不能再提起水行政复议。实际上，我国法律确立了“司法最终裁决原则”。

三、水行政诉讼的范围和管辖

（一）水行政诉讼的范围

水行政诉讼的范围是指哪些水行政争议可以被列为行政诉讼的受案范围，即水行政主管部门的哪些具体行政行为受人民法院的司法审查。

根据《中华人民共和国行政诉讼法》的规定，并结合水行政法律、法规的规定，可以提起行政诉讼的水行政争议，主要有以下几类。

（1）不服水行政处罚的行政争议。

（2）不服水行政强制措施的行政争议。

（3）因水行政主管部门要求相对人履行义务而引起的争议。

（4）因水行政许可而引起的行政争议。

（5）相对人因水行政主管部门不作为而引起的行政争议。

（6）不服对单位之间、个人之间、单位与个人之间发生的水事纠纷作出的处理决定而产生的行政争议。

（7）水行政法律、法规规定的可以提起行政诉讼的其他事项。

（二）水行政诉讼的管辖

水行政诉讼的管辖，是指人民法院之间在受理第一审水行政案件上的分工和权限。根据《中华人民共和国行政诉讼法》的规定，可分为级别管辖、地域管辖、移送管辖和指定管辖四种。

1. 级别管辖

级别管辖是指法院受理第一审行政案件的具体分工。我国人民法院的设置分为基层人民法院、中级人民法院、高级人民法院和最高人民法院四级。水行政诉讼的级别管辖可分为以下几种情况。

（1）一般的水行政诉讼案件由基层人民法院管辖。

（2）中级人民法院管辖。对国务院水行政主管部门或者县级以上地方人民政府所作的行政行为提起诉讼的案件；本辖区内重大、复杂的水行政案件；其他法律规定由中级人民法院管辖的水行政案件。

（3）高级人民法院管辖本辖区内重大、复杂的第一审水行政案件。

（4）最高人民法院管辖全国范围内重大、复杂的第一审水行政案件。

2. 地域管辖

地域管辖是指同级人民法院之间在各自辖区内受理第一审行政案件的分工。

水行政诉讼中的地域管辖主要有以下几种情况。

（1）一般的水行政案件由最初作出具体行政行为的水行政主管部门所在地的人民法院管辖。经复议的案件，也可以由复议机关所在地人民法院管辖。

（2）经最高人民法院批准，高级人民法院可以根据审判工作的实际情况，确定若干人民法院跨行政区域管辖行政案件。

（3）对不动产引起的行政案件，由不动产所在地的人民法院管辖。

（4）相对人不服水行政主管部门对水事纠纷的处理而提起的行政诉讼，由争议标的所在地的人民法院管辖。

如果出现两个以上人民法院都有管辖权的案件，原告可以选择其中一个提起诉讼，如原告向两个以上有管辖权的人民法院提起诉讼的，由最先收到起诉状的人民法院管辖。

3. 移送管辖

移送管辖是指人民法院发现受理的案件不属于自己管辖时，应当移送有管辖权的人民法院，受移送的人民法院不得再自行移送。

4. 指定管辖

指定管辖是指人民法院以裁定的方式，指定某一下级人民法院管辖某一案件的情形。它有下列三种情况。

（1）有管辖权的人民法院由于特殊原因不能行使管辖权的，由上一级人民法院指定

管辖。

（2）人民法院对管辖权发生争议，由争议双方协商解决、协商不成的，报共同上级法院指定管辖。

（3）上级人民法院有权审理下级人民法院管辖的第一审行政案件。下级人民法院对其管辖的第一审行政案件，认为需要由上级人民法院审理或者指定管辖的，可以报请上级人民法院决定。

四、水行政诉讼参加人

行政诉讼参加人是指参加行政诉讼的当事人和类似于当事人诉讼地位的人，包括原告和被告、共同诉讼人、第三人以及诉讼代理人。

（一）原告

（1）原告是指以自己的名义向人民法院提起行政诉讼要求保护其合法权益的公民、法人和其他组织。作为原告的法人由其法定代表人参加诉讼，其他组织向人民法院提起行政诉讼的，由该组织的主要负责人做法定代表人；没有主要负责人的，可以由实际上的负责人做法定代表人。

（2）行政行为的相对人以及其他与行政行为有利害关系的公民、法人或者其他组织，有权提起诉讼。

（3）有权提起诉讼的公民死亡，其近亲属可以提起诉讼。有权提起诉讼的法人或者其他组织终止，承受其权利的法人或者其他组织可以提起诉讼。

（4）原告的权利。原告在水行政诉讼中享有以下诉讼权利：①提起水行政诉讼的权利，即起诉权；②委托诉讼代理人的权利；③提供证据和申请保全证据的权利；④申请人民法院法官回避的权利；⑤追加、变更诉讼请求的权利；⑥申请财产保全和先予执行的权利；⑦申请撤诉的权利；⑧申请强制执行的权利。

（5）原告的义务。根据《中华人民共和国行政诉讼法》，原告在水行政诉讼中的义务，归纳起来主要是“依法行使诉讼权利，遵守诉讼规则，服从人民法院指挥，自觉履行已经发生法律效力的判决、裁定内容”。

（二）被告

行政诉讼的被告是指由原告起诉经人民法院通知应诉的国家行政机关。

（1）根据《中华人民共和国行政诉讼法》的有关规定，水行政诉讼法的被告有以下七种情况。

1）公民、法人或者其他组织直接向人民法院提起诉讼的，作出具体水行政行为的行政机关是被告。

2）经复议的案件，复议机关决定维持原行政行为的，作出原行政行为的行政机关和复议。

3）机关是共同被告；复议机关改变原行政行为的，复议机关是被告。

4）复议机关在法定期限内未作出复议决定，公民、法人或者其他组织起诉原行政行为的，作出原行政行为的行政机关是被告；起诉复议机关不作为的，复议机关是被告。

5）两个以上行政机关作出同一行政行为的，共同作出行政行为的行政机关是共同被告。

6）行政机关委托的组织所作的行政行为，委托的行政机关是被告。

7）行政机关被撤销或者职权变更的，继续行使其职权的行政机关是被告。

（2）被告所享有的诉讼权利。根据《中华人民共和国行政诉讼法》和水事法律、规范的规定，水行政主体作为被告享有以下诉讼权利。

1）享有应诉和答辩的权利，以反驳原告所诉称的诉讼请求，维护自己合法、正确的具体水行政行为。

2）享有申请人民法院审判员、书记员等人员予以回避的权利。

3）享有委托诉讼代理人代为进行诉讼的权利。

4）在诉讼期间，享有决定对自己所作出的具体水行政行为是否停止执行的权利。

5）在诉讼活动中，经人民法院的许可，享有向证人、鉴定人发问、质证的权利，享有查阅本案事实、证据和核对庭审笔录的权利。

6）对人民法院的第一审判决或裁定不服的，享有在法定期间内提出上诉或者撤回上诉的权利。

7）对人民法院已经发生法律效力的判决、裁定，如果相对方拒绝履行的，享有向人民法院申请强制执行的权利。

8）对人民法院已经发生法律效力的判决、裁定认为确有错误的，享有申请再审的权利。

（3）被告在诉讼中的义务。作为被告的水行政主体在诉讼中应当履行以下义务。

1）在诉讼中经人民法院合法传唤、及时到庭应诉的义务。

2）对自己所作出的具体水行政行为负有举证义务，应当按照人民法院的要求及时提供作出该具体水行政行为所认定的事实以及证明该事实的人证、物证、询问笔录等证据和所适用的水事法律、法规、规章和其他具有普遍约束力的决定、命令等规范性文件。

3）在开庭过程中遵守法庭秩序，服从人民法院审判人员的指挥。

4）在诉讼期间不得违背《中华人民共和国行政诉讼法》的规定自行向原告、证人等收集证据。

5）对人民法院作出的生效判决、裁定负有自觉履行的义务。

（三）共同诉讼人

（1）当事人一方或者双方为两人以上，因同一行政行为发生的行政案件，或者因同类行政行为发生的行政案件、人民法院认为可以合并审理并经当事人同意的，为共同诉讼。

（2）当事人一方人数众多的共同诉讼，可以由当事人推选代表人进行诉讼。代表人的诉讼行为对其所代表的当事人发生效力，但代表人变更、放弃诉讼请求或者承认对方当事人的诉讼请求，应当经被代表的当事人同意。

（四）第三人

（1）公民、法人或者其他组织同被诉行政行为有利害关系但没有提起诉讼，或者同案件处理结果有利害关系的，可以作为第三人申请参加诉讼，或者由人民法院通知参加诉讼。

（2）人民法院判决第三人承担义务或者减损第三人权益的，第三人有权提起上诉。

（五）诉讼代理人

1. 诉讼代理人的含义与特征

诉讼代理人是指根据法律规定，由人民法院指定或者受当事人及其法定代理人的委托，以当事人的名义，在一定权限范围内代理当事人进行诉讼活动的人。代理当事人进行诉讼活动的权限称为诉讼代理权，被代理的一方当事人称为委托人或被代理人。诉讼代理人具有以下特点。

（1）只能以被代理人的名义进行行政诉讼活动，而不能以自己的名义进行诉讼。

（2）参加行政诉讼的目的在于维护被代理人的合法权益，而不是自身的合法权益。

（3）诉讼代理人只能在其代理权限范围内进行诉讼行为，由此而产生的法律后果由委托人承担。

（4）只能代理当事人一方，不能在同一行政诉讼中同时代理当事人双方。

2. 诉讼代理人的种类

水行政诉讼代理人的种类与民事诉讼代理人相同。按照诉讼代理权限发生的根据不同，分为以下几种。

（1）法定代理人。根据法律规定行使代理权，为无行为能力人和限制行为能力人，进行行政诉讼的人，称为法定代理人。在行政诉讼中，法定代理人适用于没有行为能力人和限制行为能力人，不适用于法人、组织，当然更不适用于作为被告的水行政主体。

（2）委托代理人。代理人根据被代理人的委托授权所产生的代理，称为委托代理人，也称为授权代理。律师和一般公民都可以担任委托代理人。

（3）指定代理人。指定代理人是指受人民法院指定，代无行为能力人和限制行为能力人，从事水行政诉讼活动的人。指定代理在行政诉讼中通常发生在作为原告的公民没有行为能力而且没有法定代理人或其法定代理人不能行使代理权的情况下。

实践中，需要注意的问题是，复议机关改变原具体水行政行为的，复议机关为被告，但复议机关可以委托原裁决机关的工作人员 1～2 人作为诉讼代理人，也可以依法委托其他工作人员或者律师作为诉讼代理人。

五、水行政诉讼证据

1. 证据种类

（1）书证。

（2）物证。

（3）视听资料。

（4）电子数据。

（5）证人证言。

（6）当事人的陈述。

（7）鉴定意见。

（8）勘验笔录、现场笔录。

以上证据经法庭审查属实，才能作为认定案件事实的根据。

2. 证据收集与提供

(1) 在诉讼过程中，被告及其诉讼代理人不得自行向原告、第三人和证人收集证据。

(2) 被告在作出行政行为时已经收集了证据，但因不可抗力等正当事由不能提供的，经人民法院准许，可以延期提供。

(3) 原告或者第三人提出了其在行政处理程序中没有提出的理由或者证据的，经人民法院准许，被告可以补充证据。

(4) 原告可以提供证明行政行为违法的证据。原告提供的证据不成立的，不免除被告的举证责任。

(5) 在起诉被告不履行法定职责的案件中，原告应当提供其向被告提出申请的证据。但有下列情形之一的除外。

1) 被告应当依职权主动履行法定职责的。

2) 原告因正当理由不能提供证据的。

在行政赔偿、补偿的案件中，原告应当对行政行为造成的损害提供证据。因被告的原因导致原告无法举证的，由被告承担举证责任。

(6) 人民法院有权要求当事人提供或者补充证据。

(7) 人民法院有权向有关行政机关以及其他组织、公民调取证据。但是，不得为证明行政行为的合法性调取被告作出行政行为时未收集的证据。

(8) 与本案有关的下列证据，原告或者第三人不能自行收集的，可以申请人民法院调取。

1) 由国家机关保存而须由人民法院调取的证据。

2) 涉及国家秘密、商业秘密和个人隐私的证据。

3) 确因客观原因不能自行收集的其他证据。

(9) 在证据可能灭失或者以后难以取得的情况下，诉讼参加人可以向人民法院申请保全证据，人民法院也可以主动采取保全措施。

(10) 证据应当在法庭上出示，并由当事人互相质证。对涉及国家秘密、商业秘密和个人隐私的证据，不得在公开开庭时出示。

人民法院应当按照法定程序，全面、客观地审查核实证据。对未采纳的证据应当在裁判文书中说明理由。

以非法手段取得的证据，不得作为认定案件事实的根据。

六、水行政诉讼程序

(一) 起诉与受理

1. 起诉的条件

提起水行政诉讼应具备以下四个条件。

(1) 原告是符合本法第二十五条规定的公民、法人或者其他组织。

(2) 有明确的被告。

(3) 有具体的诉讼请求和事实根据。

(4) 属于人民法院受案范围和受诉人民法院管辖。

2. 受理

人民法院接到原告的起诉状，应及时进行审查，符合起诉条件的，应当在7日内立案受理，不符合起诉条件的，应当在7日内作出不予受理的裁定。原告对裁定不服的，可以提起上诉。

（二）审理和判决

1. 审理

（1）根据行政诉讼法的规定，人民法院审理水行政案件以法律和行政法规、地方性法规为依据。地方性法规适用于本行政区域内发生的行政案件。人民法院审理民族自治地方的行政案件，并以该民族自治地方的自治条例和单行条例为依据。

行政诉讼法还规定人民法院审理行政案件，参照行政规章和地方性规章。人民法院认为地方性规章和行政规章不一致的，以及行政规章之间不一致的，由最高人民法院送请国务院作出解释或者裁决。合议庭审理行政案件的程序与民事诉讼基本相同。

（2）诉讼期间，不停止行政行为的执行。但有下列情形之一的，裁定停止执行。

1）被告认为需要停止执行的。

2）原告或者利害关系人申请停止执行，人民法院认为该行政行为的执行会造成难以弥补的损失，并且停止执行不损害国家利益、社会公共利益的。

3）人民法院认为该行政行为的执行会给国家利益、社会公共利益造成重大损害的。

4）法律、法规规定停止执行的。

当事人对停止执行或者不停止执行的裁定不服的，可以申请复议一次。

（3）人民法院审理行政案件，不适用调解。但是行政赔偿、补偿以及行政机关行使法律、法规规定的自由裁量权的案件可以调解。调解应当遵循自愿、合法原则，不得损害国家利益、社会公共利益和他人合法权益。

2. 判决

人民法院对行政案件经过审理，可根据不同情况分别作出以下四种判决。

（1）判决维持被告作出的具体水行政行为。这种判决适用于行政行为证据确凿，适用法律、法规正确，符合法定程序的，或者原告申请被告履行法定职责或者给付义务理由不成立的，人民法院判决驳回原告的诉讼请求。

（2）判决撤销或者部分撤销被告作出的具体水行政行为，并可以判决被告重新作出具体水行政行为。这种判决适用于行政行为有下列情形之一的，人民法院判决撤销或者部分撤销，并可以判决被告重新作出行政行为。

1）主要证据不足的。

2）适用法律、法规错误的。

3）违反法定程序的。

4）超越职权的。

5）滥用职权的。

6）明显不当的。

（3）判决被告在一定期限内履行其法定职责。被告不履行或者拖延履行法定职责的，人民法院可以作出这种判决。

(4) 判决变更行政处罚。对显失公正的行政处罚，作出变更判决。水行政诉讼当事人不服第一审人民法院的判决或者裁定的，有权在判决书送达之日起15日内，在裁定送达之日起10日内，向上一级人民法院提起上诉。人民法院适用第二审程序对上诉案件进行审理后，可按不同情形分别作出处理决定。

对于已经生效的判决或裁定，当事人可以提出申诉；人民检察院有权依法提出抗诉；人民法院院长对本院已生效的判决和裁定，上级人民法院对下级人民法院已生效的判决和裁定，有权依法提起再审，对已生效的判决和裁定进行再审，适用审判监督程序。

(三) 执行

执行是指人民法院依照法定程序，对发生法律效力的行政判决、裁定和行政赔偿调解书，强制义务人履行。

公民、法人或者其他组织拒绝履行判决、裁定的，或者对具体水行政行为在法定期限内不提起诉讼又不履行的，水行政机关可以向人民法院申请强制执行，或者依法强制执行。

水行政机关拒绝履行判决、裁定的，一审人民法院可以根据不同情况，分别采取通知银行划拨、罚款，向有关行政机关提出司法建议、依法追究主管人员和直接责任人员的刑事责任等执行措施。

七、水行政主体在水行政诉讼中的举证责任

(一) 水行政主体承担举证责任的法律依据

《中华人民共和国行政诉讼法》第三十四条规定，“被告对作出的具体行政行为负有举证责任，应当提供作出该具体行政行为的证据和所依据的规范性文件。”根据本条规定，在水行政诉讼中，被告即水行政主体负有举证责任。这是由下列原因决定的。

(1) 由具体水行政行为的构成要件所决定的。根据行政法理论，具体行政行为构成要件的一个最基本的规则就是“先取证后裁决”。为了避免水行政主体在水事管理活动中的随意性，水行政主体在作出具体水行政行为并被相对方诉至人民法院时，应当向人民法院提供充足的事实依据和法律依据以证明其所作出的具体水行政行为的正确性、合法性。这是水行政主体在水行政诉讼中作为被告承担举证责任的基础。

(2) 由水行政主体在水事法律关系中的法律地位所决定的。在水事法律关系中，水行政主体与相对方的法律地位并不平等，水行政主体居于主导地位，而相对方则是居于被动地位。但是在水行政诉讼法律关系中，水行政主体与相对方的法律地位平等，当然要求水行政主体提供相关的材料与依据以证明其行为的合法性；否则将使原告处于不利地位。实际上，水行政主体在水事法律关系中的特殊地位决定了原告无法或很难收集证据，在此种情况下仍然坚持举证责任由原告承担，不但在理论上显失公平，而且在实践中对原告极为不利，也不利于我国的民主与法制建设。

(3) 由水行政主体承担举证责任是由其举证能力所决定的。对于作为被告的水行政主体在水事法律关系中的特殊法律地位，享有法定水事管理职权，其举证能力比原告要强得多。在一般情况下，原告几乎是没有什么举证能力的，有的水行政争议案件涉及水利行业的专业知识，需要一定的技术手段、资料与设备辅助，而这些远远超出了作为原告的举证

能力与限度。《中华人民共和国行政诉讼法》将举证责任规定由被告承担，是行政法理论与实践的结合。

（二）水行政主体举证责任的相关规定

1. 对举证范围方面规定

《中华人民共和国行政诉讼法》规定，被告应向人民法院提出其作出或不做出具体水行政行为所依据的事实与法律依据，宜从事实和法律两个方面全面证明其行为的正确性、合法性。

2. 对举证行为的限制

《中华人民共和国行政诉讼法》第三十五条规定，“在诉讼过程中，被告不得自行向原告、第三人和证人收集证据。”在水行政诉讼中对被告收集证据的行为进行了一个限制。

3. 证据延期提供及补充

被告在作出行政行为时已经收集了证据，但因不可抗力等正当事由不能提供的，经人民法院准许，可以延期提供。

原告或者第三人提出了其在行政处理程序中没有提出的理由或者证据的，经人民法院准许，被告可以补充证据。

4. 原告可以提供证明行政行为违法的证据

原告提供的证据不成立的，不免除被告的举证责任。

八、水行政主体的应诉

水行政主体应当正确对待原告对其所作出的具体水行政行为所提起的诉讼。根据实践以及水事法律规范和诉讼法律规范的规定，水行政主体宜从以下方面着手应诉工作。

（一）委托诉讼代理人

水行政诉讼的被告是水行政主体，其行政首长作为被告的法定代表人在一般情况下应出庭应诉，当然也可以委托1～2人作为其诉讼代理人代为诉讼活动。委托他人代为诉讼活动的，必须向人民法院提交由委托人签名、盖章的授权委托书。授权委托书应当载明所委托的事项、所委托的权限。

如果委托律师代理诉讼的，律师在撰写答辩状期间若发现水行政主体的具体水行政行为确属违法或不当，可以积极、主动地告知水行政主体，帮助水行政主体或其有关工作人员认识、改正错误。如果水行政主体变更所作出的具体水行政行为或同意撤诉的，即可以通知起诉人，起诉人同意撤诉的即可以终结诉讼。

（二）准备答辩状

1. 提交答辩状时间

《中华人民共和国行政诉讼法》第六十七条规定，“被告应当在收到起诉状副本之日起15日内向人民法院提交作出行政行为的证据和所依据的规范性文件，并提出答辩状。人民法院应当在收到答辩状之日起5日内，将答辩状副本发送原告。被告不提出答辩状的，不影响人民法院审理。”作为被告的水行政主体以积极的态度认真、及时地准备答辩状，可以通过答辩状反驳原告的诉讼请求，阐明自己作出该具体水行政行为的合法与正确。这不仅有利于保护水行政主体的合法权益，而且有利于人民法院全面、客观地查清案件事实，正确地适用法律。有助于人民法院对案件情况进行全面了解，做好审判前的必要准备。

2. 答辩状撰写

答辩状一般由首部、答辩意见和尾部三部分组成。

（1）首部是标题、答辩人与被答辩人及其委托代理人的基本情况。

（2）答辩意见一般包括：①作出该具体水行政行为所认定的事实和适用的水事法律、法规、规章和其他具有普遍约束力的决定、命令等规范性文件，以证明其答辩理由的正确性；②反驳原告在起诉状中的观点；③阐明自己的主张。水行政主体在阐述自己的答辩理由与意见时，应当具有针对性，有的放矢，不要把与本案无关的事实牵连进来，更不可答非所问，注意答辩应当合情、合理、合法，不能强词夺理、无理答辩。

（3）尾部应当明确注明答辩状要提交的人民法院的名称，答辩人的签名与盖章，并载明答辩日期。

（三）积极应诉

法庭调查是人民法院法庭审判的中心环节，是人民法院审理案件的必经程序。在法庭调查中，原告、被告双方都应当遵循“以事实为根据”的原则，原告的指控、被告水行政主体的答辩与反驳都应当建立在事实之上。

作为被告，水行政主体应做好以下工作。

（1）应当出庭前的准备工作。如整理好案件有关材料，确定出庭人选，应按时出庭，将授权委托书（授权委托书应载明诉讼代理人的代理事项、权限、期限等内容），法定代表人身份证明等文件提交给人民法院。

（2）依法行使回避申请权。在庭审前若发现审判人员、人民陪审员与本案有利害关系或其他关系可能影响案件的公正审理时，应当依法申请回避。

（3）人民法院在进行法庭调查询问时，要认真进行回答，主要陈述该具体水行政行为所认定的事实与理由和所依据的法律规范，并适时出示证据。

（4）认真进行法庭辩论。法庭辩论应着重围绕以下几个方面进行。

1）积极陈述作出该具体水行政行为所认定的事实，并出示相应的证据，以证明该具体水行政行为的正确性。

2）向法庭阐明、提供所作出的具体水行政行为所依据的水事法律、法规、规章和其他具有普遍约束力的决定、命令等规范性文件，以证明其行为的合法性。

3）提供事实和法律规范，证明水行政主体是在法定权限范围内作出的具体水行政行为。

4）提供证据证明所作出的具体水行政行为的程序合法。在水行政诉讼中，人民法院要对水行政主体作出该具体水行政行为的程序是否合法进行审查。行政机关在作出某一具体行政行为时应当依法作出，即遵守法定的方式、步骤与过程；否则便是违法。因为程序违法同样会影响到具体行政行为的正确性问题。所以行政诉讼法律、规范要求水行政主体提供证据证明其作出的具体水行政行为的程序是合法的。

5）在法庭辩论阶段，要充分运用逻辑、推理等方法，以驳斥相对方。

（四）正确对待人民法院的一审判决

水行政主体应当以实事求是的态度对待人民法院的判决。从理论上讲，基于“以事实

为根据，以法律为准绳”的原则，人民法院所作出的判决应当是公平、公正的，但是由于水行政争议案件往往涉及工程、技术等专业性很强的水事管理内容，加上人们认识上的局限性，人民法院有时候作出的判决、裁定可能出现偏差。这就要求水行政主体对人民法院的判决根据不同的情况进行不同的处理。

（1）人民法院所作出的判决认定事实正确、清楚，所适用的法律、规范得当，而且审判程序合法，水行政主体应当无条件地执行。在实践中往往出现人民法院的判决内容维持水行政主体的具体水行政行为时，水行政主体能够接受，而一旦出现人民法院的判决否定水行政主体的具体水行政行为时，水行政主体难以接受。这种做法是不妥当的。无论人民法院的判决是肯定还是否定，即是维持还是撤销水行政主体的具体水行政行为，只要该判决是建立在客观事实和正确的法律依据基础上的，就应当无条件地执行，不能认为自己是代表着国家行使水事管理职权就可以优越于相对方，就可以不服从人民法院的裁判。

（2）人民法院的判决在认定事实、适用法律规范方面不正确。这种情形在司法实践中不少见。因为水行政诉讼案件往往涉及水利行业复杂的技术内容，加上受认识水平的限制，有时出现人民法院的判决内容与客观事实并不一致的情形。从客观方面而言，任何案件都是反映过去所发生的事实，司法人员无法亲自感知，而且随着时间的推移，证据的收集也很困难；从主观方面而言，对案件的认识需要一个过程，加上在认识的过程中受到诸多因素的制约，如业务素质、办案经验和理论水平等，这些因素都直接或间接地影响着人们的认识水平，就有可能出现错案。如果水行政主体认为人民法院的判决不当，可依照《中华人民共和国行政诉讼法》第五十八条的规定，通过法定程序加以解决，即“当事人不服第一审人民法院判决的，有权在判决书送达之日起15日内向上一级人民法院提起上诉”。

（五）利用二审程序维护水行政主体的合法权益

《中华人民共和国行政诉讼法》规定，行政诉讼实行“两审终审制”，即当事人上诉后，第二审人民法院所作出的判决、裁定是终审的判决、裁定。水行政主体应当充分地利用二审程序来维护自己的合法权益。

根据行政诉讼法理论，当事人的上诉是引起二审程序的必要条件。当事人上诉时必须提交上诉状。水行政主体在撰写上诉状时，除了必须遵守上诉状的格式外，还应当阐明上诉的理由。水行政主体在阐述自己的上诉理由时宜从以下方面入手。

（1）指出一审人民法院在认定事实方面存在着错误。

（2）指出一审人民法院在适用法律方面存在着错误。由于我国的水事法律体系尚不完善，重复、交叉甚至相互矛盾的现象时有发生。人民法院在审理水事案件过程中，可能存在着不正确适用水事法律规范的情况，如本来应该适用此水事法律规范，却适用了彼水事法律规范，导致所认定的事实与判决所作出的结论自相矛盾。

（3）指出一审人民法院在审理案件时严重违反审判程序规定，而且足以影响判决的公正性。如第一审人民法院拒绝接受与案件有关的证据材料，将没有经过法庭调查和当事人双方质证或辩论的证据作为定案、判决的依据，审判人员应该回避的没有回避等。二审人民法院审理案件时有两种方式，即开庭审理和书面审理。但是无论采取何种审理方式，二审人民法院都要对第一审人民法院的判决进行全面审理。二审人民法院作出的判决、裁定是终局性的判决、裁定。对于已经发生法律效力的判决、裁定，水行政主体必须执行。如认为已经发生法律效力的判决、裁定确有错误的，可以向原审人民法院或其上一级人民法院提出申诉，但是不能停止判决、裁定内容的执行。

（六）水行政主体在水行政诉讼中应处理好的几重关系

在水行政诉讼中，水行政主体应当处理好以下几重关系。

(1) 正确处理与人民法院之间的关系。水行政主体参与水行政诉讼活动，在本质上与人民法院的审判活动相一致，都是为了查清水行政争议事实，维护国家水事法律、规范内容的正确实施，维护相对方所享有的合法水事权益，稳定社会经济秩序，促进社会安定团结与经济建设。但是，由于各自在行政诉讼中所处的法律地位不同、看问题的角度不同，对某一具体问题的看法出现分歧、矛盾也属于正常现象。因此，水行政主体及其诉讼代理人应当实事求是地运用证据、法律和事实以支持自己的主张，切忌在法庭上做无原则的争吵，更不能将自己凌驾于审判机关之上。实践证明，水行政主体与审判机关只有建立在相互信任、相互尊重的基础上，才能有利于查明案件的真实情况。

(2) 正确处理与相对方之间的关系。在日常的水事管理活动中，水行政主体与相对方处于不平等的地位，是管理与被管理的关系，而在行政诉讼法律关系中，水行政主体与相对方的法律地位是平等的，不能对原告采取行政命令的方式，也不能用激烈言辞刺激相对方，要尽量为水行政诉讼的顺利进行创造有利条件。

(3) 正确处理与诉讼代理人之间的关系。诉讼代理人是应委托人的委托、为维护其合法权益而为其提供法律帮助与服务的人。委托人即水行政主体不能向诉讼代理人提出无理、非法的要求，更不能向其施加压力，而应与其相互配合，对原告诉讼代理人同样如此。只有这样，才能有利于人民法院的审判工作，有助于正确、合法、及时地解决水行政主体与相对方之间的水事争议。

附录一　典型案例分析

案例一　不同地区之间水事纠纷典型案例

1. 案情介绍

紫金县亚公角水电站与惠阳市龙颈水电站是东江一级支流秋香江梯级开发的最后两个水电站，龙颈水电站位于亚公角水电站下游，均已经投产发电。

龙颈水电站的正常蓄水位为23.60m，装机容量为1500kW。

亚公角水电站拦河闸坝正常蓄水位为29.30m，设计正常尾水位为23.80m，装机容量2750kW。

在投产发电过程中，紫金县水务局发现并经技术人员勘测，龙颈水电站正常蓄水位为23.9m，超出23.6m水位，同时该电站泄洪措施未按批复的要求建设，造成对亚公角水电站尾水淹浸和长期受洪水影响，直接影响了亚公角水电站的发电出力和经济效益。

对此，紫金县亚公角水电站与惠阳市龙颈水电站业主曾多次协商解决，但未见成效。

为了保证和保护紫金县亚公角水电站的合法权益，紫金县水务局恳请广东省水利厅协助对紫金县亚公角水电站与惠阳市龙颈水电站水事纠纷进行处理。

2. 热点问题

（1）谁有紫金县亚公角水电站与惠阳市龙颈水电站水事纠纷的管辖权？

（2）如何依法依规调解纠纷？

3. 法理解析

（1）根据紫金县水务局向厅的《请示》得知：亚公角水电站是河源市紫金县管辖的电站；龙颈水电站是惠州市惠城区管辖的电站；两个电站属于两个不同的行政区域管辖，法律规定：发生在不同行政区域之间的水事纠纷，由其共同的上一级人民政府或其授权的部门调解。结论：亚公角水电站与龙颈水电站之间发生的水事纠纷，由广东省水利厅负责主持调处。

（2）水务部门进入纠纷调查。河源、惠州两市水利局，要求两地水利部门：一是了解清楚水事纠纷发生的具体情况；二是及时向水利厅反馈相关信息。调查组成员先后6次到现场，围绕水电站建设的合法性，是否存在其他违法行为，纠纷的真相和焦点，做现场勘查、调查和了解情况。

（3）水务部门成功调解。通过摆事实、讲道理，充分发表意见，本着解决问题，化解纠纷，建立和谐水事关系，寻求共同发展的愿望，在充分交换意见的基础上，达成以下几点意见。

1）龙颈水电站在电站建设过程中，没有严格按照审批方案建设，擅自将翻板闸门正常蓄水闸顶23.60m的高程改为23.749m，是一种严重违规行为，对龙颈水电站的安全运行和上游亚公角水电站发电功能均造成影响。鉴于目前是汛期，要求龙颈水电站对右岸进行处理，按23.60m高程控制。

2）龙颈水电站在去年汛期受灾后，采用水泥柱、木桩等材料顶死部分翻板闸门，造成部分翻板闸门功能失效，要求务必恢复翻板闸门功能（电站方已整改）。

3）龙颈水电站原河床作为泄洪河道，高程不得超出24.00m，但实际高程已提高到25.32m以上，严重影响龙颈水电站设计运行的功能和上游亚公角水电站发电功能，必须尽快采取措施恢复原河床在24.00m以上水位的泄洪功能，实施方案由惠州市水利局负责审批和落实。

4. 法规链接

《中华人民共和国水法》第五十六条、第五十七条和第五十八条的规定，既是调处水事纠纷的法律依据，也是调处水事纠纷的法律程序。

案例二　某水电站无证取水案

1. 案情介绍

大朝山水电站是澜沧江众多梯级开发中的第二个梯级，总装机容量130万kW，被国家列为预备开工项目，百台机组已全部竣工。作为国家重点水电工程，大朝山水电站理应自觉守法，主动申请办证。但自开工以来，长江水利委员会（以下简称“长江委”）曾多次派人或行文，要求其办理取水许可申请手续，并告知其“办证”的法律义务和法律依据。

11月7日，长江委水政监察总队派员专赴昆明对数年违法取水、屡拒“办证”的云南某水电有限责任公司发出最后“通牒”：责令其在11月30日以前办理取水许可申请手续，逾期不办，长江委将依法实施处罚。自开工以来，长江委曾多次派人或行文，要求其办理取水许可申请手续，并告知其“办证”的法律义务和法律依据。

2. 热点问题

什么情况下取水需要办理取水许可？

“取水”是指利用取水工程或者设施直接从江河、湖泊或者地下取用水资源。“取水工程或者设施”是指闸、坝、渠道、人工河道、虹吸管、水泵、水井以及水电站等。

取用水资源的单位和个人，除《取水许可和水资源费征收管理条例》第四条规定的情形外，都应当申请领取取水许可证，并缴纳水资源费。

3. 法理解析

“单位和个人从江河、湖泊或者地下取水，都必须办理取水许可证，并依照规定取水”，这是《中华人民共和国水法》的明确规定，并逐渐成为越来越多用水者的自觉行动。《中华人民共和国水法》和《取水许可和水资源费征收管理条例》等法律、法规规定：“国家对水资源依法实行取水许可制度和有偿使用制度。”该制度推行十几年来，得到社会各界的广泛认同和支持，管水者和广大用水者已形成了良好互动关系。长江委多次要求该公司尽快申办取水许可证，并告知，该公司拒不办证，未经批准擅自取水，已构成水事违法

行为。倘若该公司仍然我行我素、置之不理，长江委依法处罚符合法律、法规规定。

4. 法规链接

(1)《中华人民共和国水法》第七条规定，“国家对水资源依法实行取水许可制度和有偿使用制度。”

(2)《取水许可和水资源费征收管理条例》第二条第二款规定，“取用水资源的单位和个人，除本条例第四条规定的情形外，都应当申请领取取水许可证，并缴纳水资源费。”

(3)《取水许可和水资源费征收管理条例》第四条规定，不需要申请领取取水许可证的五种情形如下。

1) 农村集体经济组织及其成员使用本集体经济组织的水塘、水库中的水的。

2) 家庭生活和零星散养、圈养畜禽饮用等少量取水。

3) 为保障矿井等地下工程施工安全和生产安全必须进行临时应急取（排）水的。

4) 为消除对公共安全或者公共利益的危害临时应急取水。

5) 为农业抗旱和维护生态与环境必须临时应急取水。

案例三　水利部门申请法院强制执行案

1. 案情介绍

水利部门申请法院强制执行。

某项目业主未经批准，擅自在河道内修建挑水、阻水工程，市水利局作出《处理决定书》，要求该业主拆除，并罚款6500元。该项目业主在规定期限内既未履行处理决定，也未申请行政复议和提起诉讼。

2. 问题

(1) 市水利局申请法院强制执行，应当自该项目业主的法定起诉期限届满之日起多长时间内提出？

(2) 市水利局申请执行需提交哪些材料？

3. 法理解析

(1) 依据“行政诉讼法司法解释”行政机关申请人民法院强制执行其具体行政行为，应当自被执行人的法定起诉期限届满之日起180日内提出。逾期申请的，除有正当理由外，人民法院不予受理。故市水利局申请法院强制执行，应当自该项目业主的法定起诉期限届满之日起180天内提出。

(2) 应当提供申请执行书、据以执行的法律文书、证明该行为合法的材料和被执行人财产状况等。

4. 法规链接

“行政诉讼法司法解释”的第八十八条规定，行政机关申请人民法院强制执行其具体行政行为，应当自被执行人的法定起诉期限届满之日起180日内提出。逾期申请的，除有正当理由外，人民法院不予受理。

附录二 基层水行政执法常用文书格式

(一)《强制拆除决定书》

1. 文书依据

《中华人民共和国水法》第六十五条第一款、第二款等规定。

2. 文书类别

本文书为制作类。

3. 填写说明

(1) 发文字号参见《水行政执法法律文书规范》。

(2) 当事人姓名或名称据实填写。

(3) 地址据实填写。

(4) 违法事实据实填写。

(5) 证据填写查获的所有证据。

(6) 违反法律、法规、规章规定填写违反水法律或法规或规章的规定,具体到条、次、项、目。

(7) 强制依据据实填写。

(8) 缴款依据据实填写。

(9) 缴款时间自收到决定书之日起15日内。

(10) 复议机关据实填写,填写本级人民政府或上一级水行政主管部门名称,不能漏项。

(11) 诉讼机关据实填写。

(12) 行政机关名称及印章据实填写,并加盖印章。

(13) 时间据实填写。

4. 参考样式

强制拆除决定书

某县水强〔　　〕号

________:

地址:________________________________

经查你(你单位)____________________,以上事实有______证实,违反了________________________的规定,我局限你(你单位)于____年____月____日自行拆除,恢复原状,你(你单位)在规定期限内没有自行拆除,依据________规定,决定予以强行拆除。根据________之规定,所需费用由你(你单位)承担,限于____年____

月____日自行缴至银行财专户。

如不服本强制拆除决定，可在接到本决定书之日起，60日内向________人民政府或本水务局申请复议，或者3个月内直接向________人民法院起诉。复议、诉讼期间本具体行政行为不停止执行。

（行政机关名称及盖章）
年　　月　　日

（二）《强制扣押决定书》

1. 文书依据

《中华人民共和国行政强制法》《中华人民共和国水土保持法》第四十四条第二款；《长江河道采砂管理条例》第十八条等规定。

2. 文书类别

本文书为制作类。

3. 填写说明

（1）发文字号参见《水行政执法法律文书规范》。

（2）当事人姓名或名称据实填写。

（3）地址据实填写。

（4）违法事实据实填写。

（5）证据填写查获的所有证据。

（6）违反法律、法规、规章规定填写违反水法律或法规或规章的规定，具体到条、款、项、目。

（7）强制依据据实填写，与第（6）项对应。

（8）复议机关据实填写，填写本级人民政府或上一级水行政主管部门名称，不能漏项。

（9）诉讼机关据实填写。

（10）行政机关名称及印章据实填写，并加盖印章。

（11）时间：如实填写。

4. 参考式样

强制扣押决定书

某县水强〔　　〕号

__________：

地址：____

经查你（你单位）________________________，以上事实有__________证实，违反了________________的规定，依据____之规定，决定予以强制扣押。

如不服本强制扣押决定，可在接到本决定书之日起，60日内向________人民政府或本水务局申请复议，或者3个月内直接向________人民法院起诉。复议、诉讼期间本具体

行政行为不停止执行。

（行政机关名称及盖章）
年　　月　　日

(三)《强制封闭取水工程（设施）决定书》

1. 文书依据

《取水许可和水资源费征收管理条例》（国务院令第460号）第四十九条等规定。

2. 文书类别

本文书为制作类。

3. 填写说明

(1) 发文字号参见《水行政执法法律文书规范》。

(2) 当事人姓名或名称据实填写。

(3) 地址据实填写。

(4) 违法事实据实填写。

(5) 证据填写查获的所有证据。

(6) 违反法律、法规、规章规定填写违反水法律或法规或规章的规定，具体到条、款、项、目。

(7) 强制依据据实填写，与第(6)项对应。

(8) 复议机关据实填写，填写本级人民政府或上一级水行政主管部门名称，不能漏项。

(9) 诉讼机关据实填写。

(10) 行政机关名称及印章据实填写，并加盖印章。

(11) 时间：如实填写。

4. 参考式样

《强制封闭取水工程（设施）决定书》

某县水强〔　　〕号

________：

地址：________________________________

经查你（你单位）________________，以上事实有________证实，违反了________的规定，依据________之规定，决定予以强制封闭。

如不服本强制封闭决定，可在接到本决定书之日起，60日内向________人民政府或本水务局申请复议，或者3个月内直接向________人民法院起诉。复议、诉讼期间本具体行政行为不停止执行。

（行政机关名称及盖章）
年　　月　　日

（四）执法调查笔录

案由____

被调查人（或被询问人）__________________性别____年龄____

住址__________________身份证号码__________________

职务________电话____________与当事人关系____________

被调查单位名称__________________________________

住址____________________联系电话__________________

调查时间______年____月____日_____时_____分至_____时_____分

调查地点______________________________________

告知：我们是×××××队执法人员（出示证件），现向你了解有关情况，请你如实回答，如果作伪证或故意隐瞒事实需要承担相应的法律责任。

问：你这艘采砂船的船号是什么？

答：

问：负责人（老板）是谁？哪里人？电话多少？

答：

问：你在船上具体负责什么工作？你们船上现有多少人？

答：

问：你的船什么时候开始在这采砂？采了多久？今天什么时候开始作业？

答：

问：你现在采砂的具体位置在什么地方？叫什么河段？

答：

问：你的船采砂功率多大？一小时可以采多少？

答：

问：你今天已采了多少砂？运往哪里？每一方卖多少钱？

答：

问：你的船采砂有无经过水行政主管部门批准？有没有采砂许可证？

答：

问：你是否知道没办采砂许可证采砂是违法的？

答：

问：以前有没有被水行政主管部门查处过？

答：

以上情况经本人阅读，属实。

被调查（被询问人）：　　　　　　时间：

调查人：　　　　执法证件：　　　　记录人：　　　　执法证件：

（五）责令停止水事违法行为通知书（副本）

粤水停字〔　〕第　号

粤××吹0120号船主：

据初步调查，你（单位）未经水行政主管部门批准，在珠江河口伶仃水道进行违法采砂作业违反了《广东省河道采砂管理条例》第十八条的规定，现根据《广东省河道采砂管理条例》第二十四条的规定，责令你（单位）立即停止违法行为，听候处理。

并于　年　月　日前到　市　路　号　接受调查处理。联系电话：020－12345678

（盖章）

年　月　日

责令停止水事违法行为通知书

粤水停字〔　〕第　号

粤××吹0120号船主：

据初步调查，你（单位）未经水行政主管部门批准，在珠江河口伶仃水道进行违法采砂作业违反了《广东省河道采砂管理条例》第十八条的规定，现根据《广东省河道采砂管理条例》第二十四条的规定，责令你（单位）立即停止违法行为，听候处理。

并于　年　月　日前到　路　号　房接受调查处理。联系电话：020－12345678

（盖章）

二〇一七年　月　日

（六）水行政处罚决定书

粤水行罚字〔　〕　号

××号抓斗船（船主：×××，广东省佛山市×××区××镇××村二队××××号，身份证号码××××××）：

经查明，你船于2017年1月18日晚，未经水行政主管部门批准，在西江南海太平沙沙尾河段违法采砂，以上违法事实有证人证言、现场笔录、现场录像等予以证明。该行为违反了《……条例》第……条的规定，本厅根据《……条例》……条的规定，决定给予以下行政处罚：

一、责令立即停止违法采砂行为。

二、处以罚款人民币　　万元（　　）整。

你应当于收到本决定书之日起10日内将所处罚款交至中国建设银行、中国农业银行、中国工商银行其中一间银行的广东财政代收费专户。逾期不交的，每日按罚款金额的3%加处罚款。

如不服本处罚决定，可以在收到本决定书之日起60日内向广东省人民政府或水利部申请行政复议，对复议决定不服的，可在接到复议决定书之日起15日内向人民法院起诉，也可以在收到本处罚决定书之日起3个月内直接向人民法院提起诉讼。

逾期不申请行政复议也不向法院起诉，又不履行本处罚决定的，本厅将依法申请人民法院强制执行。

年　　月　　日

参 考 文 献

[1] 任顺平，等．水法学概论［M］．郑州：黄河水利出版社，1999.
[2] 肖国兴，肖乾刚．自然资源法［M］．北京：法律出版社，1999.
[3] 陈可一．水利科普丛书［M］．广州：广东经济出版社，1998.
[4] 陈庆恒．水法简明教程［M］．济南：济南出版社，1992.
[5] 金瑞林．中国环境法［M］．北京：法律出版社，1998.
[6] 成建国．水资源规划与水政水务管理实务全书［M］．北京：中国环境科学出版社，2001.
[7] 曹康泰．中华人民共和国防洪法释义［M］．北京：中国法制出版社，1999.
[8] 钱燮铭，裘江海．水政监察实务［M］．北京：中国水利水电出版社，2000.
[9] 《水资源开发管理及监测实务全书》编写组．水资源开发管理及监测实务全书［M］．北京：科学技术出版社，2002.
[10] 曹康泰．中华人民共和国水法导读［M］．北京：中国法制出版社，2003.
[11] 林冬妹．水利法律法规教程［M］．北京：中国水利水电出版社，2004.
[12] 浙江省水利厅．水行政执法人员培训教材［M］．北京：中国水利水电出版社，2014.
[13] 彭斌，张凡主．水法规与水政管理教程［M］．郑州：黄河水利出版社，2014.
[14] 库博雷克公共管理咨询．水政监察执法指南［M］．北京：中央广播电视大学出版社，2014.
[15] 王国永，张希琳．水行政执法研究［M］．北京：中国水利水电出版社，2012.
[16] 王庆伟，等．水行政管理与执法典型案例［M］．北京：中国法制出版社，2013.
[17] 杜晓智，马世勇．水法　水土保持法　防沙治沙法［M］．北京：中国社会出版社，2006.
[18] 杨绍平，何云．水法学案例教程［M］．北京：中国水利水电出版社，2013.
[19] 李飞，等．中华人民共和国水土保持法释义［M］．北京：法律出版社，2011.
[20] 中华人民共和国环境部．生态环境部通报 2020 年 12 月和 1—12 月全国地表水、环境空气质量状况［EB/OL］［2021-01-15］．http：//www.mee.gov.cn/xxgk2018/xxgk/xxgk15/202101/t20210115_817499.html.
[21] 中华人民共和国水利部．2020 中国水利发展报告［M］．北京：中国水利水电出版社，2020.